开关变换器动力学建模与分析

Dynamical Modeling and Analysis of Switching Converters

周国华　何圣仲　杨　平　张　希 / 著

科 学 出 版 社
北　京

内 容 简 介

本书涉及开关变换器动力学建模与分析的基础理论和应用研究，具体内容包括开关变换器的非线性建模理论与动力学分析方法、电压型和电流型控制开关变换器的动力学建模与分析、V^2型控制开关变换器的动力学建模与分析、开关变换器的对称动力学行为、电流型负载开关变换器的动力学行为、离散脉冲调制开关变换器的动力学行为，以及动力学仿真方法、模型及 Matlab 源程序，涵盖基本型控制与组合型控制等控制技术，连续脉冲调制（脉冲宽度、脉冲频率）与离散脉冲调制（脉冲序列、脉冲跨周期、双频率、多频率）等调制方式，以及电阻性负载、电压型负载与电流型负载等负载类型的相关内容。

本书是西南交通大学电能变换与控制实验室长期研究成果的总结和提炼，可作为高等院校电力电子、电路与系统、自动化、控制工程等相关专业的高年级本科生、研究生教材或教学参考书，也可供电气工程领域工程技术人员及从事非线性科学研究的学者阅读参考。

图书在版编目(CIP)数据

开关变换器动力学建模与分析 / 周国华等著. — 北京：科学出版社，2018.8

ISBN 978-7-03-058445-8

Ⅰ. ①开… Ⅱ. ①周… Ⅲ. ①开关-变换器-动力学模型 Ⅳ. ①TN624

中国版本图书馆 CIP 数据核字（2018）第 179251 号

责任编辑：华宗琪 / 责任校对：江 茂 葛茂香
责任印制：罗 科 / 封面设计：陈 敬

科学出版社出版
北京东黄城根北街 16 号
邮政编码：100717
http://www.sciencep.com
北京凌奇印刷有限责任公司印刷
科学出版社发行 各地新华书店经销
*
2018 年 8 月第 一 版 开本：787×1092 1/16
2018 年 8 月第一次印刷 印张：15 3/4
字数：370 千字

POD定价： 110.00元
（如有印装质量问题，我社负责调换）

Foreword

Power electronics is a discipline whose development has been prompted by real-life applications in industrial, commercial, aerospace, and residential environments. In the early stage of development, research in power electronics was often driven by immediate needs in certain power conversion applications and hence was more focused on practical aspects that would address the specific power conversion requirements. Facilitated by the advent of semiconductor switches, power electronic converters have been in popular use for more than half a century. Basic analytical work has begun since the 1970s, with the development of averaged models that permitted linearization to be applied to analyze power converters, leading to convenient standard linear models for essential control design. However, until the 1990s, although engineers had realized the rich variety of complex behavior of switching power converters in their workbench for a long time, they remained uninterested in probing into the mechanisms behind the observed complexity because they were often committed to address the immediate pressing needs to achieve the required power conversion functions. Such complex behavior cannot be analyzed by linear models or even the original averaged models due to the incompatible time scale or bandwidth limited by the feedback loops. In the 1990s, as power electronics research became more mature, the research community realized the need for deeper understanding of the operation of power conversion equipment in order to improve flexibility, functionality, reliability and safety, and to address new design requirements. Nonlinearity is the root cause of all complex behavior. During 1990s and 2000s, power electronics had gone through a golden era in research and development in the particular aspect of nonlinear analysis and formal identification of bifurcation phenomena that significantly improved our understanding of the operating conditions and possible consequence of certain phenomena that were previously considered "strange".

Now, the research status of studying nonlinear and complex behavior of power electronics has reached a state where many phemonena and their causes have been well understood. In general, since the operation of power converters is very much affected by the choice of switching frequency relative to the values of the components chosen and the intended design functions, it is generally well understood that the bandwidth of the feedback loop dictates the kinds of observable behaviors. For instance, for almost all practical purposes, period-doubling (relative to switching period) type of phenomena is not permissible, whereas Hopf type instability is the commonplace phenomenon. Hopf type instability has in fact been observed for over half a century on engineers' workbenches as unstable oscillations upon the use of high gain or incompatible bandwidth of a closed control loop, and now we have a clear and precise understanding of the way in which a switching converter becomes unstable. In the past two decades, many bifurcation scenarios have been studied for a large variety of converters as well as some simple connected systems of converters, and the studies were conducted in great depth. Analysis of large-scale or higher order systems remains difficult as there is no simple or one-size-fit-all method that can treat all kinds of nonlinearity, though we are able to focus our effort according to the needs of power electronics. Since the 2000s, "design-oriented" analysis has been promoted by the author of this Foreword for better compatibility with the engineering community. The essence of "design-oriented" analysis is precisely to put nonlinear analysis to practical use, for instance, in developing practically relevant operation boundaries in the practical parameter space, and at the same time, in avoiding study of complex behavior under unrealistic operating conditions or parameter values which generates irrelevant or even misleading results.

This nicely written book by Zhou Guohua, He Shenzhong, Yang Ping and Zhang Xi has made available the key methods and results from application of nonlinear analysis to switching power converters, including many original findings by the authors. The book provides a comprehensive and well connected descriptions of the derivations of models, mathematical analysis, simulation results, experimental measurements, and practical implications of the many findings to power electronics design. The writing of the book permits both students and experienced engineers or researchers to acquire the necessary skills and key research information of this field in an easy-to-understand fashion, and yet the amount of information is comprehensive and highly valuable as a reference for engineers to identify relevant design problems and develop proper design strategies.

Being one of the early researchers who developed this field, I am particularly pleased to see the publication of this lucidly written book at this juncture when we have gathered so many useful methods and results, and gained so much understanding of the essential mechanisms behind the behavior of power electronics systems.

In the years to come, applying nonlinear analysis and identification of complex behavior will continue to be important, as we move to a new era of applications involving a completely new power delivery framework involving integration of new energy sources and smart grid configurations. All these new developments will inevitably involve complex interconnection of systems of converters, and will hence create new opportunities and needs for understanding the complex behavior associated with the interactions of power conversion equipments. Complexity will be the key word, and engineers and researchers alike should be well equipped to tackle problems arising from nonlinearity and complex interactions of systems. This is precisely the reason why I recommend this book to all those power electronics students, researchers and engineers who need to face the challenge of this new era of applications in power conversion and delivery. Because of its detailed analytical exposition and wide application coverage, this book will prove to be suitable as a valuable text for research students and novices of this field, as well as a useful source of reference for practitioners of power electronics.

In closing, I would like to give my heartfelt congratulations to my dear friends Zhou Guohua, He Shenzhong, Yang Ping and Zhang Xi, on reaching this important milestone and adding this extremely valuable publication to the power electronics literature.

Chi Kong TSE

Hong Kong

前　言

开关变换器作为电力电子装置的核心单元，其本质是一种非线性时变系统，存在低频振荡、次谐波振荡、倍周期分岔、边界碰撞分岔、Hopf 分岔、混沌等非线性动力学现象。这些现象严重影响开关变换器的研究、设计和开发，并限制其性能的提升。1984 年，研究者在 Buck 变换器中监测到混沌现象，这是非线性动力学现象在开关变换器中的首次发现，从此拉开了开关变换器非线性动力学行为研究的序幕。三十多年来，利用非线性动力学理论研究开关变换器的非线性行为一直是人们关注的热点。分析和揭示开关变换器存在的非线性现象及其产生机理，不仅有利于设计出更为可靠、稳定的开关变换器系统，也为针对性地利用开关变换器固有的分岔和混沌等非线性现象来改善其工作性能提供了理论依据，如利用混沌功率谱特性降低开关变换器中的电磁干扰等。因此，系统深入地论述开关变换器的动力学建模与分析，研究开关变换器的动力学建模理论与非线性动力学行为，以及电路参数变化对开关变换器性能的影响，对开关变换器系统的设计具有十分重要的理论意义和应用价值。

控制技术、调制方式、负载类型等都是影响开关变换器性能的重要因素。根据电路中 4 个基本的物理量(电压、电流、电荷和磁通)，可将开关变换器的控制技术划分为基本型控制和组合型控制，其中电压型控制和电流型控制是应用最为广泛的两种基本型控制。开关变换器的调制技术存在两种基本方式，即脉冲宽度调制(pulse width modulation，PWM)和脉冲频率调制(pulse frequency modulation，PFM)；按照调制过程中脉冲的宽度或频率是否可以连续变化，又可将其分为连续脉冲调制和离散脉冲调制，其中离散脉冲调制包括脉冲序列调制、脉冲跨周期调制、双频率调制、多频率调制等。根据电路中 3 个基本的元件(电阻、电容、电感)及具体的应用场合，可将开关变换器的负载类型划分为电阻性、电压型(或电容性)和电流型(或电感性)。

本书围绕基本型控制与组合型控制等控制技术，连续脉冲调制与离散脉冲调制等调制方式，电阻性负载、电压型负载与电流型负载等负载类型，系统地论述开关变换器动力学建模与分析的基础理论和应用，揭示开关变换器的非线性动力学现象及其产生机理。基于本书的讨论，使读者能够理解并掌握基本开关变换器(Buck、Boost、Buck-Boost 等)的动力学建模方法及其分析手段，为设计各种控制技术、调制方式和负载类型组合下的基本或高阶开关变换器电路提供参考。

全书共分为 9 章。第 1 章讨论了开关变换器的非线性建模方法(包括频闪映射、S 开关映射、A 开关映射)及动力学分析方法(包括分岔图、Lyapunov 指数、雅可比矩阵、庞加莱截面等)；阐述了开关变换器非线性动力学的研究现状及应用价值。

结合 PWM 和 PFM 两种基本调制方式，第 2～5 章详细论述了基本型控制开关变换器的动力学建模与分析。第 2 章讨论了单缘调制和双缘调制电压型 PWM 控制开关变换器的复杂动力学行为，调查研究了两种不同的 Hopf 分岔现象、奇数倍周期分岔现象；研究了基于归一化 PWM 的电压型控制开关变换器的稳定性问题，并从理论上分析了 PWM 方式对变换器稳定性的影响。第 3 章通过建立异步开关离散时间模型，讨论了输出电容等效串联电阻、负载电阻、电感等参数对电压型 PFM 控制开关变换器的动力学行为、稳定性、工作模式的影响。第 4 章讨论了电流型 PWM 控制(峰值电流控制、谷值电流控制)开关变换器的动力学建模与分析，研究了斜坡补偿对电流型 PWM 控制开关变换器的工作区域、参数空间映射、分岔图等动力学行为的影响。相对于电流型 PWM 控制，电流型 PFM 控制开关变换器的稳定性不受占空比变化范围的限制，不需要斜坡补偿。第 5 章以含有电压外环的电流型恒定导通时间控制 Buck 变换器和电流型恒定关断时间控制 Boost 变换器为例，讨论了电路参数和控制参数对电流型 PFM 控制开关变换器动力学行为的影响。

作为组合型控制技术的 V^2 型控制，因其具有快速的负载瞬态响应而受到广泛关注。第 6 章讨论了 V^2 型控制开关变换器的动力学建模与分析，包括峰值 V^2 控制 Buck 变换器、谷值 V^2 控制 Boost 变换器及斜坡补偿谷值 V^2 控制 Boost 变换器。第 7 章建立了电流型控制开关变换器(电压型负载)的统一离散迭代映射模型、V^2 型控制开关变换器(电阻性负载)的采样数据模型，研究并揭示了它们存在的对称分岔行为、对称时域波形及对称相轨图等对称动力学行为。第 8 章讨论了电流型负载开关变换器的动力学行为，包括峰值电流控制和谷值电流控制电流型负载开关变换器，电流型负载开关变换器的镇定控制，以及采用复合输出电容的电流型负载开关变换器。

不同于前述章节讨论的连续脉冲调制开关变换器，第 9 章讨论了离散脉冲调制开关变换器的动力学行为，包括脉冲序列调制和脉冲跨周期调制开关变换器的低频振荡、双频率调制开关变换器的多周期行为及多频率调制开关变换器的自相似和混频现象。此外，为了便于读者理解本书所涉及的内容，附录给出了几种动力学仿真方法、模型及 Matlab 源程序。

本书重点介绍了开关变换器非线性建模方法及其应用，详细分析了多种控制技术、调制方式、负载类型下的开关变换器动力学模型及其特性。部分内容源自国家自然科学基金面上项目(61771405、61371033、51177140)的创新成果，是作者多年来科研成果的积累与总结。借此机会首先向香港理工大学 Chi Kong Tse 教授表示真挚的感谢，特别感谢他为本书欣然作序，并将本书倾情推荐给电力电子领域的学生、研究者和工程师。其次，向西南交通大学许建平教授、常州大学包伯成教授表示衷心的感谢，感谢他们长期以来给予作者研究工作的指导和帮助。再次，书中的部分研究成果是作者与王金平博士、吴松荣博士、钟曙博士等合作完成的，在此对所有合作者表示由衷的感谢。最后，在本书的撰写过程中，参考和引用了国内外相关书籍和重要文献，使作者受益匪浅，谨向这些书籍和文献的作者表示诚挚的感谢。

本书第 1 章和第 4 章由西南交通大学杨平博士撰写；第 3 章和第 5 章由常州大学张希博士撰写；第 6 章和附录由西南交通大学何圣仲博士撰写；其余章节内容由西南交通大学周国华教授撰写，并由其对全书内容进行规划、统稿和审核。博士研究生周述晗、冷敏瑞，硕士研究生毛桂华、曾绍桓、田庆新、甘豪洋、尚泽荣、曹珺等参与了本书大量图形的绘制，公式的推导、校对，以及实验结果的补充，在此一并表示感谢。

由于作者学识及参阅资料有限，书中难免存在不妥之处，恳请广大读者予以批评指正！

周国华

2018 年 4 月

目　　录

第1章 绪　论

以开关变换器为核心的开关电源技术已较为成熟[1-3]，广泛应用于各行各业。开关变换器属于非线性时变动力学系统，会产生各种类型的分岔和混沌等非线性物理现象[4-8]。这些现象严重影响了开关变换器的研究、设计和开发，并使得开关变换器性能的提高受到了极大的限制。例如，开关变换器在实际运行过程中会突然发生振荡现象，有时甚至会发出尖锐的噪声[9]。这些现象表明，当电路参数或者控制参数达到某种条件时，开关变换器将工作于临界模式，或者从一种工作模式转移到另一种工作模式[10]。这些模式会造成系统的突然崩溃或跳变，从而偏离开始设计时所提出的目标。由于缺乏对系统产生的非线性物理现象的理解和研究，人们很长一段时间都认为上述现象是系统故障和外界随机干扰造成的[11]。因此，通过揭示开关变换器的非线性动力学行为来研究开关变换器的分岔和混沌等非线性物理现象，有利于开关电源的合理利用和快速发展。

20 世纪 80 年代，研究者首次选择 Buck 变换器作为研究对象，分析了该系统的分岔和混沌现象[12]，从此拉开了开关变换器非线性动力学行为研究的序幕。通过对开关变换器建立非线性动力学模型并分析其动力学特性，有助于设计出性能更好的开关电源，从而拓展非线性动力学的应用领域。近几年来，利用非线性动力学理论研究开关变换器的非线性行为一直是人们关注的热点[13, 14]。分析和揭示开关变换器中的非线性现象及其产生的机理，不仅有利于设计出更为可靠、合理的开关变换器，也为在一定条件下利用开关变换器固有的非线性现象来改善其工作特性提供了理论基础[15-18]。因此，对开关变换器的动力学建模与分析进行系统、深入的论述，研究开关变换器的动力学建模理论与非线性动力学行为，具有重要的理论意义和工程应用价值[19-21]。

1.1　开关变换器非线性建模方法

揭示开关变换器的动力学行为和研究开关变换器的非线性现象，关键问题在于如何建立合适的动力学模型。在电力电子电路的复杂行为研究中，离散映射模型可以很好地反映系统的真实特性，通过数据采样获得系统离散映射模型是分析电力电子电路的有效方法之一。通过在特定时刻对系统中的各个状态变量进行采样，可以使电力电子电路由原来的连续系统转变为离散系统，并由系统的功率级状态方程和控制方程可以得到系统的离散映射模型。这种离散映射模型的优点是易于全面分析电路系统的动力学性质，如不动点及各种周期轨道的稳定性、边界碰撞分岔及倍周期分岔等。根据采样时刻的不同，可以将开关变换器的离散映射建模方法分为频闪映射、S 开关映射和 A 开关映射[22-25]，如图 1.1 所示。

上述 3 种离散映射方法的相同思路是，列出一个开关周期内开关变换器在不同工作阶段的状态方程；分段求解状态方程，将第一阶段方程的解作为下一阶段方程的初值，并以此类推得到状态变量的迭代方程。不同之处在于：

(1)频闪映射是在每个开关周期(图 1.1 所示为锯齿波周期)开始时刻对开关变换器的状态变量进行采样。

(2)S 开关映射是在开关管断开时刻对变换器电路的各个状态进行采样。

(3)A 开关映射是在开关管闭合时刻对变换器电路的各个状态进行采样。

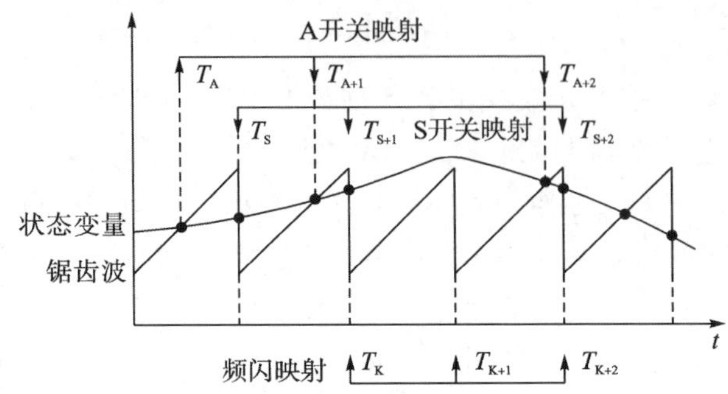

图 1.1 3 种离散映射方法的示意图

下面以开关变换器工作于连续导电模式为例，简要阐述离散映射的建模方法。为了简化分析，对电路做如下假设：电路中的电感、电容、开关管和二极管等都是理想元件，不考虑其他任何寄生参数，开关管与二极管导通时压降为零，截止时电流为零，且导通与截止之间的转换是瞬时完成的；输出电压纹波远小于其平均值，即在一个周期内可以忽略输出电压的波动。

通过控制开关变换器开关管的导通和关断，实现变换器在两个状态之间切换，其功率级主电路的状态方程如下：

$$S_1:\ \dot{\boldsymbol{x}} = \boldsymbol{A}_1\boldsymbol{x} + \boldsymbol{B}_1\boldsymbol{u} \tag{1.1}$$

$$S_2:\ \dot{\boldsymbol{x}} = \boldsymbol{A}_2\boldsymbol{x} + \boldsymbol{B}_2\boldsymbol{u} \tag{1.2}$$

其中，$\boldsymbol{A}_1$、$\boldsymbol{A}_2$ 为状态矩阵；$\boldsymbol{B}_1$、$\boldsymbol{B}_2$ 为输入矩阵；$\boldsymbol{x} = [i_L\ v_C]^T$，为状态向量，T 为矩阵转置，$i_L$ 为电感电流，v_C 为电容电压；$\boldsymbol{u}$ 为输入向量；S_1 表示开关管处于导通状态；S_2 表示开关管处于关断状态。

设变换器的控制方程如下：

$$f(\boldsymbol{x}, p) = 0 \tag{1.3}$$

其中，p 为控制参数，用来确定变换器的开关状态。

通过数据采样获得离散映射模型的方法，不以电路中随时间变化的连续状态为研究对象，而是以间隔一定时间对电路各个状态量进行采样，得到电路状态向量的离散形式为研究对象。利用数据采样法，由系统的功率级状态方程和控制方程即可得到系统的离散映射模型：

$$\boldsymbol{x}_{n+1} = G(\boldsymbol{x}_n, p) \tag{1.4}$$

1.1.1 频闪映射离散模型

频闪映射是指在 $t = nT$ 时刻对电路的各个状态变量进行采样(其中 T 是开关周期)，得

到电路的状态变量 $\boldsymbol{x}_n$。设变换器的输入电压为 V_g，以 $(\boldsymbol{x}_n, V_g)$ 作为初始条件，利用状态方程和控制方程求取电路下一个周期的占空比，由下式表示：

$$d_n = f_K(\boldsymbol{x}_n, p) \tag{1.5}$$

对于由状态方程 $\dot{\boldsymbol{x}} = \boldsymbol{A}\boldsymbol{x} + \boldsymbol{B}\boldsymbol{u}$ 描述的系统，其解为

$$\boldsymbol{x}(t) = \boldsymbol{e}^{\boldsymbol{A}t}\boldsymbol{x}(0^-) + \int_0^t \boldsymbol{e}^{\boldsymbol{A}(t-\tau)}\boldsymbol{B}V_g \mathrm{d}\tau \tag{1.6}$$

在频闪映射情况下的离散模型为

$$\boldsymbol{x}_{n+1} = \boldsymbol{e}^{\boldsymbol{A}t}\boldsymbol{x}_n + \int_0^T \boldsymbol{e}^{\boldsymbol{A}(T-\tau)}\boldsymbol{B}V_g \mathrm{d}\tau \tag{1.7}$$

根据系统的状态方程(1.1)和(1.2)，可得到其频闪映射模型为

$$\begin{aligned}\boldsymbol{x}_{n+1} &= G\left(\boldsymbol{x}_n, d(\boldsymbol{x}_{n,p})\right)\\ &= \begin{cases} \boldsymbol{e}^{\boldsymbol{A}_2(T-d_n)}\left[\boldsymbol{e}^{\boldsymbol{A}_1 d_n}\left(\boldsymbol{x}_n + \int_0^{d_n}\boldsymbol{e}^{\boldsymbol{A}_1(d_n-\tau)}\boldsymbol{B}_1 V_g \mathrm{d}\tau + \int_0^T \boldsymbol{e}^{\boldsymbol{A}_2(T-\tau)}\boldsymbol{B}_2 V_g \mathrm{d}\tau\right)\right] & d_n < T \\ \boldsymbol{e}^{\boldsymbol{A}_1 T}\boldsymbol{x}_n + \int_0^{d_n}\boldsymbol{e}^{\boldsymbol{A}_1(d_n-\tau)}\boldsymbol{B}_1 V_g \mathrm{d}\tau & d_n \geqslant T \end{cases}\end{aligned} \tag{1.8}$$

其中，状态转移矩阵 $\boldsymbol{e}^{\boldsymbol{A}_i t}\,(i=1,2)$ 为矩阵指数，离散映射模型的精度取决于 $\boldsymbol{e}^{\boldsymbol{A}_i t}$ 的计算。

1.1.2　S开关映射离散模型

在开关管断开时刻对电路各个状态进行采样，得到电路的状态变量 $\boldsymbol{x}_n$。同理，以 $(\boldsymbol{x}_n, V_g)$ 作为初始条件，利用状态方程和控制方程求取变换器下一个周期的占空比为

$$d_n = f_S(\boldsymbol{x}_n, p) \tag{1.9}$$

则变换器的S开关映射离散模型为

$$\begin{aligned}\boldsymbol{x}_{n+1} &= G\left(\boldsymbol{x}_n, d\left(\boldsymbol{x}_{n,p}\right)\right)\\ &= \begin{cases} \boldsymbol{e}^{\boldsymbol{A}_1 d_n}\left(\boldsymbol{e}^{\boldsymbol{A}_2(T-d_n)}\boldsymbol{x}_n + \int_{d_n}^T \boldsymbol{e}^{\boldsymbol{A}_2(T-\tau)}\boldsymbol{B}_2 V_g \mathrm{d}\tau\right) + \int_0^{d_n}\boldsymbol{e}^{\boldsymbol{A}_1(d_n-\tau)}\boldsymbol{B}_1 V_g \mathrm{d}\tau & d_n < T \\ \boldsymbol{e}^{\boldsymbol{A}_1 d_n}\left(\boldsymbol{e}^{\boldsymbol{A}_2(lT-d_n)}\boldsymbol{x}_n + \int_{d_n}^{lT} \boldsymbol{e}^{\boldsymbol{A}_2(lT-\tau)}\boldsymbol{B}_2 V_g \mathrm{d}\tau\right) + \int_0^{d_n}\boldsymbol{e}^{\boldsymbol{A}_1(d_n-\tau)}\boldsymbol{B}_1 V_g \mathrm{d}\tau & d_n \geqslant T \end{cases}\end{aligned} \tag{1.10}$$

其中，l 由下式确定：

$$l = \left|\frac{d_n}{T}\right| \tag{1.11}$$

如果 $\boldsymbol{A}_1$ 和 $\boldsymbol{A}_2$ 满秩，则式(1.10)可简化为

$$\boldsymbol{x}_{n+1} = \begin{cases} \boldsymbol{e}^{\boldsymbol{A}_1 d_n}\left[\boldsymbol{e}^{\boldsymbol{A}_2(T-d_n)}\boldsymbol{x}_n + \left(\boldsymbol{e}^{\boldsymbol{A}_2(T-d_n)} - \boldsymbol{I}\right)\boldsymbol{A}_2^{-1}\boldsymbol{B}_2 V_g\right] + \left(\boldsymbol{e}^{\boldsymbol{A}_1 d_n} - \boldsymbol{I}\right)\boldsymbol{A}_1^{-1}\boldsymbol{B}_1 V_g & d_n < T \\ \boldsymbol{e}^{\boldsymbol{A}_1 d_n}\left[\boldsymbol{e}^{\boldsymbol{A}_2(lT-d_n)}\boldsymbol{x}_n + \left(\boldsymbol{e}^{\boldsymbol{A}_2(lT-d_n)} - \boldsymbol{I}\right)\boldsymbol{A}_2^{-1}\boldsymbol{B}_2 V_g\right] + \left(\boldsymbol{e}^{\boldsymbol{A}_1 d_n} - \boldsymbol{I}\right)\boldsymbol{A}_1^{-1}\boldsymbol{B}_1 V_g & d_n \geqslant T \end{cases} \tag{1.12}$$

其中，$\boldsymbol{I}$ 是单位矩阵。如果 $\boldsymbol{A}_1$ 和 $\boldsymbol{A}_2$ 中有不满秩的矩阵，则需要做特殊处理。

1.1.3　A开关映射离散模型

在变换器开关闭合时刻对电路的各个状态进行采样，得到电路的状态变量 $\boldsymbol{x}_n$。同理，

以$(\boldsymbol{x}_n, V_g)$作为初始条件，利用状态方程和控制方程求取变换器的下一个周期的占空比为

$$d_n = f_A\left(\boldsymbol{x}_n, p\right) \tag{1.13}$$

则变换器的 A 开关映射离散模型为

$$\begin{aligned}\boldsymbol{x}_{n+1} &= G\left(\boldsymbol{x}_n, d\left(\boldsymbol{x}_{n,p}\right)\right)\\ &= \begin{cases} \boldsymbol{e}^{\boldsymbol{A}_2(T-d_n)}\left(\boldsymbol{e}^{\boldsymbol{A}_1 d_n}\boldsymbol{x}_n + \int_0^{d_n}\boldsymbol{e}^{\boldsymbol{A}_1(d_n-\tau)}\boldsymbol{B}_1 V_g \mathrm{d}\tau\right) + \int_{d_n}^{T}\boldsymbol{e}^{\boldsymbol{A}_2(T-\tau)}\boldsymbol{B}_2 V_g \mathrm{d}\tau & d_n < T \\ \boldsymbol{e}^{\boldsymbol{A}_2(lT-d_n)}\left(\boldsymbol{e}^{\boldsymbol{A}_1 d_n}\boldsymbol{x}_n + \int_0^{d_n}\boldsymbol{e}^{\boldsymbol{A}_1(d_n-\tau)}\boldsymbol{B}_1 V_g \mathrm{d}\tau\right) + \int_{d_n}^{T}\boldsymbol{e}^{\boldsymbol{A}_2(lT-\tau)}\boldsymbol{B}_2 V_g \mathrm{d}\tau & d_n \geqslant T \end{cases}\end{aligned} \tag{1.14}$$

其中，l由式(1.11)确定。如果$\boldsymbol{A}_1$和$\boldsymbol{A}_2$满秩，则上式可简化为

$$\boldsymbol{x}_{n+1} = \begin{cases} \boldsymbol{e}^{\boldsymbol{A}_2(T-d_n)}\left[\boldsymbol{e}^{\boldsymbol{A}_1 d_n}\boldsymbol{x}_n + \left(\boldsymbol{e}^{\boldsymbol{A}_1 d_n} - \boldsymbol{I}\right)\boldsymbol{A}_1^{-1}\boldsymbol{B}_1 V_g\right] + \left(\boldsymbol{e}^{\boldsymbol{A}_2(T-d_n)} - \boldsymbol{I}\right)\boldsymbol{A}_2^{-1}\boldsymbol{B}_2 V_g & d_n < T \\ \boldsymbol{e}^{\boldsymbol{A}_2(lT-d_n)}\left[\boldsymbol{e}^{\boldsymbol{A}_1 d_n}\boldsymbol{x}_n + \left(\boldsymbol{e}^{\boldsymbol{A}_1 d_n} - \boldsymbol{I}\right)\boldsymbol{A}_1^{-1}\boldsymbol{B}_1 V_g\right] + \left(\boldsymbol{e}^{\boldsymbol{A}_2(lT-d_n)} - \boldsymbol{I}\right)\boldsymbol{A}_2^{-1}\boldsymbol{B}_2 V_g & d_n \geqslant T \end{cases} \tag{1.15}$$

1.2 开关变换器非线性动力学分析方法

开关变换器在实际运行中时常会出现一些奇怪的噪声和不规则现象，如不明的电磁噪声、系统突然崩溃和无法按实际要求工作等，这些现象是开关变换器固有的非线性特性，也是分岔和混沌现象的一种外在表现。研究开关变换器的分岔和混沌现象有直接观测法和间接观测法。直接观测法主要有时域图和相轨图[26]；间接观测法主要有分岔图、Lyapunov 指数、雅可比矩阵与 Floquet 乘子、庞加莱截面和功率谱等分析方法，其中分岔图、Lyapunov 指数、雅可比矩阵与 Floquet 乘子是最为常用的几种分析方法[27]。

1.2.1 时域图和相轨图

直接观测法是指采用直接观察状态变量随时间的变化或在相空间(或相平面)观察其运动轨道的方法，主要有时域图和相轨图。它们是根据动力学系统的数值运算结果或电路模型仿真画出的时域波形和相轨迹。时域图是系统状态变量随时间变化的曲线，而相轨图是在相空间里不同状态变量之间的关系图，两者都记录了系统运动的轨迹。利用它们可以直接判断系统中呈现的简单动力学行为，如周期 1 稳定运动、倍周期振荡运动及混沌运动等。

1.2.2 分岔图

分岔图分析法的原理是分别以变换器某一参数和某一状态变量为横/纵坐标，通过计算机仿真所建立的离散映射方程后绘制的图形。通过分岔图可以总览变换器随参数变化的动力学特性，并直观地看出变换器的分岔类型，如倍周期分岔、边界碰撞分岔和切分岔等，如图 1.2(a)所示。值得注意的是，分岔图的分岔参数可以是控制环路的参数，也可以是变换器电路结构中的电路元件参数、开关周期、输入电压或电流值等，在后续章节将针对具

体的变换器进行详细分析。

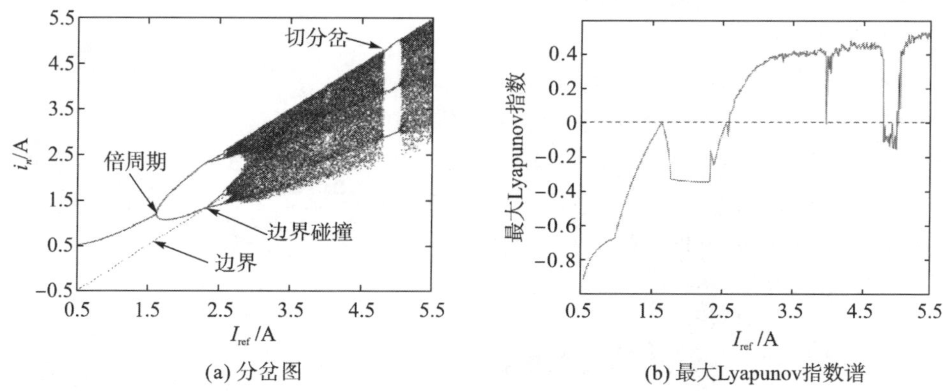

图 1.2　分岔图与最大 Lyapunov 指数谱示意图

1.2.3　Lyapunov 指数

Lyapunov 指数经常用来表示系统的运动特性，它在一方向上的取值的大小及正负，表示了系统在吸引子中的相邻轨道沿该方向的收敛快慢或者是平均发散率[28, 29]。

设一个 n 维连续动力学系统为

$$\dot{\boldsymbol{x}} = f(\boldsymbol{x}) \tag{1.16}$$

对于混沌动力系统，Lyapunov 指数的值与系统的混沌程度有关。假设系统从相空间某半径足够小的超球开始演变，则第 i 个 Lyapunov 指数定义为

$$\lambda_i = \lim_{t\to\infty}\frac{1}{t}\ln\frac{p_i(t)}{p_i(0)} \tag{1.17}$$

其中，$p_i(t)$ 为 t 时刻按长度排在第 i 位的椭圆轴的长度；$p_i(0)$ 为初始球半径。

对于 n 维离散动力学系统：

$$\boldsymbol{x}_{n+1} = \boldsymbol{F}(\boldsymbol{x}_n) \tag{1.18}$$

类似可以定义：

$$\lambda_i = \lim_{m\to\infty}\frac{1}{m}\ln\frac{p_i(m)}{p_0(m)} \tag{1.19}$$

从上述定义可知 Lyapunov 指数的值表明空间中相近轨道的平均收敛或发散的指数率。n 维空间有 n 个实指数，故也称为谱，并按其大小排列，令 $\lambda_1 \geqslant \lambda_2 \geqslant \lambda_3 \geqslant \cdots \geqslant \lambda_n$。一般来说，具有正和零 Lyapunov 指数的方向，都对吸引子起支撑作用，而负 Lyapunov 指数对应着收缩方向。这两种因素对抗的结果就是伸缩与折叠，从而形成奇怪吸引子的空间几何形状。而最小 Lyapunov 指数是衡量系统轨道收敛的快慢，最大 Lyapunov 指数是衡量系统轨道覆盖整个吸引子的快慢，在开关变换器的非线性动力学研究中，更多的是采用最大 Lyapunov 指数来分析。具体判断如下：当最大 Lyapunov 指数为负时，变换器工作于周期运行状态；当最大 Lyapunov 指数为零时，变换器工作于准周期运行状态；当最大 Lyapunov 指数为正时，变换器工作于混沌状态[28]，如图 1.2(b)所示。

1.2.4 雅可比矩阵与 Floquet 乘子

开关变换器的状态方程可表述为

$$\dot{\boldsymbol{x}} = \boldsymbol{A}_i\boldsymbol{x} + \boldsymbol{B}_i\boldsymbol{u} \tag{1.20}$$

其中，$\boldsymbol{x}$ 是状态向量；$\boldsymbol{u}$ 是输入向量；$i=1,2,\cdots,n$。假设系统工作在周期 1 轨道，并在一个控制周期中系统只在 dT 时刻发生一个开关动作，即 $n=2$。可用雅可比矩阵和 Floquet 理论获得系统的特征值，并运用特征值分析系统周期态的稳定性。

1. 雅可比矩阵

雅可比矩阵的推导如下。式(1.20)的解为

$$\begin{aligned}\boldsymbol{x}(T) &= f(\boldsymbol{x}_0,d)\\ &= \boldsymbol{e}^{\boldsymbol{A}_2(T-dT)}\left[\boldsymbol{e}^{\boldsymbol{A}_1 dT}\boldsymbol{x}_0 + \int_0^{dT}\boldsymbol{e}^{\boldsymbol{A}_1(dT-\tau)}\boldsymbol{B}_1\boldsymbol{u}(\tau)\mathrm{d}\tau\right] + \int_{dT}^{T}\boldsymbol{e}^{\boldsymbol{A}_2(T-\tau)}\boldsymbol{B}_2\boldsymbol{u}(\tau)\mathrm{d}\tau\end{aligned} \tag{1.21}$$

对于周期轨道，有 $\boldsymbol{x}(T)=\boldsymbol{x}_0$，因此，解式(1.21)可得

$$\boldsymbol{x}_0 = \left[\boldsymbol{I} - \boldsymbol{e}^{\boldsymbol{A}_2(T-dT)}\boldsymbol{e}^{\boldsymbol{A}_1 dT}\right]^{-1}\left[\boldsymbol{e}^{\boldsymbol{A}_2(T-dT)}\int_0^{dT}\boldsymbol{e}^{\boldsymbol{A}_1(dT-\tau)}\boldsymbol{B}_1\boldsymbol{u}(\tau)\mathrm{d}\tau + \int_{dT}^{T}\boldsymbol{e}^{\boldsymbol{A}_2(T-\tau)}\boldsymbol{B}_2\boldsymbol{u}(\tau)\mathrm{d}\tau\right] \tag{1.22}$$

假设系统发生开关切换的条件为 $h(\boldsymbol{x}_0, d)=0$，则系统的雅可比矩阵为

$$\boldsymbol{J} = \frac{\partial \boldsymbol{x}(T)}{\partial \boldsymbol{x}_0} = \frac{\partial f(\boldsymbol{x}_0,d)}{\partial \boldsymbol{x}_0} - \frac{\partial f(\boldsymbol{x}_0,d)}{\partial d}\left(\frac{\partial h}{\partial d}\right)^{-1}\frac{\partial h}{\partial \boldsymbol{x}_0} \tag{1.23}$$

2. Floquet 乘子

Floquet 理论是运用切换平面的转移矩阵进行分析其特征值的方法。由文献[30]、[31]可得系统的 Floquet 乘子为

$$\boldsymbol{M} = \boldsymbol{e}^{\boldsymbol{A}_2(T-dT)}\boldsymbol{S}\boldsymbol{e}^{\boldsymbol{A}_2 dT} \tag{1.24}$$

其中，$\boldsymbol{S}$ 表示转移矩阵，其表达式为

$$\boldsymbol{S} = \boldsymbol{I} + \frac{(\boldsymbol{f}_- - \boldsymbol{f}_+)\boldsymbol{n}^{\mathrm{T}}}{\boldsymbol{n}^{\mathrm{T}}\boldsymbol{f}_+ + \left.\dfrac{\partial h}{\partial t}\right|_{t=dT}} \tag{1.25}$$

其中，$\boldsymbol{f}_- = \boldsymbol{A}_1\boldsymbol{x} + \boldsymbol{B}_1\boldsymbol{u}$；$\boldsymbol{f}_+ = \boldsymbol{A}_2\boldsymbol{x} + \boldsymbol{B}_2\boldsymbol{u}$；$\boldsymbol{n} = \nabla h(\boldsymbol{x}, t)$。

不论是雅可比矩阵还是 Floquet 乘子，其特征值的大小对于系统的稳定性分析是一致的。若系统的 $\boldsymbol{J}$ 或 $\boldsymbol{M}$ 的模均小于 1，即所有的特征值都位于单位圆内时，那么系统是稳定的；若系统的 $\boldsymbol{J}$ 或 $\boldsymbol{M}$ 的模中至少有一个大于 1，即至少有一个特征值穿越单位圆时，系统是不稳定的。而系统发生不稳定的类别可由特征值变化的趋势决定，具体判断如下：如果有一个实特征值沿负实轴穿越单位圆，而其余的特征值都具有负实部，则表明系统发生了倍周期分岔；如果有一个实特征值沿正实轴穿越单位圆，而其余的特征值都具有负实部，则表明系统发生了鞍结分岔；如果有一对复数特征值穿越单位圆，而其余的特征值都具有负实部，则表明系统发生了 Hopf 分岔[32, 33]。

1.2.5　庞加莱截面

法国数学家庞加莱(Poincaré)利用几何的观点得出了一种研究非线性动力学系统的有效方法，即庞加莱截面法，如图 1.3 所示。

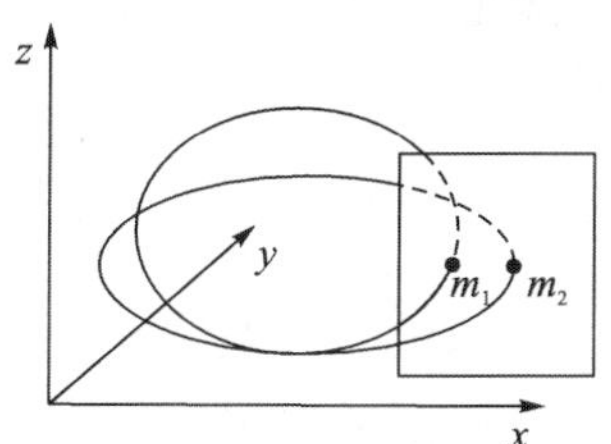

图 1.3　庞加莱截面法图示

设 γ 为 n 维实空间 $\boldsymbol{R}^n$ 中非线性动力学系统 $\boldsymbol{x} = f(\boldsymbol{x})$ 的某个流 φ_i 上的一个闭合轨道，$\Sigma \subset \boldsymbol{R}^n$ 为一个 n-1 维的超曲面，且 $f(x)\boldsymbol{n}(x) \neq 0$ 对所有的 $x \in \Sigma$ 皆成立，其中 $\boldsymbol{n}(x)$ 是 Σ 在 x 处的单位向量(此时 γ 与 Σ 处处横截)。设 γ 与 Σ 有唯一的交点 m，$U \subseteq \Sigma$ 为 m 的某个领域。对 Σ 上的某个点 q 的庞加莱映射 m：$U \to \Sigma$ 定义为

$$m(q) = \varphi_\tau(q) \tag{1.26}$$

其中，$\tau = \tau(q)$ 是经过 q 点的轨线首次回到 Σ 所需的时间[一般而言，τ 依赖于 q，但不一定等于闭轨 γ 的周期 $T = T(m)$，但是当 $m \to p$ 时，将有 $\tau \to T$]，称 Σ 为庞加莱截面。显然 m 为庞加莱映射的不动点。

借助计算机软件可画出连续动力学轨道与此截面的交点。不同运动形式通过截面时，与截面的交点有不同的分布特征[34, 35]：

(1) 周期运动在此截面上留下有限个离散的点。

(2) 准周期运动在截面上留下一条闭合曲线的点集，如图 1.4(a)所示。

(3) 对于混沌运动，其庞加莱截面上是沿一条线段或一曲线段分布的点集，而且具有自相似的分形结构，如图 1.4(b)所示。

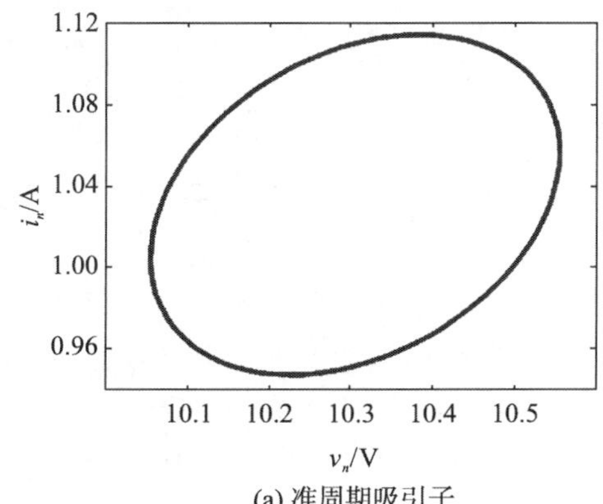

(a) 准周期吸引子

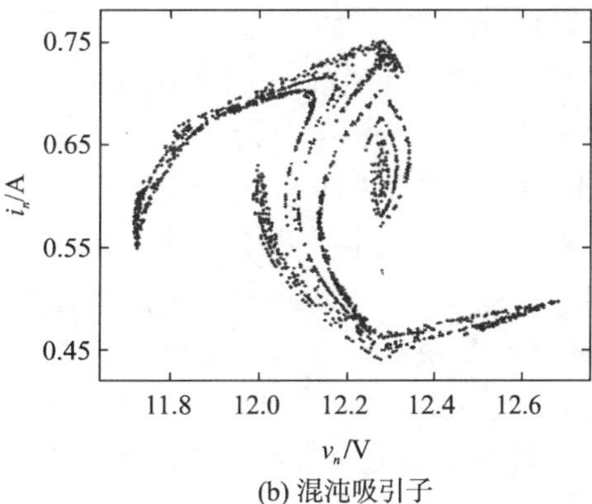

(b) 混沌吸引子

图 1.4　典型的庞加莱截面

1.2.6 功率谱

功率谱是研究系统动力学行为的一种有效方法。根据傅里叶分析，任何以 T 为周期运动的 $x(t)$ 都可以展开成傅里叶级数，其系数与相应的频率关系为离散的分离谱，而非周期运动的频率是连续谱[16, 26]。功率谱有两种计算方法。

第一种方法是对样本函数 $x(t)$ 的傅里叶变换求平方的时间均值，即

$$S_x(\mathrm{j}\omega)=\lim_{T\to\infty}\frac{1}{T}\left|\int_0^T x(t)\,\mathrm{e}^{-\mathrm{j}\omega t}\mathrm{d}t\right|^2 \tag{1.27}$$

第二种方法是对时间相关函数进行傅里叶变换，即

$$S_x(\mathrm{j}\omega)=\int_{-\infty}^{+\infty}R_x(\tau)\,\mathrm{e}^{-\mathrm{j}\omega\tau}\mathrm{d}\tau \tag{1.28}$$

其中，$R_x(\tau)$ 为样本函数 $x(t)$ 的自相关函数，它表示序列相关程度。

变换器工作在准周期运动时，功率谱在不可约的基频及由它们叠加的频率处出现尖峰；周期运动时，功率谱只在基频及由它们叠加的频率处出现尖峰。准周期与周期等信号的自相关函数 $R_x(\tau)$ 具有周期振荡和常数值。而变换器工作在混沌状态时，功率谱表现为噪声背景下的宽峰连续谱，其中含有与周期状态对应的尖峰，混沌信号的自相关函数 $R_x(\tau)$ 近似为冲激函数[36]。

1.3 研究现状及应用价值

1984 年，Brocket 和 Wood 在电压模式控制的 Buck 变换器中监测到了混沌现象，并研究了其混沌行为产生的机理[12]，这是非线性动力学现象在开关变换器中的首次发现。DC-DC 变换器是一个强非线性的动力学系统，包含有非常丰富的非线性现象，如倍周期分岔[37, 38]、切分岔[39, 40]、Hopf 分岔[41, 42]、边界碰撞分岔[43, 44]和混沌[45-47]等。国内外学者在近三十年来深入研究了电力电子领域特别是在 DC-DC 变换器系统中的非线性现象。

Hamill 和 Jefferies 分析了 Buck 变换器的分岔和混沌现象，分析了变换器处于稳定工作状态时的参数范围[48]。Hamill 和 Jonathan 等对电流型控制 Buck 变换器和 Boost 变换器中的非线性行为产生的机理进行了研究[34, 49]。Krein 和 Bass 对电力电子电路非线性现象进行了深入的研究，运用实验观察的方法分析了状态变量的有界性、跳跃及混沌行为[50]。Fossas 和 Olivar 等描述了 Buck 变换器的混沌吸引子的拓扑结构，并研究了不同系统演化相关联的区域[51]。Giaouris 等采用 Floquet 理论与 Filippov 方法相结合的手段对 Buck 变换器工作于连续导电模式的稳定性和非线性行为进行了分析[52]。Aroudi 等对 DC-DC 变换器的非线性建模、稳定性分析、分岔及混沌现象等方面进行了大量的研究工作[53-55]。Tse 等对 DC-DC 变换器、功率因数校正变换器、并联变换器中各种类型的分岔和混沌行为进行了大量的仿真和实际电路验证，并且取得了丰富的研究成果[14, 35, 41, 43, 56-58]。

张波等对电力电子变换器的建模[59, 60]、分岔与混沌的识别[38, 44]及混沌应用[61]等方面开展了大量的研究，采用符号序列法和熵理论分析开关变换器的非线性特性[62]。马西奎

等研究了 DC-DC 变换器的慢尺度稳定性、Hopf 分岔现象和边界碰撞行为[63-65]，以及功率因数校正变换器的快时标不稳定性[66]。周宇飞等观测到变换器中存在的切分岔、间歇、呼吸现象、吸引子共存等非线性现象[39, 67-69]。卢伟国等在开关变换器的混沌控制方面做了大量研究[7, 70, 71]。罗晓曙等对开关变换器的非线性动力学行为及其应用进行了深入的研究[72, 73]。许建平等分析了脉冲序列控制和脉冲跨周期调制开关变换器中存在的低频波动现象，并研究了其产生机理和抑制方法，为变换器理论研究和电路参数设计提供了参考[74, 75]。包伯成等对含斜坡补偿的开关变换器进行了深入研究，分析了斜坡补偿对开关变换器稳定周期状态和工作模式转移的影响，给出了模式转移机理及电路参数域估计，对开关变换器电路参数的优化设计具有重要的指导作用[76-78]。

随着对开关变换器稳定性和可靠性的要求越来越高，深入研究开关变换器的动力学行为和非线性现象是非常必要的，其意义和价值在于：

(1) 开关变换器朝着复杂化和多样性方向发展，新型的控制方法和拓扑结构不断涌现。研究人员需要不断地认识采用各种控制方法的开关变换器的非线性现象及其产生机理，并对其动力学行为进行分析和研究，在合理解释开关变换器产生非线性现象的同时，致力于设计出性能更加稳定、出色的开关变换器系统。

(2) 有针对性地利用开关变换器固有的分岔、混沌等现象来提高开关变换器系统的品质，为电路参数的优化设计提供理论指导，以改善开关变换器的综合性能。

(3) 开关变换器动力学行为的研究不仅拓展了电力电子学的研究领域，而且丰富了非线性科学的研究内容。此外，还可以借助开关变换器的动力学研究理论和方法，促进电力电子领域其他非线性系统的共同发展。

1.4 本 章 小 结

针对开关变换器存在固有的非线性特性，本章首先简要介绍了开关变换器的几种非线性建模方法，包括频闪映射、S 开关映射和 A 开关映射；其次阐述了开关变换器常用和有效的非线性动力学分析方法，包括时域图和相轨图、分岔图、Lyapunov 指数、雅可比矩阵与 Floquet 乘子、庞加莱截面及功率谱等；最后归纳总结了开关变换器非线性动力学的研究现状及其应用价值。

参 考 文 献

[1]汪莉丽，周宇飞，陈军宁，等. 两种控制模式的开关变换器的动力学行为研究. 科学技术与工程, 2006, 6(10): 1357-1362.

[2]张卫平. 开关变换器的建模与控制. 北京：中国电力出版社, 2005.

[3]周国华，许建平，吴松荣. 开关变换器建模、分析与控制. 北京：科学出版社, 2016.

[4]戴栋，马西奎，李小峰. 一类具有两个边界的分段光滑系统中边界碰撞分岔现象及混沌. 物理学报，2003，52(11)：2729-2736.

[5]谢玲玲，龚仁喜. 交错并联 Boost 变换器分岔和混沌行为研究. 广西大学学报(自然科学版), 2014, 39(2): 393-399.

[6]毕玉春, 汪小峰, 刘立生. 具有斜坡补偿的 Buck-Boost 变换器的碰撞、分岔现象及混沌. 哈尔滨理工大学学报, 2012, 15(3): 77-81.

[7]卢伟国, 周雒维, 罗全明, 等. Boost 变换器延迟反馈混沌控制及其优化. 物理学报, 2007, 56(11): 6275-6281.

[8]王发强, 张浩, 马西奎. 单周控制 Buck 变换器中的降频现象分析. 物理学报, 2008, 57(5): 2842-2848.

[9]姜学东. 开关功率变换器中的非线性现象及其分析与控制研究. 合肥: 安徽大学, 2009.

[10]鲁思男. 升压型功率因数校正器中的快时标分岔分析及其控制研究. 重庆: 重庆大学, 2013.

[11]毕闯, 张千, 向勇. 峰值电压反馈 Superbuck 变换器中分岔与混沌的实验研究. 电子与信息学报, 2013, 35(9): 2261-2265.

[12]Brocket R W, Wood J R. Understanding power converter chaotic behaviour mechanisms in protective and abnormal modes. Eleventh Annual International Power Electronics Conference, 1984: 115-114.

[13]Zhou G H, Xu J P, Bao B C, et al. Symmetrical dynamics of peak current-mode and valley current-mode controlled switching DC–DC converters with ramp compensation. Chinese Physics B, 2010, 19(6): 126-133.

[14]Tse C K, Bernardo M D. Complex behavior in switching power converters. Proceeding of IEEE, 2002, 90(5): 768-781.

[15]周宇飞, 陈军宁, 谢智刚, 等. 参数共振微扰法在 Boost 变换器混沌控制中的实现及其优化. 物理学报, 2004, 53(11): 3676-3683.

[16]包伯成. 混沌电路导论. 北京: 科学出版社, 2013.

[17]Wang J P, Bao B C, Xu J P, et al. Dynamical effects of equivalent series resistance of output capacitor in constant on-time controlled buck converter. IEEE Transactions on Industrial Electronics, 2013, 60(5): 1759-1768.

[18]Giral R, Aroudi A E, Salamero L M, et al. Current control technique for improving EMC in power converters. Electronics Letters, 2001, 37(5): 274-275.

[19]杨平, 包伯成, 沙金, 等. 开关变换器斜坡补偿动力学机理研究. 物理学报, 2013, 62(1): 57-65.

[20]杨平, 许建平, 何圣仲, 等. 电流控制二次型 Boost 变换器的动力学研究. 物理学报, 2013, 62(16): 45-52.

[21]包伯成, 杨平, 马正华, 等. 电路参数宽范围变化时电流控制开关变换器的动力学研究. 物理学报, 2012, 61(22): 92-105.

[22]Papafotions G A, Margaris N I. Nonlinear discrete-time analysis of the fixed frequency switch-mode DC-DC converters dynamics. IEEE Transactions on Circuits and Systems-II: Express Briefs, 2005, 52(6): 322-326.

[23]陈艳峰. DC-DC 开关变换器闭环系统非线性分析方法研究. 广州: 华南理工大学, 2000.

[24]陈天琴. 开关变换器建模、分析及混沌控制方法. 西安: 长安大学, 2006.

[25]宋康. 开关电源离散映射模型分析及混沌控制研究. 沈阳: 东北大学, 2011.

[26]包伯成. 混沌动力学系统延拓与分析. 南京: 南京理工大学, 2010.

[27]胡岗萧, 井华, 郑志刚. 混沌控制. 上海: 上海教育出版社, 2000.

[28]罗晓曙. DC-DC 变换器的非线性动力学行为与混沌控制. 北京: 科学出版社, 2012.

[29] Wolf A J, Swift B, Swinney H L, et al. Determining Lyapunov exponents from a time series. Physica, 1985, 16(3): 285-317.

[30]谢帆. DC-DC 开关变换器分段光滑系统边界碰撞和分岔研究. 广州: 华南理工大学, 2011.

[31]Giaouris D, Banejee S, Zahawi B, et al. Stability analysis of the continuous-conduction-mode buck converter via filippov's method. IEEE Transactions on Circuits and Systems-I: Regular Papers, 2008, 55(4): 1084-1096.

[32]王洪礼, 张琪昌. 非线性动力学理论及其应用. 天津: 天津科学技术出版社, 2002.

[33]吴浩. 可倾瓦滑动轴承—转子系统非线性动力学特性分析. 哈尔滨: 哈尔滨工业大学, 2007.

[34]Hamill D C, Jonatan H B, Jefferies D J. Modeling of chaotic DC/DC converters by iterated nonlinear mapping. IEEE Transactions on Power Electronics, 1992, 7(1): 25-36.

[35]Chan W C Y, Tse C K. Study of bifurcations in current-programmed DC/DC boost converters: from quasiperiodicity to

period-doubling. IEEE Transactions on Circuits and Systems-I: Fundamental Theory and Applications, 1997, 44(12): 1129-1142.

[36]王诗兵. 高阶开关功率变换器中的非线性动力学行为及其控制研究. 合肥: 安徽大学, 2010.

[37]Toribio E, Aroudi A E, Olivar G, et al. Numerical and experimental study of the region of period-one operation of a PWM boost converter. IEEE Transactions on Power Electronics, 2000, 15(6): 1163-1171.

[38]王学梅, 张波, 丘东元. 不连续导电模式 DC-DC 变换器的倍周期分岔机理研究. 物理学报, 2008, 57(5): 2728-2736.

[39]周宇飞, 陈军宁. 电流模式控制 Boost 变换器中的切分叉及阵发混沌现象. 中国电机工程学报, 2005, 25(1): 26-29.

[40]谢玲玲, 龚仁喜, 卓浩泽, 等. 电压模式控制不连续传导模式 Boost 变换器切分岔研究. 物理学报, 2012, 61(5): 479-485.

[41]Tse C K, Lai Y M, Iu H H C. Hopf bifurcation and chaos in a free-running current-controlled Cuk switching regulator. IEEE Transactions on Circuits and Systems-I: Fundamental Theory and Applications, 2000, 47(4): 448-457.

[42]Kavitha K A, Uma C. Experimental verification of Hopf bifurcation in DC-DC Luo converter. IEEE Transactions on Power Electronics, 2008, 23(6): 2878-2883.

[43]Yue M, Tse C K, Kousaka T, et al. Connecting border collision with saddle-node in switched dynamical systems. IEEE Transactions on Circuits and Systems-II: Express Briefs, 2005, 52(9): 581-585.

[44]王学梅, 张波. H 桥直流斩波变换器边界碰撞分岔和混沌研究. 中国电机工程学报, 2009, 29(9): 22-27.

[45]Onwuchekwa C N, Kwasinski A. Analysis of boundary control for buck converters with instantaneous constant-power loads. IEEE Transaction on Power Electronics, 2010, 25(8): 2018-2032.

[46]Basak B, Parui S. Exploration of bifurcation and chaos in buck converter supplied from a rectifier. IEEE Transaction on Power Electronics, 2010, 25(6): 1556-1564.

[47]Maity S, Tripathy D, Bhattacharya T K, et al. Bifurcation Analysis of PWM-1 voltage -mode-controlled buck converter using the exact discrete model. IEEE Transactions on Circuits and Systems-I: Regular Papers, 2007, 54(5): 1120-1130.

[48]Hamill D C, Jefferies D J. Subharmonics and chaos in a controlled switched-mode power converter. IEEE Transactions on Circuits Systems, 1988, 35(8): 1059-1061.

[49]Jonathan H B, Deane, Hmaill D C. Chaotic behaviour in a current-mode controlled DC/DC converter. Eletronics Letters, 1991, 27(13): 1172-1173.

[50]Krein P T, Bass R M. Types of Instabilities Encountered in Simple Power Electronics Circuits: Unboundedness, Chattering and Chaos. IEEE Fifth Annual Proceedings on Applied Power Electronics Conference and Exposition, 1990: 191-194.

[51]Fossas E, Olivar G. Study of chaos in the buck converter. IEEE Transactions on Circuits and Systems-I: Regular Papers, 1996, 43(1): 13-25.

[52]Giaouris D, Banerjee S, et al. Stability analysis of the continuous conduction mode buck converter via filippov' s method. IEEE Transactions on Circuits and Systems-I: Regular Papers, 2008, 55(4): 1084-1096.

[53]Aroudi A E, Rodriguez E, Leyva R, et al. A design-oriented combined approach for bifurcation prediction in switched-mode power converters. IEEE Transactions on Circuits and Systems-II: Express Briefs, 2010, 57(3): 218-222.

[54]Benadero L, Aroudi A E, Toribio E, et al. Characteristic curves for analysing limit cycle behaviour in switching converters. Electronics Letters, 1999, 35(9): 687-689.

[55]Moreno-Font V, Aroudi A E, Calvente J, et al. Dynamics and stability issues of a single-inductor dual-Switching DC-DC converter. IEEE Transactions on Circuits and Systems-I: Regular Papers, 2010, 57(2): 415-426.

[56]Li M, Tse C K, Iu H H C, et al. Unified equivalent modeling for stability analysis of parallel-connected DC/DC converters. IEEE

Transactions on Circuits and Systems-II: Express Briefs, 2010, 57(11): 898-902.

[57]Tse C K, Li M. Design-oriented bifurcation analysis of power electronics systems. International Journal of Bifurcation and Chaos, 2011, 21(6): 1523-1538.

[58]Tse C K. Complex Behavior of Switching Power Converters. Boca Raton, USA: CRC Press, 2003.

[59]张波, 齐群. DC-DC变换器分叉和混沌现象的建模和分析方法. 中国电机工程学报, 2002, 22(11): 81-86.

[60]张波, 曲颖. Buck DC/DC变换器分叉和混沌的精确离散模型及实验研究. 中国电机工程学报, 2003, 23(12): 99-103.

[61]张波, 曲颖. 电压反馈型Boost变换器DCM的精确离散映射及其分岔和混沌现象. 电工技术学报, 2002, 17(3): 43-47.

[62]王学梅, 张波, 丘东元, 等. DC-DC变换器的符号时间序列描述及模块熵分析. 物理学报, 2008, 57(10): 6112-6119.

[63]Wang F Q, Ma X K. Effects of switching frequency and leakage inductance on slow-scale stability in a voltage controlled flyback converter. Chinese Physics B, 2013, 22(12): 137-144.

[64]王发强, 马西奎, 闫晔. 不同开关频率下电压控制升压变换器中的Hopf分岔分析. 物理学报, 2011, 60(6): 136-143.

[65]马西奎, 李明, 戴栋, 等. 电力电子电路与系统中的复杂行为研究综述. 电工技术学报, 2006, 21(12): 1-11.

[66]马西奎, 刘伟增, 张浩. 快时标意义下Boost PFC变换器中的分岔与混沌现象分析. 中国电机工程学报, 2005, 25(5): 61-67.

[67]王诗兵, 周宇飞, 陈军宁, 等. 高阶开关功率变换器中的间歇现象. 中国电机工程学报, 2008, 28(12): 26-31.

[68]周宇飞, 陈军宁, 徐超. 开关变换器中吸引子共存现象的仿真与实验研究. 中国电机工程学报, 2005, 25(21): 33-36.

[69]周宇飞, 陈军宁, 柯导明. 电流模式控制Boost变换器中的呼吸现象. 电子学报, 2005, 33(5): 915-919.

[70]卢伟国, 周雒维, 罗全明, 等. 电压模式Buck变换器无源反馈混沌控制. 电工技术学报, 2007, 22(11): 98-102.

[71]卢伟国, 周雒维, 罗全明. 电压模式Buck变换器输出延迟反馈混沌控制. 物理学报, 2007, 56(10): 5648-5654.

[72]罗晓曙, 汪秉宏, 陈关荣, 等. DC-DC Buck变换器的分岔行为及混沌控制研究. 物理学报, 2003, 52(1): 12-17.

[73]邹艳丽, 罗晓曙, 方锦清, 等. 脉冲电压微分反馈法控制Buck功率变换器中的混沌. 物理学报, 2003, 52(12): 2978-2984.

[74]王金平, 许建平, 周国华, 等. 脉冲序列控制CCM Buck变换器低频波动现象分析. 物理学报, 2011, 60(4): 048402-1-10.

[75]钟曙, 沙金, 许建平, 等. 脉冲跨周期调制连续导电模式Buck变换器低频波动现象研究. 物理学报, 2014, 63(19): 198401-1-9.

[76]包伯成, 许建平, 刘中. 具有两个边界的Boost变换器的分岔行为和斜坡补偿的镇定控制. 物理学报, 2009, 58(5): 2949-2956.

[77]包伯成, 周国华, 许建平, 等. 斜坡补偿电流模式控制开关变换器的动力学建模与分析. 物理学报, 2010, 59(6): 3769-3777.

[78]Bao B C, Zhou G H, Xu J P, et al. Unified classification of operation state regions for switching converters with ramp compensation. IEEE Transactions on Power Electronics, 2011, 26(7): 1968-1975.

第2章　电压型PWM控制开关变换器动力学建模与分析

按照调制与控制的结合，可将开关变换器的控制技术分为基本型控制和组合型控制[1, 2]。基本型控制包括电压型、电流型、电荷型和磁通型 4 种，其中电压型控制和电流型控制的应用最为广泛；组合型控制有 V^2 型控制、V^2C 型控制等[3-7]。调制作为控制电路中不可或缺的重要环节，是影响开关变换器控制性能的重要因素，主要负责调整功率器件的导通与关断[8]。按照在调整开关变换器功率器件的导通或关断过程中开关频率是否发生变化，可将开关变换器的调制技术分为恒频调制和变频调制。恒频(也有文献称为定频)调制是指开关频率恒定不变，通过调整脉冲宽度来调节输出电压，即 PWM 调制；变频调制是指通过改变开关频率来调节输出电压，即 PFM 调制。

根据 PWM 信号的产生方式，PWM 调制又可细分为单缘调制和双缘调制，其中单缘调制包括后缘调制和前缘调制，双缘调制包括三角后缘调制和三角前缘调制[9]。本章以 Buck 变换器为例，对电压型 PWM 控制开关变换器的动力学行为进行深入研究，对 PWM 调制进行归一化分析，建立相应的离散映射模型，并分析主电路参数、控制电路参数及调制方式对变换器动力学行为的影响。

2.1　单缘调制电压型控制开关变换器

电压型控制是最常用的一种开关变换器控制技术，其优点在于：单电压环反馈，结构简单，便于分析和设计[3]。下面以单缘调制电压型开关变换器为研究对象，通过分岔图、庞加莱截面、时域波形及相轨图等，揭示输入电压参数变化时电压型控制开关变换器的复杂动力学行为。

2.1.1　前缘调制电压型控制

图 2.1 所示为前缘调制电压型控制 Buck 变换器原理及工作波形图[10]。其中，V_g 为输入电压；L、C 分别为电感、输出电容；R_L、R_C 分别为电感和输出电容上的等效串联电阻(equivalent series resistance，ESR)；R 为负载电阻；S_1、S_2 分别为开关管和二极管。误差放大器对输出电压 v_o 和参考电压 V_{ref} 的差值进行补偿运算，得到控制信号 v_{con}，作为比较器的负端输入。比较器的正端输入为三角波信号 V_{ramp}。当 $v_{con} > V_{ramp}$ 时，PWM 信号 V_p 为低电平，S_1 关断；否则，V_p 为高电平，S_1 导通。在图 2.1(b) 中，V_H、V_L 分别为 V_{ramp} 的最大值和最小值，T 为开关周期。从图 2.1(b) 可以看出，每个开关周期控制的是 PWM 信号的前边缘。

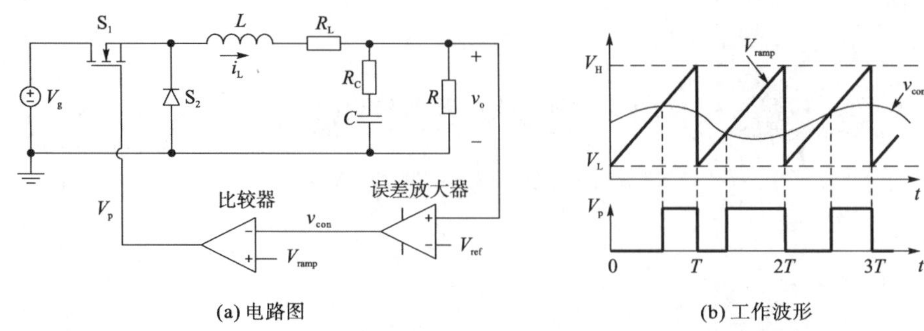

(a) 电路图 (b) 工作波形

图 2.1 前缘调制电压型控制 Buck 变换器的电路图和工作波形

选用文献[10]中的电路参数：$V_g = 22 \sim 33\text{V}$，$L = 20\text{mH}$，$C = 47\mu\text{F}$，$R = 22\Omega$，$T = 400\mu\text{s}$，$V_{ref} = 11.3\text{V}$，$V_L = 3.8\text{V}$，$V_H = 8.2\text{V}$，$A = 8.4$(仅考虑比例系数的误差放大器增益)，并忽略电感、电容 ESR，对前缘调制电压型控制 Buck 变换器进行仿真，得到如图 2.2(a)所示的分岔图，并取 $V_g = 33\text{V}$，得到如图 2.2(b)所示的庞加莱截面图。从图 2.2 可以看出，Buck 变换器输出电压开始处于稳定状态，随着输入电压的增大，当 V_g 约为 24.52V 时，变换器发生倍周期分岔，输出电压开始进入周期 2 状态；当 V_g 增大至 31.46V 左右时，输出电压由周期 2 状态变为周期 4 状态；当 V_g 增大到 32.1V 左右时，输出电压由周期 4 状态变为周期 8 状态；随着输入电压的进一步增大，变换器最后逐渐进入混沌状态，庞加莱截面中呈现出不规则的混沌吸引子。

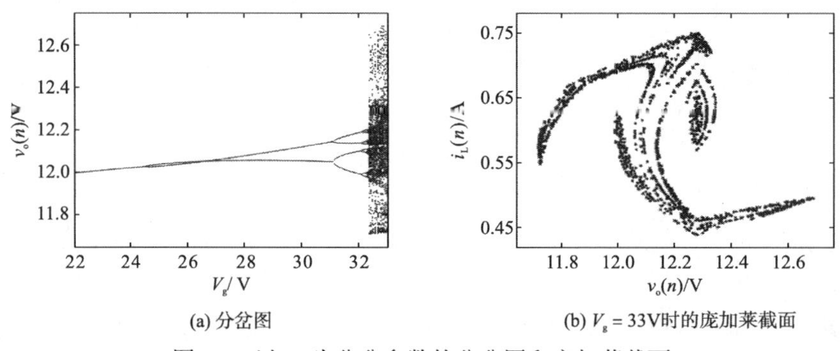

(a) 分岔图 (b) $V_g = 33\text{V}$时的庞加莱截面

图 2.2 以 V_g 为分岔参数的分岔图和庞加莱截面

为了更加直观地分析前缘调制电压型控制 Buck 变换器的动力学行为，并验证图 2.2(a)所示分岔图的正确性，在相同的电路参数下，选择输入电压分别为 23V、29V、31.5V 和 33V 进行时域仿真，得到输出电压 v_o 和电感电流 i_L 的波形及 v_o 与 i_L 的相轨图，如图 2.3 所示。

当 $V_g = 23\text{V}$ 时，得到如图 2.3(a1)所示的时域波形，此时电路工作在稳定的周期 1 状态，v_o 和 i_L 的工作周期与锯齿波周期相同，其相轨图为一个单环，如图 2.3(b1)所示。当 $V_g = 29\text{V}$ 时，一个工作周期包括两个开关周期，如图 2.3(a2)所示，电路工作在周期 2 状态，此时对应的相轨图为 2 分裂环，如图 2.3(b2)所示。当 $V_g = 31.5\text{V}$ 时，电路工作在周期 4 状态，此时对应的相轨图为 4 分裂环，如图 2.3(a3)和图 2.3(b3)所示。当 $V_g = 33\text{V}$ 时，v_o 和 i_L 变得杂乱无章，电路进入混沌状态，如图 2.3(a4)所示，对应的相轨图为如图 2.3(b4)所示的混沌图形。

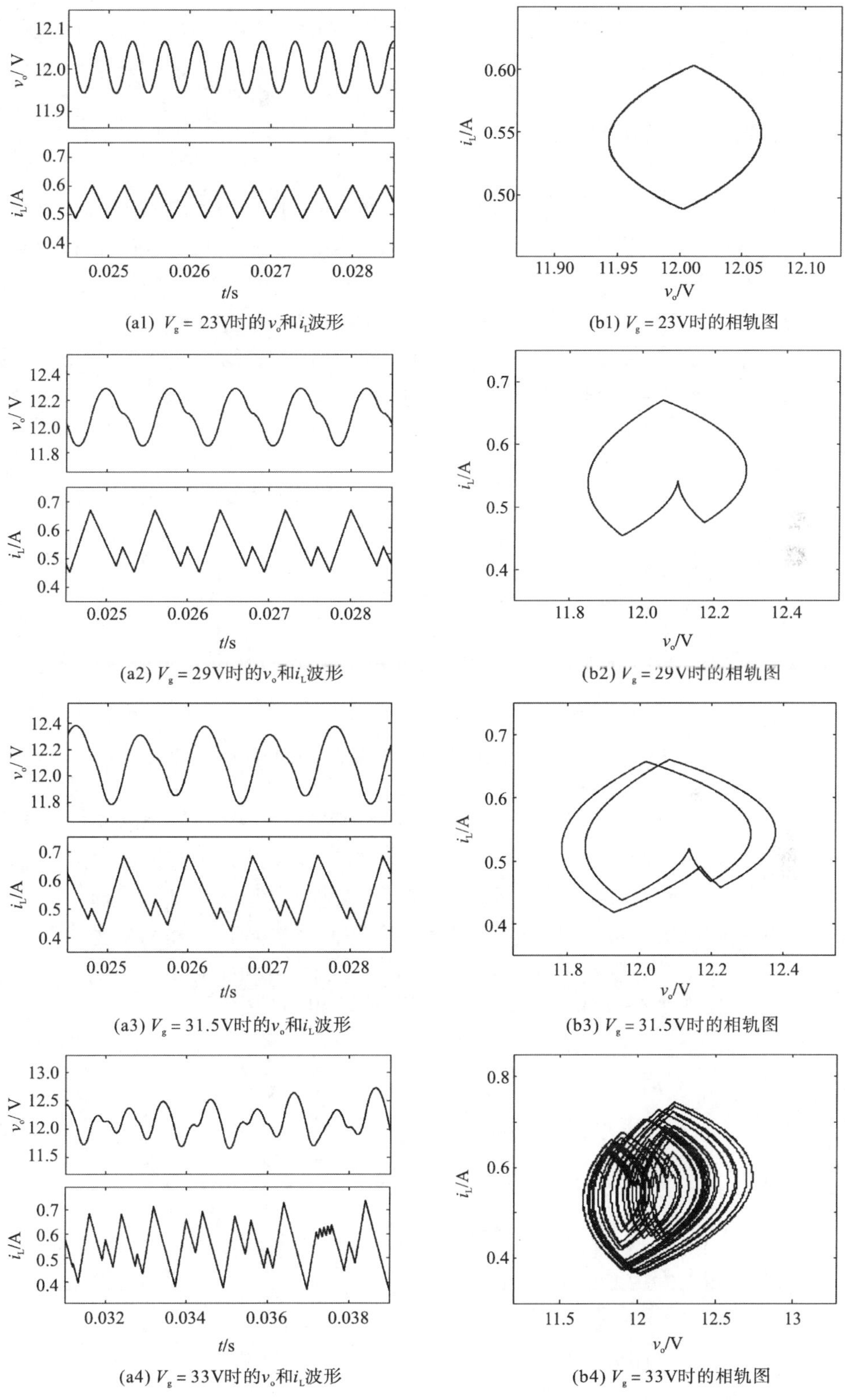

(a1) V_g = 23V时的v_o和i_L波形　(b1) V_g = 23V时的相轨图

(a2) V_g = 29V时的v_o和i_L波形　(b2) V_g = 29V时的相轨图

(a3) V_g = 31.5V时的v_o和i_L波形　(b3) V_g = 31.5V时的相轨图

(a4) V_g = 33V时的v_o和i_L波形　(b4) V_g = 33V时的相轨图

图 2.3　不同输入电压对应的输出电压和电感电流及其对应的相轨图

由图 2.3 可知，时域仿真结果与图 2.2 所示的分岔图一致，即存在周期 1、周期 2、周期 4、混沌等工作状态，验证了分岔图的正确性。

2.1.2 后缘调制电压型控制

现有文献中，大多数学者研究的是如图 2.1 所示的前缘调制电压型控制的动力学行为[10-12]，而传统的电压型控制本质上为后缘调制电压型控制，其控制原理及工作波形如图 2.4 所示[13, 14]。与图 2.1 相比，其主要区别在于：误差放大器输入端信号反接(即 V_{ref} 接正输入端，v_o 接负输入端)，同时比较器输入端也反接(即 V_{ramp} 接负输入端，误差放大器产生的控制信号 v_{con} 接正输入端)。当 $v_{con} > V_{ramp}$ 时，比较器输出高电平，反之输出低电平，即每个开关周期控制的是 PWM 信号的后边缘。

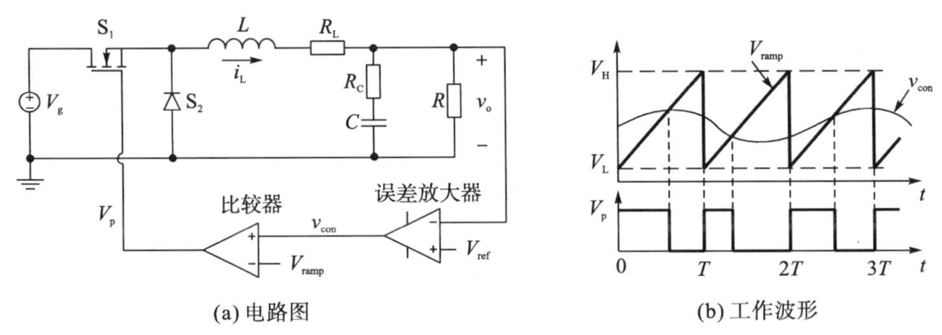

(a) 电路图 (b) 工作波形

图 2.4 后缘调制电压型控制 Buck 变换器的电路图和工作波形

同样选用文献[10]中的电路参数，对后缘调制电压型控制 Buck 变换器进行仿真，得到如图 2.5(a)所示的分岔图。从图 2.5(a)可以看出，Buck 变换器的输出电压开始时处于稳定状态，随着输入电压的增大，当 V_g 约为 24.35V 时，变换器经过倍周期分岔进入周期 2 状态；当输入电压约为 30.3V 时，变换器再次经过倍周期分岔进入周期 4 状态；当输入电压约为 31.1V 时，变换器进入混沌状态。取 $V_g = 33$V，得到如图 2.5(b)所示的庞加莱截面图，从该图中可以观察到与图 2.2(b)不同的混沌吸引子。

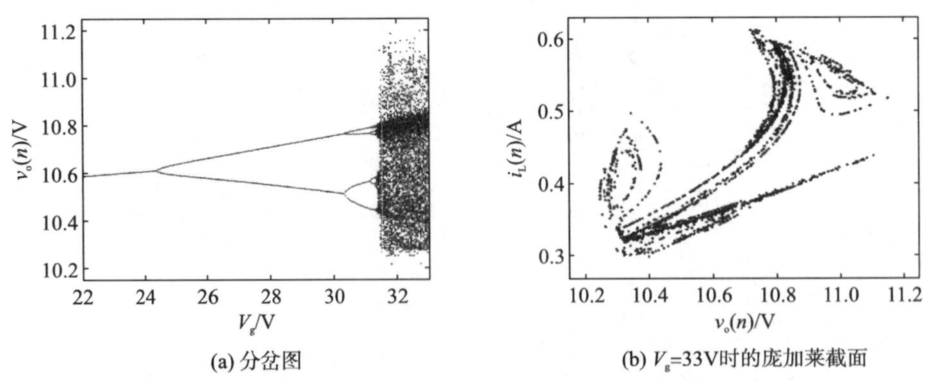

(a) 分岔图 (b) V_g=33V时的庞加莱截面

图 2.5 以 V_g 为分岔参数的分岔图和庞加莱截面

对比图 2.2 和图 2.5 可知，前缘调制和后缘调制电压型控制开关变换器具有不同的稳定性范围和动力学行为，说明在相同控制技术下，通过使用不同的调制方式可以改善变换器系统的性能。

2.2　双缘调制电压型控制开关变换器

双缘调制结合了前缘调制和后缘调制的优点，同时避开了它们的缺点[13]。下面以三角后缘调制电压型控制开关变换器为研究对象，建立它的离散映射模型；在该模型的基础上，通过理论研究、仿真分析和实验验证，详细研究双缘调制电压型控制开关变换器的非线性动力学行为。

2.2.1　工作原理

图 2.6 所示为双缘调制电压型控制 Buck 变换器的电路图和工作波形。为了与后文建立离散映射模型相对应，在控制电路中加入了采样保持器环节[14]。控制电路由误差放大器、采样时钟 clk、采样保持器(S/H)、比较器和三角波 V_{ramp} 构成。

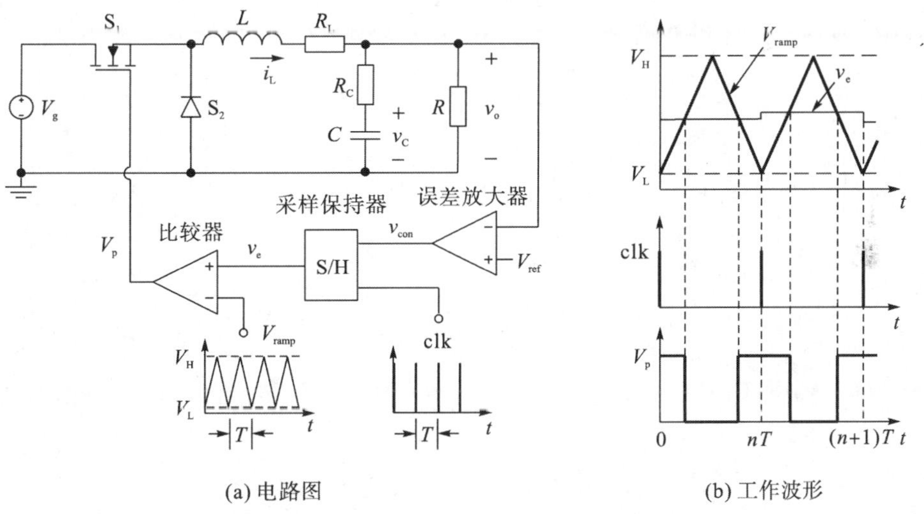

图 2.6　双缘调制电压型控制 Buck 变换器的电路图和工作波形

双缘调制电压型控制 Buck 变换器的工作原理如下：每个开关周期(时钟周期 T)开始时，输出电压 v_o 与参考电压 V_{ref} 经过误差放大器运算后得到控制信号 v_{con}，v_{con} 通过采样保持器得到信号 v_e，v_e 与三角波 V_{ramp} 进行比较，产生 PWM 信号 V_p，控制开关管 S_1 的导通与关断。当 $v_e \geqslant V_{ramp}$ 时，V_p 为高电平，S_1 导通，由于 V_{ramp} 为对称三角波，所以导通时间均匀分布在开关周期的开始段和结束段；当 $v_e < V_{ramp}$ 时，V_p 为低电平，S_1 关断。

记第 n 个开关周期开始时的输出电压值为 v_n，若误差放大器仅考虑比例环节，则控制信号 v_e 可表示为

$$v_e = A(V_{ref} - v_n) \tag{2.1}$$

其中，A 为误差放大器的放大倍数。

三角波 V_{ramp} 可以用下式表示：

$$V_{ramp} = \begin{cases} V_L + 2(V_H - V_L)F\left(\dfrac{t}{T}\right) & F\left(\dfrac{t}{T}\right) \leqslant 0.5 \\ 2V_H - V_L - 2(V_H - V_L)F\left(\dfrac{t}{T}\right) & F\left(\dfrac{t}{T}\right) > 0.5 \end{cases} \tag{2.2}$$

其中，$F\left(\dfrac{t}{T}\right)$表示$\dfrac{t}{T}$对 1 取余数；$V_L$和 V_H分别表示三角波的谷值和峰值。

在一个稳定的开关周期中，当电感电流恒大于零时，Buck 变换器工作在连续导电模式(continuous conduction mode，CCM)；当电感电流下降到零且继续保持一段时间时，变换器工作在断续导电模式(discontinuous conduction mode，DCM)。采用电感电流 i_L 和电容电压 v_C 作为状态变量，根据工作模式和开关管 S_1 的状态，在一个开关周期内将变换器电路分为 3 种工作状态，可以得到相应的状态方程。为了简化分析，忽略输出电容和电感的 ESR，即忽略 R_C 和 R_L。

状态 1：S_1 导通时，电路的状态方程为

$$\frac{\mathrm{d}\boldsymbol{x}}{\mathrm{d}t} = \boldsymbol{A}_1\boldsymbol{x} + \boldsymbol{B}_1 V_g \tag{2.3}$$

状态 2：S_1 关断且 i_L 大于零时，电路的状态方程为

$$\frac{\mathrm{d}\boldsymbol{x}}{\mathrm{d}t} = \boldsymbol{A}_2\boldsymbol{x} \tag{2.4}$$

状态 3：S_1 关断且 i_L 等于零时，电路的状态方程为

$$\frac{\mathrm{d}\boldsymbol{x}}{\mathrm{d}t} = \boldsymbol{A}_3\boldsymbol{x} \tag{2.5}$$

其中，

$$\boldsymbol{x} = \begin{pmatrix} i_L \\ v_C \end{pmatrix}$$

$$\boldsymbol{A}_1 = \boldsymbol{A}_2 = \begin{pmatrix} 0 & \dfrac{-1}{L} \\ \dfrac{1}{C} & \dfrac{-1}{R_C} \end{pmatrix}$$

$$\boldsymbol{B}_1 = \begin{pmatrix} \dfrac{1}{L} \\ 0 \end{pmatrix}$$

$$\boldsymbol{A}_3 = \begin{pmatrix} 0 & 0 \\ 0 & \dfrac{-1}{R_C} \end{pmatrix}$$

当电路工作在 CCM 时，一个开关周期由状态 1 和状态 2 构成；当电路工作在 DCM 时，一个开关周期由状态 1、状态 2 和状态 3 构成。

2.2.2　离散映射建模

为了分析双缘调制电压型控制开关变换器的非线性动力学行为，需要根据不同的工作状态，建立该电路的离散迭代映射模型。在第 n 个周期内，记 i_n、v_n 分别为周期开始时的电感电流值、输出电压值(忽略电容 ESR 后，输出电压值即为电容电压值)，电路工作在 S_1 导通的时间为 $2t_{n,1}$(平均分布在当前周期的开始段和结束段)，工作在 S_1 关断并且 i_L 不为零的时间为 $t_{n,2}$，工作在 i_L 为零的时间为 $t_{n,3}$，采样时钟的周期与 V_{ramp} 的周期相同(均为 T)，则有如下关系：

$$t_{n,1}+t_{n,2}+t_{n,3}+t_{n,1}=T \tag{2.6}$$

图 2.7 所示为 i_L、V_{ramp} 和 v_e 在第 n 个开关周期中可能存在的 6 种工作情形。通过不断求解式(2.3)、式(2.4)和式(2.5)这 3 个状态方程，可以推导出每种工作情形下所对应的离散迭代映射模型。

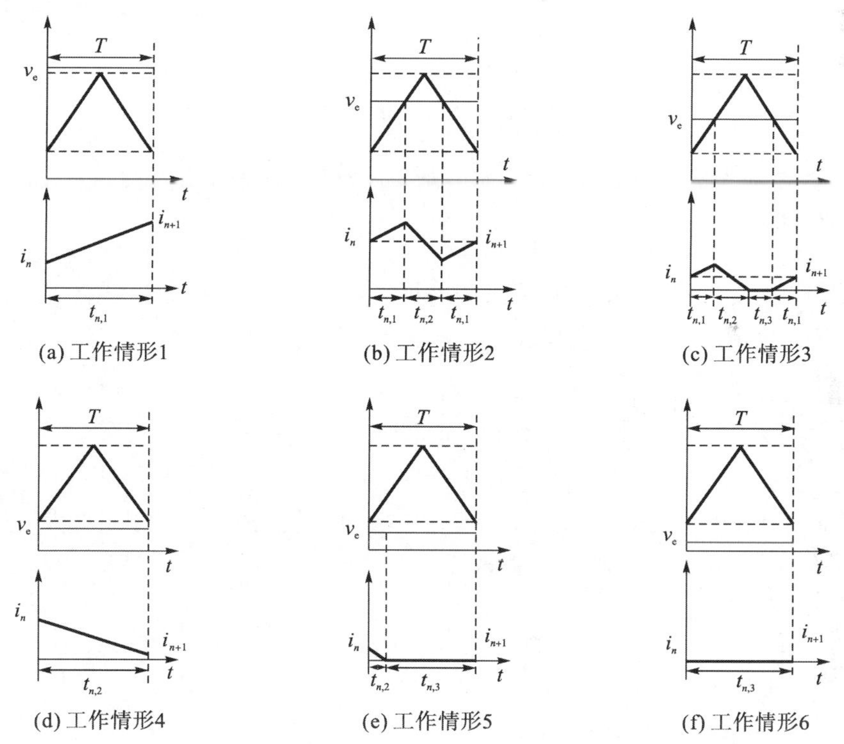

图 2.7　电感电流和控制信号在第 n 个开关周期中可能存在的 6 种工作情形

工作情形 1：如图 2.7(a)所示，在该工作情形下，一个周期内 v_e 始终大于 V_{ramp}，即开关管在一个周期内均处于导通状态。此时的迭代映射为

$$\begin{cases} i_{n+1}=a(T)i_n+b(T)v_n+k(T) \\ v_{n+1}=c(T)i_n+d(T)v_n+l(T) \end{cases} \tag{2.7}$$

其中，

$$a(t)=\mathrm{e}^{-\alpha t}\left[\frac{\alpha}{\omega}\sin(\omega t)+\cos(\omega t)\right],\quad b(t)=\mathrm{e}^{-\alpha t}\frac{-\sin(\omega t)}{\omega L},\quad c(t)=\mathrm{e}^{-\alpha t}\frac{\sin(\omega t)}{\omega C}$$

$$d(t)=\mathrm{e}^{-\alpha t}\left[-\frac{\alpha}{\omega}\sin(\omega t)+\cos(\omega t)\right],\quad l(t)=\mathrm{e}^{-\alpha t}V_{\mathrm{g}}\left[-\frac{\alpha}{\omega}\sin(\omega t)-\cos(\omega t)\right]+V_{\mathrm{g}}$$

$$k(t)=\mathrm{e}^{-\alpha t}\left[V_{\mathrm{g}}\left(\frac{1}{\omega L}-\frac{\alpha}{\omega R}\right)\sin(\omega t)-\frac{V_{\mathrm{g}}}{R}\cos(\omega t)\right]+\frac{V_{\mathrm{g}}}{R},\quad \alpha=\frac{1}{2RC},\quad \omega=\sqrt{\frac{2}{LC}-\left(\frac{1}{2RC}\right)^2}$$

工作情形 2：如图 2.7(b)所示，在该工作情形中，变换器工作在 CCM，可以分为如下 3 个过程。

过程一：S_1 导通 $t_{n,1}$ 时间，i_L 增大，由初始状态(i_n，v_n)到中间状态($i_{n,1}$，$v_{n,1}$)的映射为

$$\begin{cases}i_{n,1}=a(t_{n,1})i_n+b(t_{n,1})v_n+k(t_{n,1})\\ v_{n,1}=c(t_{n,1})i_n+d(t_{n,1})v_n+l(t_{n,1})\end{cases}\tag{2.8}$$

其中，$i_{n,1}$ 和 $v_{n,1}$ 分别表示经过第一段 $t_{n,1}$ 时间后的电感电流值和电容电压值。

过程二：S_1 关断 $t_{n,2}$ 时间，i_L 减小但大于零，由中间状态($i_{n,1}$，$v_{n,1}$)到中间状态($i_{n,2}$，$v_{n,2}$)的映射为

$$\begin{cases}i_{n,2}=a(t_{n,2})i_{n,1}+b(t_{n,2})v_{n,1}\\ v_{n,2}=c(t_{n,2})i_{n,1}+d(t_{n,2})v_{n,1}\end{cases}\tag{2.9}$$

其中，$i_{n,2}$ 和 $v_{n,2}$ 分别表示经过 $t_{n,2}$ 时间后的电感电流值和电容电压值。

过程三：S_1 再导通 $t_{n,1}$ 时间，i_L 增大，由中间状态($i_{n,2}$，$v_{n,2}$)到末状态(i_{n+1}，v_{n+1})的映射为

$$\begin{cases}i_{n+1}=a(t_{n,1})i_{n,2}+b(t_{n,1})v_{n,2}+k(t_{n,1})\\ v_{n+1}=c(t_{n,1})i_{n,2}+d(t_{n,1})v_{n,2}+l(t_{n,1})\end{cases}\tag{2.10}$$

工作情形 3：如图 2.7(c)所示，该工作情形分为如下 4 个过程。

过程一、过程二均与工作情形 2 相似，此时：

$$i_{n,2}=0\tag{2.11}$$

过程三：S_1 关断 $t_{n,3}$ 时间，此时 i_L 为零，电容向负载电阻供电，由中间状态($i_{n,2}$，$v_{n,2}$)到中间状态($i_{n,3}$，$v_{n,3}$)的映射为

$$\begin{cases}i_{n,3}=0\\ v_{n,3}=v_{n,2}\mathrm{e}^{\frac{-t_{n,3}}{RC}}\end{cases}\tag{2.12}$$

其中，$i_{n,3}$ 和 $v_{n,3}$ 分别表示经过 $t_{n,3}$ 时间后的电感电流值和电容电压值。

过程四与工作情形 2 的过程三相似，过程四的映射为

$$\begin{cases}i_{n+1}=a(t_{n,1})i_{n,3}+b(t_{n,1})v_{n,3}+k(t_{n,1})\\ v_{n+1}=c(t_{n,1})i_{n,3}+d(t_{n,1})v_{n,3}+l(t_{n,1})\end{cases}\tag{2.13}$$

工作情形 4：如图 2.7(d)所示，此工作情形与工作情形 2 的过程二相似，工作情形 4 的映射为

$$\begin{cases}i_{n+1}=a(t_{n,2})i_n+b(t_{n,2})v_n\\ v_{n+1}=c(t_{n,2})i_n+d(t_{n,2})v_n\end{cases}\tag{2.14}$$

工作情形 5：如图 2.7(e)所示，此工作情形与工作情形 3 的过程二和过程三相似，工作情形 5 的映射为

$$\begin{cases} i_{n,2} = a(t_{n,2})i_n + b(t_{n,2})v_n = 0 \\ v_{n,2} = c(t_{n,2})i_n + d(t_{n,2})v_n \end{cases} \tag{2.15}$$

$$\begin{cases} i_{n+1} = 0 \\ v_{n+1} = v_{n,2}\mathrm{e}^{\frac{-t_{n,3}}{RC}} \end{cases} \tag{2.16}$$

工作情形 6：如图 2.7(f)所示，此工作情形与工作情形 3 的过程三相似，工作情形 6 的映射为

$$\begin{cases} i_{n+1} = 0 \\ v_{n+1} = v_n\mathrm{e}^{\frac{-t_{n,3}}{RC}} \end{cases} \tag{2.17}$$

在上述 6 种工作情形中，确定时间 $t_{n,1}$、$t_{n,2}$ 和 $t_{n,3}$ 是十分关键的。根据双缘调制电压型控制开关变换器的工作原理可知，时间 $t_{n,1}$ 由下式确定：

$$A\left(V_{\text{ref}} - v_n\right) = V_{\text{L}} + 2\left(V_{\text{H}} - V_{\text{L}}\right)F\left(\frac{t_{n,1}}{T}\right) \tag{2.18}$$

其中，$t_{n,1}$ 需满足 $0 \leqslant t_{n,1} \leqslant T/2$。当 $t_{n,1} < 0$ 时，说明整个周期内开关管不导通，此时应令 $t_{n,1} = 0$；当 $t_{n,1} > T/2$ 时，说明整个周期内开关管恒导通，此时应令 $t_{n,1} = T/2$。

在确定时间 $t_{n,2}$ 和 $t_{n,3}$ 之前，需要先判断第 n 个开关周期内变换器所处的工作模式。设开关管关断后，i_{L} 下降到零所需要的时间为 $t_{n,x}$，其值可由下式求出：

$$i_{n,2} = a(t_{n,x})i_{n,1} + b(t_{n,x})v_{n,1} = 0 \tag{2.19}$$

当 $t_{n,x} \geqslant T - 2t_{n,1}$ 时，变换器工作在 CCM，此时 $t_{n,2} = T - 2t_{n,1}$，且 $t_{n,3} = 0$；当 $t_{n,x} < T - 2t_{n,1}$ 时，变换器工作在 DCM，此时 $t_{n,2} = t_{n,x}$，且 $t_{n,3} = T - 2t_{n,1} - t_{n,2}$。

2.2.3　动力学行为分析

根据上文建立的离散迭代映射模型式(2.6)～式(2.19)，可以对双缘调制电压型控制开关变换器的分岔行为进行分析。

1．两种 Hopf 分岔

1) 数值仿真

选择两组电路参数，参数Ⅰ：$L = 20\text{mH}$，$C = 47\mu\text{F}$，$R = 10\Omega$，$T = 100\mu\text{s}$，$V_{\text{ref}} = 11\text{V}$，$A = 8.5$，$V_{\text{L}} = 3.8\text{V}$ 和 $V_{\text{H}} = 8.2\text{V}$；参数Ⅱ：$L = 10\text{mH}$，$C = 22\mu\text{F}$，$R = 5\Omega$，$T = 200\mu\text{s}$，$V_{\text{ref}} = 5.2\text{V}$，$A = 10$，$V_{\text{L}} = 0.6\text{V}$ 和 $V_{\text{H}} = 5.7\text{V}$。在不同的电路参数下，通过 Matlab 数值仿真，得到以输入电压 V_{g} 为分岔参数的输出电压分岔图，如图 2.8 所示。

图 2.8(a)所示为参数Ⅰ对应的输出电压分岔图，V_{g} 的变化范围为 19～24V。从图 2.8(a)可观察到，当 V_{g} 在 19～20.8V 变化时，变换器工作在稳定的周期 1 状态；当 $V_{\text{g}} > 20.8\text{V}$ 时，变换器因发生 Hopf 分岔而呈现周期振荡现象；随着输入电压的进一步增大，输出电

压的振荡幅度逐渐增大，当 $V_g > 21.5V$ 时，输出电压的振荡幅度随输入电压增大的变化较小。图 2.8(b)所示为参数Ⅱ对应的分岔图，V_g 的变化范围为 13.5～14.5V。从图 2.8(b)可以看出，电路在 $V_g = 13.8V$ 时也发生了 Hopf 分岔，出现了低频振荡现象，但是电路在发生 Hopf 分岔处由周期 1 到周期振荡的变化为一个突变过程，而不是如图 2.8(a)中显示的渐变过程，也没有振幅的逐渐增加过程。

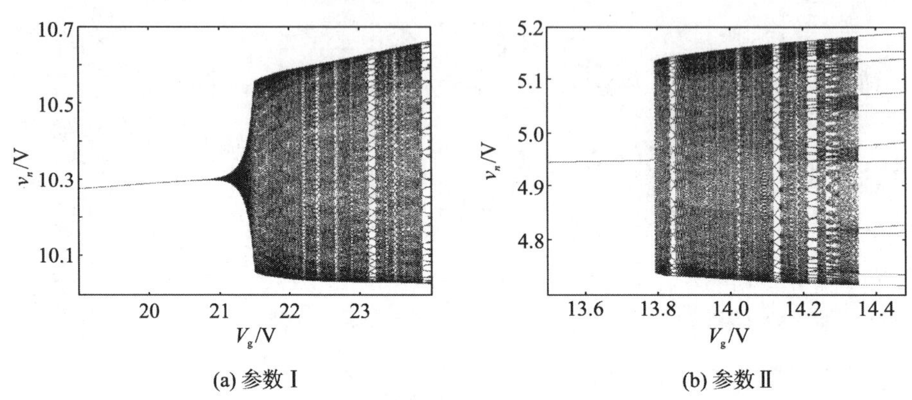

(a) 参数Ⅰ (b) 参数Ⅱ

图 2.8 以输入电压为分岔参数的输出电压分岔图

为了揭示这两种不同的周期振荡现象，分别绘制两组参数下电感电流和电容电压的庞加莱截面，如图 2.9 所示。图 2.9(a)为参数Ⅰ中 $V_g = 21.5V$ 时的庞加莱截面，图 2.9(b)为参数Ⅱ中 $V_g = 14V$ 时的庞加莱截面。根据文献[14]～[16]可知，当庞加莱截面为一个椭圆形时，系统发生低频振荡。图 2.9(a)的庞加莱截面与文献[14]～[16]中的庞加莱截面相同，对应于分岔图中的 Hopf 分岔；而图 2.9(b)的庞加莱截面为一个类似多边形构成的非光滑的椭圆形，与图 2.9(a)所示的庞加莱截面有所不同。

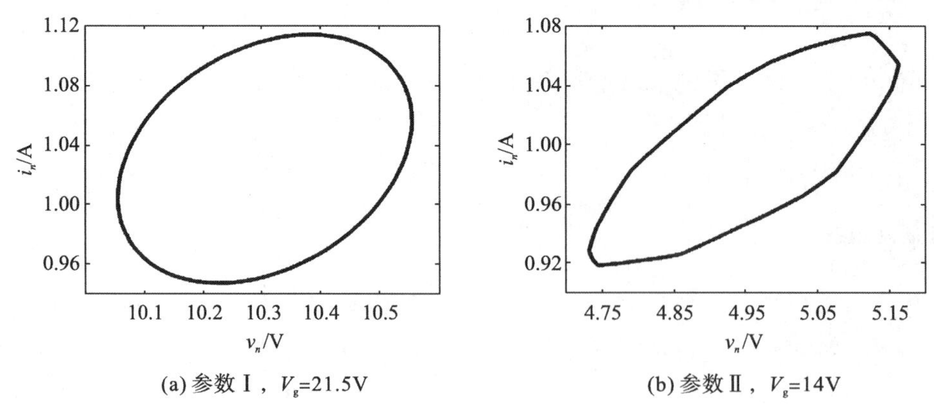

(a) 参数Ⅰ，V_g=21.5V (b) 参数Ⅱ，V_g=14V

图 2.9 庞加莱截面

2) 时域仿真

为了进一步比较参数Ⅰ和参数Ⅱ所对应分岔图和庞加莱截面的差异，选择与图 2.9

相同的电路参数，通过时域仿真，得到电感电流与电容电压(输出电压)的波形，如图 2.10 所示。绘制电容电压 v_C 与电感电流 i_L 的相轨图，如图 2.11 所示。

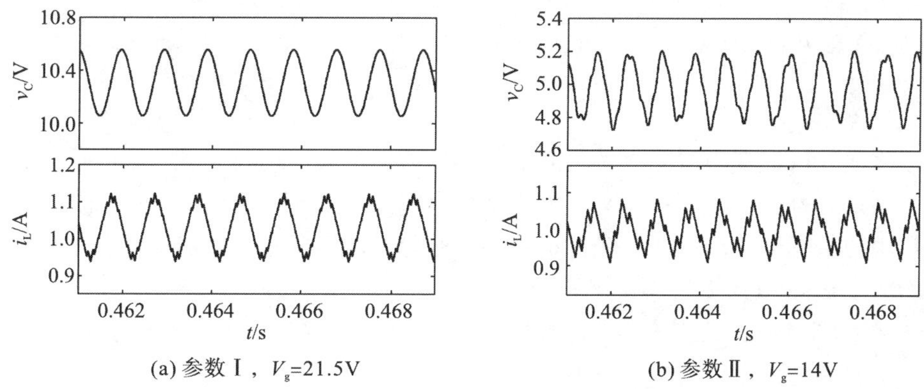

(a) 参数Ⅰ，V_g=21.5V　　(b) 参数Ⅱ，V_g=14V

图 2.10　不同参数下电感电流和电容电压的波形

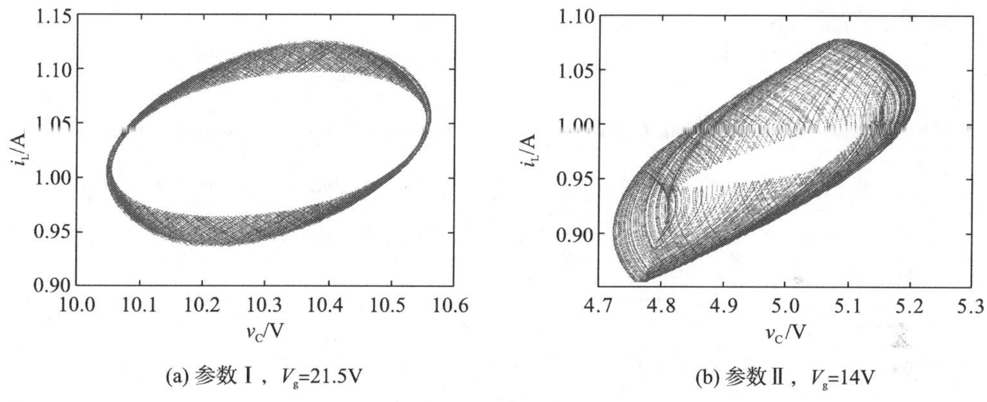

(a) 参数Ⅰ，V_g=21.5V　　(b) 参数Ⅱ，V_g=14V

图 2.11　不同参数下电感电流和电容电压的相轨图

由图 2.10(a)可知，v_C 波形呈现周期状态，此时周期约为 0.001s，大于开关周期；i_L 波形有低频振荡现象发生，并在峰值和谷值附近的振荡现象较为严重。图 2.10(b)所示的 v_C 波形已经没有明显的周期性，呈现不稳定状态，i_L 波形中具有明显的振荡现象，且振荡的幅值较大。

图 2.11(a)所示的 v_C-i_L 相轨图呈现出一个较为光滑的椭圆环；在水平轴方向的最大值和最小值附近，v_C 的振荡变化均较小，这与图 2.10(a)中的 v_C 波形呈现周期性对应；在竖直轴方向的最大值和最小值附近，i_L 的振荡变化较大，振荡现象明显，这对应于图 2.10(a)中 i_L 在峰值和谷值处严重的振荡现象。图 2.11(a)所示现象与文献[17]中传统单缘调制电压型控制开关变换器的现象相似。图 2.11(b)所示的 v_C-i_L 相轨图由多条曲线构成一个封闭的椭圆环，相轨图变为非周期性的波形。在水平轴和竖直轴方向上，v_C 和 i_L 均发生振幅较大的振荡，且振荡较图 2.11(a)更为激烈，有别于传统电压型控制开关变换器的周期振荡现象。

由上述分析可知，通过数值仿真，观察到双缘调制电压型控制 Buck 变换器中存在两种相似而不相同的 Hopf 分岔现象，并通过时域仿真进行对比分析，观察到两种有明显区别的低频振荡现象。

2. 奇数倍周期分岔

1) 数值仿真

在以往的 Buck 变换器动力学研究中，存在倍周期分岔现象[14-16]，其分岔方式均为偶数倍分岔，即由周期 1 状态分岔到周期 2 状态，周期 2 状态分岔到周期 4 状态，以此类推。双缘调制电压型控制 Buck 变换器在电路参数变化时，会发生奇数倍周期分岔现象。选择电路参数：$L = 200\mu\text{H}$，$C = 47\mu\text{F}$，$R = 5.5\Omega$，$T = 150\mu\text{s}$，$V_{\text{ref}} = 5.2\text{V}$，$A = 1.5$，$V_{\text{L}} = 0.6\text{V}$ 和 $V_{\text{H}} = 5.7\text{V}$；通过 Matlab 数值仿真，以输入电压 V_{g} 为分岔参数，其变化范围为 5.5～14V，得到如图 2.12 所示的输出电压和电感电流分岔图。

从图 2.12 可观察到，当 V_{g} 在 6.13～6.67V 变化时，电路工作在周期 1 状态。随着 V_{g} 的减小，当 $V_{\text{g}} = 6.13\text{V}$ 时，电路出现奇数倍周期分岔现象，由周期 1 状态变化到周期 3 状态，这不同于现有文献中的倍周期分岔(由周期 1 变化到周期 2)，并且在发生奇数倍周期分岔时，没有渐变过程，而是由周期 1 突然跳变到周期 3。随着 V_{g} 的增大，当 $V_{\text{g}} = 6.67\text{V}$ 时，电路也会发生奇数倍周期分岔，由周期 1 跳变到周期 3。当 $V_{\text{g}} = 7.29\text{V}$ 时，在电感电流分岔图中出现电感电流采样值为零的分支，表示出现一个开关周期内开关管恒关断的工作情形，即工作情形 5 或者工作情形 6。随着 V_{g} 的进一步增大，当 $V_{\text{g}} = 9.47\text{V}$ 时，系统再次发生分岔，此时观察输出电压分岔图可知，3 条支路均发生倍周期分岔，由三支路变为六支路；而观察电感电流分岔图可知，两条非零支路发生倍周期分岔，由三支路分为五支路。由此可知，其中存在电感电流恒为零的一个开关周期，即工作情形 6。随着输入电压的逐渐增大，变换器工作不稳定，最终进入混沌状态。

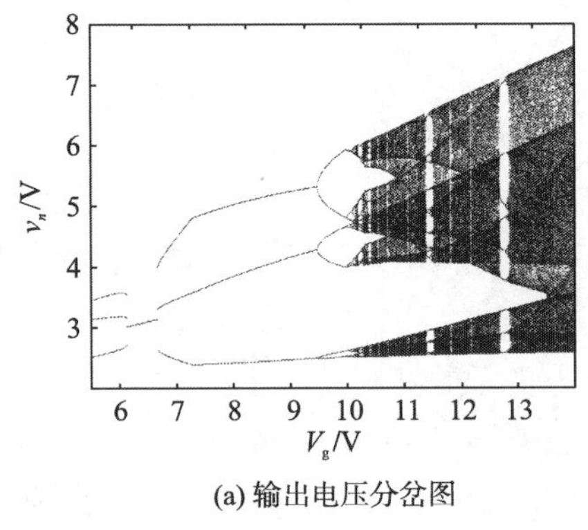

(a) 输出电压分岔图

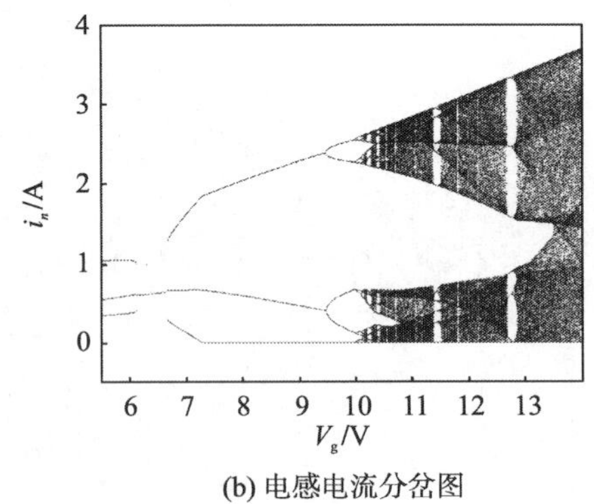

(b) 电感电流分岔图

图 2.12 输入电压变化时的分岔图

2) 实验验证

为了更加直观地分析双缘调制电压型控制 Buck 变换器发生奇数倍分岔时的动力学现

象，并验证分岔图的正确性，选择与图 2.12 所示分岔图相同的参数，输入电压分别选择 6.5V、8V 和 9.8V 进行实验，得到输出电压 v_o 与电感电流 i_L 的实验波形及 v_o-i_L 相轨图，如图 2.13 所示。

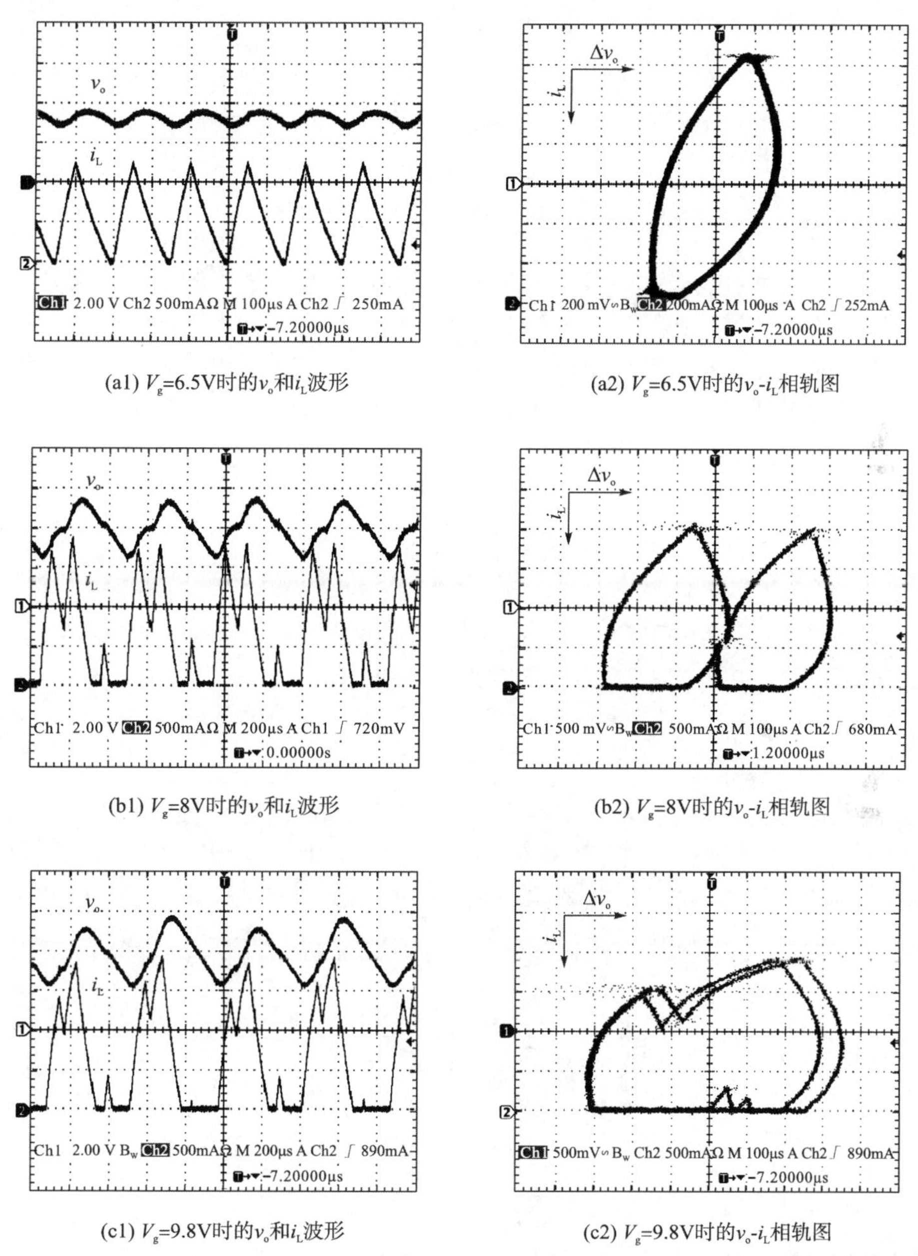

(a1) V_g=6.5V时的v_o和i_L波形　(a2) V_g=6.5V时的v_o-i_L相轨图

(b1) V_g=8V时的v_o和i_L波形　(b2) V_g=8V时的v_o-i_L相轨图

(c1) V_g=9.8V时的v_o和i_L波形　(c2) V_g=9.8V时的v_o-i_L相轨图

图 2.13　不同输入电压时的输出电压与电感电流实验波形及相应的相轨图

当 $V_g = 6.5\text{V}$ 时，得到图 2.13(a) 所示的实验波形，此时电路工作在预期的周期 1 状态，v_o 和 i_L 的工作周期与三角波周期相同，其相轨图为一个单环，环中一部分电流为零，表示此时电路工作在 DCM。当 $V_g = 8V$ 时，观察图 2.13(b)可知，一个工作周期包括 3 个开关周期，电路工作在周期 3 状态，且存在开关管恒关断的开关周期，i_L 一直下降到零，并保持到下一个开关周期开始，即出现图 2.7(e)所示的工作情形 5。当 $V_g = 9.8V$ 时，如图 2.13(c)所示，电路工作在周期 6 状态，此时 v_o-i_L 相轨图由多个环构成，i_L 和 v_o 的振幅均增大，电路逐渐变得混沌。

由图 2.13 可知，实验结果与图 2.12 所示的分岔图一致，即存在周期 1、周期 3 和周期 6 工作状态，验证了分岔图的正确性及奇数倍周期分岔的存在性。

2.2.4 雅可比矩阵的特征值运动分析

双缘调制电压型控制开关变换器的动力学行为不仅能通过实验观察，而且可以引入离散迭代映射模型的雅可比矩阵特征值，对变换器的动力学行为进行理论分析和验证。图 2.6(a)所示的双缘调制电压型控制 Buck 变换器为二阶系统，对应的雅可比矩阵特征值有两个。使用数值计算方法，通过公式 $\boldsymbol{x}_{n+1} = \boldsymbol{x}_n = \boldsymbol{X}_Q$，得到不动点为 $\boldsymbol{X}_Q = [I_L \quad V_C]^T$，在不动点处离散映射系统的雅可比矩阵为

$$\boldsymbol{J}(\boldsymbol{X}_Q) = \begin{bmatrix} J_{11} & J_{12} \\ J_{21} & J_{22} \end{bmatrix}\Bigg|_{\boldsymbol{x}_n = \boldsymbol{X}_Q} \tag{2.20}$$

其中，$J_{11} = \dfrac{\partial i_{n+1}}{\partial i_n}$；$J_{12} = \dfrac{\partial i_{n+1}}{\partial v_n}$；$J_{21} = \dfrac{\partial v_{n+1}}{\partial i_n}$；$J_{22} = \dfrac{\partial v_{n+1}}{\partial v_n}$。

通过求解雅可比矩阵的特征方程，得到其特征值 λ：

$$\det\left[\lambda \boldsymbol{I} - \boldsymbol{J}(\boldsymbol{X}_Q)\right] = 0 \tag{2.21}$$

其中，$\boldsymbol{I}$ 为二阶单位矩阵。

根据离散迭代映射模型，可知变换器的稳定工作状态有两个情形，如图 2.7 中的工作情形 2 和 3 所示。在该两种状态下，系统存在不动点，分别推导两种状态下的雅可比矩阵。

在图 2.7(b)所示的情形下，根据式(2.8)～式(2.10)，有

$$J_{11} = \frac{\partial i_{n+1}}{\partial i_n} = a(t_{n,1})\frac{\partial i_{n,2}}{\partial i_n} + i_{n,2}\frac{\partial a(t_{n,1})}{\partial i_n} + b(t_{n,1})\frac{\partial v_{n,2}}{\partial i_n} + v_{n,2}\frac{\partial b(t_{n,1})}{\partial i_n} + \frac{\partial k(t_{n,1})}{\partial i_n} \tag{2.22a}$$

$$J_{12} = \frac{\partial i_{n+1}}{\partial v_n} = a(t_{n,1})\frac{\partial i_{n,2}}{\partial v_n} + i_{n,2}\frac{\partial a(t_{n,1})}{\partial v_n} + b(t_{n,1})\frac{\partial v_{n,2}}{\partial v_n} + v_{n,2}\frac{\partial b(t_{n,1})}{\partial v_n} + \frac{\partial k(t_{n,1})}{\partial v_n} \tag{2.22b}$$

$$J_{21} = \frac{\partial v_{n+1}}{\partial i_n} = c(t_{n,1})\frac{\partial i_{n,2}}{\partial i_n} + i_{n,2}\frac{\partial c(t_{n,1})}{\partial i_n} + d(t_{n,1})\frac{\partial v_{n,2}}{\partial i_n} + v_{n,2}\frac{\partial d(t_{n,1})}{\partial i_n} + \frac{\partial l(t_{n,1})}{\partial i_n} \tag{2.22c}$$

$$J_{22} = \frac{\partial v_{n+1}}{\partial v_n} = c(t_{n,1})\frac{\partial i_{n,2}}{\partial v_n} + i_{n,2}\frac{\partial c(t_{n,1})}{\partial v_n} + d(t_{n,1})\frac{\partial v_{n,2}}{\partial v_n} + v_{n,2}\frac{\partial d(t_{n,1})}{\partial v_n} + \frac{\partial l(t_{n,1})}{\partial v_n} \tag{2.22d}$$

在图 2.7(c)所示的情形下，根据式(2.11)～式(2.14)，有

$$J_{11} = \frac{\partial i_{n+1}}{\partial i_n} = b(t_{n,1})\frac{\partial v_{n,3}}{\partial i_n} + v_{n,3}\frac{\partial b(t_{n,1})}{\partial i_n} + \frac{\partial k(t_{n,1})}{\partial i_n}$$

$$J_{12} = \frac{\partial i_{n+1}}{\partial v_n} = b(t_{n,1})\frac{\partial v_{n,3}}{\partial v_n} + v_{n,3}\frac{\partial b(t_{n,1})}{\partial v_n} + \frac{\partial k(t_{n,1})}{\partial v_n}$$

$$
\begin{aligned}
J_{21} &= \frac{\partial v_{n+1}}{\partial i_n} = d(t_{n,1})\frac{\partial v_{n,3}}{\partial i_n} + v_{n,3}\frac{\partial d(t_{n,1})}{\partial i_n} + \frac{\partial l(t_{n,1})}{\partial i_n} \\
J_{22} &= \frac{\partial v_{n+1}}{\partial v_n} = d(t_{n,1})\frac{\partial v_{n,3}}{\partial v_n} + v_{n,3}\frac{\partial d(t_{n,1})}{\partial v_n} + \frac{\partial l(t_{n,1})}{\partial v_n}
\end{aligned}
\tag{2.23}
$$

式(2.22)和式(2.23)的中间变量的偏导数由下面的公式给出：

$$
\frac{\partial i_{n,2}}{\partial i_n} = a(t_{n,2})\frac{\partial i_{n,1}}{\partial i_n} + i_{n,1}\frac{\partial a(t_{n,2})}{\partial i_n} + b(t_{n,2})\frac{\partial v_{n,1}}{\partial i_n} + v_{n,1}\frac{\partial b(t_{n,2})}{\partial i_n} + \frac{\partial k(t_{n,2})}{\partial i_n}
$$

$$
\frac{\partial i_{n,2}}{\partial v_n} = a(t_{n,2})\frac{\partial i_{n,1}}{\partial v_n} + i_{n,1}\frac{\partial a(t_{n,2})}{\partial v_n} + b(t_{n,2})\frac{\partial v_{n,1}}{\partial v_n} + v_{n,1}\frac{\partial b(t_{n,2})}{\partial v_n} + \frac{\partial k(t_{n,2})}{\partial v_n}
$$

$$
\frac{\partial v_{n,2}}{\partial i_n} = c(t_{n,2})\frac{\partial i_{n,1}}{\partial i_n} + i_{n,1}\frac{\partial c(t_{n,2})}{\partial i_n} + d(t_{n,2})\frac{\partial v_{n,1}}{\partial i_n} + v_{n,1}\frac{\partial d(t_{n,2})}{\partial i_n} + \frac{\partial l(t_{n,2})}{\partial i_n}
$$

$$
\frac{\partial v_{n,2}}{\partial v_n} = c(t_{n,2})\frac{\partial i_{n,1}}{\partial v_n} + i_{n,1}\frac{\partial c(t_{n,2})}{\partial v_n} + d(t_{n,2})\frac{\partial v_{n,1}}{\partial v_n} + v_{n,1}\frac{\partial d(t_{n,2})}{\partial v_n} + \frac{\partial l(t_{n,2})}{\partial v_n}
$$

$$
\frac{\partial i_{n,1}}{\partial i_n} = a(t_{n,1}) + i_n\frac{\partial a(t_{n,1})}{\partial i_n} + v_n\frac{\partial b(t_{n,1})}{\partial i_n} + \frac{\partial k(t_{n,1})}{\partial i_n}
$$

$$
\frac{\partial i_{n,1}}{\partial v_n} = i_n\frac{\partial a(t_{n,1})}{\partial v_n} + b(t_{n,1}) + v_n\frac{\partial b(t_{n,1})}{\partial v_n} + \frac{\partial k(t_{n,1})}{\partial v_n}
$$

$$
\frac{\partial v_{n,1}}{\partial i_n} = c(t_{n,1}) + i_n\frac{\partial c(t_{n,1})}{\partial i_n} + v_n\frac{\partial d(t_{n,1})}{\partial i_n} + \frac{\partial l(t_{n,1})}{\partial i_n}
$$

$$
\frac{\partial v_{n,1}}{\partial v_n} = i_n\frac{\partial c(t_{n,1})}{\partial v_n} + d(t_{n,1}) + v_n\frac{\partial d(t_{n,1})}{\partial v_n} + \frac{\partial l(t_{n,1})}{\partial v_n}
$$

$$
\frac{\partial k(t_{n,1})}{\partial i_n} = 0, \quad \frac{\partial l(t_{n,1})}{\partial i_n} = 0, \quad \frac{\partial k(t_{n,2})}{\partial i_n} = 0, \quad \frac{\partial l(t_{n,2})}{\partial i_n} = 0
$$

$$
\frac{\partial k(t_{n,1})}{\partial v_n} = \frac{\partial k(t_{n,1})}{\partial t_{n,1}}\frac{\partial t_{n,1}}{\partial v_n}, \quad \frac{\partial l(t_{n,1})}{\partial v_n} = \frac{\partial l(t_{n,1})}{\partial t_{n,1}}\frac{\partial t_{n,1}}{\partial v_n}, \quad \frac{\partial t_{n,1}}{\partial v_n} = -\frac{AT}{2(V_{\mathrm{H}} - V_{\mathrm{L}})}
$$

$$
\frac{\partial k(t_{n,2})}{\partial v_n} = \frac{\partial k(t_{n,2})}{\partial t_{n,2}}\frac{\partial t_{n,2}}{\partial v_n}, \quad \frac{\partial l(t_{n,2})}{\partial v_n} = \frac{\partial l(t_{n,2})}{\partial t_{n,2}}\frac{\partial t_{n,2}}{\partial v_n}
$$

两种工作情形的中间变量 $t_{n,3}$、$t_{n,2}$ 与 i_n、v_n 的关系不同，下面分别求解两种工作情形的中间变量 $t_{n,3}$、$t_{n,2}$ 对 i_n、v_n 的偏导数。

在图 2.7(b)所示工作情形时，没有中间变量 $t_{n,3}$，中间变量 $t_{n,2}$ 与 i_n、v_n 的关系如下：

$$
\frac{\partial t_{n,2}}{\partial v_n} = \frac{AT}{(V_{\mathrm{H}} - V_{\mathrm{L}})}, \quad \frac{\partial t_{n,2}}{\partial i_n} = 0
\tag{2.24}
$$

结合式(2.22)和式(2.24)可以得到工作情形 2 的雅可比矩阵。

在图 2.7(c)所示工作情形时，含有中间变量 $t_{n,3}$ 和 $v_{n,3}$，$v_{n,3}$ 与 v_n、i_n 及 $t_{n,3}$ 与 v_n、i_n 的关系如下：

$$
\frac{\partial v_{n,3}}{\partial i_n} = \mathrm{e}^{\frac{-t_{n,3}}{RC}}\frac{\partial v_{n,2}}{\partial i_n} - \frac{v_{n,2}\mathrm{e}^{\frac{-t_{n,3}}{RC}}}{RC}\frac{\partial t_{n,3}}{\partial i_n}, \quad \frac{\partial t_{n,3}}{\partial i_n} = -2\frac{\partial t_{n,1}}{\partial i_n} - \frac{\partial t_{n,2}}{\partial i_n}
\tag{2.25a}
$$

$$\frac{\partial v_{n,3}}{\partial v_n} = \mathrm{e}^{\frac{-t_{n,3}}{RC}} \frac{\partial v_{n,2}}{\partial v_n} - \frac{v_{n,2}\mathrm{e}^{\frac{-t_{n,3}}{RC}}}{RC} \frac{\partial t_{n,3}}{\partial v_n}, \quad \frac{\partial t_{n,3}}{\partial v_n} = -2\frac{\partial t_{n,1}}{\partial v_n} - \frac{\partial t_{n,2}}{\partial v_n} \tag{2.25b}$$

中间变量 $t_{n,2}$ 与 i_n、v_n 的关系可根据下列的隐函数求得

$$F(t_{n,2}, i_{n,1}, v_{n,1}) = a(t_{n,2})i_{n,1} + b(t_{n,2})v_{n,1} = 0 \tag{2.26}$$

求其偏微分有

$$\begin{cases} \dfrac{\partial F}{\partial i_n} = a(t_{n,2})\dfrac{\partial i_{n,1}}{\partial i_n} + b(t_{n,2})\dfrac{\partial v_{n,1}}{\partial i_n} \\ \dfrac{\partial F}{\partial v_n} = a(t_{n,2})\dfrac{\partial i_{n,1}}{\partial v_n} + b(t_{n,2})\dfrac{\partial v_{n,1}}{\partial v_n} \\ \dfrac{\partial F}{\partial t_{n,2}} = i_{n,1}\dfrac{\partial a(t_{n,1})}{\partial i_n} + v_{n,1}\dfrac{\partial b(t_{n,1})}{\partial i_n} \end{cases} \tag{2.27}$$

通过上式可以得到 $t_{n,2}$ 与 v_n、i_n 的关系：

$$\frac{\partial t_{n,2}}{\partial i_n} = -\frac{\partial F}{\partial i_n}\left(\frac{\partial F}{\partial t_{n,2}}\right)^{-1}, \quad \frac{\partial t_{n,2}}{\partial v_n} = -\frac{\partial F}{\partial v_n}\left(\frac{\partial F}{\partial t_{n,2}}\right)^{-1} \tag{2.28}$$

结合式(2.23)～式(2.28)可以得到工作情形 3 的雅可比矩阵。

选择与图 2.9(a)所示分岔图相同的参数，输入电压 V_g 的变化范围是 19～22V，利用 Matlab 画出不同输入电压所对应的雅可比特征值，如图 2.14(a)所示。此时的特征值为两个共轭的复数，位于坐标轴的右半平面，并且随着 V_g 的增大，特征值向单位圆外运动，如箭头所示。图 2.14(b)所示为雅可比矩阵特征值穿过单位圆的放大图，在 $V_g = 20.8484$V 时，其相应的特征值恰好穿过单位圆，方向为从右向左，与单位圆的交点在单位圆右半平面上。此结果对应于图 2.9(a)所示的分岔图，并与现有文献[14]～[16]相同，验证了系统确实是发生了 Hopf 分岔，准确地说，系统发生了第二类 Hopf 分岔[18]。

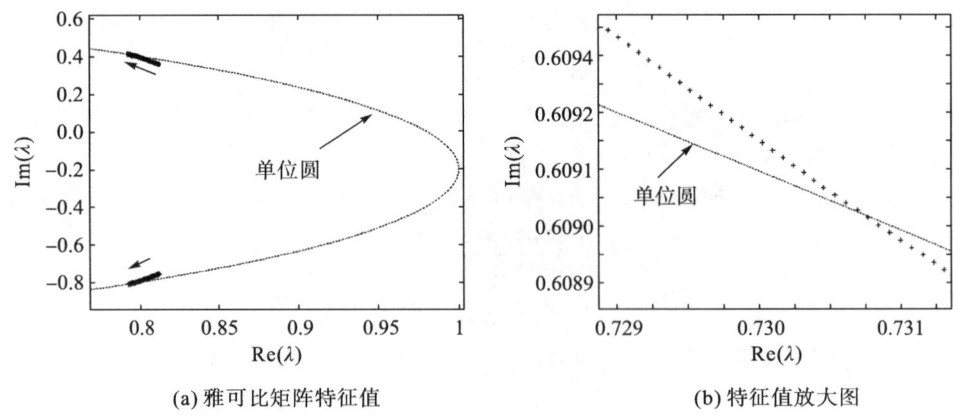

图 2.14 参数 I 下雅可比矩阵特征值的走向

为了对比图 2.9(a)和图 2.9(b)所示的分岔图，画出了图 2.9(b)所示分岔图所对应的雅可比矩阵特征值，如图 2.15 所示。输入电压在 13.8～13.9V 变化，随着输入电压的增大，

特征值同样向单位圆外移动，如箭头所示，且在 $V_g = 13.819\text{V}$ 时，其相应的特征值恰好穿过单位圆。与文献[14]～[16]中的 Hopf 分岔不同，此时的特征值均位于坐标轴左半平面，并且其穿过单位圆的方向为从左向右。

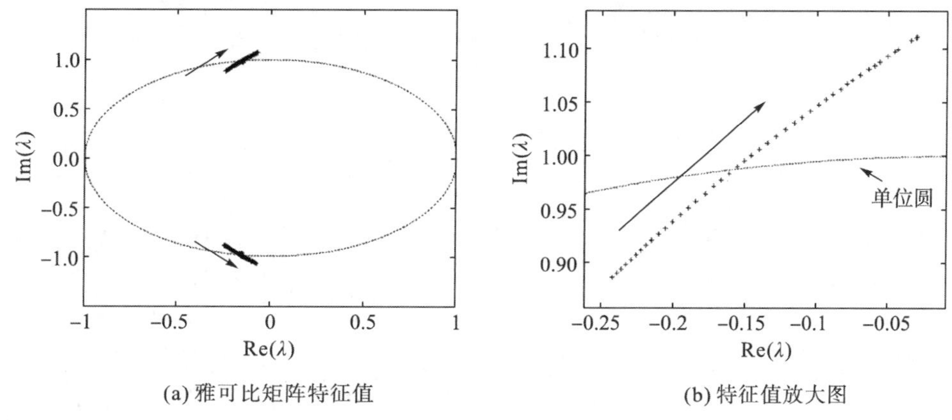

(a) 雅可比矩阵特征值　(b) 特征值放大图

图 2.15　参数 II 下雅可比矩阵特征值的走向

由以上的分析可知，双缘调制电压型控制 Buck 变换器随着输入电压的增大，将发生两种有区别的 Hopf 分岔和低频振荡现象；其雅可比矩阵特征值穿过单位圆，证明 Hopf 分岔现象的存在性，但穿过单位圆的位置和方向均不相同，表示是两种不同的 Hopf 分岔。

2.3　归一化 PWM 调制电压型控制开关变换器

在传统电压型控制中，当使用非对称三角波作为载波时，变换器实现非对称双缘调制，其稳定性有别于传统双缘调制和单缘调制。下面以电压型控制开关变换器为研究对象，对 PWM 调制进行归一化分析，建立相应的离散映射模型，分析载波占空比、峰值、谷值等参数变化时变换器的非线性动力学行为。通过 z 域建模得到传递函数，求出特征值，据此分析调制方式对变换器稳定性的影响，验证非线性动力学现象的存在性。

2.3.1　归一化 PWM 及离散映射建模

1. 归一化 PWM 分析

图 2.16 所示为基于归一化 PWM 的电压型控制 Buck 变换器电路图和稳态工作波形，该电路图与图 2.7 相似，工作原理基本相同，其特点在于载波为非对称三角波，实现非对称双缘调制，即一个周期内，开始段和结束段的导通时间不相同。

根据前文所述，PWM 调制分为单缘调制和双缘调制；引入非对称双缘调制，对 PWM 调制进行归一化描述：在第 n 个开关周期中，设 m 表示开关周期起始点到三角波峰值点(或谷值点)的时间与开关周期 T 的比值，即三角波上升阶段(或下降阶段)的占空比，则三角波峰值(或谷值)位于 $t=nT+mT$，其中 $0<m\leqslant 1$。三角波 V_{ramp} 由峰值 V_H、谷值 V_L 和占空比 m 三者决定。

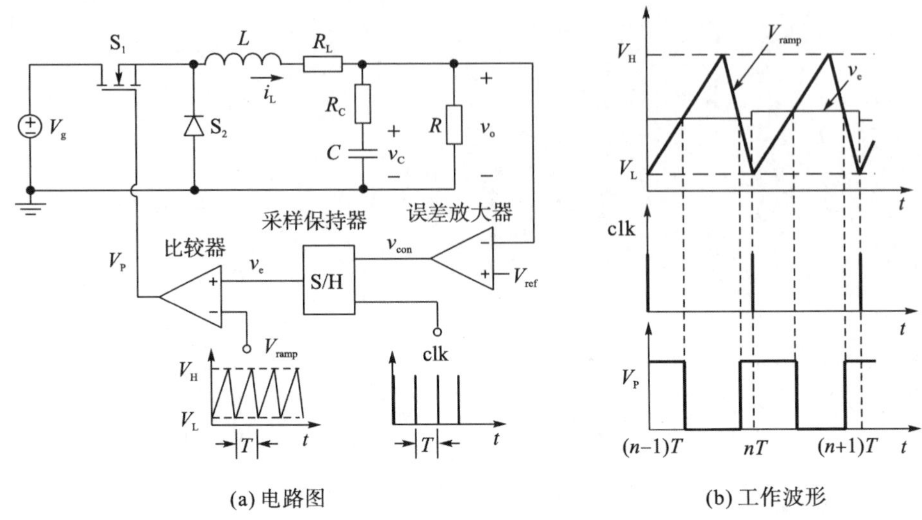

(a) 电路图　　(b) 工作波形

图 2.16　基于归一化 PWM 调制的电压型控制 Buck 变换器电路图和工作波形

当三角波由谷值上升时，改变占空比 m 的值，即可实现后缘调制、三角后缘调制和非对称三角后缘调制，统称为后缘类调制，如图 2.17 所示。当 $m=0.5$ 时，载波为等腰三角形，实现双缘调制中的三角后缘调制；当 $m=1$ 时，载波为锯齿波(直角三角形)，实现单缘调制中的后缘调制；当 $m\neq 0.5$ 和 1 时，载波为一般三角形，实现非对称双缘调制中的非对称三角后缘调制。

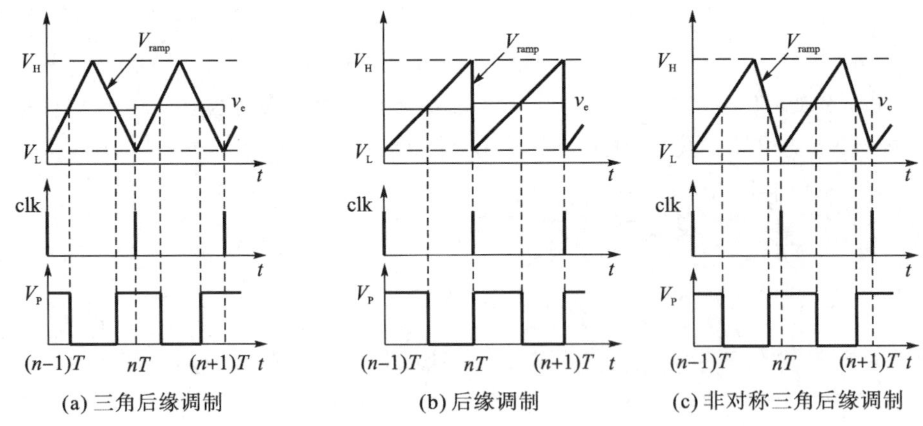

(a) 三角后缘调制　　(b) 后缘调制　　(c) 非对称三角后缘调制

图 2.17　后缘类调制方式的示意图

当三角波由峰值下降时，改变占空比 m 的值，即可实现前缘调制、三角前缘调制和非对称三角前缘调制，统称为前缘类调制，如图 2.18 所示。当 $m=0.5$ 时，载波为等腰三角形，实现双缘调制中的三角前缘调制；当 $m=1$ 时，载波为锯齿波(直角三角形)，实现单缘调制中的前缘调制；当 $m\neq 0.5$ 和 1 时，载波为一般三角形，实现非对称三角前缘调制。

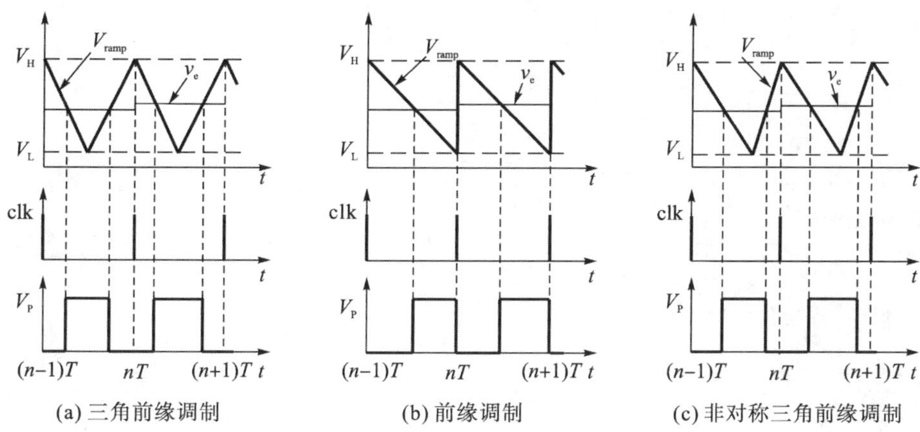

(a) 三角前缘调制　(b) 前缘调制　(c) 非对称三角前缘调制

图 2.18　前缘类调制方式的示意图

由于前缘类调制和后缘类调制是对偶的，为了简化分析，后文中均以后缘类调制为例进行分析。

在后缘类调制中，m 为三角波上升阶段的占空比，将 PWM 进行归一化，m 的值决定 PWM 调制的类型。三角波 V_{ramp} 可以表示为

$$V_{ramp}=\begin{cases} V_L+\dfrac{(V_H-V_L)F\left(\dfrac{t}{T}\right)}{m} & F\left(\dfrac{t}{T}\right)\leqslant m, 0<m\leqslant 1 \\ V_L+\dfrac{(V_H-V_L)\left[1-F\left(\dfrac{t}{T}\right)\right]}{1-m} & F\left(\dfrac{t}{T}\right)>m, 0\leqslant m<1 \end{cases} \tag{2.29}$$

特别地，当 $m=0$ 时，实现单缘调制中的前缘调制。

当误差放大器考虑比例环节和积分环节时，即采用比例-积分(proportion-integration，PI)补偿时，记第 n 个周期输出电压的采样值为 v_n，则控制信号 v_e 可表示为

$$v_e=K_P(V_{ref}-v_n)+K_I\sum_{j=0}^{n}(V_{ref}-v_j) \tag{2.30}$$

其中，K_P 为补偿器的比例系数；K_I 为补偿器的积分系数。

2. 离散迭代映射模型

为了分析基于归一化 PWM 调制的电压型控制 Buck 变换器的非线性动力学行为，需要根据变换器不同的工作状态，建立变换器的离散迭代映射模型。图 2.19(a)～图 2.19(f) 所示分别为控制信号和电感电流在第 n 个开关周期中可能存在的 6 种工作情形。

在第 n 个周期中，记 i_n、v_n 分别为周期开始时的电感电流值、输出电压值(电容电压

值)。该变换器的离散迭代映射为(i_n, v_n)到(i_{n+1}, v_{n+1})的迭代式。根据开关管的导通与关断及电感电流值是否为零，变换器的一个开关周期最多可分为 4 个过程。由变换器电路的工作状态，得到每个过程的迭代式，记每个过程中迭代的初值和终值分别为$(i_{n,1}, v_{n,1})$和$(i_{n,2}, v_{n,2})$。

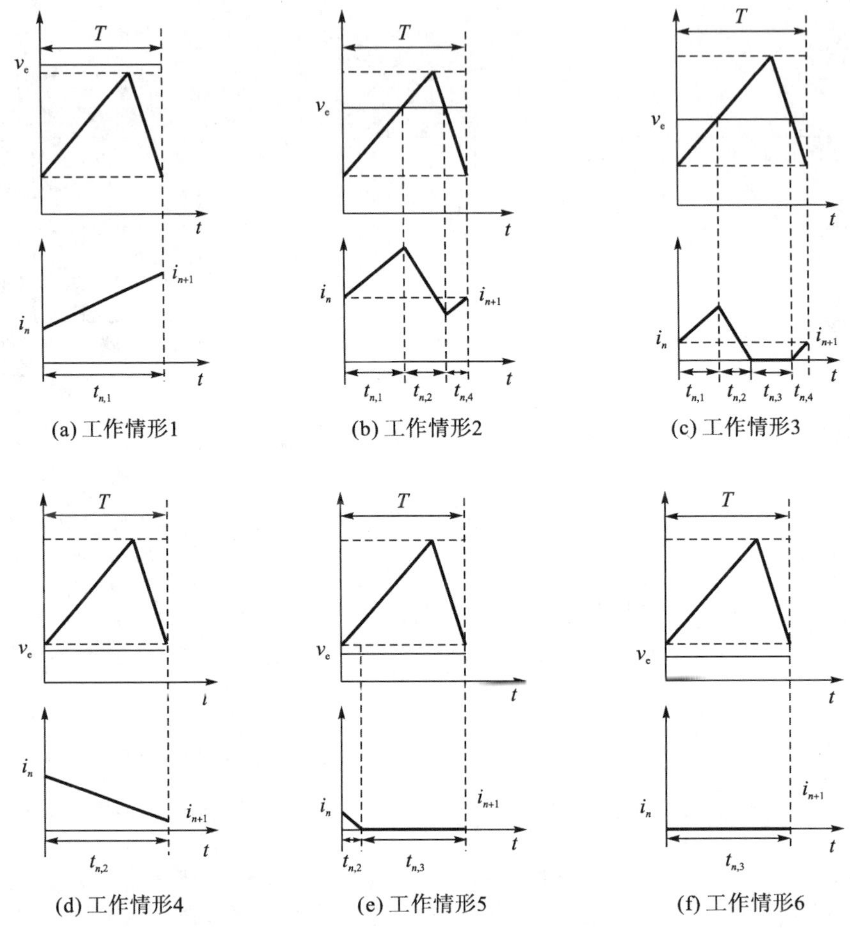

图 2.19 电感电流和控制信号在第 n 个开关周期中可能存在的 6 种工作情形

过程一：开关管 S_1 导通，该过程时间为 $t_{n,1}$，迭代式为

$$\begin{cases} i_{n,2} = a(t_{n,1})i_{n,1} + b(t_{n,1})v_{n,1} + k(t_{n,1}) \\ v_{n,2} = c(t_{n,1})i_{n,1} + d(t_{n,1})v_{n,1} + l(t_{n,1}) \end{cases} \tag{2.31}$$

其中，$a(\cdot)$、$b(\cdot)$、$c(\cdot)$、$d(\cdot)$、$k(\cdot)$、$l(\cdot)$ 均已在第 2.2.2 节给出。

过程二：开关管 S_1 关断，i_L 大于零，该过程时间为 $t_{n,2}$，迭代式为

$$\begin{cases} i_{n,2} = a(t_{n,2})i_{n,1} + b(t_{n,2})v_{n,1} \\ v_{n,2} = c(t_{n,2})i_{n,1} + d(t_{n,2})v_{n,1} \end{cases} \tag{2.32}$$

过程三：开关管 S_1 关断，i_L 等于零，该过程时间为 $t_{n,3}$，迭代式为

$$\begin{cases} i_{n,2} = 0 \\ v_{n,2} = v_{n,1} \mathrm{e}^{\frac{-t_{n,3}}{RC}} \end{cases} \tag{2.33}$$

过程四：开关管 S_1 导通，该过程时间为 $t_{n,4}$，迭代式为

$$\begin{cases} i_{n,2} = a(t_{n,4}) i_{n,1} + b(t_{n,4}) v_{n,1} + k(t_{n,4}) \\ v_{n,2} = c(t_{n,4}) i_{n,1} + d(t_{n,4}) v_{n,1} + l(t_{n,4}) \end{cases} \tag{2.34}$$

由图 2.19 可知，不同的工作情形包含不同的分段过程或分段过程的组合，6 种工作情形的离散迭代映射模型可以由其包含的分段过程顺序迭代求得，前一分段过程的终值为后一分段过程的初值。

工作情形 1：开关管在一个开关周期中均导通，如图 2.19(a)所示，其映射仅包含过程一，其中 $t_{n,1} = T$。该工作情形的迭代映射为

$$\begin{cases} i_{n+1} = a(t_{n,1}) i_n + b(t_{n,1}) v_n + k(t_{n,1}) \\ v_{n+1} = c(t_{n,1}) i_n + d(t_{n,1}) v_n + l(t_{n,1}) \end{cases} \tag{2.35}$$

工作情形 2：此情形的映射可以依次分为过程一、过程二和过程四，如图 2.19(b)所示。其中，$t_{n,2} = T - t_{n,1} - t_{n,4}$，令式(2.29)和式(2.30)相等，可以求得 $t_{n,1}$ 和 $t_{n,4}$，即

$$\begin{cases} K_{\mathrm{P}}(V_{\mathrm{ref}} - v_n) + K_{\mathrm{I}} \sum\limits_{j=0}^{n} (V_{\mathrm{ref}} - v_j) = V_{\mathrm{L}} + \dfrac{(V_{\mathrm{H}} - V_{\mathrm{L}}) F\left(\dfrac{t_{n,1}}{T}\right)}{m} \\ K_{\mathrm{P}}(V_{\mathrm{ref}} - v_n) + K_{\mathrm{I}} \sum\limits_{j=0}^{n} (V_{\mathrm{ref}} - v_j) = V_{\mathrm{L}} + \dfrac{(V_{\mathrm{H}} - V_{\mathrm{L}}) \left[1 - F\left(1 - \dfrac{t_{n,4}}{T}\right)\right]}{1 - m} \end{cases} \tag{2.36}$$

该工作情形的迭代映射为

$$\begin{cases} i_{x,1} = a(t_{n,1}) i_n + b(t_{n,1}) v_n + k(t_{n,1}) \\ v_{x,1} = c(t_{n,1}) i_n + d(t_{n,1}) v_n + l(t_{n,1}) \end{cases} \tag{2.37a}$$

$$\begin{cases} i_{x,2} = a(t_{n,2}) i_{x,1} + b(t_{n,2}) v_{x,1} \\ v_{x,2} = c(t_{n,2}) i_{x,1} + d(t_{n,2}) v_{x,1} \end{cases} \tag{2.37b}$$

$$\begin{cases} i_{n+1} = a(t_{n,4}) i_{x,2} + b(t_{n,4}) v_{x,2} + k(t_{n,4}) \\ v_{n+1} = c(t_{n,4}) i_{x,2} + d(t_{n,4}) v_{x,2} + l(t_{n,4}) \end{cases} \tag{2.37c}$$

其中，$i_{x,1}$、$v_{x,1}$、$i_{x,2}$ 和 $v_{x,2}$ 均为中间变量。

工作情形 3：此情形的映射可依次分为过程一、过程二、过程三和过程四，如图 2.19(c)所示。其中，$t_{n,3} = T - t_{n,1} - t_{n,2} - t_{n,4}$，$t_{n,1}$ 和 $t_{n,4}$ 由式(2.36)确定，$t_{n,2}$ 由过程二中 i_{L} 的终值为零确定，即

$$i_{n,2} = a(t_{n,2}) i_{n,1} + b(t_{n,2}) v_{n,1} = 0 \tag{2.38}$$

该工作情形的迭代映射为

$$\begin{cases} i_{y,1} = a(t_{n,1}) i_n + b(t_{n,1}) v_n + k(t_{n,1}) \\ v_{y,1} = c(t_{n,1}) i_n + d(t_{n,1}) v_n + l(t_{n,1}) \end{cases} \tag{2.39a}$$

$$\begin{cases} i_{y,2}=a(t_{n,2})i_{y,1}+b(t_{n,2})v_{y,1}=0 \\ v_{y,2}=c(t_{n,2})i_{y,1}+d(t_{n,2})v_{y,1} \end{cases} \tag{2.39b}$$

$$\begin{cases} i_{y,3}=0 \\ v_{y,3}=v_{y,2}\mathrm{e}^{\frac{-t_{n,3}}{RC}} \end{cases} \tag{2.39c}$$

$$\begin{cases} i_{n+1}=b(t_{n,4})v_{y,3}+k(t_{n,4}) \\ v_{n+1}=d(t_{n,4})v_{y,3}+l(t_{n,4}) \end{cases} \tag{2.39d}$$

其中，$i_{y,1}$、$v_{y,1}$、$i_{y,2}$、$v_{y,2}$、$i_{y,3}$和$v_{y,3}$均为中间变量。

工作情形 4：此情形的映射仅含过程二，如图 2.19(d)所示。其中，$t_{n,2}=T$。此时的迭代映射为

$$\begin{cases} i_{n+1}=a(t_{n,2})i_n+b(t_{n,2})v_n \\ v_{n+1}=c(t_{n,2})i_n+d(t_{n,2})v_n \end{cases} \tag{2.40}$$

工作情形 5：此情形的映射依次为过程二和过程三，如图 2.19(e)所示。其中，$t_{n,3}=T-t_{n,2}$，$t_{n,2}$由公式(2.38)确定。该工作情形的迭代映射为

$$\begin{cases} i_{z,1}=a(t_{n,2})i_n+b(t_{n,2})v_n=0 \\ v_{z,1}=c(t_{n,2})i_n+d(t_{n,2})v_n \end{cases} \tag{2.41a}$$

$$\begin{cases} i_{n+1}=0 \\ v_{n+1}=v_{z,1}\mathrm{e}^{\frac{-t_{n,3}}{RC}} \end{cases} \tag{2.41b}$$

其中，$i_{z,1}$和$v_{z,1}$均为中间变量。

工作情形 6：此情形的映射为过程三，如图 2.19(f)所示。其中，$t_{n,3}=T$。该过程迭代映射为

$$\begin{cases} i_{n+1}=0 \\ v_{n+1}=v_n\mathrm{e}^{\frac{-t_{n,3}}{RC}} \end{cases} \tag{2.42}$$

综上所述，式(2.35)～式(2.42)为基于归一化 PWM 调制的电压型控制 Buck 变换器的离散迭代映射模型。

2.3.2 动力学行为分析

根据 2.3.1 节建立的离散迭代映射模型，对基于归一化 PWM 的电压型控制 Buck 变换器进行非线性动力学研究。分别以三角波的占空比 m、峰值 V_{H}和谷值 V_{L}为分岔参数，详细分析载波(或调制方式)对电压型控制 Buck 变换器动力学行为的影响。

1. 载波占空比变化的动力学行为

根据 2.3.1 所述，三角波的不同占空比 m 对应于不同的调制方式，为了直观地观察调制方式对变换器稳定性的影响，选择电路参数Ⅲ：$L=10\mathrm{mH}$，$C=22\mu\mathrm{F}$，$T=200\mu\mathrm{s}$，$V_{\mathrm{ref}}=5.2\mathrm{V}$，$K_{\mathrm{p}}=1.5$，$K_{\mathrm{I}}=0.01$，$R=5\Omega$ 和 $V_{\mathrm{g}}=28\mathrm{V}$。三角波的参数选择为 $V_{\mathrm{L}}=0\mathrm{V}$ 和 $V_{\mathrm{H}}=1\mathrm{V}$，

以 m 为分岔参数，变化范围为 0～1，得到电容电压的分岔图，如图 2.20 所示。

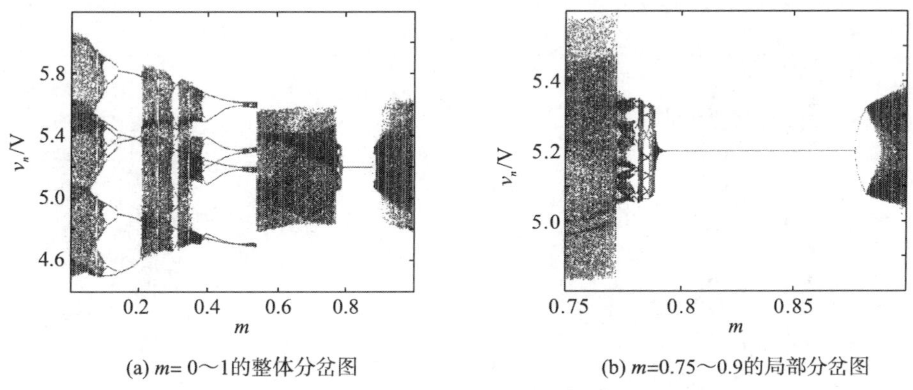

(a) m= 0～1的整体分岔图 (b) m=0.75～0.9的局部分岔图

图 2.20 m 变化时的电容电压分岔图

由图 2.20 可知，当 m 在 0～1 变化时，分岔图中出现了 Hopf 分岔、倍周期分岔、混沌和周期窗等动力学现象。当采用前缘调制($m = 0$)和后缘调制($m = 1$)时，分岔图均为混沌状态，变换器工作不稳定；采用双缘调制($m = 0.5$)时，分岔图出现多周期现象；当采用非对称双缘调制时，通过改变 m 的值，可使得分岔图变为周期 1，变换器工作在稳定状态。

详细分析 m 为 0.75～0.9 时的分岔图可知，当 m 为 0.8～0.85 时，变换器工作在周期 1 状态；随着 m 的增大或减小，变换器均会出现不稳定现象。随着 m 的减小，当 $m = 0.793$ 时，分岔图发生 Hopf 分岔，变换器出现低频振荡现象，与文献[14]～[16]相似；随着 m 的进一步减小，分岔图出现周期窗，变换器工作于多周期状态；当 $m = 0.773$ 时，分岔图激变为较宽的混沌区域，变换器处于不稳定工作状态。随着 m 的增大，当 $m = 0.876$ 时，分岔图发生倍周期分岔，变换器出现高频振荡，系统运行轨道由周期 1 变为周期 2；当 $m = 0.882$ 时，分岔图由周期 2 变为两片混沌区域；随着 m 的进一步增大，混沌现象更加明显，当 $m = 0.888$ 时，分岔图由两片混沌区域最终合成一片混沌区域。

2. 载波峰值和谷值变化的动力学行为

为了分析三角波幅值对变换器的影响，选择参数：$R = 8\Omega$，$V_g = 12$V，$m = 0.5$(双缘调制)，其他电路参数与参数III相同，以 V_H 为分岔参数，变化范围为 0.7～0.9V，得到电容电压的分岔图，如图 2.21(a)所示；选择为 $m = 0.5$ 和 $V_H = 1.5$V，以 V_L 为分岔参数，变化范围为 0～1，得到电容电压的分岔图，如图 2.21(b)所示。

由图 2.21(a)所示的分岔图可知，当 V_H 较大时，变换器工作在周期 1 状态；当 $V_H = 0.79$V 时，分岔图发生 Hopf 分岔，变换器出现低频振荡现象；当 $V_H = 0.751$V 时，分岔图出现周期窗。随着 V_H 的减小，变换器再次出现低频振荡，然后进入杂乱无章的混沌区域。由图 2.21(b)所示的分岔图可知，当 V_L 较小时，变换器工作在周期 1 状态；当 $V_L = 0.32$V 时，分岔图出现 Hopf 分岔，变换器出现低频振荡现象；随着 V_L 的增大，低频振荡更加明显，并最终变为混沌。

综合图 2.21(a)和图 2.21(b)可知，当三角波幅值较大时，变换器工作稳定；反之，变换器将出现低频振荡和混沌现象。

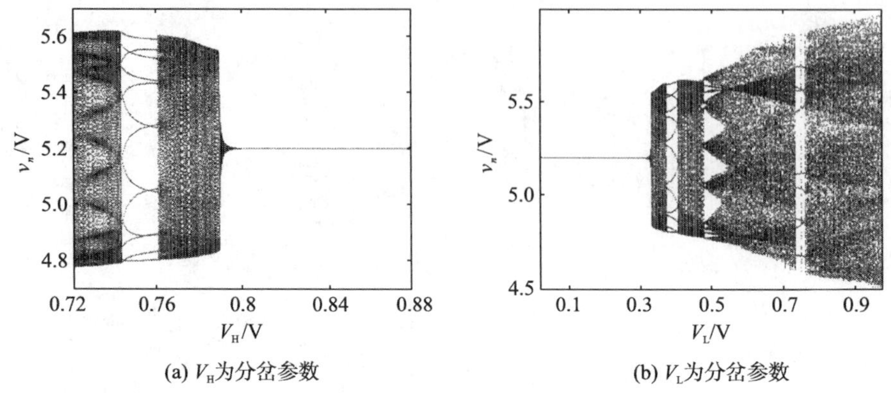

(a) V_H为分岔参数　　(b) V_L为分岔参数

图 2.21　V_H和 V_L变化时的电容电压分岔图

3. DCM 模式下的动力学行为

为了分析变换器工作在 DCM 模式下的分岔行为，选择电路参数Ⅳ：$L = 100\mu H$，$C = 47\mu F$，$T = 100\mu s$，$V_{ref} = 5.2V$，$K_P = 1.5$，$K_I = 0.01$，$R = 8\Omega$，$V_g = 12V$。在 $V_L = 0.6V$，$V_H = 5.7V$ 时，以 m 为分岔参数，变化范围分别为 0.2～0.5 和 0.75～1，根据离散迭代映射模型，通过数值仿真得到 m、v_n和 i_n的三维分岔图，如图 2.22 所示。

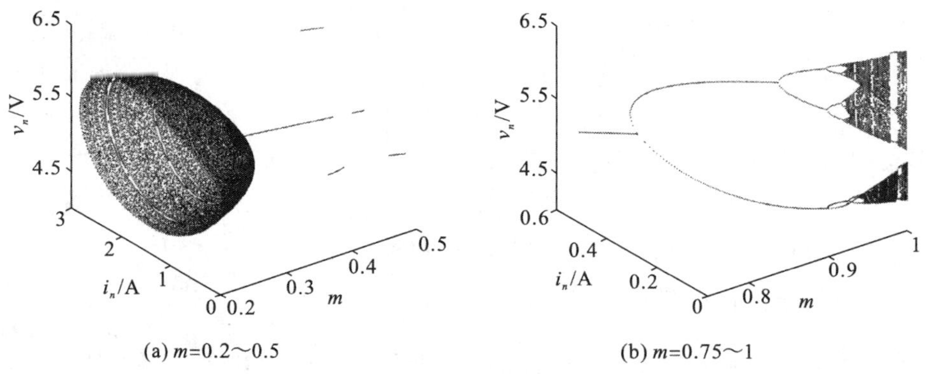

(a) m=0.2～0.5　　(b) m=0.75～1

图 2.22　m 变化时的三维分岔图

由图 2.22 可知，当 $m = 0.336$ 时，分岔图出现 Hopf 分岔现象，三维图中的环面为一个圆环，变换器出现低频振荡现象；随着 m 的增大，变换器工作在周期 1，三维图中的环面变为一个点；当 $m = 0.459$ 时，分岔图变为 3 个分支，环面变为周期 3 轨道，变换器从稳定的周 1 状态跳变到周期 3 状态；当 $m = 0.484$ 时，分岔图变回 1 条支路，变换器再次工作在周期 1 状态；当 m 为 0.792，0.905，0.935 时，分岔图均发生倍周期分岔，分别为周期 2、周期 4 和周期 8 状态，对应的三维分岔图中表现为多周期态轨道；当 $m = 0.955$ 时，变换器工作在混沌状态，环面变为形状不定的点集。

为了进一步分析变换器的工作状态，选择与图 2.22 相同的参数，分别在 m 为 0.4，

0.46，0.85，0.92 时进行实验，得到输出电压 v_o 和电感电流 i_L 的实验波形，如图 2.23(a)～图 2.23(d)所示。

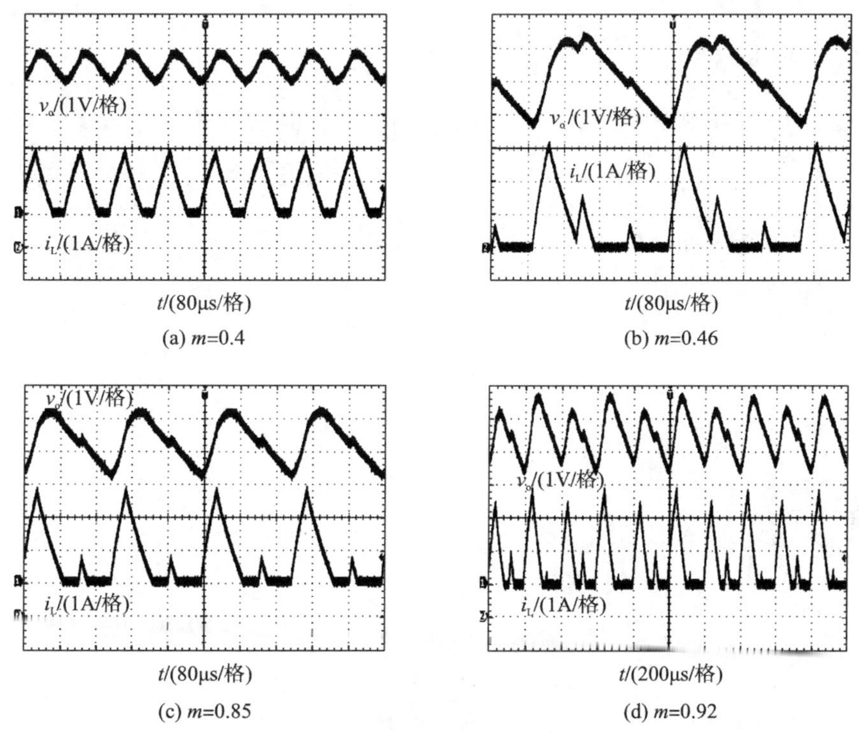

(a) m=0.4　(b) m=0.46　(c) m=0.85　(d) m=0.92

图 2.23　不同 m 值时的输出电压和电感电流实验波形

在图 2.23(a)中，当 $m = 0.4$ 时，v_o 和 i_L 的波形稳定，与分岔图中的周期 1 对应，系统工作在稳定状态；如图 2.23(b)所示，当 $m = 0.46$ 时，变换器工作在周期 3，即 v_o 和 i_L 的周期变为了开关周期的 3 倍，并且纹波较大；如图 2.23(c)、图 2.23(d)所示，当 m 分别为 0.85，0.92 时，变换器分别工作在周期 2 状态和周期 4 状态。实验中的 v_o 和 i_L 波形与图 2.22 所示的分岔图相对应，验证了分岔图的正确性。

由上述分析可知，载波占空比 m 的变化对应于调制方式的变化，调制方式会影响电压型控制开关变换器的稳定性。在电路参数不变时，可以通过改变调制方式，使电压型控制开关变换器工作在稳定状态；当 V_H 较大时，变换器工作在稳定区域，但是若 V_H 过大，载波的产生较为困难，所以变换器需要选择合适的 V_H；V_L 对变换器工作稳定性的影响与 V_H 相反，当 V_L 较小时，变换器工作稳定。综上所述，通过改变载波或改变调制方式，可以实现变换器在稳定和不稳定之间的转换，即通过控制载波或调制方式，能有效地控制变换器的稳定工作。

2.3.3　z 域建模分析

为了证明离散映射建模和分岔图的正确性，需引入系统在不动点处雅可比矩阵的特征值进行分析。由于电路中存在积分环节，与 2.3.1 节中离散迭代映射模型相对应的雅可比矩阵的特征值无法求解。因此，下面以小信号建模方式推导传递函数，进而求得系统的特征值。

1. z 域建模和传递函数

根据文献[19]，得到 PWM 信号 $V_{\rm P}$ 的占空比 d 对控制信号 $v_{\rm e}$ 的复频域传递函数：

$$G_{\rm dc}(s)=\frac{T}{V_{\rm H}-V_{\rm L}}\left[m{\rm e}^{-T_1 s}+(1-m){\rm e}^{-(T-T_2)s}\right] \tag{2.43}$$

其中，T_1、T_2 分别为一个开关周期中开始段和结束段的开关管导通时间，其值与稳态占空比 D 有关，如图 2.24 所示。

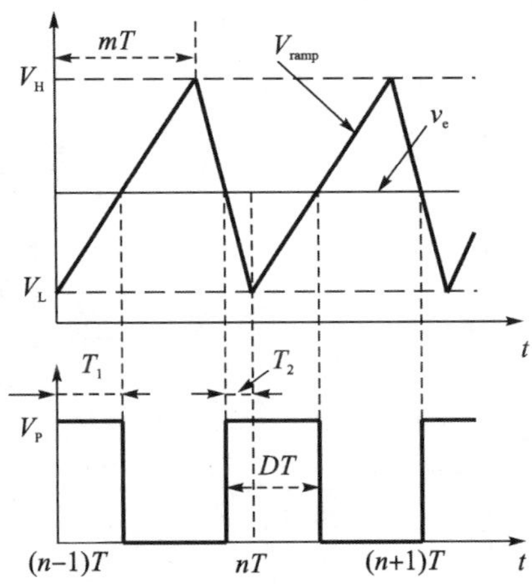

图 2.24 稳态占空比示意图

根据变换器的工作原理及图 2.24 所示的稳态占空比示意图，可以得到稳态时的占空比 D 为

$$D=\frac{K_{\rm P}V_{\rm ref}-V_{\rm L}+K_{\rm I}\sum_{j=1}^{n}(V_{\rm ref}-v_j)}{(V_{\rm H}-V_{\rm L}+K_{\rm P}V_{\rm g})} \tag{2.44}$$

由于在稳态时，补偿器环节使得输出电压等于参考电压，因此式(2.44)可以化简为

$$D=\frac{K_{\rm P}V_{\rm ref}-V_{\rm L}}{V_{\rm H}-V_{\rm L}+K_{\rm P}V_{\rm g}} \tag{2.45}$$

根据图 2.24 中的几何关系，可以求得 T_1 和 T_2 分别为

$$\begin{aligned}T_1&=DTm\\T_2&=DT(1-m)\end{aligned} \tag{2.46}$$

Buck 变换器输出电压对占空比 d 的复频域传递函数[2]为

$$G_{\rm vd}(s)=V_{\rm g}\frac{\dfrac{1}{LC}}{s^2+\dfrac{s}{RC}+\dfrac{1}{LC}} \tag{2.47}$$

将含有比例和积分环节的补偿器转换为 z 域传递函数 $G_{\mathrm{PI}}(z)$，为

$$G_{\mathrm{PI}}(z)=K_{\mathrm{P}}+K_{\mathrm{I}}\frac{z}{z-1} \tag{2.48}$$

考虑输出电压采样值 v_n 对 V_{ref} 的传递函数，得到其信号示意图，如图 2.25 所示。

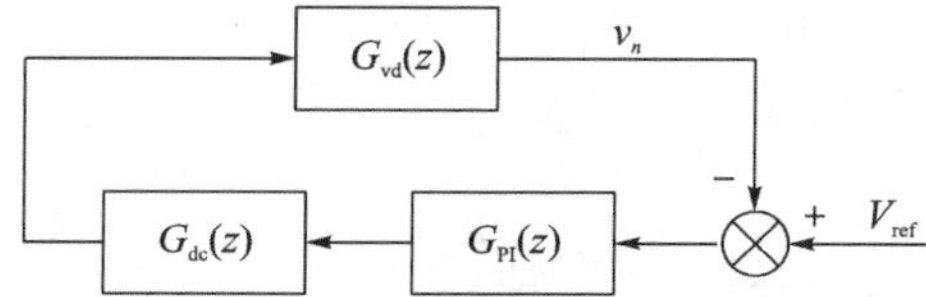

图 2.25　输出电压对参考电压的信号示意图

由图 2.25 可知，系统的闭环 z 域传递函数为

$$G(z)=\frac{G_{\mathrm{PI}}(z)G_{\mathrm{dc}}(z)G_{\mathrm{vd}}(z)}{1+G_{\mathrm{PI}}(z)G_{\mathrm{dc}}(z)G_{\mathrm{vd}}(z)} \tag{2.49}$$

根据式(2.43)和式(2.47)，求解拉普拉斯反变换，可得

$$\begin{aligned}L^{-1}[G_{\mathrm{dc}}(s)G_{\mathrm{vd}}(s)]=H\Big(&m\left[\mathrm{e}^{-k_1(t-T_1)}-\mathrm{e}^{-k_2(t-T_1)}\right]u(t-T_1)\\&+(1-m)\left\{\mathrm{e}^{-k_1[t-(T-T_2)]}-\mathrm{e}^{-k_2[t-(T-T_2)]}\right\}u[t-(T-T_2)]\Big)\end{aligned} \tag{2.50}$$

其中，$H=\dfrac{TV_{\mathrm{g}}}{(k_2-k_1)LC(V_{\mathrm{H}}-V_{\mathrm{L}})}$；$k_1=\dfrac{1}{2}\left[\dfrac{1}{RC}-\sqrt{\dfrac{1}{R^2C^2}-\dfrac{4}{LC}}\right]$；$k_2=\dfrac{1}{2}\left[\dfrac{1}{RC}+\sqrt{\dfrac{1}{R^2C^2}-\dfrac{4}{LC}}\right]$。

用 $t=nT$ 将式(2.50)离散化，并进行 z 变换，得到其 z 域传递函数：

$$G_{\mathrm{dc}}(z)G_{\mathrm{vd}}(z)=H\left(\frac{B}{z-\mathrm{e}^{-k_1T}}-\frac{E}{z-\mathrm{e}^{-k_2T}}\right) \tag{2.51}$$

其中，$B=m\mathrm{e}^{k_1(T_1-T)}+(1-m)\mathrm{e}^{k_1(-T_2)}$；$E=m\mathrm{e}^{k_2(T_1-T)}+(1-m)\mathrm{e}^{k_2(-T_2)}$。

将式(2.48)和式(2.51)代入式(2.49)，可得

$$G(z)=H\frac{F_1z^2+F_2z+F_3}{z^3+(N_1+HF_1)z^2+(N_2+HF_2)z+HF_3-\mathrm{e}^{-(k_1+k_2)T}} \tag{2.52}$$

其中，$F_1=(B-E)(K_{\mathrm{P}}+K_{\mathrm{I}})$；$F_2=(E\mathrm{e}^{-k_1T}-B\mathrm{e}^{-k_2T})(K_{\mathrm{P}}+K_{\mathrm{I}})-(B-E)K_{\mathrm{P}}$；$F_3=-(E\mathrm{e}^{-k_1T}-B\mathrm{e}^{-k_2T})K_{\mathrm{P}}$；$N_1=-(1+\mathrm{e}^{-k_1T}+\mathrm{e}^{-k_2T})$；$N_2=\mathrm{e}^{-(k_1+k_2)T}+\mathrm{e}^{-k_1T}+\mathrm{e}^{-k_2T}$。

系统的特征方程为

$$z^3+(N_1+HF_1)z^2+(N_2+HF_2)z+HF_3-\mathrm{e}^{-(k_1+k_2)T}=0 \tag{2.53}$$

该特征方程为一元三次方程，其根的判别式为

$$\Delta=\frac{q^2}{4}+\frac{p^3}{27} \tag{2.54}$$

其中，

$$q=\frac{2(N_1+HF_1)^3-9(N_1+HF_1)(N_2+HF_2)+27\left[HF_3-\mathrm{e}^{-(k_1+k_2)T}\right]}{27}$$

$$p=\frac{3(N_2+HF_2)-(N_1+HF_1)^2}{3}$$

当$\Delta>0$时，方程有1个实根和1对共轭复根；当$\Delta=0$时，方程有3个相等实根；当$\Delta<0$时，有3个不相等的实根。

根据卡尔丹公式，解特征方程(2.53)，可以得到3个特征值z_1、z_2和z_3：

$$\begin{cases} z_1 = P + Q \\ z_2 = P\omega + Q\omega^2 \\ z_3 = P\omega^2 + Q\omega \end{cases} \tag{2.55}$$

其中，$P=\sqrt[3]{-\frac{q}{2}+\sqrt{\frac{q^2}{4}+\frac{p^3}{27}}}$；$Q=\sqrt[3]{-\frac{q}{2}-\sqrt{\frac{q^2}{4}+\frac{p^3}{27}}}$；$\omega=\frac{-1+\sqrt{3}\mathrm{i}}{2}$。

2. 特征值运动轨迹分析

使用特征值与单位圆的关系可以验证分岔图分析的正确性。选择参数Ⅲ，即选择与图2.20(b)相同的参数，画出m为0.7～0.9的特征值运动轨迹，如图2.26所示。图中箭头表示m增大时特征值的运动方向。

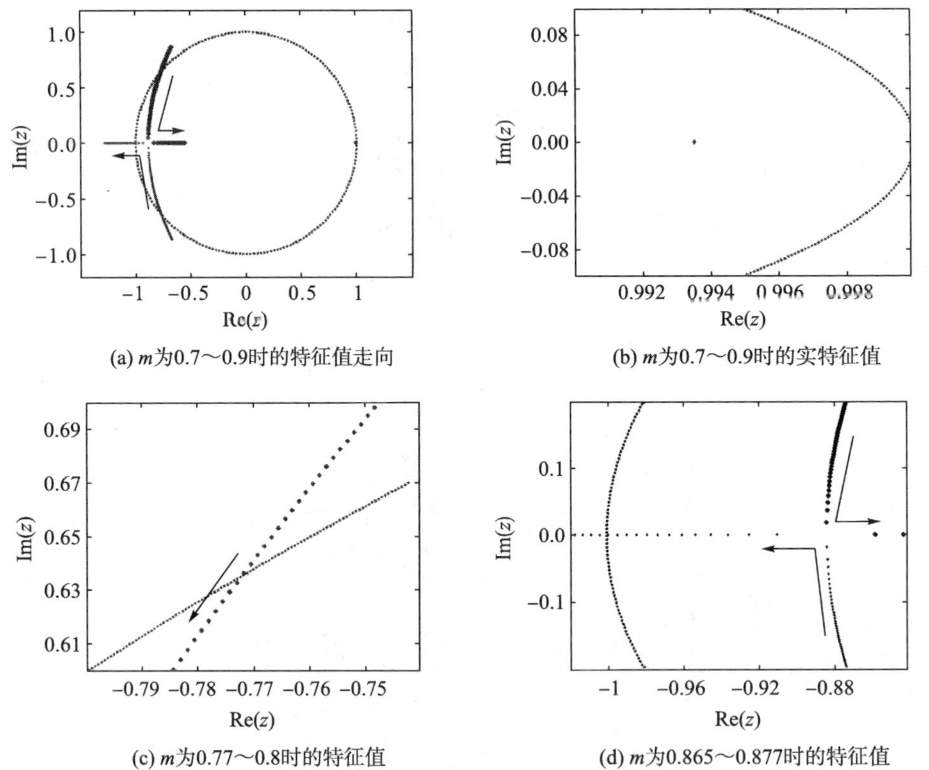

图2.26　m变化时的特征值运动轨迹

如图2.26(a)所示，当m较小时，特征值为1对共轭复数和1个接近1的实数，随着m的增大，这对共轭特征值变为2个不相等的负实数；如图2.26(b)所示，在m变化时，接近1的实数特征值基本保持不变，其值始终在单位圆内。随着m的增大，共轭特征值由单位圆外穿入单位圆内，其细节如图2.26(c)所示；当$m=0.793$时，特征值恰好穿过单位圆。根据文献[14]～[16]可知，共轭特征值穿过单位圆且其他特征值在单位圆内时，分岔图发生 Hopf 分岔。当 $m = 0.876$ 时，一个特征值沿横轴负半轴穿出单位圆，如图 2.26(d)所示。根据文献[14]～[20]可知，特征值沿横轴负半轴穿出且其他特征值在单位圆内时，分岔图发生倍周期分岔。这两种分岔现象恰好与图 2.20 所示的分岔图相对应，由此验证了离散迭代映射模型和分岔图的正确性。

3. 状态域分布图

为了更加直观地讨论电路参数变化对变换器工作的影响，通过系统的特征值，可以绘制出状态域分布图。当变换器发生 Hopf 分岔时，判别式$\Delta > 0$，特征值 z_1 为实数，且位于复平面的单位圆内，z_2 和 z_3 为 1 对共轭复数，且在复平面的单位圆上，即

$$\begin{cases} |z_1| < 1;\ |z_2| = 1;\ |z_3| = 1 \\ \operatorname{Im} z_2 = -\operatorname{Im} z_3 \neq 0 \end{cases} \tag{2.56}$$

结合特征值求解式(2.55)，可以得到电路参数的关系式为

$$P^2 + Q^2 - PQ = 1 \tag{2.57}$$

当变换器发生倍周期分岔时，其中一个特征值等于-1，其余特征值位于复平面单位圆内，即

$$\begin{cases} z_1 = -1 \\ |z_2| < 1;\ |z_3| < 1 \end{cases} \text{或} \begin{cases} z_2 = -1 \\ |z_1| < 1;\ |z_3| < 1 \end{cases} \text{或} \begin{cases} z_3 = -1 \\ |z_1| < 1;\ |z_2| < 1 \end{cases} \tag{2.58}$$

结合式(2.55)，可以得到电路参数的关系式为

$$\begin{cases} P + Q = -1 \\ |z_2| < 1;\ |z_3| < 1 \end{cases} \text{或} \begin{cases} P\omega + Q\omega^2 = -1 \\ |z_1| < 1;\ |z_3| < 1 \end{cases} \text{或} \begin{cases} P\omega^2 + Q\omega = -1 \\ |z_1| < 1;\ |z_2| < 1 \end{cases} \tag{2.59}$$

选择参数III，且 $V_L = 0\text{V}$ 和 $V_H = 1.5\text{V}$ 时，根据式(2.57)和式(2.59)，绘制 V_L、V_H 与 m 的状态域分布图，分别如图 2.27(a)和图 2.27(b)所示。

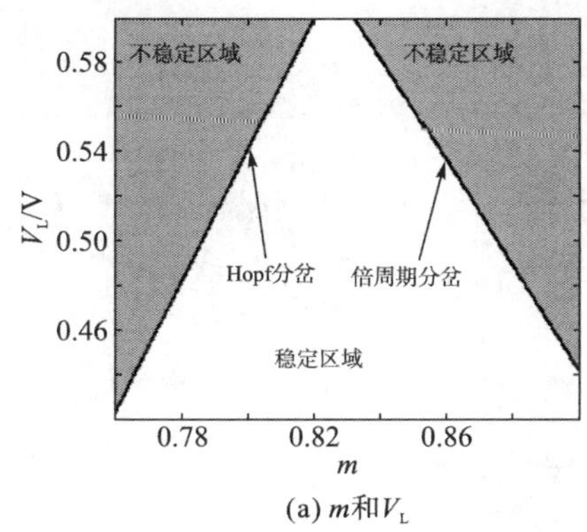

(a) m和V_L

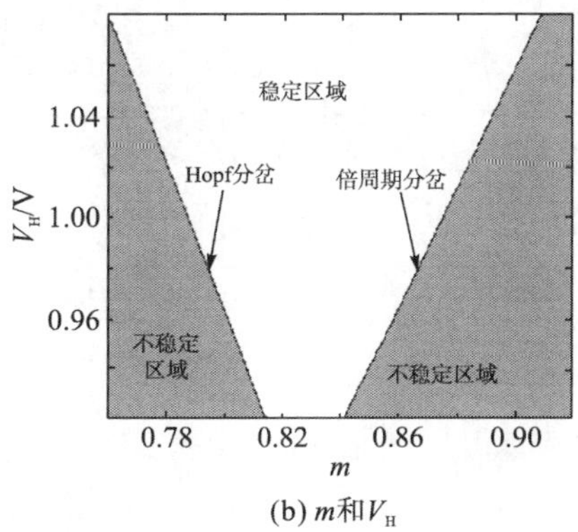

(b) m和V_H

图 2.27　状态域分布图

在图 2.27(a)所示的分布图中，两个分岔边界线将工作区域分为 3 部分。当变换器工作在稳定区域时，随着 m 的增大、减小，变换器将分别出现倍周期分岔、Hopf 分岔，变换器的工作状态均由稳定变为不稳定。两种分岔边界之间的区域为稳定范围，随着 V_L 的

增大，稳定范围变小。图 2.27(b)所示的 m 和 V_H 状态分布图与图 2.27(a)相似，但是随着 V_H 的增大，m 变化时稳定范围变大，说明 V_L 和 V_H 对变换器稳定性范围的影响相反。

选择参数Ⅲ，且 $V_L = 0V$ 和 $V_H = 1V$ 时，绘制出 m、K_I 和 K_P 中两两变化时的状态域分布图，如图 2.28 所示。

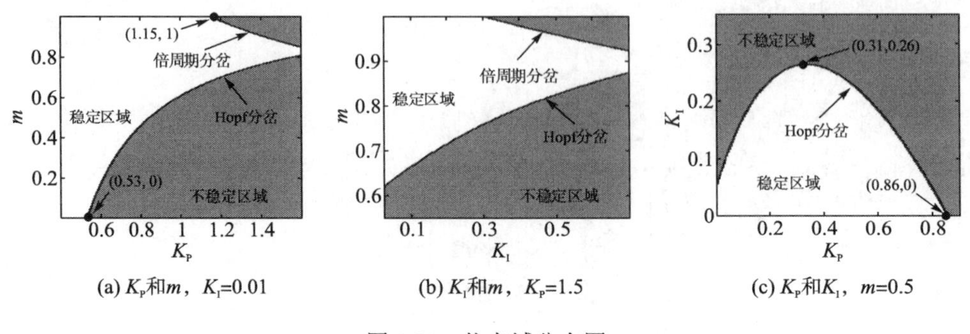

(a) K_P和m，K_I=0.01　(b) K_I和m，K_P=1.5　(c) K_P和K_I，m=0.5

图 2.28　状态域分布图

由图 2.28(a)可知，当比例系数 $K_P < 0.53$ 时，随着 m 的变化，变换器始终工作在稳定的周期 1 状态。当 $0.53 < K_P < 1.15$ 时，随着 m 的减小，变换器发生 Hopf 分岔，由周期 1 状态变化到低频振荡状态。当 $1.15 < K_P < 1.6$ 时，随着 m 的增大，变换器将出现倍周期分岔；m 减小时，变换器出现低频振荡现象。图 2.28(b)和图 2.28(a)类似，由此得到 K_P 和 K_I 对变换器稳定性的影响相似。如图 2.28(c)所示，在 $K_P = 0.31$ 时，随着 K_I 的变化，变换器的稳定工作范围最广，当 K_P 变小或变大时，其稳定工作范围均缩小；当 $K_P > 0.86$ 或者 $K_I > 0.26$ 时，变换器始终无法达到稳定状态。

为了验证状态域分布图的正确性，观察 PI 参数对变换器稳定性的调节作用，选择与图 2.28(c)相同的参数，观察 PI 参数变化时，电感电流和输出电压波形，如图 2.29 所示。

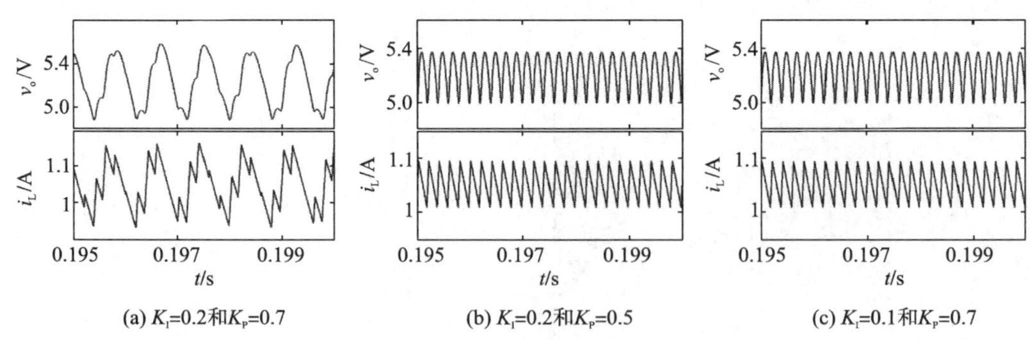

(a) K_I=0.2和K_P=0.7　(b) K_I=0.2和K_P=0.5　(c) K_I=0.1和K_P=0.7

图 2.29　不同 PI 参数下的输出电压和电感电流仿真波形

由仿真波形可知，当 PI 参数设计较差时，即 $K_I = 0.2$ 和 $K_P = 0.7$ 时，变换器工作在不稳定状态，输出电压和电感电流出现低频振荡现象，如图 2.29(a)所示；当减小 K_P 时，即 $K_I = 0.2$ 和 $K_P = 0.5$ 时，变换器工作稳定，输出电压和电感电流的纹波变小，如图 2.29(b)所示。对比图 2.29(a)和图 2.29(c)可知，通过减少 K_I 也能使变换器工作稳定。时域仿真的结果与 2.28(c)所示的状态域分布图相同，验证了状态域分布图的正确性。

此外，利用式(2.57)和式(2.59)还可以分析其他电路参数对变换器稳定性的影响，为避免重复，此处不再赘述。综上分析可知，状态域分布图和特征值运行轨迹对电路参数的设计具有较好的指导作用，尤其是指导 PWM 方式的选择和补偿器参数的设计，以使电压型控制开关变换器避免出现不稳定的工作状态，保证电路的正常运行。

2.4　本 章 小 结

以 Buck 变换器为例，本章开展的单缘调制和双缘调制电压型控制开关变换器的复杂动力学行为研究工作，对于电压型 PWM 控制开关变换器的设计及电路参数的选择具有指导意义和实际价值。

根据开关管导通与关断的状态方程，建立了双缘调制的离散迭代映射模型，并研究了它的非线性动力学行为，发现变换器出现了两种不同的Hopf分岔(第二类Hopf分岔)现象；通过雅可比矩阵特征值、庞加莱截面、电感电流和输出电压的时域波形，进一步观察到两种低频振荡现象的差异。发现了双缘调制电压型控制开关变换器存在从周期 1 跳变到周期 3 的奇数倍周期分岔现象；通过仿真和实验，从时域波形和相轨图验证了奇数倍周期分岔现象的存在性。

建立了基于归一化 PWM 的电压型控制开关变换器的离散映射模型，通过载波占空比、峰值、谷值等分岔参数，研究了变换器的 Hopf 分岔、倍周期分岔和混沌等现象。建立了系统的闭环 z 域传递函数，通过求解特征方程，得到系统的特征值，并证明 Hopf 分岔和倍周期分岔的存在性。根据特征值的解析式和状态域分布图，从理论上分析了调制方式对变换器工作稳定性的影响，得到关于载波参数 m 和 V_{L}、V_{H} 的稳定调节范围，以及 PI 参数的稳定调节范围。

参 考 文 献

[1]周国华，许建平．开关变换器调制与控制技术综述．中国电机工程学报, 2014, 34(6): 815-831.

[2]张卫平．开关变换器的建模与控制．北京：中国电力出版社, 2006.

[3]Mammano R. Switching power supply topology: voltage mode vs. current mode Unitrode Design Note DN-62, 1994.

[4]Goder D, Pelletier W. V^2 architecture provides ultra-fast transient response in switch power supplies. Proceedings of High Frequency Power Conversion, 1996: 19-23.

[5]王凤岩，许建平，许峻峰. V^2 控制 Buck 变换器分析．中国电机工程学报, 2005, 25(12): 67-72

[6]王凤岩，许建平. V^2C 控制 Buck 变换器分析．中国电机工程学报, 2006, 26(2): 121-126.

[7]周国华，许建平，米长宝，等. V^2C 控制 Buck 变换器稳定性分析．电工技术学报, 2011, 26(3): 88-95.

[8]王凤岩，许峻峰，许建平．开关电源控制方法综述．机车电传动, 2006, (1): 6-10.

[9]周国华，许建平．开关变换器数字控制技术．北京：科学出版社, 2011.

[10]Tse C K. Complex Behavior of Switching Power Converters. Boca Raton, USA: CRC Press, 2003.

[11]朱雪丰，徐冬亮，舒秀发，等. Buck 转换器中的分岔与混沌研究．系统仿真学报, 2007, 19(15): 3387-3389.

[12]王春芳, 王开艳, 李强. Buck 变换器仿真模型及分岔与混沌研究. 系统仿真学报, 2007, 19(24): 5824-5826.

[13]周国华. 基于纹波的开关功率变换器控制技术及其动力学行为研究. 成都: 西南交通大学, 2011.

[14]Maity S, Tripathy D, Bhattacharya T K, et al. Bifurcation analysis of PWM-1 voltage-mode-controlled buck converter using the exact discrete model. IEEE Transactions on Circuits and Systems I: Regular Papers, 2007, 54(5): 1120-1130.

[15]Zhou G H, Bao B C, Xu J P. Complex dynamics and fast-slow scale instability in current-mode controlled buck converter with constant current load. International Journal of Bifurcation and Chaos, 2013, 23(4): 1350062-1-15.

[16]Huang M, Zhang H, Tse C K, et al. Catastrophic bifurcation in three-phase voltage-source converters. IEEE Transactions on Circuits and Systems I: Regular Papers, 2013, 60(4): 1062-1071.

[17]张笑天, 马西奎, 张浩. 数字控制 DC-DC buck 变换器中低频振荡现象分析. 物理学报, 2008, 57(10): 6174-6181.

[18]Kuznetsov Y A. Elements of Applied Bifurcation Theory. New York: Springer, 2004.

[19]David M V, Koen D G, Frederik M L, et al. Small-signal z-domain analysis of digitally controlled converters. IEEE Transactions on Power Electronics, 2006, 21(2): 470-478.

[20]Wang F Q, Zhang H, Ma X K. Period-doubling bifurcation in two-stage power factor correction converters using the method of incremental harmonic balance and floquet theory. Chinese Physics B, 2012, 21(2): 020505-1-10.

第 3 章　电压型 PFM 控制开关变换器动力学建模与分析

随着集成电路及微处理器的快速发展，对为其供电的开关变换器的要求也越来越高。当微处理器在睡眠模式和正常工作状态之间进行频繁切换时，负载电流变化速率非常快，这就要求为其供电的开关变换器具有快速的瞬态响应。传统的电压型 PWM 控制应用于微处理器等负载的供电电源时，为了获得快速的负载瞬态响应，需要将误差放大器的带宽设计得足够大，但无法保证变换器的稳定性[1]；为了保证变换器的稳定性，误差放大器的带宽必将受限，于是限制了变换器的负载瞬态响应[2]。因此，传统电压型 PWM 控制不适用于为微处理器这类特殊负载供电的供电电源中[3]。

电压型 PFM 控制技术采用开关变换器的输出电压纹波作为控制信号，其控制环路不需要误差放大器，简单易实现[4]，且具有快速的负载瞬态响应，适合应用于微处理器这类负载的供电电源中。然而，在电压型 PFM 控制开关变换器中，输出电容 ESR、电感、负载等电路参数对其稳定性和动力学行为有着很大的影响。比如，当输出电容 ESR 较小时，电压型 PFM 控制开关变换器工作在不稳定状态，并伴随着次谐波振荡[5]、脉冲簇发[6]、混沌[7]等复杂非线性现象。恒定导通时间(constant on-time, COT)和恒定关断时间(constant off-time, CFT)是两种典型的 PFM 调制方式。本章以 Buck 变换器为例，详细研究电路参数对电压型 COT 控制和电压型 CFT 控制开关变换器稳定性和动力学行为的影响。

3.1　电压型 COT 控制开关变换器

3.1.1　工作原理

图 3.1 所示为电压型 COT 控制 Buck 变换器的原理图及其 CCM 稳态工作波形[6]。从图 3.1(a)可以看出，功率级电路与第 2 章介绍的 Buck 变换器类似，只是省略了电感 L 的 ESR；控制电路包括比较器、参考电压 V_{ref}、导通定时器和触发器。相应的控制过程如下：输出电压 v_{o} 与 V_{ref} 通过比较器进行比较，比较器的输出信号和导通定时器的输出信号通过触发器控制开关管 S_1 的导通和关断，从而实现输出电压的调节。其中，开关管的导通时间是恒定的，由导通定时器预设。

从图 3.1(b)可以看出，当 v_{o} 下降至 V_{ref} 时，比较器输出高电平，置位触发器，S_1 导通，v_{o} 上升；当 S_1 导通固定时间 T_{ON} 后，导通定时器输出一个窄脉冲，复位触发器，S_1 关断，v_{o} 下降；当 v_{o} 再次下降到 V_{ref} 时，S_1 再次导通，进入下一个开关周期。由图 3.1(a)可知，电压型 COT 控制 Buck 变换器具有两个状态变量，即电感电流 i_{L} 和电容电压 v_{C}。由于输

出电容 ESR 的存在，v_o 可以表示为

$$v_o(t)=\boldsymbol{H}\boldsymbol{x}=\frac{R}{R+R_C}[v_C(t)+R_Ci_L(t)] \tag{3.1}$$

其中，矩阵 $\boldsymbol{H}$ 和 $\boldsymbol{x}$ 分别为

$$\boldsymbol{H}=\begin{bmatrix}\dfrac{R}{R+R_C} & \dfrac{RR_C}{R+R_C}\end{bmatrix}$$

$$\boldsymbol{x}=\begin{bmatrix}i_L(t)\\ v_C(t)\end{bmatrix}$$

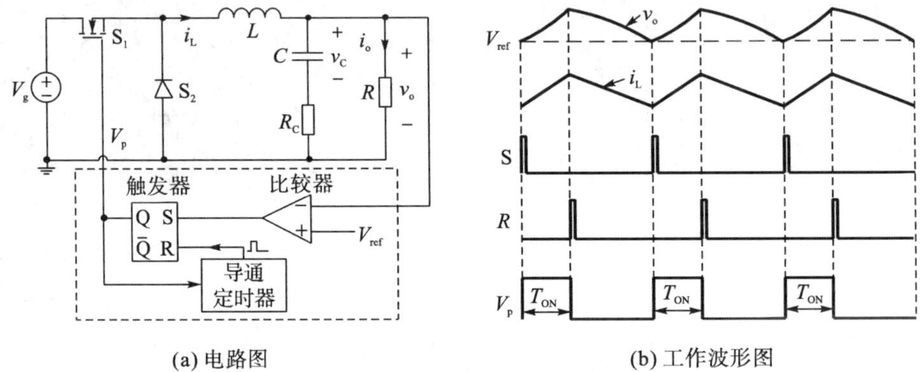

(a) 电路图 (b) 工作波形图

图 3.1 电压型 COT 控制 Buck 变换器

根据 S_1 和 S_2 的工作状态，Buck 变换器在一个开关周期内存在 3 种开关状态，并定义如下：开关状态 1，S_1 导通，S_2 关断；开关状态 2，S_1 关断，S_2 导通；开关状态 3，S_1 和 S_2 均关断。

当工作在 CCM 时，变换器在一个开关周期内仅存在开关状态 1 和开关状态 2；当工作在 DCM 时，变换器在一个开关周期内存在以上 3 种开关状态。相应地，Buck 变换器的状态方程可以写为

$$\dot{\boldsymbol{x}}=\boldsymbol{A}_j\boldsymbol{x}(t)+\boldsymbol{B}_jV_g \quad (t_{j-1}\leqslant t<t_j, j=1,2,3) \tag{3.2}$$

其中，j 表示第 j 个开关状态；t_{j-1} 和 t_j 分别表示第 j 个开关状态的开始时刻和结束时刻。

矩阵 $\boldsymbol{A}_j$ 和 $\boldsymbol{B}_j$ 分别为

$$\boldsymbol{A}_1=\boldsymbol{A}_2=\begin{bmatrix}-\dfrac{RR_C}{(R+R_C)L} & -\dfrac{R}{(R+R_C)L}\\ \dfrac{R}{(R+R_C)C} & -\dfrac{1}{(R+R_C)C}\end{bmatrix}$$

$$\boldsymbol{A}_3=\begin{bmatrix}0 & 0\\ 0 & -\dfrac{1}{(R+R_C)C}\end{bmatrix}$$

$$\boldsymbol{B}_1=\begin{bmatrix}\dfrac{1}{L}\\0\end{bmatrix}$$

$$\boldsymbol{B}_2=\boldsymbol{B}_3=\begin{bmatrix}0\\0\end{bmatrix}$$

3.1.2 异步开关离散时间建模

对式(3.2)进行求解，可得[8]

$$\boldsymbol{x}(t_j)=f_j[\boldsymbol{x}(t_{j-1}),t]=\mathrm{e}^{\boldsymbol{A}_j\tau_j}\boldsymbol{x}(t_{j-1})+\int_{t_{j-1}}^{t_j}\mathrm{e}^{\boldsymbol{A}_j(t_j-\xi)}\boldsymbol{B}_jV_\mathrm{g}\mathrm{d}\xi \tag{3.3}$$

其中，$\tau_j=t_j-t_{j-1}$。

需要指出的是，根据哈密顿–凯莱定理可以求出 $\mathrm{e}^{\boldsymbol{A}_j\Delta_j}$ 的精确解。

当电路参数满足 $R>\dfrac{L}{2\sqrt{LC+R_\mathrm{C}C}}$ 时，式(3.3)可以写成[8]

$$\boldsymbol{x}(t_j)=f_j[\boldsymbol{x}(t_{j-1}),\ t]=\boldsymbol{C}_j(\tau_j)\boldsymbol{x}(t_{j-1})+\boldsymbol{D}_j(\tau_j)V_\mathrm{g} \tag{3.4}$$

其中，

$$\boldsymbol{C}_j(\tau_j)=\begin{bmatrix}a_j & b_j\\c_j & d_j\end{bmatrix}\ (j=1,2),\quad \boldsymbol{C}_3(\tau_3)=\begin{bmatrix}0 & 0\\0 & -\dfrac{\tau_3}{(R+R_\mathrm{c})C}\end{bmatrix}$$

$$\boldsymbol{D}_1(\tau_1)=\begin{bmatrix}e\\f\end{bmatrix},\quad \boldsymbol{D}_2(\tau_2)=\boldsymbol{D}_3(\tau_3)=\begin{bmatrix}0\\0\end{bmatrix}$$

$$a_j=\left[\cos\omega\tau_j+\frac{(L-RR_\mathrm{C}C)\sin\omega\tau_j}{2(R+R_\mathrm{C})LC\omega}\right]\mathrm{e}^{-\alpha\tau_j},\quad b_j=-\frac{R\sin\omega\tau_j}{(R+R_\mathrm{C})L\omega}\mathrm{e}^{-\alpha\tau_j}$$

$$c_j=\frac{R\sin\omega\tau_j}{(R+R_\mathrm{C})C\omega}\mathrm{e}^{-\alpha\tau_j},\quad d_j=\left[\cos\omega\tau_j-\frac{(L-RR_\mathrm{C}C)\sin\omega\tau_j}{2(R+R_\mathrm{C})LC\omega}\right]\mathrm{e}^{-\alpha\tau_j}$$

$$e=\frac{1}{R}-\left[\frac{\cos\omega\tau_1}{R}-\frac{(R-\alpha L)\sin\omega\tau_1}{RL\omega}\right]\mathrm{e}^{-\alpha\tau_1},\quad f=1-\left(\cos\omega\tau_1-\frac{\alpha\sin\omega\tau_1}{\omega}\right)\mathrm{e}^{-\alpha\tau_1}$$

这里，

$$\alpha=\frac{L+RR_\mathrm{C}C}{2(R+R_\mathrm{C})LC},\quad \omega=\sqrt{\frac{R}{(R+R_\mathrm{C})LC}-\alpha^2}$$

定义两个状态变量在第 n 个和第 n+1 个开关周期开始时刻的采样值分别为 $\boldsymbol{x}_n=[i_n\ v_n]^\mathrm{T}$ 和 $\boldsymbol{x}_{n+1}=[i_{n+1}\ v_{n+1}]^\mathrm{T}$，其中 T 为矩阵转置。若在第 n 个开关周期内，Buck 变换器经历 k 个开关状态，则 $\boldsymbol{x}_n$ 与 $\boldsymbol{x}_{n+1}$ 的关系可表示为[8]

$$\boldsymbol{x}_{n+1}=f_k(f_{k-1}(\cdots f_1(\boldsymbol{x}_n,\tau_1),\cdots\tau_{k-1}),\tau_k) \tag{3.5}$$

由电压型 COT 控制 Buck 变换器的工作原理可知，在一个开关周期内，变换器可能存在 3 种运行模式，相应的示意图如图 3.2 所示。于是，通过建立 3 种运行模式对应的离散映射模型，可以得到电压型 COT 控制 Buck 变换器的异步开关离散时间模型。

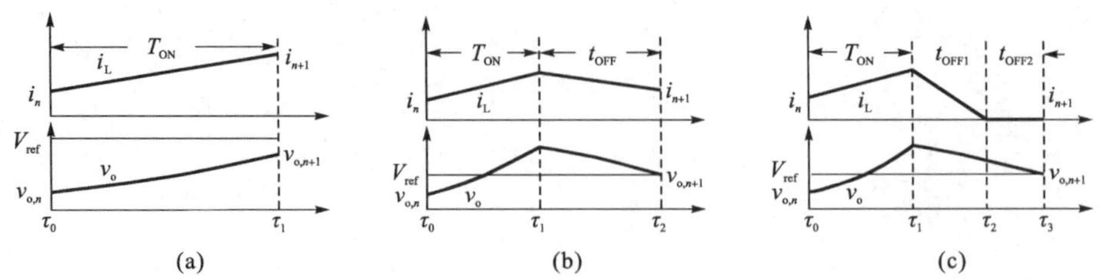

图 3.2 电压型 COT 控制 Buck 变换器在一个开关周期内可能存在的运行模式

1. 3 种运行模式

运行模式 F_a：如图 3.2(a)所示，在一个开关周期内，变换器仅存在开关状态 1，相应的工作时间为 $\tau_1 = t_1 - t_0 = T_{ON}$，由式(3.5)可得离散映射模型为

$$\boldsymbol{x}_{n+1} = F_a(\boldsymbol{x}_n) = \boldsymbol{C}_1(T_{ON})\boldsymbol{x}_n + \boldsymbol{D}_1 V_g \tag{3.6}$$

运行模式 F_b：如图 3.2(b)所示，在一个开关周期内，变换器存在开关状态 1 和开关状态 2，工作在 CCM。在开关状态 1，状态变量从 $\boldsymbol{x}_n$ 演变到 $\boldsymbol{x}(t_1)$，相应的表达式为

$$\boldsymbol{x}(t_1) = [i_L(t_1) \ \ v_C(t_1)]^T = \boldsymbol{C}_1(T_{ON})\boldsymbol{x}_n + \boldsymbol{D}_1(T_{ON})V_g \tag{3.7}$$

在开关状态 2 内，状态变量从 $\boldsymbol{x}(t_1)$ 演变到 $\boldsymbol{x}_{n+1}$，相应的工作时间为 $\tau_2 = t_2 - t_1 = t_{OFF}$。因而，由式(3.4)和式(3.5)可得该运行模式的离散映射模型为

$$\boldsymbol{x}_{n+1} = F_b(\boldsymbol{x}_n) = \boldsymbol{C}_2(t_{OFF})[\boldsymbol{C}_1(T_{ON})\boldsymbol{x}_n + \boldsymbol{D}_1(T_{ON})V_g] \tag{3.8}$$

其中，开关状态 2 的工作时间 t_{OFF} 可由式(3.9)的开关切换条件求得。需要指出的是，式(3.9)是一个超越方程，需要利用计算机进行数值求解。

$$v_o(t_{OFF}) = \mathbf{H}F_b(\mathbf{x}_n) = V_{ref} \tag{3.9}$$

运行模式 F_c：如图 3.2(c)所示，在一个开关周期内，变换器存在 3 种开关状态，工作在 DCM，且状态变量的演变过程为 $\boldsymbol{x}_n \to \boldsymbol{x}(\tau_1) \to \boldsymbol{x}(\tau_2) \to \boldsymbol{x}_{n+1}$。在演变过程中，状态变量在开关状态 1 结束时刻的值 $\boldsymbol{x}(t_1)$ 是开关状态 2 开始时刻的值；状态变量开关状态 2 结束时刻的值 $\boldsymbol{x}(t_2) = [i_L(t_2) \ v_C(t_2)]^T$ 是开关状态 3 开始时刻的值。定义开关状态 1、2、3 的工作时间别为 $\tau_1 = t_1 - t_0 = T_{ON}$、$\tau_2 = t_2 - t_1 = t_{OFF1}$ 和 $\tau_3 = t_3 - t_2 = t_{OFF2}$，其中开关状态 1 的工作时间 T_{ON} 为导通定时器预设。

电感电流下降到 0，开关状态 2 结束，因此将 $i_L(t_2) = 0$ 代入 $\boldsymbol{x}(t_2) = \boldsymbol{C}_2(t_2)\boldsymbol{x}(t_1)$，可以算出开关状态 2 的工作时间 t_{OFF1}：

$$t_{OFF1} = \begin{cases} -\dfrac{1}{\omega}\arctan\left(\dfrac{\delta_1}{\delta_2}\right) & \delta_2 < 0 \\ \dfrac{1}{\omega}\left[\pi - \arctan\left(\dfrac{\delta_1}{\delta_2}\right)\right] & \delta_2 > 0 \end{cases} \tag{3.10}$$

其中，$\delta_1 = 2(R + R_C)LC\omega i_L(t_1)$ 和 $\delta_2 = (L - RR_CC)i_L(t_1) - 2RCv_C(t_1)$。进一步，由开关切换条件 $v_o(t_{OFF2}) = V_{ref}$ 可得 t_{OFF2} 为

$$t_{OFF2} = (R + R_C)C\ln\left\{\frac{R[(c_2 i_L(t_1) + d_2 v_C(t_1)]}{(R + R_C)V_{ref}}\right\} \tag{3.11}$$

因此，由式(3.4)和式(3.5)可得该运行模式的离散映射模型为

$$\boldsymbol{x}_{n+1}=F_{\rm c}(\boldsymbol{x}_n)=\boldsymbol{C}_3(t_{\rm OFF2})\left\{\boldsymbol{C}_2(t_{\rm OFF1})[\boldsymbol{C}_1(T_{\rm ON})\boldsymbol{x}_n+\boldsymbol{D}_1(T_{\rm ON})V_{\rm g}]\right\} \tag{3.12}$$

2. 两条模式切换边界

在一个开关周期内，若 $v_{\rm o}$ 始终小于 $V_{\rm ref}$，则变换器工作在运行模式 $F_{\rm a}$，存在脉冲簇发现象[6]；若在固定导通时间结束时刻 $v_{\rm o}$ 大于 $V_{\rm ref}$，则变换器工作在运行模式 $F_{\rm a}$ 或 $F_{\rm c}$。此时，若电感电流始终大于零，变换器工作在运行模式 $F_{\rm b}$；否则变换器工作在运行模式 $F_{\rm c}$。由此可知，运行模式 $F_{\rm a}$ 与运行模式 $F_{\rm b}$ 和 $F_{\rm c}$ 由一条电压边界 B_1 划分，运行模式 $F_{\rm b}$ 与运行模式 $F_{\rm c}$ 由一条电流边界 B_2 划分。

对于边界 B_1 和 B_2，其对应的边界向量 $\boldsymbol{x}_{\rm b1}=[i_{\rm b1}\ v_{\rm b1}]^{\rm T}$ 和 $\boldsymbol{x}_{\rm b2}=[i_{\rm b2}\ v_{\rm b2}]^{\rm T}$ 均定义为一个开关周期开始时刻的状态变量采样值，且满足条件：当 $\boldsymbol{x}_n=\boldsymbol{x}_{\rm b1}$ 时，$v_{\rm o}$ 在开关周期结束时刻刚好上升到 $V_{\rm ref}$；当 $\boldsymbol{x}_n=\boldsymbol{x}_{\rm b2}$ 时，在开关周期结束时刻 $i_{\rm L}$ 刚好下降到零且 $v_{\rm o}$ 刚好下降到 $V_{\rm ref}$[9]。图 3.3 给出了两条模式切换边界的示意图。结合图 3.3，下面将推导边界向量 $\boldsymbol{x}_{\rm b1}$ 和 $\boldsymbol{x}_{\rm b2}$ 的表达式。

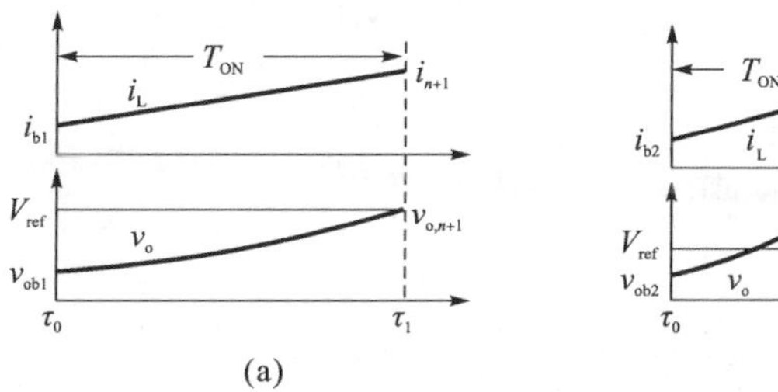

图 3.3　模式切换边界

边界 B_1：由图 3.3(a)和 $\boldsymbol{x}_{\rm b1}$ 的定义可知，$\boldsymbol{x}_{\rm b1}$ 满足如下方程：

$$f(\boldsymbol{x}_{\rm b1})=\boldsymbol{H}[\boldsymbol{C}_1(T_{\rm ON})\boldsymbol{x}_{\rm b1}+\boldsymbol{D}_1(T_{\rm ON})V_{\rm g}]-V_{\rm ref}=0 \tag{3.13}$$

边界 B_2：由图 3.3(b)和 $\boldsymbol{x}_{\rm b2}$ 的定义可知，$\boldsymbol{x}_{\rm b2}$ 满足如下方程：

$$f(\boldsymbol{x}_{\rm b2})=\boldsymbol{H}\{\boldsymbol{C}_2(t_{\rm OFF1})[\boldsymbol{C}_1(T_{\rm ON})\boldsymbol{x}_{\rm b2}+\boldsymbol{D}_1(T_{\rm ON})V_{\rm g}]\}-V_{\rm ref}=0 \tag{3.14}$$

3. 异步开关离散时间模型及其雅可比矩阵

综上所述，电压型 COT 控制 Buck 变换器的异步开关离散时间模型为

$$\boldsymbol{x}_{n+1}=\begin{cases}F_{\rm a}(\boldsymbol{x}_n) & \boldsymbol{x}_n\in F_{\rm a}\\ F_{\rm b}(\boldsymbol{x}_n) & \boldsymbol{x}_n\in F_{\rm b}\\ F_{\rm c}(\boldsymbol{x}_n) & \boldsymbol{x}_n\in F_{\rm c}\end{cases} \tag{3.15}$$

其中，$F_{\rm a}(\boldsymbol{x}_n)$、$F_{\rm b}(\boldsymbol{x}_n)$ 和 $F_{\rm c}(\boldsymbol{x}_n)$ 分别由式(3.6)、式(3.8)和式(3.12)表示。

式(3.15)所示的异步开关离散时间模型在平衡点 $\boldsymbol{X}_{\rm Q}=[I_{\rm L}\ \ V_{\rm C}]$附近的雅可比矩阵可表示为

$$\boldsymbol{J}(\boldsymbol{X}_{\rm Q})=\begin{bmatrix}J_{11} & J_{12}\\ J_{21} & J_{22}\end{bmatrix}\Bigg|_{\boldsymbol{x}_n=\boldsymbol{X}_{\rm Q}} \tag{3.16}$$

其中，$J_{11}=\dfrac{\partial i_{n+1}}{\partial i_n}$；$J_{12}=\dfrac{\partial i_{n+1}}{\partial v_n}$；$J_{21}=\dfrac{\partial v_{n+1}}{\partial i_n}$；$J_{22}=\dfrac{\partial v_{n+1}}{\partial v_n}$。

式(3.16)的特征值可以通过求解式(3.17)的特征方程求得。

$$\det[\lambda \boldsymbol{I}-\boldsymbol{J}(\boldsymbol{X}_{\mathrm{Q}})]=0 \tag{3.17}$$

当变换器工作在运行模式 F_{a} 时，由式(3.6)和式(3.16)可得

$$J_{11}=a_1,\quad J_{12}=b_1,\quad J_{21}=c_1,\quad J_{22}=d_1$$

相应地，式(3.17)可写为

$$\lambda^2-(a_1+d_1)\lambda+a_1d_1-b_1c_1=0 \tag{3.18}$$

求解式(3.18)，可得

$$\lambda_{1,2}=\mathrm{e}^{-\alpha T_{\mathrm{ON}}}\left[\cos\omega T_{\mathrm{ON}}\pm \mathrm{j}\sin\omega T_{\mathrm{ON}}\sqrt{1+\frac{RR_{\mathrm{C}}}{(R+R_{\mathrm{C}})^2LC\omega^2}}\right] \tag{3.19}$$

需要指出的是，在该运行模式，没有平衡点 $\boldsymbol{X}_{\mathrm{Q}}$，这意味着雅可比矩阵无法用于判断其稳定性。

当变换器工作在运行模式 F_{b}，即工作在 CCM 时，由式(3.8)和式(3.9)可得

$$J_{11}=\left[(\omega a_3-\alpha a_2)I_1+(\omega b_3-\alpha b_2)V_1\right]\rho_1+a_1a_2+c_1b_2$$
$$J_{12}=\left[(\omega a_3-\alpha a_2)I_1+(\omega b_3-\alpha b_2)V_1\right]\rho_2+b_1a_2+d_1b_2$$
$$J_{21}=\left[(\omega c_3-\alpha c_2)I_1+(\omega d_3-\alpha d_2)V_1\right]\rho_1+a_1c_2+c_1d_2$$
$$J_{22}=\left[(\omega c_3-\alpha c_2)I_1+(\omega d_3-\alpha d_2)V_1\right]\rho_2+b_1c_2+d_1d_2$$

其中，

$$a_3=\left[-\sin\omega\tau_2+\frac{(L-RR_{\mathrm{C}}C)\cos\omega\tau_2}{2(R+R_{\mathrm{C}})LC\omega}\right]\mathrm{e}^{-\alpha\tau_2},\quad b_3=-\frac{R\cos\omega\tau_2}{(R+R_{\mathrm{C}})L\omega}\mathrm{e}^{-\alpha\tau_2}$$

$$c_3=\frac{R\cos\omega\tau_2}{(R+R_{\mathrm{C}})C\omega}\mathrm{e}^{-\alpha\tau_2},\quad d_3=\left[-\sin\omega\tau_2-\frac{(L-RR_{\mathrm{C}}C)\cos\omega\tau_2}{2(R+R_{\mathrm{C}})LC\omega}\right]\mathrm{e}^{-\alpha\tau_2}$$

$$\xi_1=\omega(c_3+R_{\mathrm{C}}a_3)-\alpha(c_2+R_{\mathrm{C}}a_2),\quad \xi_2=\omega(d_3+R_{\mathrm{C}}b_3)-\alpha(d_2+R_{\mathrm{C}}b_2)$$

$$\rho_1=\frac{\partial\tau_2}{\partial i_n}=-\frac{a_1(c_2+R_{\mathrm{C}}a_2)+c_1(d_2+R_{\mathrm{C}}b_2)}{\xi_1I_1+\xi_2V_1},\quad \rho_2=\frac{\partial\tau_2}{\partial v_n}=-\frac{b_1(c_2+R_{\mathrm{C}}a_2)+d_1(d_2+R_{\mathrm{C}}b_2)}{\xi_1I_1+\xi_2V_1}$$

进一步，可得

$$J_{11}J_{22}-J_{12}J_{21}=0 \tag{3.20}$$

相应地，特征方程可以简化为

$$\lambda^2-(J_{11}+J_{22})\lambda=0 \tag{3.21}$$

于是，式(3.21)的解为

$$\lambda_1=J_{11}+J_{22}\quad 或\quad \lambda_2=0 \tag{3.22}$$

式(3.21)具有一个非零实特征值 λ_1 和一个零特征值 λ_2。为了确保变换器能够稳定工作，非零实特征值 λ_1 须满足 $-1<\lambda_1<1$[10]。若有一个实特征值通过−1 处穿出单位圆且其他特征值在单位圆内，意味着变换器发生了倍周期分岔。因此，令 $\lambda_1=-1$，可以得到变换器工作状态从周期 1 到次谐波振荡和混沌的边界。该边界满足如下关系式：

$$J_{11}+J_{22}+1=0 \tag{3.23}$$

当变换器工作在运行模式 F_c，即工作在 DCM 时，由式(3.10)～式(3.12)可得

$$J_{11}=0\,,\quad J_{12}=0\,,\quad J_{21}=0\,,\quad J_{22}=0$$

此时，两个特征值均为 0，表明变换器工作在稳定周期状态。

4. 最大 Lyapunov 指数

电压型 COT 控制 Buck 变换器的 Lyapunov 指数可以表示为[8]

$$\begin{bmatrix}\lambda_{L1}\\ \lambda_{L2}\end{bmatrix}=\lim_{n\to\infty}\frac{1}{n}\ln\left|\mathrm{eig}(\boldsymbol{J}_n\boldsymbol{J}_{n-1}\cdots\boldsymbol{J}_1)\right| \tag{3.24}$$

最大 Lyapunov 指数可以表示为

$$\lambda_L=\max(\lambda_{L1},\lambda_{L2}) \tag{3.25}$$

其中，eig(•)和 max(•)分别是求特征值和求最大值的函数。

3.1.3　输出电容 ESR 对变换器稳定性和工作模式的影响

1. 分岔行为及其分岔路径

为了研究输出电容 ESR 对电压型 COT 控制 Buck 变换器动力学特性的影响，设计其典型电路参数如下：$V_g = 15\mathrm{V}$，$V_{ref} = 5\mathrm{V}$，$L = 200\mu\mathrm{H}$，$C = 100\mu\mathrm{F}$，$R = 5\Omega$，$T_{ON} = 2.5\mu\mathrm{s}$。取状态变量 $\boldsymbol{x}$ 的初始值为 $\boldsymbol{x}_0 = [0\quad 5]^{\mathrm{T}}$，以输出电容 ESR 为分岔参数，其他电路参数采用典型参数，基于式(3.15)所示的异步开关离散时间模型可得 i_n 和 $v_{o,n}$ 的分岔图，如图 3.4 所示。

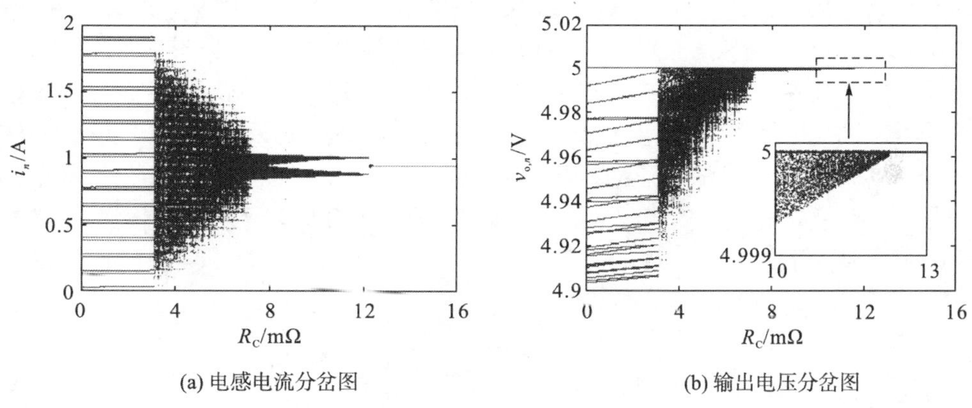

(a) 电感电流分岔图　　(b) 输出电压分岔图

图 3.4　随 ESR 变化的分岔图

从图 3.4 可以看出，随着输出电容 ESR 的变化，电压型 COT 控制 Buck 变换器具有复杂的动力学行为。随着 ESR 的减小，在 $R_C = 12.3\mathrm{m}\Omega$ 处，变换器发生倍周期分岔，其工作状态从稳定的周期 1 进入不稳定的周期 2；经历了短暂的周期 2 状态后，不稳定的周期 2 运行轨道与边界 B_1 碰撞，导致边界碰撞分岔[11]。随着输出电容 ESR 的进一步减小，变换器进入具有较小纹波的混沌区域。当 $R_C < 7.3\mathrm{m}\Omega$ 时，变换器进入另一个混沌区域，此时变换器电感电流和输出电压的动态幅度变得越来越大。当 $R_C = 3.1\mathrm{m}\Omega$ 时，混沌运行轨道与边界 B_2 碰撞，导致第二次边界碰撞分岔，相应地，变换器从混沌状态进入降频周

期振荡状态，工作模式从 CCM 转移到 DCM，即电感电流在某些开关周期内下降到零，此时输出电压和电感电流具有较大的纹波。

基于式(3.24)和式(3.25)，可得对应于图 3.4 所示分岔图的最大 Lyapunov 指数谱，如图 3.5 所示。对比图 3.4 所示的分岔图可以看出，在周期轨道跳至混沌轨道或降频周期轨道的切换点上时，图 3.5 所示的最大 Lyapunov 指数发生剧烈变化。当 $R_C < 3.1\text{m}\Omega$ 时，变换器工作在 DCM 降频周期状态，此时由于在某些开关周期两个特征值均为零，Lyapunov 指数变为负无穷；当 $R_C = 12.3\text{m}\Omega$ 时，最大 Lyapunov 指数等于零，意味着变换器经历了倍周期分岔，与分岔图所表征的现象相吻合。

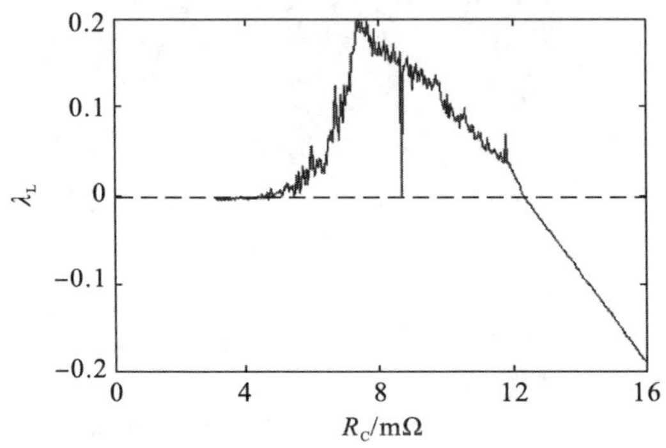

图 3.5　随 R_C 变化的最大 Lyapunov 指数谱

进一步，基于式(3.16)和式(3.17)，可以得到随输出电容 ESR 变化的特征值运动轨迹，如图 3.6 所示。其中，箭头方向表示特征值随 R_C 增大时的运动方向，图 3.6(a)和图 3.6(b)分别对应不同变化范围的输出电容 ESR。此外，表 3.1 列出了分岔点附近不同 ESR 对应的特征值。从图 3.6 和表 3.1 可以看出，随着 ESR 的变化，存在两种特征值：一个零特征值和一个负实特征值。当 R_C 从 3mΩ 增大到 4mΩ 时，负实特征值通过−1 处离开单位圆，意味着发生了倍周期分岔；而当 R_C 从 13mΩ 减小到 12mΩ 时，负实特征值通过−1 处离开单位圆，同样意味着发生了倍周期分岔。

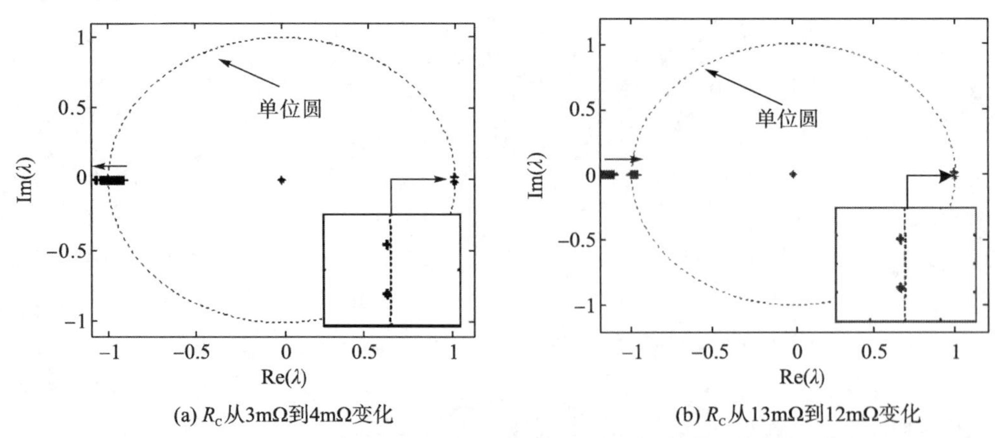

(a) R_C 从 3mΩ 到 4mΩ 变化　　(b) R_C 从 13mΩ 到 12mΩ 变化

图 3.6　R_C 变化时电压型 COT 控制 Buck 变换器特征值的移动

表 3.1 不同 ESR 对应的特征值

R_C /mΩ	特征值	运行模式
3.00	−0.9259, 0	DCM，稳定
3.09	−0.9255, 0	DCM，稳定
3.10	−1.0031, 0	CCM，混沌不稳定
3.20	−1.0074, 0	CCM，混沌不稳定
12.20	−1.1406, 0	CCM，混沌不稳定
12.30	−1.0361, 0	CCM，混沌不稳定
12.33	−1.0001, 0	CCM，混沌不稳定
12.40	−0.9948, 0	CCM，稳定
12.50	−0.9894, 0	CCM，稳定

2. 工作模式转移和脉冲簇发现象

从图 3.4 的分岔图可以看出，随着 R_C 的增大，变换器的工作模式从 DCM 降频周期状态转移到 CCM 混沌状态。由此表明，输出电容 ESR 对变换器工作模转移也具有很大的影响。需要强调的是，工作模式转移的临界 ESR 还依赖于预设的固定导通时间 T_{ON}。

此外，复杂的脉冲簇发现象不仅存在于降频周期状态，还存在于具有较大纹波的混沌状态。两个典型的例子如图 3.7(a)和图 3.7(b)所示。在图 3.7(a)中，随着 R_C 的增大，变换器的运行轨迹从 DCM 降频周期状态转移到 CCM 降频周期状态，然后再转移到具有较大纹波的混沌状态，意味着脉冲簇发现象存在于两种降频周期状态和具有较大纹波的混沌状态。

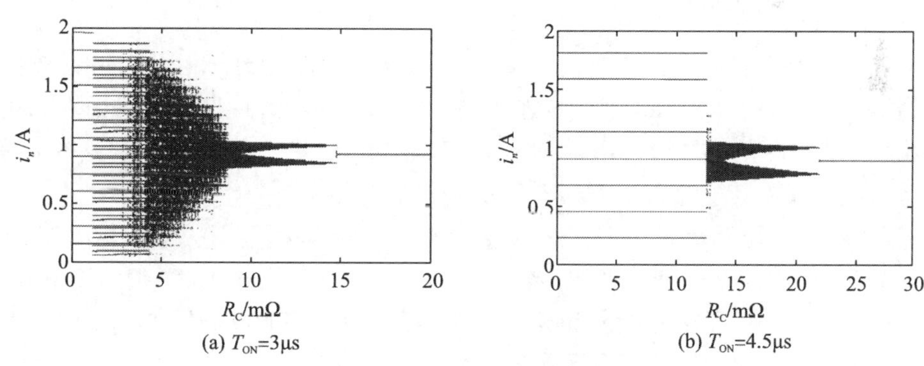

(a) T_{ON}=3μs (b) T_{ON}=4.5μs

图 3.7 不同 T_{ON} 时的分岔图

在图 3.7(b)中，随着 R_C 的增大，降频周期轨道突变为具有较小纹波的混沌状态，意味着脉冲簇发现象仅存在于降频周期状态。当输出电容 ESR 满足某些条件时(如当 T_{ON} = 3μs 时，R_C > 8.6mΩ；当 T_{ON} = 4.5μs 时，R_C > 12.6mΩ)，脉冲簇发现象就可以被消除。

3. 参数空间和稳定性控制

选取输出电容 ESR 的参数范围为 R_C = 0～20mΩ，固定导通时间的参数范围为 T_{ON} =

1～5μs，其他电路参数与 3.1.3 节的典型电路参数相同，从而可以得到 R_C 和 T_{ON} 的参数空间，如图 3.8 所示。在 R_C 和 T_{ON} 的参数空间，电压型 COT 控制 Buck 变换器可以分为两个工作状态区域：稳定周期 1 区域(由图 3.8 中的白色区域表示)和多周期区域(由图 3.8 中的灰度区域表示，灰度越深，周期数越高)，这两个区域由倍周期分岔边界划分。需要指出的是，稳定边界对应的 R_C 和 T_{ON} 之间的关系是线性的，这与文献[6]推导的理论临界 ESR 表达式 $0.5T_{ON}/C$ 是一致的。从图 3.8 所示的参数空间可以看出，电压型 COT 控制 Buck 变换器的不同工作状态区域已被清晰地划分。利用该参数空间，设计者可以选择远离边界的参数，以保证变换器具有足够的稳定裕量[12]。

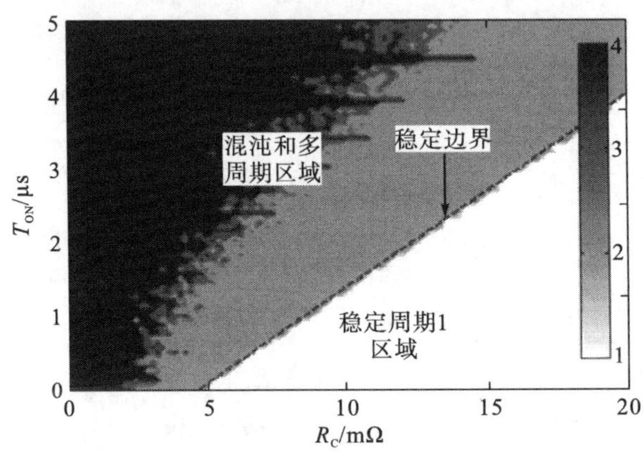

图 3.8 R_c 和 T_{ON} 的参数空间

3.1.4 仿真结果

基于式(3.2)所示的分段线性光滑模型和 3.1.3 节的电路参数，利用 Matlab 软件编程，可以得到电压型 COT 控制 Buck 变换器在不同 ESR 情况下的逐周期 i_L-v_o 平面上的相轨图、电感电流和输出电压的时域波形和相应的庞加莱映射，如图 3.9 所示。庞加莱映射是在 $t = T_n$ 时刻构筑的截面，其中 T_n 记为第 n 个开关周期的开始时刻。

如图 3.9(a)所示，当 $R_C = 0$ 时，变换器工作在 DCM 降频周期状态，输出电压 v_o 和电感电流 i_L 具有较大的纹波。变换器的相轨图与一个周期 2 极限环相似，但从相应的庞加莱映射中可以看出，变换器出现了具有多脉冲效应的振荡，即脉冲簇发[6]，而不是两个点。从时域波形中可以看出，经过多个连续的控制脉冲后(多个 T_{ON})，v_o 上升到 V_{ref}，开关管 S_1 关断，i_L 开始下降。当 i_L 小于输出电流 i_o 时，v_o 开始下降。当 v_o 下降到 V_{ref} 时，第一个低频振荡周期结束，并进入第二个低频振荡周期。从时域波形中还可以看出，在第一个低频振荡周期内，开关管 S_1 经历约 77μs 的关断时间；在第二个低频振荡周期的关断时间内，电感电流下降到零，并保持约 0.58μs；v_o 和 i_L 的稳态周期包括两个低频振荡周期，其总时间约为 237.8μs。

如图 3.9(b)和图 3.9(c)所示，当 $R_C = 5m\Omega$ 和 $R_C = 10m\Omega$ 时，变换器工作在 CCM 混沌状态。当 $R_C = 5m\Omega$ 时，变换器具有较大的振荡纹波；经过几个连续的控制脉冲(即脉冲簇发)，开关管 S_1 关断。经过较长的关断时间，具有不同数量连续控制脉冲的第二个低频振荡周期到来。然而，当 R_C = 10mΩ 时，变换器具有较小的振荡纹波；在一些开关周期仅有两个控制脉冲连续出现，即双脉冲效应。如图 3.9(d)所示，当 R_C = 20mΩ 时，变换器工作在稳定的周期状态，具有较小的输出电压纹波。

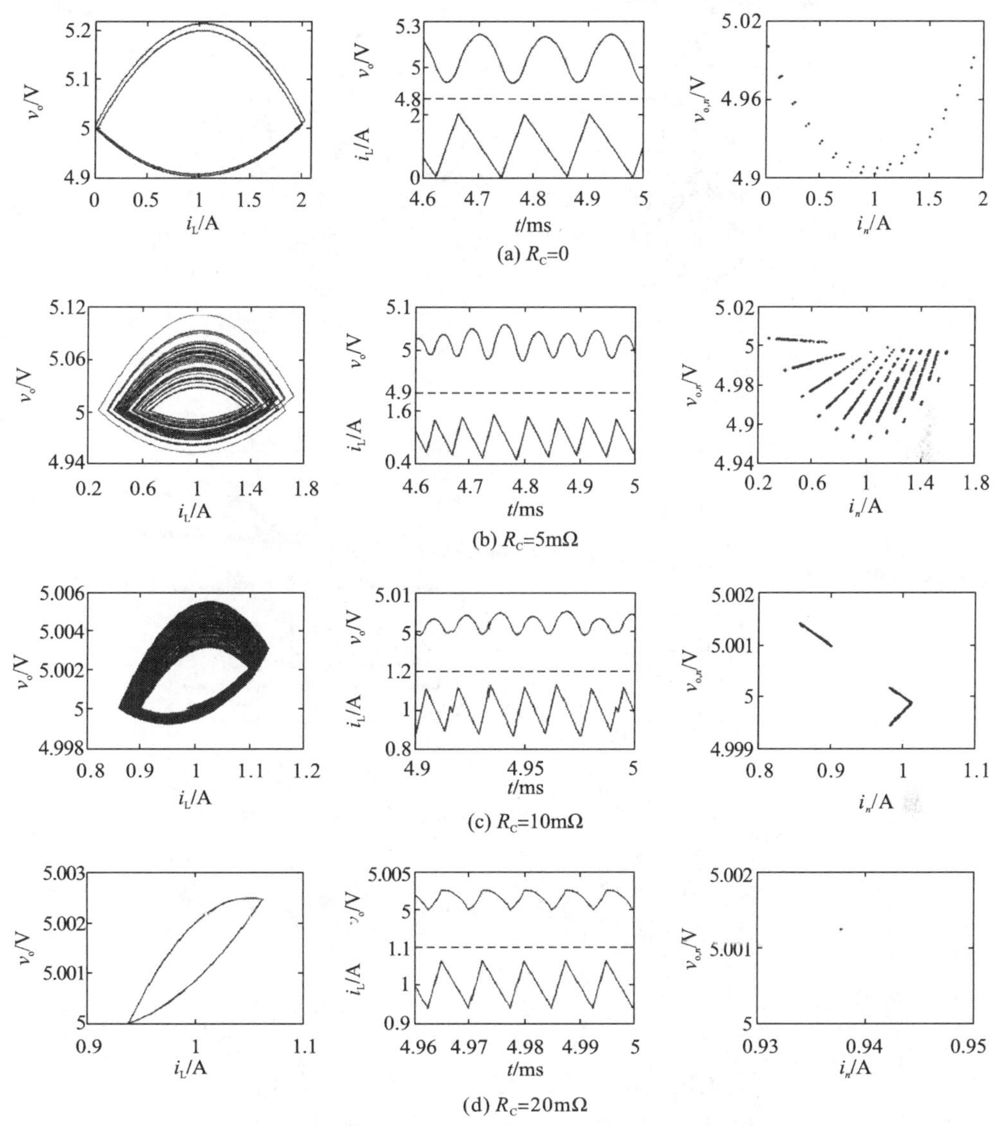

图 3.9　不同 ESR 对应的仿真波形

3.1.5　实验结果

为了验证电压型 COT 控制 Buck 变换器仿真分析的正确性，搭建了其实验装置，分别采用陶瓷电容和电解电容作为输出电容，其他电路参数与 3.1.3 节相同，相应的实验结果如图 3.10 所示，其中 Δv_o 表示输出电压纹波、V_p 表示控制脉冲。需要说明的是，陶瓷电容和电解电容的电容值相同，但 ESR 不同。如图 3.10(a)所示，当采用 ESR 较小的陶瓷电容(R_C 为 5mΩ)作为输出电容时，变换器工作在次谐波振荡状态并伴随脉冲簇发[6]，导致输出电压和电感电流具有较大的纹波；如图 3.10(b)所示，当采用 ESR 较大的电解电容(R_C 为 20mΩ)作为输出电容时，变换器工作在稳定的周期 1 状态，输出电压和电感电流具有较小的纹波。对比图 3.10 及图 3.9(b)和图 3.9(d)可以看出，实验结果很好地验证了仿真结果。

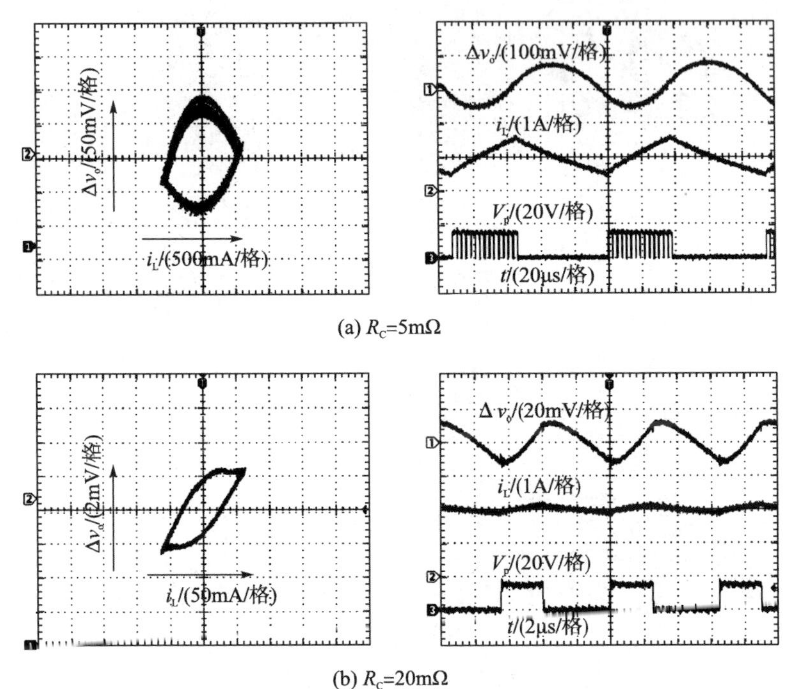

图 3.10 电压型 COT 控制 Buck 变换器的实验结果

3.2 电压型 CFT 控制开关变换器

3.2.1 工作原理

图 3.11 所示为电压型 CFT 控制 Buck 变换器的原理图及其 CCM 稳态工作波形。从图 3.11(a)可以看出，功率级电路与图 3.1(a)一致，控制电路包括比较器、参考电压 V_{ref}、关断定时器和触发器。相应的控制过程如下：v_o 与 V_{ref} 通过比较器进行比较，比较器的输出信号和关断定时器的输出信号通过触发器控制开关管 S_1 的关断和导通，从而实现输出电压的调节。其中，开关管 S_1 的关断时间是恒定的，由关断定时器预设。

从图 3.11(b)可以看出，开关管 S_1 导通后，电感电流 i_L 和输出电压 v_o 开始上升。当 v_o 上升到 V_{ref} 时，比较器输出高电平，置位触发器，触发器的 $\overline{Q}$ 端输出低电平，使开关管 S_1 关断，i_L 和 v_o 开始下降，同时其 Q 端输出高电平使能关断定时器；经过固定关断时间

T_{OFF} 后，关断定时器复位触发器，使开关管 S_1 再次导通，并进入下一个开关周期。

当 v_o 上升到 V_{ref} 时，控制电路输出一个控制脉冲，关断开关管 S_1。在预设的 T_{OFF} 内，若 i_L 始终大于零，则变换器工作在 CCM；若 i_L 下降到零，则变换器工作在 DCM。当关断固定时间 T_{OFF} 后，若 v_o 小于或等于 V_{ref}，S_1 导通、S_2 关断；否则控制电路将输出第二个控制脉冲，使 S_1 在导通的瞬间再次关断，从而导致脉冲簇发现象[6]。

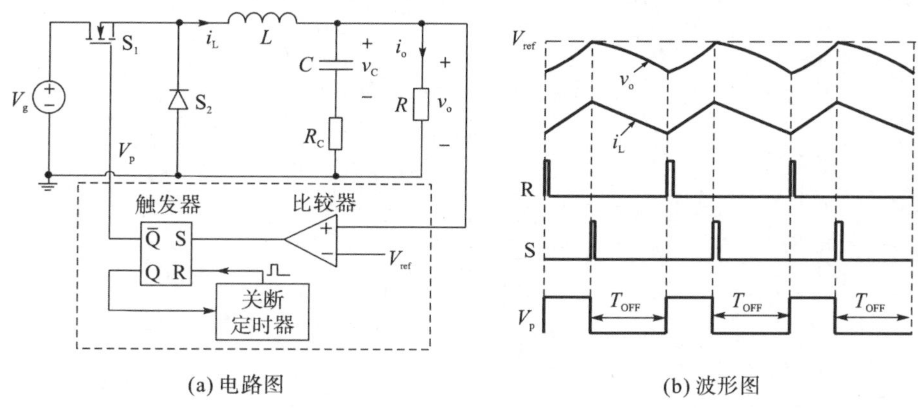

(a) 电路图　　(b) 波形图

图 3.11　电压型 CFT 控制 Buck 变换器

由上述分析可知，电压型 CFT 控制 Buck 变换器的开关切换条件可以表示为

$$v_o(t) = V_{ref} \quad 或 \quad i_L(t) = 0 \tag{3.26}$$

3.2.2　异步开关离散时间建模

如图 3.12 所示，定义状态变量 $\boldsymbol{x} = [i_L\ v_C]^T$ 和输出电压 v_o 在第 $(n-1)$ 个控制脉冲结束时刻的采样值分别为 $\boldsymbol{x}_n = [i_n\ v_n]^T$ 和 $v_{o,n}$，在第 n 个控制脉冲结束时刻的采样值分别为 $\boldsymbol{x}_{n+1} = [i_{n+1}\ v_{n+1}]^T$ 和 $v_{o,n+1}$。

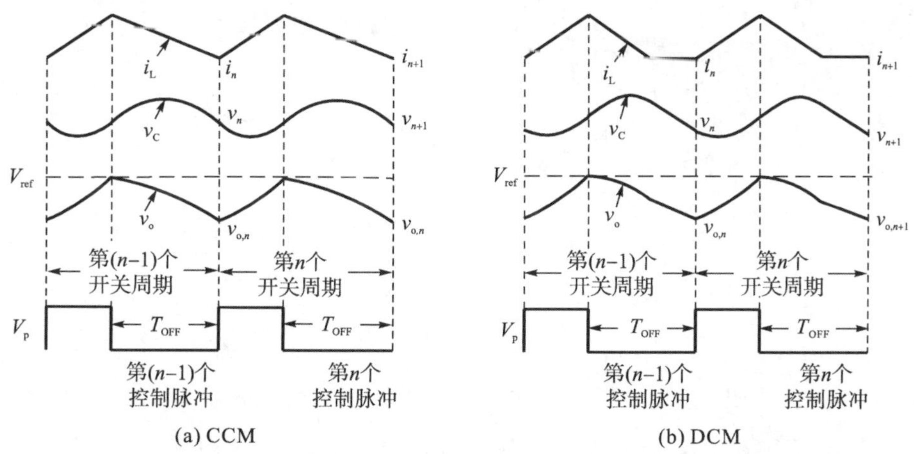

(a) CCM　　(b) DCM

图 3.12　第 $(n-1)$ 个和第 n 个开关周期工作波形的异步采样示意图

在第 n 个开关周期内，假设电压型 CFT 控制 Buck 变换器在第 m 个开关状态的运行时间为 $\tau_m = t_m - t_{m-1}$。若已知状态变量 $\boldsymbol{x}$ 在该开关状态开始时刻 $t = t_{m-1}$ 的值为 $\boldsymbol{x}(t_{m-1})$，则通过求解式(3.2)，可以解得该开关状态结束时刻 $t = t_m$ 的值 $\boldsymbol{x}(t_m)$ 为[7]

$$\boldsymbol{x}(t_m) = \boldsymbol{P}_m(\tau_m)\boldsymbol{x}(t_{m-1}) + \boldsymbol{Q}_m(\tau_m)V_g \tag{3.27}$$

其中，

$$\boldsymbol{P}_{\mathrm{m}}(\tau_m) = \begin{bmatrix} a_m + \dfrac{\beta}{\omega}b_m & -\dfrac{\kappa}{\omega L}b_m \\ \dfrac{\kappa}{\omega C}b_m & a_m - \dfrac{\beta}{\omega}b_m \end{bmatrix} (m = 1,\ 2),\quad \boldsymbol{P}_3(\tau_3) = \begin{bmatrix} 0 & 0 \\ 0 & \mathrm{e}^{\frac{\tau_3}{(R+R_C)}C} \end{bmatrix}$$

$$\beta = \frac{\kappa}{2}\left(\frac{1}{RC} - \frac{R_C}{L}\right),\quad \kappa = \frac{R}{R+R_C},\quad a_{\mathrm{m}} = \cos\omega\tau_{\mathrm{m}}\mathrm{e}^{-\alpha\tau_{\mathrm{m}}},\quad b_{\mathrm{m}} = \sin\omega\tau_{\mathrm{m}}\mathrm{e}^{-\alpha\tau_{\mathrm{m}}}$$

$$\boldsymbol{Q}_1(\tau_1) = \begin{bmatrix} \dfrac{1}{R} - \dfrac{1}{R}a_1 + \dfrac{R-\alpha L}{\omega RL}b_1 \\ 1 - a_1 - \dfrac{\alpha}{\omega}b_1 \end{bmatrix},\quad \boldsymbol{Q}_2(\tau_2) = \boldsymbol{Q}_3(\tau_3) = \begin{bmatrix} 0 \\ 0 \end{bmatrix}$$

1. 5 种运行模式

图 3.13 所示为电压型 CFT 控制 Buck 变换器在一个开关周期内存在的 5 种运行模式，这 5 种运行模式对应着 5 种不同的映射模型。

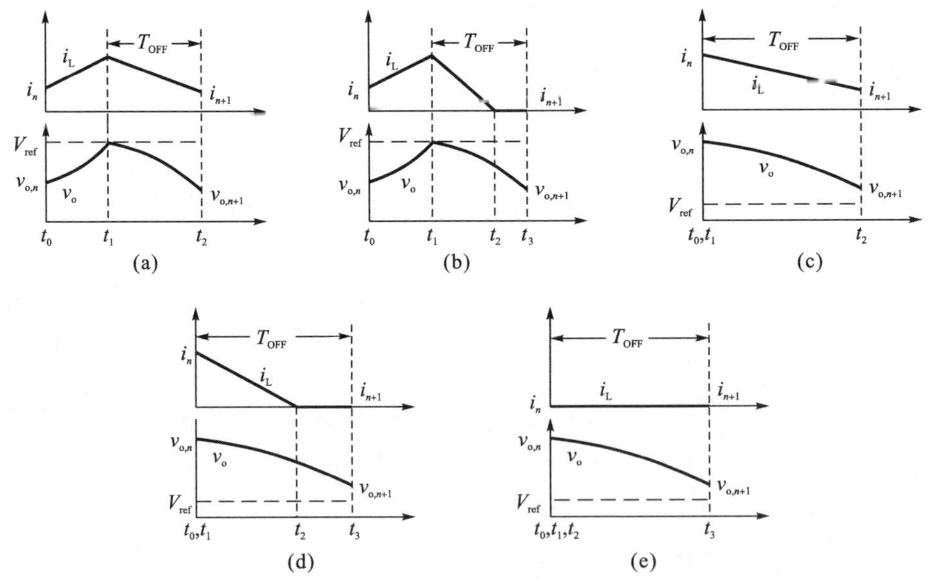

图 3.13 5 种运行模式

运行模式 F_1：如图 3.13(a)所示，在第 n 个开关周期内，满足 $v_{o,n} \leqslant V_{ref}$ 且 i_L 始终大于 0，开关变换器历经开关状态 1 和开关状态 2，状态变量 $\boldsymbol{x}$ 的演化过程为 $\boldsymbol{x}_n = \boldsymbol{x}(t_0) \to \boldsymbol{x}(t_1) \to \boldsymbol{x}(t_2) = \boldsymbol{x}_{n+1}$。由式(3.27)可得

$$x(t_1)=\begin{bmatrix} i_L(t_1) & v_C(t_1)\end{bmatrix}^T = P_1(\tau_1)x_n + Q_1(\tau_1)V_g \tag{3.28}$$

式中，$\tau_1=t_1-t_0$ 可以通过下式求得：

$$v_o(t_1)=Hx(t_1)=\kappa\left[v_C(t_1)+R_C i_L(t_1)\right]=V_{ref} \tag{3.29}$$

考虑到开关状态 2 的运行时间 $\tau_2=t_2-t_1$ 为预设的固定时间 T_{OFF}，由式(3.5)、式(3.27)和式(3.28)可以求得该运行模式的映射模型为

$$x_{n+1}=F_1(x_n)=P_2(T_{OFF})\left[P_1(\tau_1)x_n+Q_1(\tau_1)V_g\right] \tag{3.30}$$

运行模式 F_2：如图 3.13(b)所示，在第 n 个开关周期内，满足 $v_{o,n}\leqslant V_{ref}$ 且 i_L 在该开关周期内下降到 0，变换器历经 3 种开关状态，状态变量 x 的演化过程为 $x_n=x(t_0)\to x(t_1)\to x(t_2)\to x(t_3)=x_{n+1}$。开关状态 1 的工作时间 $\tau_1=t_1-t_0$ 可利用式(3.29)求得。将 $i_L(t_2)=0$ 代入 $x(t_2)=P_2(T_{OFF})x(t_1)$，可以求得开关状态 2 的工作时间为

$$\tau_2=\begin{cases}-\dfrac{1}{\omega}\arctan\left(\dfrac{\omega LI_1}{\beta LI_1-\kappa V_1}\right) & \beta LI_1<\kappa V_1\\ \dfrac{1}{\omega}\left[\pi-\arctan\left(\dfrac{\omega LI_1}{\beta LI_1-\kappa V_1}\right)\right] & \beta LI_1>\kappa V_1\end{cases} \tag{3.31}$$

式中，$I_1=i_L(t_1)$；$V_1=v_C(t_1)$。

开关状态 3 的工作时间可表示为 $\tau_3=T_{OFF}-\tau_2$。由式(3.5)和式(3.27)可得该运行模式的映射模型为

$$x_{n+1}=F_2(x_n)=P_3(\tau_3)\left\{P_2(\tau_2)\left[P_1(\tau_1)x_n+Q_1(\tau_1)V_g\right]\right\} \tag{3.32}$$

运行模式 F_3：如图 3.13(c)所示，在第 n 个开关周期内，满足 $v_{o,n}>V_{ref}$ 且 i_L 始终大于 0，变换器仅历经开关状态 2 且工作时间 $\tau_2=T_{OFF}$，状态变量 x 的演化过程为 $x_n=x(t_0)\to x(t_2)=x_{n+1}$。该运行模式的映射模型为

$$x_{n+1}=F_3(x_n)=P_2(T_{OFF})x_n \tag{3.33}$$

运行模式 F_4：如图 3.13(d)所示，在第 n 个开关周期内，满足 $v_{o,n}>V_{ref}$ 且 i_L 在该开关周期内下降到 0，历经开关状态 2 和开关状态 3，状态变量 x 的演化过程为 $x_n=x(t_0)\to x(t_2)\to x(t_3)=x_{n+1}$。将 $i_L(t_2)=0$ 代入 $x(t_2)=P_2(T_{OFF})x(t_1)$，可以求得开关状态 2 的工作时间为

$$\tau_2=\begin{cases}-\dfrac{1}{\omega}\arctan\left(\dfrac{\omega Li_n}{\beta Li_n-\kappa v_n}\right) & \beta Li_n<\kappa v_n\\ \dfrac{1}{\omega}\left[\pi-\arctan\left(\dfrac{\omega Li_n}{\beta Li_n-\kappa v_n}\right)\right] & \beta Li_n>\kappa v_n\end{cases} \tag{3.34}$$

开关状态 3 的工作时间为 $\tau_3=T_{OFF}-\tau_2$。该运行模式的映射模型为

$$x_{n+1}=F_4(x_n)=P_3(\tau_3)P_2(\tau_2)x_n \tag{3.35}$$

运行模式 F_5：如图 3.13(e)所示，在第 n 个开关周期内，满足 $v_{o,n}>V_{ref}$ 且 i_L 始终等于 0，仅历经开关状态 3 且工作时间为 $\tau_3=T_{OFF}$，状态变量 x 的演化过程为 $x_n=x(t_0)\to x(t_3)=x_{n+1}$。该运行模式的映射模型为

$$\boldsymbol{x}_{n+1} = F_5\left(\boldsymbol{x}_n\right) = \boldsymbol{P}_3\left(T_{\text{OFF}}\right)\boldsymbol{x}_n \tag{3.36}$$

2.4 条模式切换边界

分析图 3.13 可知，电压型 CFT 控制 Buck 变换器的 5 种运行模式由 4 条模式切换边界划分。4 条模式切换边界分别为 1 条输出电容电压边界 V_b 和 3 条电感电流边界 I_{b1}、I_{b2} 和 I_{b3}，如图 3.14 所示。边界 V_b 定义为 v_C 在第$(n-1)$个控制脉冲结束时刻的采样值，且满足当 $v_n = V_b$ 时有 $v_{o,n} = V_{ref}$。边界 I_{b1}、I_{b2} 和 I_{b3} 均定义为 i_L 在第$(n-1)$个控制脉冲结束时刻的采样值，且满足当 $i_n = I_{b1}$ 时，变换器经历开关状态 2 和开关状态 3，i_L 在开关周期结束时刻刚好下降到 0；满足当 $i_n = I_{b2}$ 时，变换器仅经历开关状态 3，i_L 在开关周期结束时刻刚好下降到 0；满足当 $i_n = I_{b3}$ 时，i_L 刚好在开关周期开始时刻为 0 且整个开关周期内都为 0。

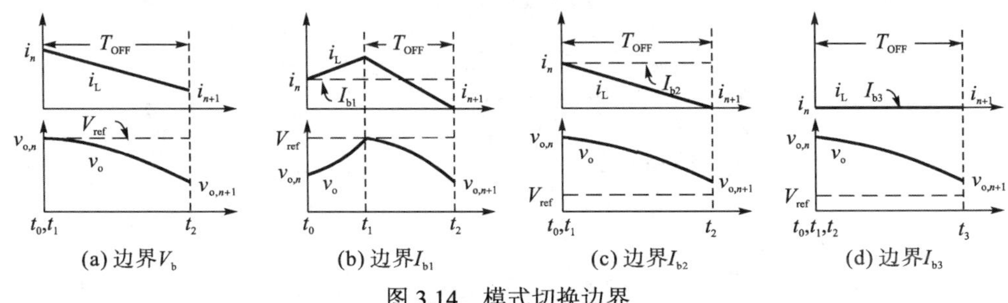

图 3.14 模式切换边界

边界 V_b：如图 3.14(a)所示，在第 n 个开关周期开始时刻，v_o 刚好等于 V_{ref}。由此可得，输出电容电压边界 V_b 或输出电压边界 $V_{o,b}$ 为

$$V_b = \frac{V_{ref}}{\kappa} - R_C i_n \quad 或 \quad V_{o,b} = V_{ref} \tag{3.37}$$

边界 I_{b1}：如图 3.14(b)所示，在第 n 个开关周期内，$v_{o,n} < V_{ref}$，且存在开关状态 1 和开关状态 2，i_L 在开关周期结束时刻刚好下降到 0。将 $i_n = I_{b1}$ 和 $i_{n+1} = 0$ 代入式(3.30)，可得该电感电流边界的表达式为

$$I_{b1} = \frac{\kappa\omega RC\left(a_1b_2 + a_2b_1\right)v_n - C\left(\sigma_1 - \sigma_2\right)V_g}{RLC\left(\omega a_1 + \beta b_1\right)\left(\omega a_2 + \beta b_2\right) - \kappa^2 Rb_1b_2} \tag{3.38}$$

其中，$\sigma_1 = (\omega a_2+\beta b_2)(\omega L-\omega La_1+Rb_1-\alpha Lb_1)$；$\sigma_2 = \kappa R(\omega-\omega a_1-\alpha b_1)b_2$。

边界 I_{b2}：如图 3.14(c)所示，在第 n 个开关周期内，$v_{o,n} > V_{ref}$，且仅存在开关状态 2，i_L 在开关周期结束时刻刚好下降到 0。将 $i_n = I_{b2}$ 和 $i_{n+1} = 0$ 代入式(3.33)，可得该电感电流边界的表达式为

$$I_{b2} = \frac{\kappa b_2 v_n}{L\left(\omega a_2 + \beta b_2\right)} \tag{3.39}$$

边界 I_{b3}：如图 3.14(d)所示，在第 n 个开关周期内，$v_{o,n} > V_{ref}$，且仅存在开关状态 3，i_L 在开关周期开始时刻刚好为 0 且整个开关周期内都为 0。由此可得，该电感电流边界的表达式为

$$I_{b3} = 0 \tag{3.40}$$

在图 3.14 中，边界 V_b 将变换器的工作空间划分输出电容电压空间 1 和输出电容电压

空间 2[8]。在输出电容电压空间 1 中，$v_n \leqslant V_b$ 且边界 I_{b1} 将该电压空间划分为运行模式 F_1 和 F_2。若 $i_n > I_{b1}$，则变换器工作在运行模式 F_1；否则，变换器工作在运行模式 F_2。在输出电容电压空间 2 中，$v_n > V_b$ 且边界 I_{b2} 和 I_{b3} 分别将该电压空间划分为运行模式 F_3、F_4 和 F_5。若 $i_n > I_{b2}$，则变换器工作在运行模式 F_3；若 $I_{b2} < i_n < I_{b3}$，则变换器工作在运行模式 F_4；否则，变换器工作在运行模式 F_5。

3. 异步开关离散时间模型

综合电压型 CFT 控制 Buck 变换器 5 种运行模式对应的 5 个映射模型及 4 条模式切换边界，可得其异步开关离散时间模型为

$$\boldsymbol{x}_{n+1} = \begin{cases} F_1(\boldsymbol{x}_n) & v_n < V_b, i_n > I_{b1} \\ F_2(\boldsymbol{x}_n) & v_n < V_b, i_n \leqslant I_{b1} \\ F_3(\boldsymbol{x}_n) & v_n \geqslant V_b, i_n > I_{b2} \\ F_4(\boldsymbol{x}_n) & v_n \geqslant V_b, I_{b3} < i_n \leqslant I_{b2} \\ F_5(\boldsymbol{x}_n) & v_n \geqslant V_b, i_n = I_{b3} \end{cases} \tag{3.41}$$

其中，$F_1(\boldsymbol{x}_n)$、$F_2(\boldsymbol{x}_n)$、$F_3(\boldsymbol{x}_n)$、$F_4(\boldsymbol{x}_n)$ 和 $F_5(\boldsymbol{x}_n)$ 分别由式(3.30)、式(3.32)、式(3.33)、式(3.35) 和式(3.36) 表示；V_b、I_{b1}、I_{b2} 和 I_{b3} 分别由式(3.37)～式(3.40) 表示。

值得说明的是，电压型 CFT 控制 Buck 变换器的异步开关离散时间模型对应着 5 种运行模式和 4 条模式切换边界，而电压型 COT 控制 Buck 变换器的异步开关离散时间模型仅对应着 3 种运行模式和 2 条模式切换边界[7]。

类似于 3.1.2 节，对于电压型 CFT 控制 Buck 变换器的异步开关离散时间模型，也可以求出其平衡点附近的雅可比矩阵，以及相应的特征值和最大 Lyapunov 指数[13]。

3.2.3　电路参数对变换器稳定性和工作模式的影响

为了研究电路参数变化对电压型 CFT 控制 Buck 变换器动力学特性的影响，选取典型电路参数如下：$V_g = 15\text{V}$，$V_{\text{ref}} = 5\text{V}$，$L = 25\mu\text{H}$，$C = 100\mu\text{F}$，$R_C = 12\text{m}\Omega$，$R = 10\Omega$，$T_{\text{OFF}} = 4\mu\text{s}$。设状态变量 $\boldsymbol{x}$ 的初始值 $\boldsymbol{x}_0 = [0\ 5]^{\text{T}}$，采用分岔图、最大 Lyapunov 指数谱和特征值运动轨迹等研究电路参数变化对电压型 CFT 控制 Buck 变换器动力学特性的影响。

1. 输出电容 ESR 对变换器稳定性和工作模式的影响

以输出电容 ESR R_C 作为分岔参数，固定其他电路参数，得到 i_n 和 $v_{o,n}$ 的分岔图及相应的最大 Lyapunov 指数谱，如图 3.15 所示。考虑到电压型 CFT 控制 Buck 变换器工作在混沌状态时，除输出电压边界 $V_{o,b}$ 和电感电流边界 I_{b3} 外，电感电流边界 I_{b1} 和 I_{b2} 均处于混沌状态，故仅将输出电压边界 $V_{o,b}$ 画在相应的分岔图中。

从图 3.15(a) 可以看出，随着 R_C 逐渐减小，在 $R_C = 19.95\text{m}\Omega$ 处，电压型 CFT 控制 Buck 变换器发生第一次倍周期分岔，其运行轨道由 CCM 周期 1 进入 CCM 周期 2。随后，在 $R_C = 19.88\text{m}\Omega$ 处，CCM 周期 2 轨道与边界 I_{b1} 发生碰撞，导致第一次边界碰撞分岔发生，同时工作模式由 CCM 转移到 DCM。随着 R_C 的进一步减小，在 $R_C = 15.56\text{m}\Omega$ 处，DCM

周期 2 轨道与边界 $V_{o,b}$ 发生碰撞，导致第二次边界碰撞分岔发生，变换器的运行轨道由 DCM 周期 2 进入 DCM 周期 4。在 $R_C = 13.8\text{m}\Omega$ 处，变换器发生第二次倍周期分岔，其运行轨道由 DCM 周期 4 进入 DCM 混沌状态。从图 3.15(b)可以看出，随着 R_C 减小，λ_L 开始从负值上升，并在 $R_C = 19.95\text{m}\Omega$ 处上升到零值后又折回负值区域，刚好对应着图 3.15(a)中的倍周期分岔点。当 $R_C = 13.8\text{m}\Omega$ 时，λ_L 从负值上升并穿过零值后变成正值，表明电压型 CFT 控制 Buck 变换器从周期状态进入混沌状态。需要说明的是，在 R_C 较小的情况下，电压型 CFT 控制 Buck 变换器可以经历所有的运行模式，且可以观察到脉冲簇发现象。

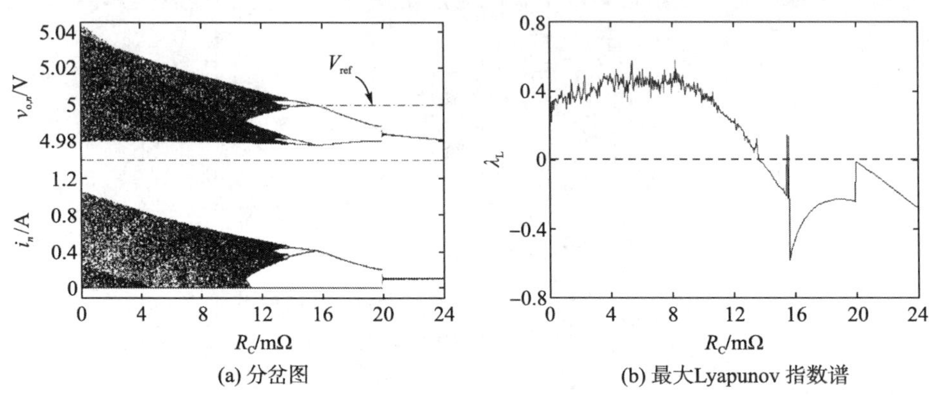

(a) 分岔图 (b) 最大Lyapunov 指数谱

图 3.15 随输出电容 ESR 变化的动力学特性

从图 3.15 可以看出，即使输出电容 ESR 取值非常小，电压型 CFT 控制 Buck 变换器仍工作在 DCM 鲁棒混沌状态，而电压型 COT 控制 Buck 变换器却工作在 DCM 降频多周期状态[7]。此外，存在一个临界输出电容 ESR($R_C = 19.88\text{m}\Omega$)，使得电压型 CFT 控制 Buck 变换器刚好工作在电感电流临界导电模式。当 $R_C > 19.88\text{m}\Omega$ 时，电压型 CFT 控制 Buck 变换器工作在 CCM；反之，变换器工作在 DCM。由此可知，输出电容 ESR 的变化可以导致电压型 CFT 控制 Buck 变换器的工作模式在 CCM 与 DCM 间切换，这与负载电阻和电感变化引起工作模式转移的情况不同[14-16]。

2. 负载电阻和电感对变换器稳定性的影响

进一步研究发现，当输出电容 ESR 较小时增大负载电阻 R 或减小电感 L，可使电压型 CFT 控制 Buck 变换器从 DCM 不稳定状态进入 DCM 稳定状态。下面将研究 R 和 L 的变化对电压型 CFT 控制 Buck 变换器稳定性和动力学行为的影响。

分别选择 R 和 L 作为分岔参数，固定其他电路参数，相应的分岔图如图 3.16 所示。从图 3.16 可以看出，在输出电容 ESR 较小时，随着 R 的增大或 L 的减小，电压型 CFT 控制 Buck 变换器具有相似的动力学行为，即从不稳定的 DCM 混沌状态进入稳定的 DCM 周期状态。

从图 3.16 可以看出，随着 R 的减小或 L 的增大，经倍周期分岔和边界碰撞分岔，电压型 CFT 控制 Buck 变换器的运行轨道从稳定的 DCM 周期 1 状态进入不稳定的 DCM 混沌状态。相应的演化过程如下：DCM 周期 1 状态→DCM 周期 2 状态→DCM 周期 4 状态

→DCM 周期 8 状态→DCM 混沌状态。随着 R 的减小或 L 的增大，在 $R = 17.1\Omega$ 或 $L = 14.7\mu H$ 处，变换器发生第一次倍周期分岔；在 $R = 14.2\Omega$ 或 $L = 17.6\mu H$ 处，变换器的运行轨道与边界 $V_{o,b}$ 发生碰撞，发生第一次边界碰撞分岔。由此可以看出，在 R_C 较小的情况下，R 和 L 对电压型 CFT 控制 Buck 变换器的稳定性和动力学行为具有显著的影响。特别地，在图 3.16 中的第一次边界碰撞分岔点处，电压型 CFT 控制 Buck 变换器的运行轨道还与 I_{b2} 发生碰撞，于是，在边界碰撞分岔点后，随着 R 的减小或 L 的增大，电感电流的采样值在零值处存在交叠。

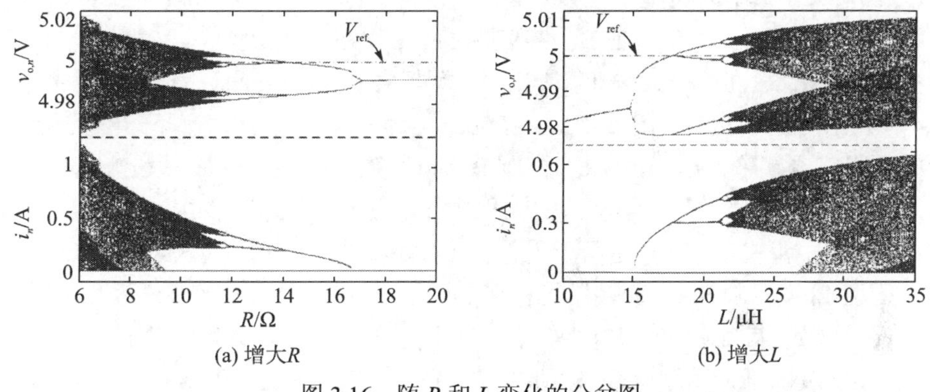

(a) 增大R　　(b) 增大L

图 3.16 随 R 和 L 变化的分岔图

相应地，基于式(3.16)和式(3.41)，利用 Matlab 编程画出雅可比矩阵两个特征值 λ_1 和 λ_2 随 R 或 L 变化的运动轨迹，如图 3.17 所示(其中，“*”和“+”分别表示特征值 λ_1 和 λ_2)。根据两个特征值在不同运行模式时的取值情况，可以判断采用图 3.17 所使用的电路参数时，电压型 CFT 控制 Buck 变换器的工作模式为 DCM。如图 3.17(a)所示，当 R 从 16.6Ω 增大到 17.6Ω，λ_2 通过复平面上的(−1, 0)点进入单位圆内，导致一个逆倍周期分岔，电压型 CFT 控制 Buck 变换器从 DCM 不稳定工作状态进入 DCM 稳定工作状态。如图 3.17(b)所示，当 L 从 $14.2\mu H$ 增大到 $15.2\mu H$ 时，λ_2 通过复平面上的(−1, 0)点离开单位圆，导致一个倍周期分岔，变换器从 DCM 稳定工作状态进入 DCM 不稳定工作状态。由此可知，随着 R 的减小或 L 的增大，电压型 CFT 控制 Buck 变换器是通过倍周期分岔失稳的。

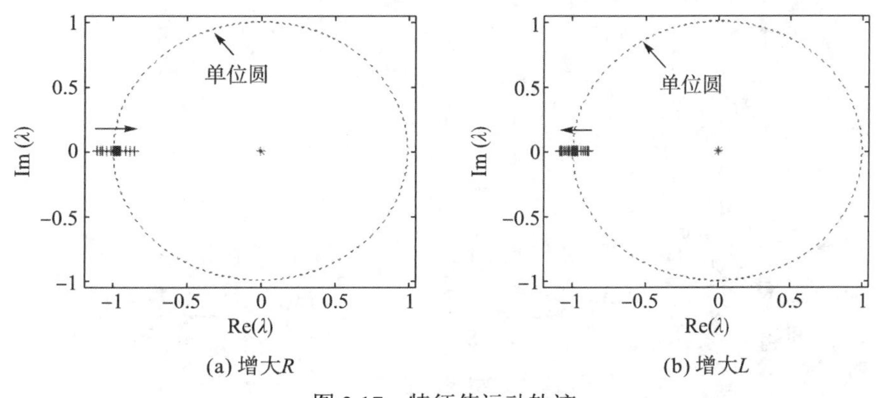

(a) 增大R　　(b) 增大L

图 3.17 特征值运动轨迹

3. 近似临界稳定条件

由文献[4]、[17]、[18]可知，当电压型 CFT 控制 Buck 变换器工作在 CCM 时，其近似临界 ESR 的表达式为

$$R_{C1}=\frac{T_{OFF}}{2C} \tag{3.42}$$

当 $R_C>R_{C1}$ 时，电压型 CFT 控制 Buck 变换器工作在稳定状态；反之，变换器工作在不稳定状态。采用 3.2.3 节中的典型电路参数，由式(3.42)可得 $R_{C1}=20\text{m}\Omega>12\text{m}\Omega$，表明采用典型电路参数时电压型 CFT 控制 Buck 变换器应工作在不稳定状态。然而，从图 3.16 和图 3.17 可知，随着 R 的增大或 L 的减小，变换器从 DCM 混沌状态通过逆倍周期分岔进入 DCM 稳定的周期 1 状态。由此可知，在输出电容 ESR 较小的情况下，可以通过选择合适的负载电阻或电感来使电压型 CFT 控制 Buck 变换器工作在 DCM 稳定状态。同时，当变换器工作在 DCM 时，存在一个新的失稳边界，使得文献[4]、[17]、[18]报道的临界稳定条件不再适用，即式(3.42)不适用于工作在 DCM 模式的电压型 CFT 控制 Buck 变换器。

当电压型 CFT 控制 Buck 变换器工作在 DCM 时，其工作状态演化过程可用图 3.13(b)所示的运行模式 F_2 来描述。设 V_o 和 I_o 分别表示输出电压的平均值和输出电流的平均值，电感电流的上升斜率和下降斜率可分别表示为 $m_1=(V_{in}-V_o)/L$ 和 $-m_2=-V_o/L$。对于工作在稳态的电压型 CFT 控制 Buck 变换器，若 i_L 在开关周期的结束时刻刚好下降到 0，即变换器工作在临界导电模式时，电感电流纹波 Δi_L 满足条件 $\Delta i_L=2I_o$，则有

$$\Delta i_L=\frac{2V_o}{R}=m_2T_{OFF}=\frac{V_oT_{OFF}}{L}$$

从而可得电压型 CFT 控制 Buck 变换器在 CCM 和 DCM 间切换的近似临界条件为

$$\frac{L}{R}=0.5T_{OFF} \tag{3.43}$$

若 $L/R<0.5T_{OFF}$，则电压型 CFT 控制 Buck 变换器工作在 DCM；反之，变换器工作在 CCM[14-16]。

如图 3.13(b)所示，在第 n 个开关周期内，电感电流和输出电容电压在 t_1、t_2 和 t_3 时刻的近似表达式分别为

$$i_L(t_1)=m_1\tau \quad 和 \quad v_C(t_1)=v_n-\frac{I_o}{C}\tau_1+\frac{m_1}{2C}\tau_1^2 \tag{3.44a}$$

$$i_L(t_2)=0 \quad 和 \quad v_C(t_2)=v_C(t_1)+\frac{i_L(t_1)-I_o}{C}\tau_2-\frac{m_2}{2C}\tau_2^2 \tag{3.44b}$$

$$i_L(t_3)=i_{n+1}=0 \quad 和 \quad v_C(t_3)=v_{n+1}=v_C(t_2)-\frac{I_o}{C}(T_{OFF}-\tau_2) \tag{3.44c}$$

Buck 变换器工作在 DCM 稳态时，电感电流的上升量等于下降量，即 $m_1\tau_1=m_2\tau_2$。因此，根据式(3.44)，可以得到电压型 CFT 控制 Buck 变换器工作于 DCM 时的近似异步开关离散时间模型为

$$v_{n+1}=v_n+\frac{m_1(m_1+m_2)}{2m_2C}\tau_1^2-\frac{I_o}{C}(T_{OFF}+\tau_1) \tag{3.45}$$

在式(3.45)两边分别对 v_n 求导，整理得

$$\lambda=\frac{\mathrm{d}v_{n+1}}{\mathrm{d}v_n}=1+\frac{m_1(m_1+m_2)\tau_1-m_2I_\mathrm{o}}{m_2C}\frac{\mathrm{d}\tau_1}{\mathrm{d}v_n} \tag{3.46}$$

将式(3.44a)的 $i_\mathrm{L}(t_1)$ 和 $v_\mathrm{C}(t_1)$ 代入 $v_\mathrm{o}(t_1)=R_\mathrm{C}[i_\mathrm{L}(t_1)-I_\mathrm{o}]+v_\mathrm{C}(t_1)$，并由式(3.26)的开关切换条件有

$$R_\mathrm{C}[i_\mathrm{L}(t_1)-I_\mathrm{o}]+v_\mathrm{C}(t_1)=V_\mathrm{ref} \tag{3.47}$$

在式(3.47)两边分别对 v_n 求导，整理得

$$\frac{\mathrm{d}\tau_1}{\mathrm{d}v_n}=\frac{C}{I_\mathrm{o}-m_1(\tau_1+R_\mathrm{C}C)} \tag{3.48}$$

将式(3.48)代入式(3.46)，得

$$\lambda=1+\frac{m_1(m_1+m_2)\tau_1-m_2I_\mathrm{o}}{m_2[I_\mathrm{o}-m_1(\tau_1+R_\mathrm{C}C)]} \tag{3.49}$$

由上述分析可知，随着 R 的减小或 L 的增大，电压型 CFT 控制 DCM Buck 变换器是通过倍周期分岔失稳的。因此，将 $\lambda=-1$ 代入式(3.49)，可以得到变换器失稳时所满足的方程式为

$$m_1(m_1+m_2)\tau_1-m_2I_\mathrm{o}-2m_1m_2R_\mathrm{C}C=0 \tag{3.50}$$

在稳态时，电压型 CFT 控制 DCM Buck 变换器的导通时间 τ_1 可以表示为[4]

$$\tau_1=\frac{LV_\mathrm{o}I_\mathrm{o}\left(1+\sqrt{1+\dfrac{2(V_\mathrm{g}-V_\mathrm{o})V_\mathrm{g}}{LV_\mathrm{o}I_\mathrm{o}}T_\mathrm{OFF}}\right)}{(V_\mathrm{g}-V_\mathrm{o})V_\mathrm{g}} \tag{3.51}$$

将式(3.51)及斜率 m_1 和 m_2 代入式(3.50)，求得电压型 CFT 控制 DCM Buck 变换器的近似临界稳定条件为

$$R_\mathrm{C2}=\frac{(1-2M)L}{2(1-M)RC}\sqrt{M^2+\frac{2(1-M)RT_\mathrm{OFF}}{L}}+\frac{ML}{RC} \tag{3.52}$$

式中，$M=V_\mathrm{o}/V_\mathrm{g}$ 为电压传输比。

由式(3.52)可知，当 $R_\mathrm{C}>R_\mathrm{C2}$ 时，电压型 CFT 控制 DCM Buck 变换器工作在稳定状态；反之，工作在不稳定状态。此外，对比式(3.52)和式(3.42)可以看出，电压型 CFT 控制 DCM Buck 变换器的稳定性与更多电路参数有关，如负载电阻 R、电感 L、输出电容 C、固定关断时间 T_OFF 和输出电容 ESR 等。值得说明的是，电压型 COT 控制 DCM Buck 变换器不存在稳定性问题，即始终工作在稳定状态[19]。

4. 参数归一化

为了使电压型 CFT 控制 Buck 变换器模式转移边界和临界稳定条件的表达式更加简洁，本小节将对式(3.42)、式(3.43)和式(3.52)进行归一化。引入两个归一化参数：

$$\delta=\frac{L}{RT_\mathrm{OFF}}\text{ 和 }\gamma=\frac{R_\mathrm{C}C}{T_\mathrm{OFF}} \tag{3.53}$$

当电压型 CFT 控制 Buck 变换器工作在稳定状态时，由式(3.43)和式(3.52)可以得到工作模式切换边界的归一化表达式为

$$\delta_{\mathrm{C}} = 0.5 \tag{3.54}$$

需要说明的是，当电压型 CFT 控制 Buck 变换器工作在不稳定状态时，因为输出电容 ESR 影响其工作模式的切换，故式(3.54)将不再是其工作模式的切换边界。对于本小节中给出的典型电路参数，根据式(3.41)的异步开关离散时间模型，通过 Matlab 数值仿真，可以得到电压型 CFT 控制 Buck 变换器在 δ-γ 平面上工作模式的切换边界，如图 3.18(a)所示。

如果 $\delta > \delta_{\mathrm{C}}$，则电压型 CFT 控制 Buck 变换器将工作在 CCM，由式(3.42)和式(3.53)可得其归一化近似临界稳定条件为

$$\gamma_{\mathrm{C1}} = \frac{R_{\mathrm{C1}}C}{T_{\mathrm{OFF}}} = 0.5 \tag{3.55}$$

反之，电压型 CFT 控制 Buck 变换器工作在 DCM，其归一化近似临界稳定条件为

$$\gamma_{\mathrm{C2}} = \frac{R_{\mathrm{C2}}C}{T_{\mathrm{OFF}}} = \frac{(1-2M)\delta}{2(1-M)}\sqrt{M^2 + \frac{2(1-M)}{\delta}} + M\delta \tag{3.56}$$

选取相同的电路参数，根据式(3.55)和式(3.56)的归一化近似临界稳定条件，可以得到电压型 CFT 控制 Buck 变换器在 δ-γ 平面上划分稳定区域和不稳定区域的失稳边界，该边界得到了式(3.41)和 PSIM 仿真结果的验证，如图 3.18(b)所示。从图 3.18(b)可以看出，电压型 CFT 控制 Buck 变换器在 δ-γ 平面上的稳定区域随 γ 的增大而增大。

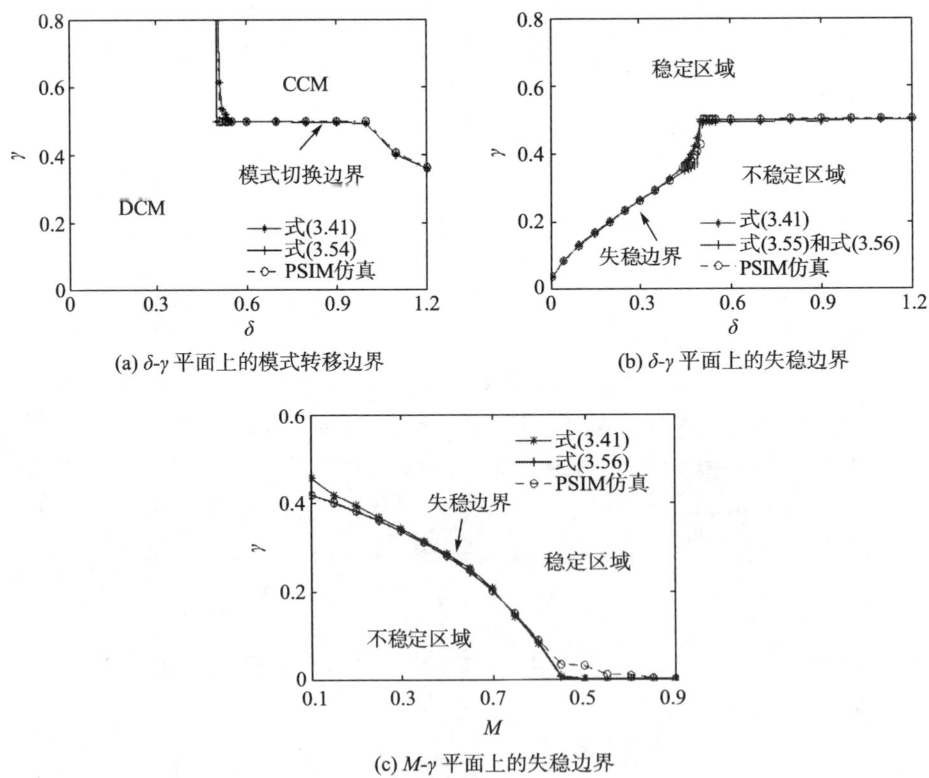

(a) δ-γ 平面上的模式转移边界

(b) δ-γ 平面上的失稳边界

(c) M-γ 平面上的失稳边界

图 3.18 模式转移边界和失稳边界

此外，由式(3.56)可以看出，当电压型 CFT 控制 Buck 变换器工作在 DCM 时，其归一化近似临界稳定条件不仅与 δ 有关，也与 M 有关，即当变换器工作在 DCM 且给定 δ 时，临界输出电容 ESR 的取值由电压传输比 M 决定。以 $\delta = 0.4$ 为例，根据式(3.56)，可得 M-γ 平面上划分稳定区域和不稳定区域的失稳边界，该边界得到了根据式(3.41)和 PSIM 仿真所得的失稳边界的验证，如图 3.18(c)所示。由图 3.18(c)可以看出，电压型 CFT 控制 Buck 变换器在 M-γ 平面上的稳定区域随着 M 的增大而减小。

3.2.4 理论分析与实验验证

以 R、L 和 R_C 作为可调电路参数，其他电路参数与 3.2.3 节相同。根据图 3.18(a)和图 3.18(b)所示的参数区域，选择了 8 组 R、L 和 R_C 的参数组合，对应的归一化参数 δ 和 γ 及其与相应的临界稳定条件间的大小关系和变换器的工作状态见表 3.2。

表 3.2 不同电路参数对应的理论关系(情况 1：$M = 0.33$)

序号	可调参数	归一化参数	大小关系	工作状态
a	$R = 10\Omega, L = 25\mu H, R_C = 12m\Omega$	$\delta = 0.625, \gamma = 0.3$	$\delta > \delta_C, \gamma < \gamma_{C1}$	DCM，不稳定状态
b	$R = 10\Omega, L = 25\mu H, R_C = 24m\Omega$	$\delta = 0.625, \gamma = 0.6$	$\delta > \delta_C, \gamma > \gamma_{C1}$	CCM，稳定状态
c	$R = 6\Omega, L = 12.48\mu H, R_C = 18.6m\Omega$	$\delta = 0.52, \gamma = 0.465$	$\delta > \delta_C, \gamma < \gamma_{C1}$	DCM，不稳定状态
d	$R = 6\Omega, L = 12.48\mu H, R_C = 21.4m\Omega$	$\delta = 0.52, \gamma = 0.535$	$\delta > \delta_C, \gamma > \gamma_{C1}$	CCM，稳定状态
e	$R = 15\Omega, L = 28.8\mu H, R_C = 14m\Omega$	$\delta = 0.48, \gamma = 0.35$	$\delta < \delta_C, \gamma < \gamma_{C2} = 0.364$	DCM，不稳定状态
f	$R = 15\Omega, L = 28.8\mu H, R_C = 18m\Omega$	$\delta = 0.48, \gamma = 0.45$	$\delta < \delta_C, \gamma > \gamma_{C2} = 0.364$	DCM，稳定状态
g	$R = 20\Omega, L = 20\mu H, R_C = 6m\Omega$	$\delta = 0.25, \gamma = 0.15$	$\delta < \delta_C, \gamma < \gamma_{C2} = 0.23$	DCM，不稳定状态
h	$R = 500\Omega, L = 20\mu H, R_C = 6m\Omega$	$\delta = 0.01, \gamma = 0.15$	$\delta < \delta_C, \gamma > \gamma_{C2} = 0.032$	DCM，稳定状态

为了分析电压传输比 M 对电压型 CFT 控制 DCM Buck 变换器稳定性的影响，选择输入电压 V_g 和 R_C 为可调电路参数，设计其他电路参数分别为 $L = 2\mu H$，$C = 100\mu F$，$R = 2\Omega$，$V_{ref} = 1.8V$，$T_{OFF} = 2.5\mu s$。对于给定参数 $\delta = 0.4$，根据图 3.18(c)，选择了 4 组 V_g 和 R_C 的参数组合，对应的归一化参数 M 和 γ、γ 与临界稳定条件 γ_{C2} 间的大小关系及变换器的工作状态见表 3.3。

表 3.3 不同电路参数对应的理论关系(情况 2：$\delta = 0.4$)

序号	可调参数	归一化参数	大小关系	工作状态
a	$V_g = 3.3V, R_C = 3m\Omega$	$M = 0.545, \gamma = 0.12$	$\gamma < \gamma_{C2} = 0.155$	DCM，不稳定状态
b	$V_g = 3.3V, R_C = 6m\Omega$	$M = 0.545, \gamma = 0.24$	$\gamma > \gamma_{C2} = 0.155$	DCM，稳定状态
c	$V_g = 6V, R_C = 6m\Omega$	$M = 0.3, \gamma = 0.24$	$\gamma < \gamma_{C2} = 0.382$	DCM，不稳定状态
d	$V_g = 6V, R_C = 12m\Omega$	$M = 0.3, \gamma = 0.48$	$\gamma > \gamma_{C2} = 0.382$	DCM，稳定状态

为了验证理论分析的正确性，搭建了电压型 CFT 控制 Buck 变换器的实验装置。在实验装置中，开关管 S_1 采用 IRF540，二极管采用 MBR2045CT，比较器为 LM319，关断定

时器通过采用 LM334 可调电流源芯片为电容充放电实现，驱动电路采用 IR2125。

基于表 3.2 的电路参数，获得相应的实验结果，如图 3.19 所示。其中，Δv_o、i_L 和 V_p 分别表示输出电压纹波、电感电流和控制脉冲信号。需要说明的是，图 3.19(c) 和图 3.19(d) 中所选的电路参数分别靠近相应的模式转移边界和失稳边界。在图 3.19(c) 中，i_L 在一些开关周期内可能下降到零，表明变换器工作在 DCM；而在图 3.19(d) 中，i_L 在每个开关周期内始终大于零，表明变换器工作在 CCM。对于图 3.19(h) 中采用的电路参数，可以近似认为变换器工作在空载状态。对照表 3.2 和图 3.19 可以看出，实验结果验证了理论分析的正确性。

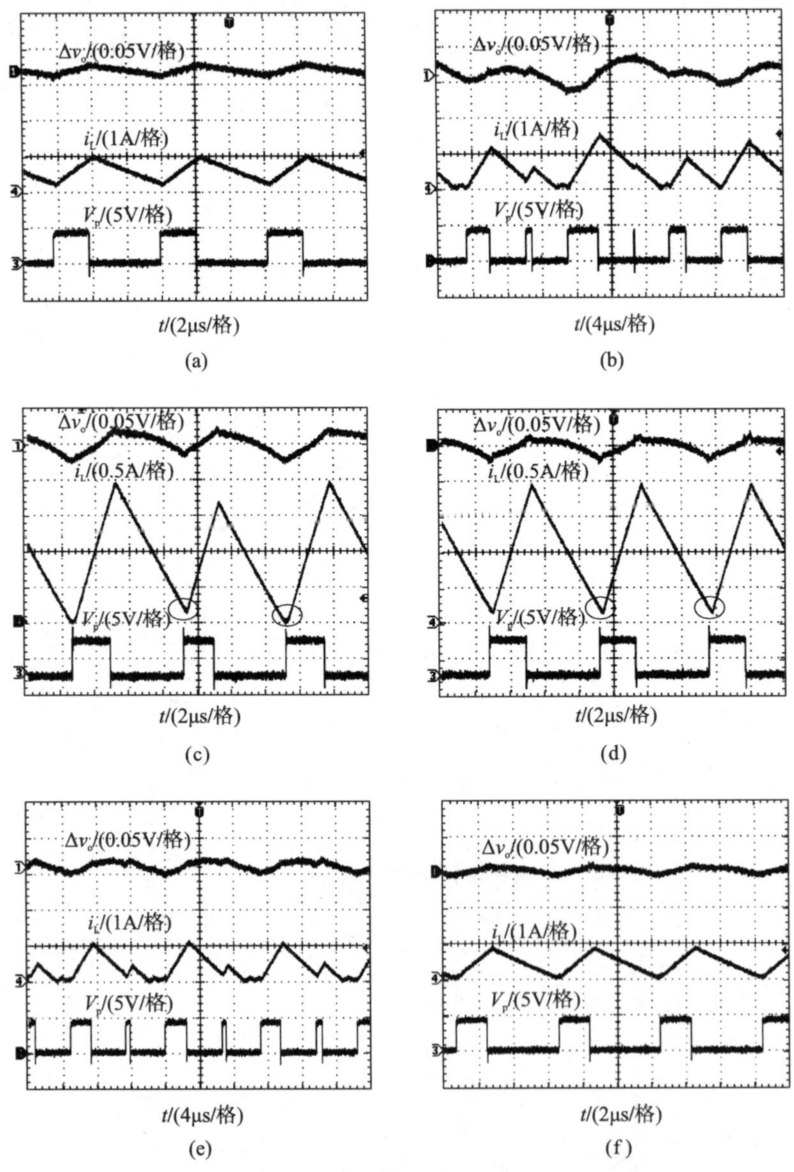

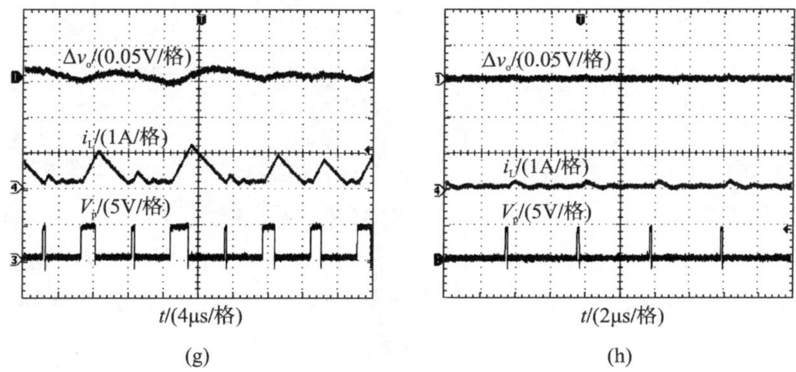

图 3.19　对应表 3.2 中不同 R、L 和 R_C 组合的实验结果

相应地，对应于表 3.3 的实验结果如图 3.20 所示。对照表 3.3 和图 3.20 可以看出，实验结果验证了理论分析的正确性。从图 3.19 和图 3.20 还可以看出，由于开关频率较高，输出电容等效串联电感对输出电压纹波具有一定的影响[20, 21]。

值得注意的是，在图 3.19 和图 3.20 中，电感电流 i_L 在一些开关周期内下降到零，这意味着电压型 CFT 控制 Buck 变换器工作在 DCM。两个控制脉冲的连续出现，表明存在脉冲簇发现象[6]。

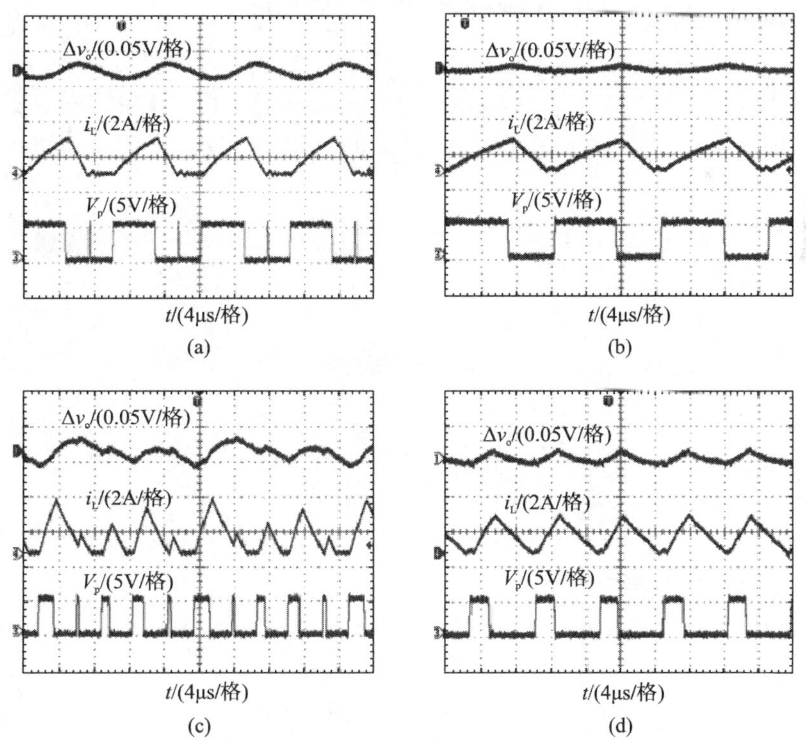

图 3.20　对应表 3.3 中不同 V_g 和 R_C 组合的实验结果

3.3 本章小结

在电压型 PFM 控制 Buck 变换器工作原理的分析基础上，本章深入研究了输出电容 ESR、负载电阻、电感等电路参数对电压型 PFM 控制开关变换器稳定性和动力学行为的影响。研究表明，输出电容 ESR 不仅影响电压型 PFM 控制开关变换器的稳定性，还影响其工作模式。当输出电容 ESR 较小时，调节负载电阻或电感可使开关变换器工作在 DCM 稳定状态。

建立了电压型 COT 控制 Buck 变换器具有 3 种运行模式和 2 条模式切换边界的异步开关离散时间模型。基于该模型，利用分岔图、最大 Lyapunov 指数谱、特征值运动轨迹等动力学分析方法研究了输出电容 ESR 对电压型 COT 控制 Buck 变换器稳定性和动力学行为的影响。研究结果表明，输出电容 ESR 对变换器在 DCM 和 CCM 转移、脉冲簇发现象消除及稳定性控制等方面具有重要影响。数值仿真结果和实际电路实验结果验证了理论分析的正确性。

建立了电压型 CFT 控制 Buck 变换器具有 5 种运行模式和 4 条模式切换边界的异步开关离散时间模型。基于该模型，讨论了由输出电容 ESR 减小引起的次谐波振荡现象和工作模式转移，研究了输出电容 ESR 较小时负载电阻和电感对变换器稳定性和动力学行为的影响，给出了相应的近似临界稳定条件并进行了归一化处理。进一步，给出了不同归一化参数平面上划分稳定和不稳定区域的失稳边界。从这些失稳边界可以看出，当输出电容 ESR 较小时，轻载、小电感和高电压传输比更有利于电压型 CFT 控制 Buck 变换器的稳定工作，而且这些失稳边界会随着输出电容 ESR 的变化而移动。实际电路实验结果验证了理论分析的正确性。

本章的研究结果不仅拓展了电压型 PFM 控制开关变换器的理论分析，同时也为设计者提供了一个电路参数的选择依据。

参考文献

[1]Packard D J. Discrete modeling and analysis of switching regulators. Ph D dissertation California Institute of Technology, 1976.

[2]Mammano R. Switching power supply topology: Voltage mode vscurrent mode. Unitrode Design Note DN-62, 1994.

[3]Sun J. Characterization and performance comparison of ripple-based control for voltage regulator modules. IEEE Transactions on Power Electronics, 2006, 21(2): 346-353.

[4]Redl R, Sun J. Ripple-based control of switching regulators–An overview. IEEE Transactions on Power Electronics, 2009, 24(12): 2669-2680.

[5]Qian T. Subharmonic analysis for buck converters with constant on-time control and ramp compensation. IEEE Transactions on Industrial Electronics, 2013, 60(5): 1780-1786.

[6]Wang J, Xu J, Bao B. Analysis of pulse bursting phenomenon in constant-on-time-controlled buck converter. IEEE Transactions on Industrial Electronics, 2011, 58(12): 5406-5410.

[7]Wang J, Bao B, Xu J, et al. Dynamical effects of equivalent series resistance of output capacitor in constant on-time controlled buck converter [J]. IEEE Transactions on Industrial Electronics, 2013, 60(5): 1759-1768.

[8]Xie F, Yang R, Zhang B. Bifurcation and border collision analysis of voltage-mode-controlled flyback converter based on total ampere-turns. IEEE Transactions on Circuits and Systems I: Regular Papers, 2011, 58(9): 2269-2280.

[9]Bao B C, Zhou G H, Xu J P, et al. Unified classification of operation-state regions for switching converters with ramp compensation. IEEE Transactions on Power Electronics, 2011, 26(7): 1968-1975.

[10]Zhou G H, Xu J P, Jin Y Y. Elimination of subharmonic oscillation of digital-average-current-controlled switching dc-dc converters. IEEE Transactions on Industrial Electronics, 2010, 57(8): 2904-2907.

[11]Yuan G H, Banerjee S, Ott E, et al. Border-collision bifurcations in the buck converter. IEEE Transactions on Circuits and Systems I: Fundamental Theory and Applications, 1998, 45(7): 707-716.

[12]Aroudi A E, Rodriguez E, Leyva R, et al. A design-oriented combined approach for bifurcation prediction in switched-mode power converters. IEEE Transactions on Circuits and Systems II: Express Briefs, 2010, 57(3): 218-222.

[13]张希. 基于变频纹波控制的开关变换器及其稳定性研究. 成都: 西南交通大学, 2017.

[14]Zhou G, He S, Zhang X, et al. Critical output-capacitor ESR for stability of V^2 controlled buck converter in CCM and DCM. Electronics Letters, 2014, 50(12): 884-886.

[15]Zhou G, Xu J, Wang J. Constant-frequency peak-ripple-based control of buck converter in CCM: review, unification, and duality. IEEE Transactions on Industrial Electronics, 2014, 61(3): 1280-1291.

[16]Erickson R W, Maksimović D. Fundamentals of Power Electronics. New York: Kluwer Academic Publishers, 2004, 300-302.

[17]张希, 包伯成, 王金平, 等. 固定关断时间控制Buck变换器输出电容等效串联电阻的稳定性分析. 物理学报, 2012, 61(16): 160503-1-7.

[18]Bao B C, Zhang X, Xu J P, et al. Critical ESR of output capacitor for stability of fixed off-time controlled buck converter. Electronics Letters, 2013, 49(4): 287-288.

[19]Wei I C, Lin Y C, Chen C J, et al. Stability issues and modelling of ripple-based constant on-time control schemes operating in discontinuous conduction mode. IET Power Electronics, 2013, 7(4): 868-875.

[20]Cortés J, Šviković V, Alou P, et al. Accurate analysis of subharmonic oscillations of V^2 and V^2I_c controls applied to buck converter. IEEE Transactions on Power Electronics, 2014, 30(2): 1005-1018.

[21]Hen W C, Wang C S, Su Y P, et al. Reduction of equivalent series inductor effect in delay-ripple reshaped constant on-time control for buck converter with multilayer ceramic capacitors. IEEE Transactions on Power Electronics, 2012, 28(5): 2366-2376.

第4章 电流型PWM控制开关变换器动力学建模与分析

传统的电压型控制是开关变换器最常用的控制技术，它具有实现简单和抗干扰能力强等优点，但其受误差放大器速度的影响，输入和负载瞬态响应慢[1]。与电压型控制相比，电流型控制具有更快的输入瞬态响应速度，并提高了输出电压的稳压精度，且由于其自身具有限流的功能，易于实现变换器的过流保护，在多个电源并联时，更便于实现均流控制[2]。电流型控制与PWM调制结合主要有峰值电流控制、谷值电流控制和平均电流控制[1]。

本章以峰值电流控制Boost变换器、谷值电流控制Buck变换器、含斜坡补偿的峰值电流控制Buck-Boost变换器为例，详细研究电流型PWM控制开关变换器的动力学行为。分别建立峰值电流和谷值电流控制开关变换器的离散迭代映射模型，结合分岔图、最大Lyapunov 指数谱、庞加莱截面，分析主电路参数、控制电路参数变化时变换器存在的动力学现象；研究补偿斜坡斜率对开关变换器的工作区域、参数空间映射、分岔图及最大Lyapunov 指数等动力学行为的影响；通过时域波形和相轨图的实验结果，验证理论和仿真分析的正确性。

4.1 峰值电流控制开关变换器

4.1.1 二维离散迭代映射模型

图4.1所示为峰值电流控制Boost变换器电路[3, 4]，其主电路拓扑是一个由输入电压 V_g、电感 L、电容 C、开关管 S_1、二极管 S_2 和电阻负载 R 组成的二阶电路。工作原理如下：电

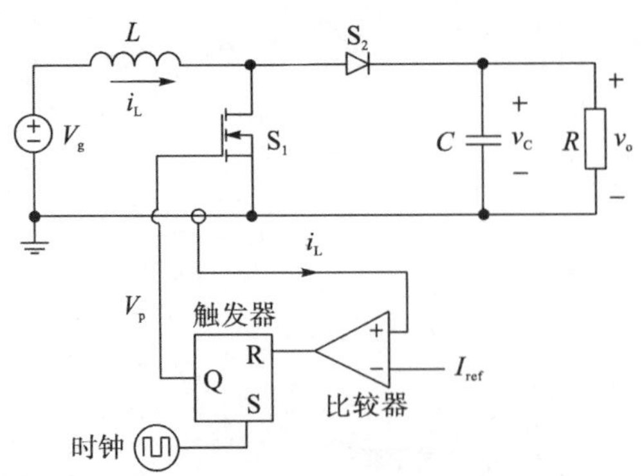

图 4.1 峰值电流控制 Boost 变换器

感电流 i_L 与峰值参考电流 I_{ref} 进行比较后得到触发器的复位端信号，时钟作为触发器的置位端信号，由此构成的反馈电路控制 S_1 的导通和关断。在每个开关周期开始时，触发器置位，S_1 导通，S_2 关断，i_L 近似线性上升；当 i_L 上升至 I_{ref} 时，比较器翻转，触发器复位，S_1 关断，S_2 导通，i_L 近似线性下降，直到下一个时钟到来，开始一个新的开关周期。

采用 i_L 和电容电压 v_C 作为状态变量，可以得到开关管 S_1 导通和关断时的二阶动力学方程。S_1 导通时，动力学方程如下：

$$\begin{aligned}\frac{\mathrm{d}i_L}{\mathrm{d}t}&=\frac{V_g}{L}\\ \frac{\mathrm{d}v_C}{\mathrm{d}t}&=-\frac{v_C}{RC}\end{aligned}\tag{4.1}$$

S_1 关断时，动力学方程如下：

$$\begin{aligned}\frac{\mathrm{d}i_L}{\mathrm{d}t}&=\frac{1}{L}V_g-\frac{1}{L}v_C\\ \frac{\mathrm{d}v_C}{\mathrm{d}t}&=\frac{1}{C}i_L-\frac{1}{RC}v_C\end{aligned}\tag{4.2}$$

设 $i_n=i_L(nT)$、$v_n=v_C(nT)$ 分别为 i_L、v_C 在时钟 nT 时刻的采样值，则 i_{n+1}、v_{n+1} 分别为 i_L、v_C 在时钟 $(n+1)T$ 时刻的采样值，其中 T 为时钟周期(开关周期)。

当 i_L 上升到 I_{ref} 时 S_1 关断。由式(4.1)可得第 n 个开关周期内[从 nT 时刻到 $(n+1)T$ 时刻]电感电流的上升时间，即 S_1 的导通时间 τ_n 为

$$\tau_n=\frac{L}{V_g}(I_{ref}-i_n)\tag{4.3}$$

对于图 4.1 所示的变换器电路，可以根据式(4.1)和式(4.2)分别建立 $\tau_n\geqslant T$ 和 $\tau_n<T$ 时的离散迭代映射模型。

当 $\tau_n\geqslant T$ 时，在整个开关周期内 S_1 一直处于导通状态，这时迭代映射为

$$i_{n+1}=i_n+\frac{V_g}{L}T\tag{4.4}$$

$$v_{n+1}=v_n\mathrm{e}^{-\frac{T}{RC}}\tag{4.5}$$

当 $\tau_n<T$ 时，开关管 S_1 导通 τ_n 后关断，当变换器的电路参数满足 $\frac{4R^2C}{L}-1>0$ 时，其迭代映射为

$$i_{n+1}=\mathrm{e}^{\alpha(T-\tau_n)}\left[c_1\cos\omega(T-\tau_n)+c_2\sin\omega(T-\tau_n)\right]+\frac{V_g}{R}\tag{4.6}$$

$$v_{n+1}=V_g-L\mathrm{e}^{\alpha(T-\tau_n)}\left[(c_1\alpha+c_2\omega)\cos\omega(T-\tau_n)-(c_2\alpha+c_1\omega)\sin\omega(T-\tau_n)\right]\tag{4.7}$$

其中，

$$\alpha=-\frac{1}{2RC},\quad \omega=\frac{1}{2RC}\sqrt{\frac{4R^2C}{L}-1}$$

$$c_1 = I_{\text{ref}} - \frac{V_g}{R}, \quad c_2 = \frac{V_g - v_n e^{\frac{-\tau_n}{RC}} - L\left(I_{\text{ref}} - \frac{V_g}{R}\right)\alpha}{L\omega}$$

峰值电流控制 Boost 变换器工作于 CCM 时，其离散迭代映射中存在一个电感电流边界。定义边界 I_b 为电感电流在时钟周期结束刚好上升到峰值参考电流 I_{ref}，所对应的时钟周期开始时的电感电流值。由式(4.4)很容易得到边界值 I_b 为

$$I_b = I_{\text{ref}} - \frac{V_g T}{L} \tag{4.8}$$

4.1.2 倍周期、边界碰撞和切分岔行为

根据离散迭代映射模型(4.4)～(4.7)，采用数值仿真对峰值电流控制 Boost 变换器的分岔行为进行仿真分析。选取电路参数 $L = 1\text{mH}$，$C = 12\mu\text{F}$ 和 $T = 100\mu\text{s}$。固定电路参数 $V_g = 10\text{V}$，$R = 20\Omega$，以电流参考值 I_{ref} 为分岔参数，变化范围为 0.5～5.5A，仿真得到的电感电流随 I_{ref} 变化的分岔图如图 4.2(a)所示。

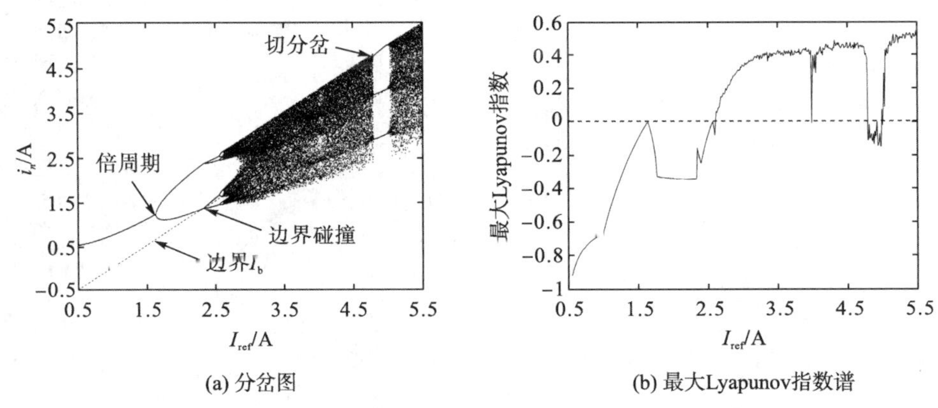

(a) 分岔图 (b) 最大Lyapunov指数谱

图 4.2 以 I_{ref} 为参数的分岔图及最大 Lyapunov 指数谱

从图 4.2(a)可以看出，当 I_{ref} 较小时，变换器处于稳定的周期 1 轨道；当 I_{ref} 增大到 1.706A 时，系统发生倍周期分岔，变换器的运行轨道由稳定的周期 1 变为周期 2；当 I_{ref} 增大到 2.34A 时，系统发生边界碰撞分岔，进入周期 4 轨道；当 I_{ref} 增大到 2.55A 时，系统再次发生倍周期分岔，随后发生边界碰撞进入混沌状态。从图 4.2(a)中还可以看出，当 $4.79\text{A} < I_{\text{ref}} < 5.05\text{A}$ 时，系统的混沌区域中出现了一个“周期 3”窗口的切分岔现象；当 I_{ref} 大于 5.05A 时，系统再次进入混沌状态。

图 4.2(b)给出了与图 4.2(a)相对应的最大 Lyapunov 指数谱。由图 4.2(b)可知，当 $I_{\text{ref}} = 0.5\text{A}$ 时，最大 Lyapunov 指数为负值，系统稳定，对应于图 4.2(a)所示分岔图的周期 1；当 I_{ref} 增大到 1.706A 时，最大 Lyapunov 指数由负值增大到接近于 0 再变为负值，对应于图 4.2(a)中的倍周期分岔点。当 I_{ref} 增大到 2.59A 左右时，最大 Lyapunov 指数由负值变为正值，系统由稳定状态向不稳定状态转变。当 $I_{\text{ref}} = 4.79\text{A}$ 时，最大 Lyapunov 指数由正

值再变为负值，系统再次进入周期稳定状态，对应于图 4.2(a)中的切分岔点。当 I_{ref} 大于 5.05A 时，最大 Lyapunov 指数又由负值变为正值，系统再次进入混沌状态。根据图 4.2(a)和图 4.2(b)可知，由分岔图和最大 Lyapunov 指数谱表征的动力学行为一致。

固定电路参数 $I_{ref} = 3A$，$R = 20\Omega$，以输入电压 V_g 为分岔参数得到的分岔图如图 4.3(a)所示；固定电路参数 $I_{ref} = 3A$，$V_g = 10V$，以负载电阻 R 为分岔参数得到的分岔图如图 4.3(b)所示。从图 4.3(a)和图 4.3(b)可以看出，峰值电流控制 Boost 变换器的倍周期分岔分别发生在 $V_g = 18.66V$ 和 $R = 9.02\Omega$；边界碰撞分岔分别发生在 $V_g = 12.85V$ 和 $R = 15.35\Omega$；以 V_g 为分岔参数的切分岔发生在 $V_g = 6.25V$。随着 V_g 的减小和 R 的增大，峰值电流控制 Boost 变换器具有从倍周期分岔并经边界碰撞分岔通向混沌的道路。

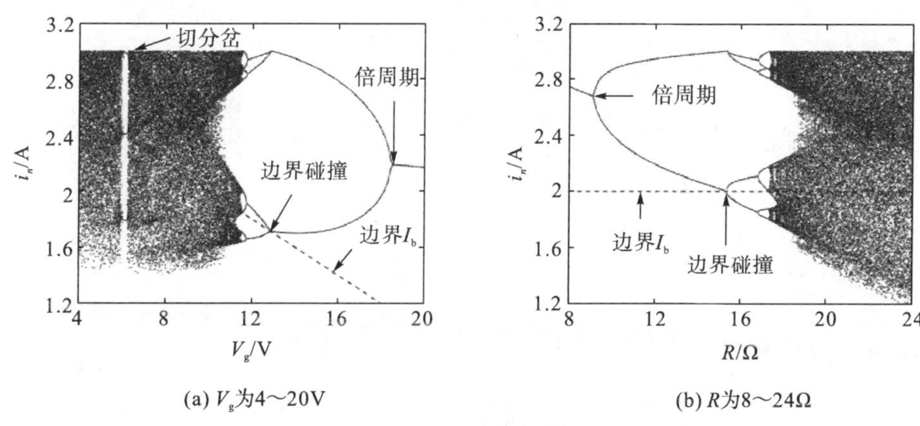

(a) V_g为4～20V　　(b) R为8～24Ω

图 4.3　以 V_g 和 R 为参数的分岔图

当电路参数在宽范围内发生变化时，峰值电流控制 Boost 变换器的运行轨道均会历经倍周期分岔和边界碰撞分岔两种分岔路径。此外，当参考电流 I_{ref} 和输入电压 V_g 变化时，变换器还会经历切分岔路径。综上所述，峰值电流控制开关变换器的工作状态存在稳定周期 1、倍周期分岔、边界碰撞分岔、切分岔和混沌等现象，动力学行为较为复杂。

4.1.3　实验结果

为了验证数值仿真结果的正确性，选取 4.1.2 小节所对应的电路参数，对峰值电流控制 Boost 变换器的动力学行为进行实验验证。在实验电路中，开关管选用 IRFZ34，二极管选用 MBR1560，运算放大器选用 LT1357，比较器选用 LM319N，触发器选用 HD74LS02P 或非门搭建，驱动电路选用 IR2125。

选取 $I_{ref} = 1.5A$、$I_{ref} = 2A$、$I_{ref} = 3.5A$ 和 $I_{ref} = 4.8A$，得到峰值电流控制 Boost 变换器的电感电流、输出电压纹波的时域波形及相轨图，如图 4.4 所示。

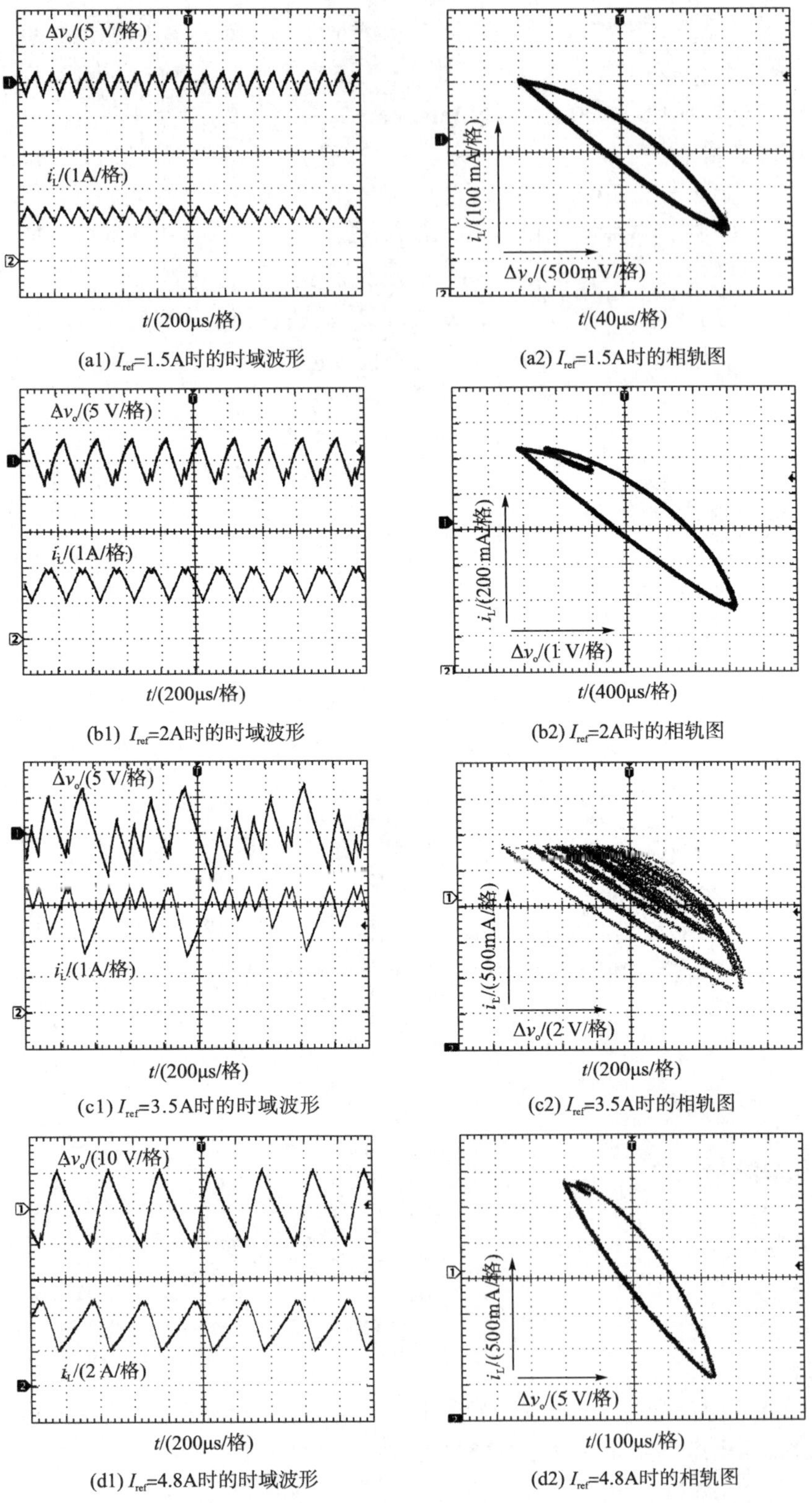

(a1) I_{ref}=1.5A时的时域波形 (a2) I_{ref}=1.5A时的相轨图

(b1) I_{ref}=2A时的时域波形 (b2) I_{ref}=2A时的相轨图

(c1) I_{ref}=3.5A时的时域波形 (c2) I_{ref}=3.5A时的相轨图

(d1) I_{ref}=4.8A时的时域波形 (d2) I_{ref}=4.8A时的相轨图

图 4.4 不同 I_{ref} 时的电感电流、输出电压时域波形及相轨图

由图 4.4 可知，变换器分别工作于周期 1 轨道、周期 2 轨道、混沌轨道及周期 3 轨道；它们所反映的变换器工作状态与图 4.2 所示的分岔图和最大 Lyapunov 指数谱所反映的工作状态是完全一致的，从而验证了数值仿真结果和理论分析的正确性。

4.2　谷值电流控制开关变换器

4.2.1　二维离散迭代映射模型

图 4.5 所示为谷值电流控制 Buck 变换器电路[5]，其主电路拓扑是一个由输入电压 V_g、电感 L、电容 C、开关管 S_1、二极管 S_2 和电阻负载 R 组成的二阶电路。工作原理如下：每个开关周期开始时，触发器复位，S_1 关断，S_2 导通，电感电流 i_L 近似线性减小；当 i_L 减小到谷值参考电流 I_{ref} 时，比较器输出高电平，触发器置位，S_1 导通，S_2 关断，i_L 近似线性增大，直到下一个时钟脉冲到来，开始一个新的开关周期。

由于电感电流的谷值参考 I_{ref} 的最小值为 0，当 i_L 下降到零值时，S_1 即时导通，因此谷值电流控制的开关变换器不能工作于 DCM。

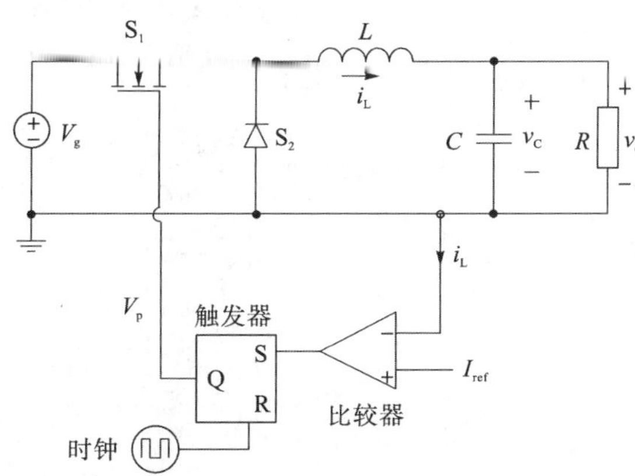

图 4.5　谷值电流控制 Buck 变换器

采用电感电流 i_L 和电容电压 v_C 作为状态变量，可以得到 S_1 关断和导通时的二阶动力学方程。S_1 关断时，动力学方程如下：

$$\frac{\mathrm{d}i_L}{\mathrm{d}t}=-\frac{1}{L}v_C \tag{4.9}$$

$$\frac{\mathrm{d}v_C}{\mathrm{d}t}=\frac{1}{C}i_L-\frac{1}{RC}v_C \tag{4.10}$$

S_1 导通时，动力学方程如下：

$$\frac{\mathrm{d}i_L}{\mathrm{d}t}=\frac{1}{L}V_g-\frac{1}{L}v_C \tag{4.11}$$

$$\frac{\mathrm{d}v_{\mathrm{C}}}{\mathrm{d}t}=\frac{1}{C}i_{\mathrm{L}}-\frac{1}{RC}v_{\mathrm{C}} \tag{4.12}$$

设 $i_n=i_{\mathrm{L}}(nT)$、$v_n=v_{\mathrm{C}}(nT)$ 分别为 i_{L}、v_{C} 在时钟 nT 时刻的采样值，则 i_{n+1}、v_{n+1} 分别为 i_{L}、v_{C} 在时钟 $(n+1)T$ 时刻的采样值，其中 T 为时钟周期(即开关周期)。

当 i_{L} 下降到 I_{ref} 时 S_1 导通。由式(4.9)和式(4.10)可得第 n 个开关周期内[从 nT 时刻到 $(n+1)T$ 时刻]电感电流的下降时间，即 S_1 的关断时间 τ_n 为

$$\tau_n=\frac{L}{v_n}(i_n-I_{\mathrm{ref}}) \tag{4.13}$$

对于 Buck 变换器，通常满足 $L<4R^2C$，以确保变换器工作于 CCM 且具有较低的输出电压纹波。根据式(4.11)、式(4.12)，电容电压在 $t=nT+\tau_n$ 时为

$$v_{\mathrm{C}}(\tau_n)=\mathrm{e}^{-\alpha\tau_n}\left[v_n\cos\omega\tau_n+\left(\frac{1}{\omega C}i_n-\frac{\alpha}{\omega}v_n\right)\sin\omega\tau_n\right] \tag{4.14}$$

其中，$\alpha=1/(2RC)$；$\omega=\sqrt{1/(LC)-\alpha^2}$ 。

对于图 4.5 所示的变换器电路，可以根据式(4.9)～式(4.12)分别建立 $\tau_n\geqslant T$ 和 $\tau_n<T$ 时的离散迭代映射模型。

当 $\tau_n\geqslant T$ 时，在整个开关周期内 S_1 一直处于关断状态，这时迭代映射为

$$i_{n+1}=\mathrm{e}^{-\alpha T}\left[i_n\cos\omega T+\left(\frac{\alpha}{\omega}i_n-\frac{1}{\omega L}v_n\right)\sin\omega T\right] \tag{4.15}$$

$$v_{n+1}=\mathrm{e}^{-\alpha T}\left[v_n\cos\omega T+\left(\frac{1}{\omega C}i_n-\frac{\alpha}{\omega}v_n\right)\sin\omega T\right] \tag{4.16}$$

当 $\tau_n<T$ 时，开关管 S_1 关断 τ_n 后导通，这时迭代映射为

$$i_{n+1}=\mathrm{e}^{-\alpha(T-\tau_n)}\left[c_3\cos\omega(T-\tau_n)+c_4\sin\omega(T-\tau_n)\right]+\frac{V_{\mathrm{g}}}{R} \tag{4.17}$$

$$v_{n+1}=\mathrm{e}^{-\alpha(T-\tau_n)}\left[c_5\cos\omega(T-\tau_n)+c_6\sin\omega(T-\tau_n)\right]+V_{\mathrm{g}} \tag{4.18}$$

其中，

$$c_3=I_{\mathrm{ref}}-\frac{V_{\mathrm{g}}}{R}，\quad c_4=\frac{\alpha}{\omega}c_3+\frac{V_{\mathrm{g}}-v_{\mathrm{C}}(\tau_n)}{\omega L}$$

$$c_5=v_{\mathrm{C}}(\tau_n)-V_{\mathrm{g}}，\quad c_6=\frac{\alpha}{\omega}c_5+\frac{I_{\mathrm{ref}}-\dfrac{v_{\mathrm{C}}(\tau_n)}{R}}{\omega C}$$

谷值电流控制 Buck 变换器的离散迭代映射中也存在一个电感电流边界。定义边界 I_{b} 为电感电流在时钟周期结束刚好下降到谷值参考电流 I_{ref}，所对应的时钟周期开始时的电感电流值。由式(4.15)很容易得到边界值 I_{b} 为

$$I_{\mathrm{b}}=\frac{I_{\mathrm{ref}}\mathrm{e}^{\alpha T}+\dfrac{v_n\sin\omega T}{\omega L}}{\cos\omega T+\dfrac{\alpha}{\omega}\sin\omega T} \tag{4.19}$$

4.2.2　倍周期和边界碰撞分岔行为

根据离散迭代映射模型(4.15)～(4.18)，采用数值仿真对谷值电流控制 Buck 变换器的分岔行为进行分析。选择电路参数 $C = 200\mu F$，$L = 600\mu H$，$T = 50\mu s$。固定电路参数 $V_g = 12V$，$I_{ref} = 0.6A$，选择负载 R 为分岔参数，变化范围为 10～4Ω，得到如图 4.6(a)所示的电感电流分岔图。

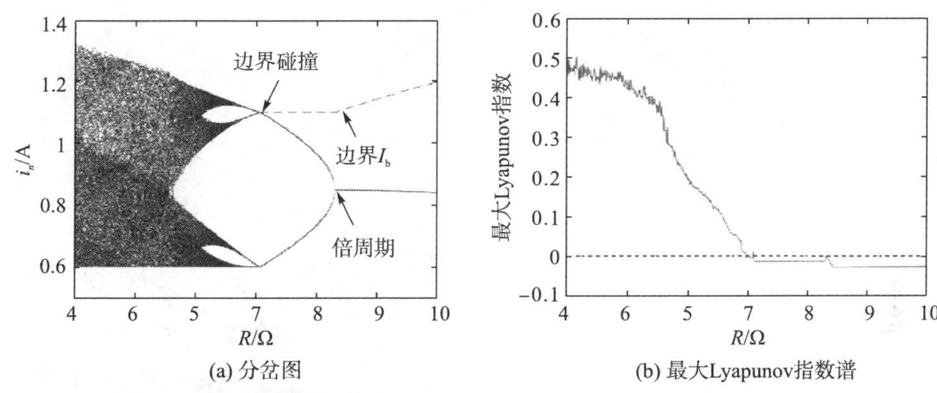

(a) 分岔图　(b) 最大Lyapunov指数谱

图 4.6　以 R 为参数的分岔图及最大 Lyapunov 指数谱

从图 4.6(a)可以看出，当 $R = 10\Omega$ 时，变换器工作于稳定的周期 1 轨道；随着 R 的逐渐减小，当 $R = 8.28\Omega$ 时，变换器出现倍周期分岔，发生倍周期分岔后，变换器工作于不稳定的周期 2 轨道，即次谐波振荡状态；随着 R 的进一步减小，当 $R = 7.06\Omega$ 时，不稳定的周期 2 轨道与边界 I_b 碰撞，发生边界碰撞分岔，变换器进入混沌轨道；当 R 减小到约为 5.62Ω 时，分片的混沌吸引子两两合并，最后连成一片。

图 4.6(b)给出了与图 4.6(a)相对应的最大 Lyapunov 指数谱。从图 4.6(b)可以看出，当 $R = 10\Omega$ 时，最大 Lyapunov 指数为负值，表明变换器处于稳定状态，结合图 4.6(a)分岔图可以看出变换器工作于稳定的周期 1 轨道。随着参数 R 的逐渐减小，当 $R = 8.28\Omega$ 时，最大 Lyapunov 指数刚好从负值上升到 0，对应图 4.6(a)中的倍周期分岔点，之后工作于周期 2 轨道。随着 R 的进一步减小，当 $R = 7.06\Omega$ 时，最大 Lyapunov 指数穿过 0 变成正值，对应图 4.6(a)中的边界碰撞分岔点，之后变换器进入混沌状态。由图 4.6(a)和图 4.6(b)可知，最大 Lyapunov 指数谱的分析结果与分岔图的分析结果一致。

与图 4.6 相对应，在 nT 时刻构筑庞加莱截面，图 4.7(a)和图 4.7(b)分别给出了谷值电流控制 Buck 变换器工作于 $R = 6\Omega$ 和 $R = 7.2\Omega$ 的庞加莱映射。从图 4.7(a)可以看出，庞加莱截面上出现两片混沌吸引子，表明变换器的混沌轨道具有两个吸引盆；从图 4.7(b)可以看出，庞加莱截面上出现两个点，表明变换器发生了(周期 2)次谐波振荡。

图 4.8(a)和图 4.8(b)分别给出了以 V_g 和 I_{ref} 为参数的分岔图，此时负载 $R = 6\Omega$。从图 4.8(a)和图 4.8(b)可以看出，变换器电路的倍周期分岔分别发生在 $V_g = 8.2V$ 和 $I_{ref} = 0.88A$；边界碰撞分岔分别发生在 $V_g = 9.6V$ 和 $I_{ref} = 0.75A$。随着 V_g 的增大、I_{ref} 的减小，

谷值电流控制 Buck 变换器具有倍周期分岔并经边界碰撞分岔通向混沌的道路。

当电路参数变化时，与峰值电流控制 Buck 变换器的动力学行为[6, 7]相比，谷值电流控制 Buck 变换器具有相反的分岔到混沌的路线。

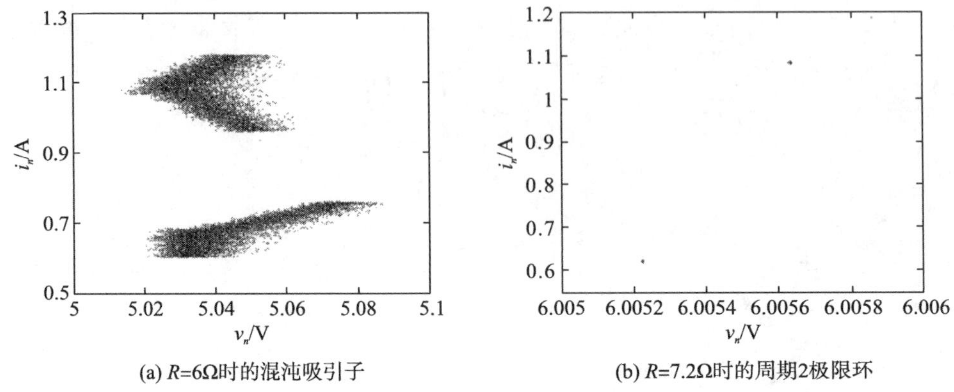

(a) R=6Ω时的混沌吸引子　(b) R=7.2Ω时的周期2极限环

图 4.7　两个不同电阻负载的庞加莱映射

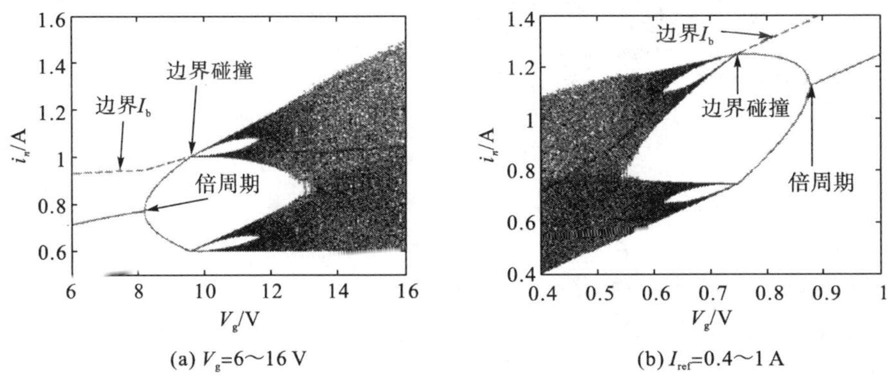

(a) V_g=6～16 V　(b) I_{ref}=0.4～1 A

图 4.8　以 V_g 和 I_{ref} 为参数的分岔图

4.2.3　实验结果

为了验证基于离散迭代映射模型进行的数值仿真结果的正确性，选取数值仿真对应的电路参数，对谷值电流控制 Buck 变换器进行实验验证。实验电路中，变换器主电路的开关管选用 IRF3205，二极管选用 MBR2045，控制电路比较器选用 LM319，触发器选用 74LS02 与电阻搭建。

为了与分岔图中的不同状态相对应，将负载电阻参数分别设置为 R = 10Ω、R = 7.2Ω 及 R = 5Ω，相对应的电感电流、输出电压时域形及相轨图如图 4.9 所示。它们分别表示 Buck 变换器工作于周期 1 轨道、周期 2 轨道、混沌轨道。图 4.9 所示的时域波形图和相轨图所反映的 Buck 变换器的工作状态，与图 4.6 所示的分岔图和最大 Lyapunov 指数谱所描述的运行状态是完全一致的，从而验证了数值仿真和理论分析的正确性。

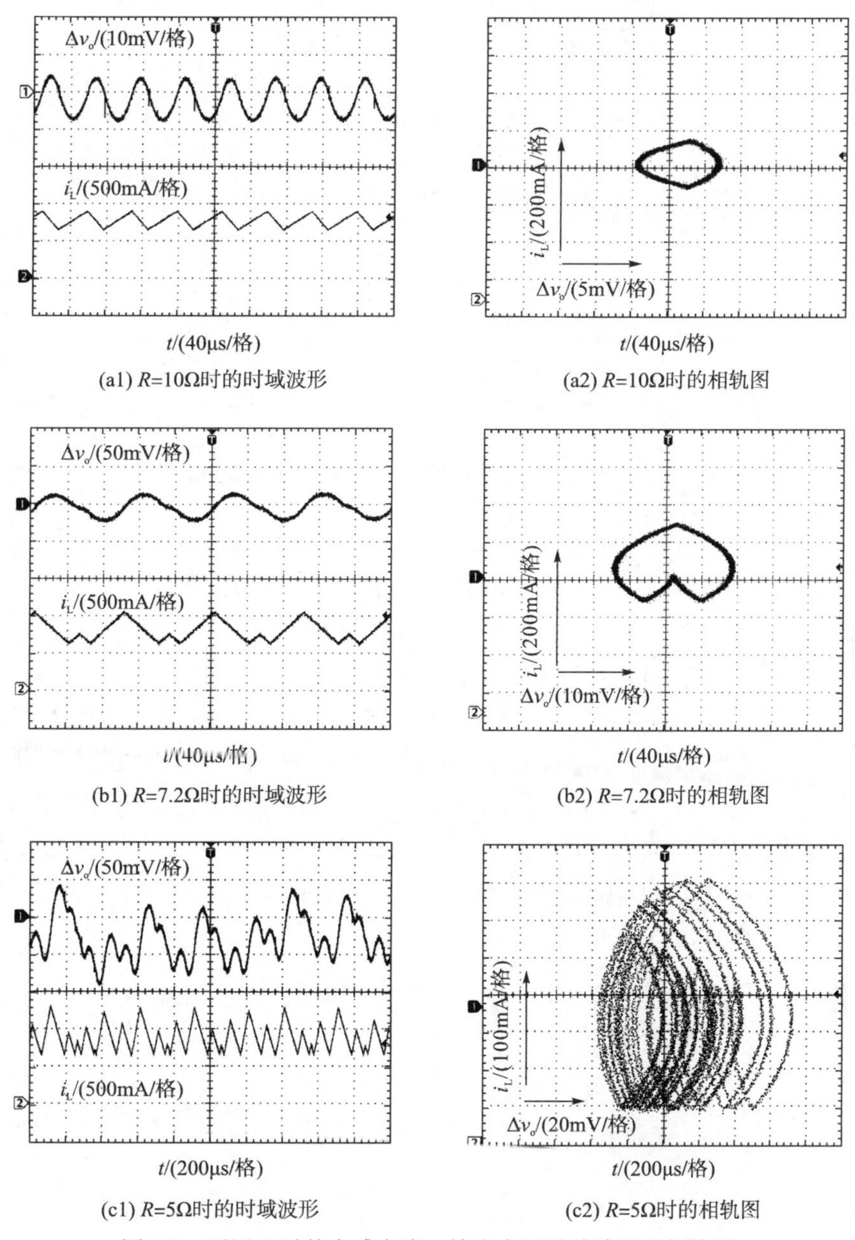

(a1) R=10Ω时的时域波形　(a2) R=10Ω时的相轨图

(b1) R=7.2Ω时的时域波形　(b2) R=7.2Ω时的相轨图

(c1) R=5Ω时的时域波形　(c2) R=5Ω时的相轨图

图 4.9　不同 R 时的电感电流、输出电压时域波形及相轨图

4.3　斜坡补偿电流型 PWM 控制开关变换器

4.3.1　电感电流边界

斜坡补偿峰值电流控制 Buck-Boost 变换器的电路原理图[8-10]如图 4.10 所示。其中，主电路拓扑是一个由输入电压 V_g、开关管 S_1、二极管 S_2、电感 L、输出电容 C 和负载电阻 R 组成的二阶电路；控制电路由斜坡补偿电路、比较器和触发器构成。

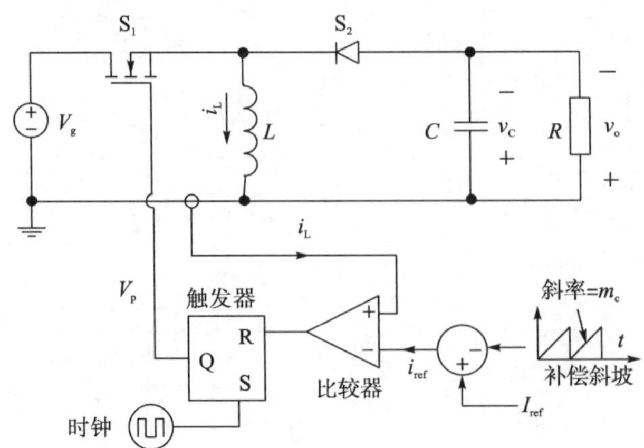

图 4.10 采用斜坡补偿的峰值电流控制 Buck-Boost 变换器

图 4.10 中的 I_{ref} 为参考电流基准值，i_{ref} 为斜坡补偿后的参考电流，m_{c} 为斜坡补偿电流的斜率。补偿后的参考电流 i_{ref} 与原参考电流 I_{ref} 有如下关系式：

$$i_{\mathrm{ref}} = I_{\mathrm{ref}} - m_{\mathrm{c}}\left(t \bmod T\right) \tag{4.20}$$

其中，T 是开关周期；$(t \bmod T)$ 表示 t 对 T 的取模运算。

电感电流波形和补偿后的参考电流波形如图 4.11 所示。定义第一边界 I_{b1} 为电感电流在开关周期 T 开始时的值，这时在开关周期结束时电感电流刚好到达补偿后的参考电流 i_{ref}，如图 4.11(a)所示；定义第二边界 I_{b2} 为电感电流在开关周期开始时的值，这时在开关周期结束时电感电流刚好下降到零，如图 4.11(b)所示。同时，定义 τ_1 为电感电流从 nT 时刻(开关管导通时刻)上升到 i_{ref} 的时间，定义 τ_2 为电感电流从 $nT+\tau_1$ 时刻(开关管截止时刻)下降到零的时间。

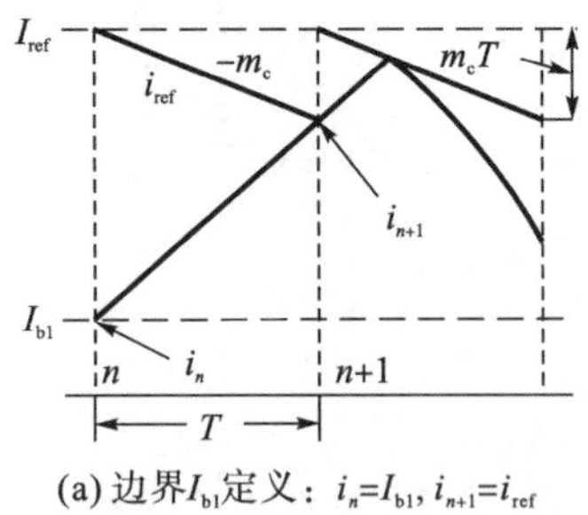

(a) 边界 I_{b1} 定义：$i_n=I_{\mathrm{b1}}$, $i_{n+1}=i_{\mathrm{ref}}$

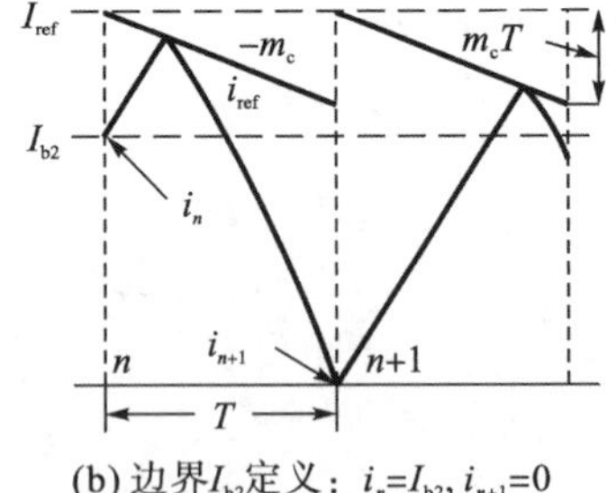

(b) 边界 I_{b2} 定义：$i_n=I_{\mathrm{b2}}$, $i_{n+1}=0$

图 4.11 电感电流波形、补偿后的参考电流波形与两个电感电流边界关系示意图

按照两个电感电流边界 I_{b1} 和 I_{b2} 的定义，存在以下关系式：

$$I_{\mathrm{b1}} = I_{\mathrm{ref}} - T\left(\frac{V_{\mathrm{g}}}{L} + m_{\mathrm{c}}\right) \tag{4.21}$$

$$I_{\mathrm{b2}} = I_{\mathrm{ref}} - \left(\frac{V_{\mathrm{g}}}{L} + m_{\mathrm{c}}\right)\left(T - \tau_2\right) \tag{4.22}$$

由式(4.21)和图 4.11(a)可以看出，边界 I_{b1} 随补偿斜率增大而减小，即 m_{c} 越大 I_{b1} 越

小，电感电流的动态范围就越大。因此，引入斜坡补偿可以有效拓宽电感电流的动态范围。而由式(4.22)和图 4.11(b)可以看出，斜坡补偿电流斜率变化，τ_2将随之变化，边界I_{b2}也将随之变化。

4.3.2　二维离散迭代映射模型

设$\boldsymbol{x}_n=[i_n\ v_n]^{\mathrm{T}}$为状态变量在时钟$nT$时刻的采样值，则$\boldsymbol{x}_{n+1}=[i_{n+1}\ v_{n+1}]^{\mathrm{T}}$是状态变量在下一个时钟$(n+1)T$时刻的采样值。在两个相邻时钟$nT$和$(n+1)T$时刻，依据两个电感电流边界，可以推导出斜坡补偿峰值电流控制 Buck-Boost 变换器在各边界条件下的二维离散迭代映射模型。

当$i_n\leqslant I_{b1}$时，在整个时钟周期内，开关管保持在导通状态，此时有

$$\boldsymbol{x}_{n+1}=f_1(\boldsymbol{x}_n)=\begin{cases}i_n+\dfrac{V_g}{L}T\\ v_n\mathrm{e}^{-2\alpha T}\end{cases}\tag{4.23}$$

其中，$\alpha=\dfrac{1}{2RC}$。

当$I_{b1}<i_n<I_{b2}$时，电感电流上升到i_{ref}，开关状态发生切换，开关管从导通状态进入关断状态，电感电流下降，直到这个时钟周期结束，因此有

$$\boldsymbol{x}_{n+1}=f_2(\boldsymbol{x}_n)=\begin{cases}\mathrm{e}^{-\alpha(T-\tau_1)}\left[i_1\cos\omega(T-\tau_1)+k_1\sin\omega(T-\tau_1)\right]\\ \mathrm{e}^{-\alpha(T-\tau_1)}\left[v_1\cos\omega(T-\tau_1)+k_2\sin\omega(T-\tau_1)\right]\end{cases}\tag{4.24}$$

其中，$\omega=\sqrt{\dfrac{1}{LC}-\alpha^2}$；$\tau_1=\dfrac{L(I_{ref}-i_n)}{V_g+m_cL}$；$i_1=I_{ref}-m_c\tau_1$；$v_1=v_n\mathrm{e}^{-2\alpha\tau_1}$；$k_1=\dfrac{\alpha Li_1-v_1}{\omega L}$；$k_2=\dfrac{i_1-\alpha Cv_1}{\omega C}$。

当$i_n\geqslant I_{b2}$时，电感电流下降到 0，即变换器进入 DCM，有

$$\boldsymbol{x}_{n+1}=f_3(\boldsymbol{x}_n)=\begin{cases}0\\ v_2\mathrm{e}^{-2\alpha(T-\tau_1-\tau_2)}\end{cases}\tag{4.25}$$

其中，$v_2=\mathrm{e}^{-\alpha\tau_2}\left[v_1\cos\omega\tau_2+k_2\sin\omega\tau_2\right]$，且

$$\tau_2=\begin{cases}-\dfrac{1}{\omega}\arctan\left(\dfrac{i_1}{k_1}\right) & k_1<0\\ \dfrac{1}{\omega}\left[\pi-\arctan\left(\dfrac{i_1}{k_1}\right)\right] & k_1>0\end{cases}$$

式(4.23)、式(4.24)和式(4.25)所描述的斜坡补偿峰值电流控制 Buck-Boost 变换器的二维离散迭代映射模型可以重写为如下形式：

$$\boldsymbol{x}_{n+1}=\begin{bmatrix}i_{n+1}\\ v_{n+1}\end{bmatrix}=\begin{cases}f_1(\boldsymbol{x}_n) & i_n\leqslant I_{b1}\\ f_2(\boldsymbol{x}_n) & I_{b1}<i_n<I_{b2}\\ f_3(\boldsymbol{x}_n) & i_n\geqslant I_{b2}\end{cases}\tag{4.26}$$

4.3.3 最大 Lyapunov 指数

令 $\boldsymbol{x}_{n+1}=\boldsymbol{x}_n=\boldsymbol{X}_\mathrm{Q}$，可求出不动点 $\boldsymbol{X}_\mathrm{Q}=[I_\mathrm{L}\ V_\mathrm{C}]^\mathrm{T}$。斜坡补偿峰值电流控制 Buck-Boost 变换器的离散迭代映射模型在不动点 $\boldsymbol{X}_\mathrm{Q}$ 邻域的雅可比矩阵为

$$\boldsymbol{J}(\boldsymbol{X}_\mathrm{Q})=\begin{bmatrix} J_{11} & J_{12} \\ J_{21} & J_{22} \end{bmatrix} \tag{4.27}$$

其中，$J_{11}=\dfrac{\partial i_{n+1}}{\partial i_n}$；$J_{12}=\dfrac{\partial i_{n+1}}{\partial v_n}$；$J_{21}=\dfrac{\partial v_{n+1}}{\partial i_n}$；$J_{22}=\dfrac{\partial v_{n+1}}{\partial v_n}$。

式(4.27)的特征方程为

$$\det\left[\lambda\boldsymbol{I}-\boldsymbol{J}(\boldsymbol{X}_\mathrm{Q})\right]=0 \tag{4.28}$$

由式(4.28)即可得到两个特征值。

当 $i_n \leqslant I_\mathrm{b1}$ 时，式(4.26)所表示的离散系统不存在不动点 $\boldsymbol{X}_\mathrm{Q}$，这意味着不能使用离散系统的雅可比矩阵来判别其稳定性。由式(4.23)可导出：

$$J_{11}=1,\quad J_{12}=0,\quad J_{21}=0,\quad J_{22}=\mathrm{e}^{-2\alpha T}$$

特征多项式为

$$\lambda^2-(1+\mathrm{e}^{-2\alpha T})\lambda+\mathrm{e}^{-2\alpha T}=0 \tag{4.29}$$

容易得到

$$\lambda_1=1,\quad \lambda_2=\mathrm{e}^{-2\alpha T} \tag{4.30}$$

即离散系统的雅可比矩阵有两个正实根，其中一个为 1。

当 $I_\mathrm{b1}<i_n<I_\mathrm{b2}$ 时，离散系统存在一个不动点 $\boldsymbol{X}_\mathrm{Q}$，将 $\boldsymbol{x}_{n+1}=\boldsymbol{x}_n=\boldsymbol{X}_\mathrm{Q}$ 代入式(4.24)，求解超越方程可以得到此不动点。由式(4.24)可以导出在此不动点邻域的雅可比矩阵的元素分别为

$$\begin{aligned}
J_{11}&=\mathrm{e}^{-\alpha(T-\tau_1)}\frac{m_\mathrm{c}+\omega k_1-\alpha i_1}{V_\mathrm{g}+m_\mathrm{c}L}L\cos\omega(T-\tau_1)\\
&\quad+\mathrm{e}^{-\alpha(T-\tau_1)}\left[\frac{\alpha m_\mathrm{c}L-\omega\alpha Lk_1-\omega^2Li_1-2\alpha v_1}{\omega(V_\mathrm{g}+m_\mathrm{c}L)}\right]\sin\omega(T-\tau_1)\\
J_{12}&=-\frac{1}{\omega L}\mathrm{e}^{-\alpha(T+\tau_1)}\sin\omega(T-\tau_1)\\
J_{21}&=\mathrm{e}^{-\alpha(T-\tau_1)}\left(\frac{\omega k_2+\alpha v_1}{V_\mathrm{g}+m_\mathrm{c}L}\right)L\cos\omega(T-\tau_1)\\
&\quad-\mathrm{e}^{-\alpha(T-\tau_1)}\left[\frac{\alpha k_2+\omega v_1}{V_\mathrm{g}+m_\mathrm{c}L}+\frac{2\alpha^2Cv_1-m_\mathrm{c}}{\omega C(V_\mathrm{g}+m_\mathrm{c}L)}\right]L\sin\omega(T-\tau_1)\\
J_{22}&=\mathrm{e}^{-\alpha(T+\tau_1)}\left[\cos\omega(T-\tau_1)-\frac{\alpha}{\omega}\sin\omega(T-\tau_1)\right]
\end{aligned}$$

特征多项式为

$$\lambda^2-(J_{11}+J_{22})\lambda+J_{11}J_{22}-J_{12}J_{21}=0 \tag{4.31}$$

解特征多项式方程得到

$$\lambda_{1,2}=0.5(J_{11}+J_{22})\pm 0.5\sqrt{(J_{11}+J_{22})^2-4(J_{11}J_{22}-J_{12}J_{21})} \tag{4.32}$$

即离散系统的雅可比矩阵有两个非零特征值。

当 $i_n \geqslant I_{b2}$ 时，离散系统存在一个不动点 $\boldsymbol{X}_{\mathrm{Q}}$，且 $I_{\mathrm{L}}=0$。由式(4.25)可以导出：

$$J_{11}=0$$

$$J_{12}=0$$

$$\begin{aligned}J_{21}=&\mathrm{e}^{-\alpha(2T-2\tau_1-\tau_2)}\left[(\omega k_2-\alpha v_1)\frac{\partial\tau_2}{\partial i_n}+\frac{2\alpha L v_1}{V_{\mathrm{g}}+m_{\mathrm{c}}L}\right]\cos\omega\tau_2\\&-\mathrm{e}^{-\alpha(2T-2\tau_1-\tau_2)}\left[(\alpha k_2+\omega v_1)\frac{\partial\tau_2}{\partial i_n}-\frac{m_{\mathrm{c}}L-2\alpha^2 LCv_1}{\omega C(V_{\mathrm{g}}+m_{\mathrm{c}}L)}\right]\sin\omega\tau_2\\&+2\alpha v_2\mathrm{e}^{-2\alpha(T-\tau_1-\tau_2)}\left(\frac{\partial\tau_2}{\partial i_n}-\frac{L}{V_{\mathrm{g}}+m_{\mathrm{c}}L}\right)\end{aligned}$$

$$\begin{aligned}J_{22}=&\mathrm{e}^{-\alpha(2T-2\tau_1-\tau_2)}\left[\left(\omega k_2-\alpha v_1\right)\frac{\partial\tau_2}{\partial v_n}+\mathrm{e}^{-2\alpha\tau_1}\right]\cos\omega\tau_2\\&-\mathrm{e}^{-\alpha(2T-2\tau_1-\tau_2)}\left[\left(\alpha k_2+\omega v_1\right)\frac{\partial\tau_2}{\partial v_n}+\frac{\alpha}{\omega}\mathrm{e}^{-2\alpha\tau_1}\right]\sin\omega\tau_2\\&+2\alpha v_2\mathrm{e}^{-2\alpha(T-\tau_1-\tau_2)}\frac{\partial\tau_2}{\partial v_n}\end{aligned}$$

特征多项式为

$$\lambda^2-J_{22}\lambda=0 \tag{4.33}$$

由此得到

$$\lambda_1=J_{22}\text{，}\quad \lambda_2=0 \tag{4.34}$$

从式(4.34)可知，离散系统总是有一个零特征值和一个非零特征值。

斜坡补偿峰值电流控制 Buck-Boost 变换器的 Lyapunov 指数可以表示为

$$\begin{bmatrix}\lambda_{\mathrm{L1}}\\ \lambda_{\mathrm{L2}}\end{bmatrix}=\lim_{n\to\infty}\frac{1}{n}\ln\left|\mathrm{eig}(\boldsymbol{J}_n\boldsymbol{J}_{n-1}\cdots\boldsymbol{J}_1)\right| \tag{4.35}$$

由此可以得到其最大 Lyapunov 指数为

$$\lambda_{\mathrm{L}}=\max\left(\lambda_{\mathrm{L1}},\lambda_{\mathrm{L2}}\right) \tag{4.36}$$

其中，eig(•)和 max(•)分别是求特征值和求最大值的函数。

4.3.4　混沌镇定控制及工作模式转移机理

选取斜坡补偿峰值电流控制 Buck-Boost 变换器的电路参数：$L=200\mu\mathrm{H}$，$C=200\mu\mathrm{F}$，$T=100\mu\mathrm{s}$ 和 $I_{\mathrm{ref}}=2.5\mathrm{A}$，以输入电压 V_{g}、负载电阻 R 和斜坡补偿电流斜率 m_{c} 为可变参数。分别确定两组可变电路参数范围：$m_{\mathrm{c}}=0\sim8000$、$V_{\mathrm{g}}=1\sim8$ V 及 $m_{\mathrm{c}}=0\sim8000$、$R=2\sim12\ \Omega$，由式(4.26)可得在 m_{c}-V_{g} 和 m_{c}-R 参数空间上的参数空间映射图，分别如图 4.12(a)和

图 4.12(b)所示。在图 4.12 中，根据周期数的大小使用相应的黑白灰度将该映射点在两参数平面中绘出，白色和灰度较浅的区域代表低周期，灰度较深和黑色的区域代表混沌，周期数越大则灰度越深。为了图示清晰，在图中加上了虚线以区分不同周期数轨道的分界线。

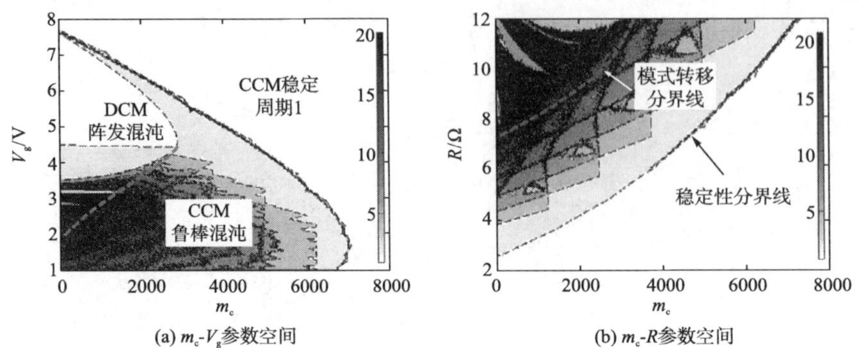

(a) m_c-V_g参数空间 (b) m_c-R参数空间

图 4.12 斜坡补偿峰值电流控制 Buck-Boost 变换器的参数空间映射图

从图 4.12 中可以观察到，在 m_c-V_g 和 m_c-R 参数空间上，斜坡补偿峰值电流控制 Buck-Boost 变换器主要存在 3 种工作状态区域：CCM 稳定的周期 1 区域、CCM 次谐波振荡与鲁棒混沌区域(简称 CCM 鲁棒混沌域)，以及 DCM 次谐波振荡与阵发混沌区域(简称 DCM 阵发混沌域)。其中，CCM 稳定的周期 1 域与 CCM 鲁棒混沌域以倍周期分岔线为分界线，称之为稳定性分界线，表示斜坡补偿峰值电流控制 Buck-Boost 变换器稳定与失稳的分界线；CCM 鲁棒混沌域与 DCM 阵发混沌域以 I_{b2} 边界碰撞分岔线为分界线，称之为模式转移分界线，表示斜坡补偿峰值电流控制 Buck-Boost 变换器的工作模式在 CCM 和 DCM 之间发生转移的分界线。

固定 $V_g = 3$V 和 $R = 10\Omega$，以斜坡补偿电流斜率 m_c 为可变参数。由式(4.26)可以绘出斜坡补偿峰值电流控制 Buck-Boost 变换器的电感电流分岔图，如图 4.13(a)所示；由式(4.36)可以计算出最大 Lyapunov 指数，如图 4.13(b)所示。图 4.13(a)中的虚线表示第一边界 I_{b1}，点画线表示第二边界 I_{b2}。比较分岔图和最大 Lyapunov 指数谱可知，两者在 m_c 变化时所对应的动力学行为是完全一致的。此外，不同 m_c 所属的工作状态区域与图 4.13 所表示的是完全相同的。

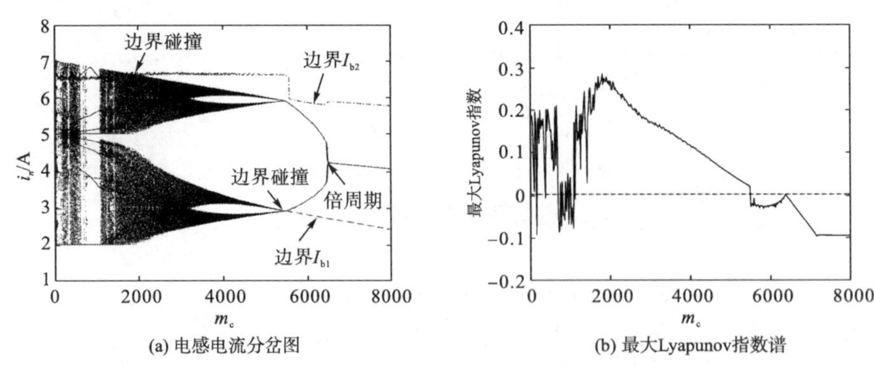

(a) 电感电流分岔图 (b) 最大Lyapunov指数谱

图 4.13 斜坡补偿电流斜率变化的动力学行为

随着斜坡补偿电流斜率从 8000 逐步减小，斜坡补偿峰值电流控制 Buck-Boost 变换器最初工作在稳定的 CCM 周期 1 状态，对应的最大 Lyapunov 指数为负值。当 $m_c = 6400$ 时，其运行轨道发生倍周期分岔并进入 CCM 周期 2 次谐波振荡状态，这时最大 Lyapunov 指数从负值上升至零值后又返回到负值。当 $m_c = 5500$ 时，变换器的 CCM 周期 2 轨道与边界 I_{b1} 相遇，引发边界碰撞分岔，运行轨道突变成 CCM 混沌轨道，相应的最大 Lyapunov 指数从负值穿过零值变为正值。在 m_c 为 1900～5500 时，混沌轨道具有鲁棒稳定性，整个区间无周期窗口，最大 Lyapunov 指数较为平滑，因此该区间称之为 CCM 鲁棒混沌域。当 $m_c = 1900$ 时，变换器的混沌轨道与边界 I_{b2} 发生边界碰撞分岔后转移至 DCM 弱混沌状态。工作模式从 CCM 至 DCM 转移后，混沌区域内存在多周期窗口，最大 Lyapunov 指数从正值穿过零值再返回到负值，变换器的运行轨道表现为强阵发性弱混沌状态。

综上所述，通过引入合适的斜坡补偿电流，可以使得峰值电流控制 Buck-Boost 变换器的工作状态从 DCM 阵发混沌状态转移至 CCM 鲁棒混沌状态，实现工作模式转移；还可以使变换器的工作状态从 CCM 鲁棒混沌状态转变到 CCM 周期 1 状态，有效拓宽其稳定工作范围，实现混沌的镇定控制。

从上述分析可知，斜坡补偿峰值电流控制 Buck-Boost 变换器从稳定的周期状态到不稳定的次谐波振荡，即失稳是由倍周期分岔行为所引起的。由式(4.27)给出的雅可比矩阵，通过检查斜率 m_c 变化时特征值的运动轨迹，可以获得斜坡补偿峰值电流控制 Buck-Boost 变换器的分岔路线和稳定特性。如果雅可比矩阵的所有特征值都位于单位圆内，则变换器是稳定的；任何特征值从单位圆内部穿越到外部，意味着平衡状态失稳，即在该穿越点上发生了分岔行为。

在失稳时，斜坡补偿峰值电流控制 Buck-Boost 变换器的电感电流满足条件 $I_{b1} < i_n < I_{b2}$，这时负特征值刚好位于 −1 处。设定失稳时斜率 m_c 的临界值为 m_{c1}，因此由式(4.32)可得以下关系式：

$$J_{12}J_{21} - J_{11}J_{22} - J_{11} - J_{22} = 1 \tag{4.37}$$

该关系式是斜坡补偿电流斜率 m_{c1} 的隐函数。由数值仿真可计算得到临界值 m_{c1}，并在 m_c-V_g 和 m_c-R 参数空间上可以绘出稳定性分界线曲线，分别如图 4.14(a) 和图 4.14(b) 中的实线所示。该曲线在参数空间上划分出了稳定的周期 1 区域和不稳定的次谐波振荡与混沌振荡区域，其结果与图 4.12 中的稳定性分界线相符。在图 4.14 中，1 号点画线为模式转移分界线的仿真结果，2 号实线为稳定性分界线的仿真结果。

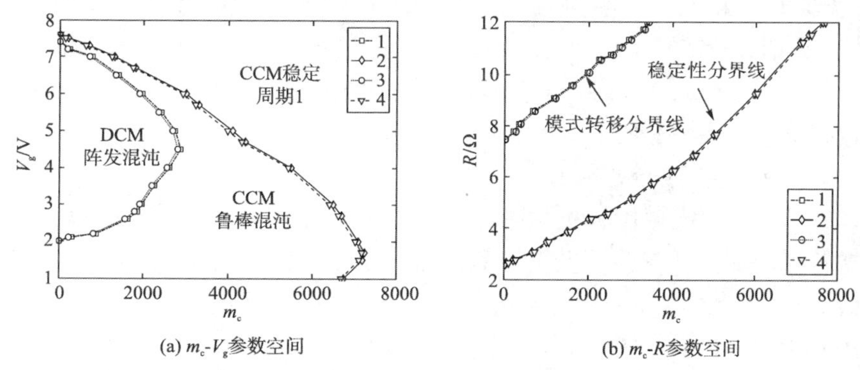

(a) m_c-V_g参数空间　　(b) m_c-R参数空间

图 4.14　由稳定性分界线和模式转移分界线划分的工作状态域分布

斜坡补偿峰值电流控制 Buck-Boost 变换器发生 CCM 至 DCM 的工作模式转移是由边界碰撞分岔行为所引起的。工作模式转移时，刚好混沌轨道与电感电流边界 I_{b2} 相遇，此时电感电流 i_{n+1} 处于最大值 $i_{n+1,\max}$，即满足

$$I_{b2} = i_{n+1,\max} \tag{4.38}$$

其中，$i_{n+1,\max} = I_{ref} - m_c T$。

设定变换器发生工作模式转移时的临界补偿斜率为 m_{c2}，则由式(4.22)和式(4.38)可得

$$I_{ref} - m_{c2}T = I_{ref} - \left(\frac{V_g}{L} + m_{c2}\right)(T - \tau_2) \tag{4.39}$$

即

$$\left(V_g + m_{c2}L\right)\tau_2 = V_g T \tag{4.40}$$

式(4.40)中的 τ_2 为 m_{c2} 的隐函数。因此，式(4.40)为关于 m_{c2} 的超越方程，可以通过数值仿真进行求解。

由式(4.40)在 m_c-V_g 和 m_c-R 参数空间上可绘出工作模式转移分界线曲线，分别如图 4.14(a)和图 4.14(b)中的点画线所示。该曲线在参数空间上划分出了 CCM 鲁棒混沌区域和 DCM 阵发混沌区域，其结果与图 4.12 中的模式转移分界线一致。

4.3.5 实验验证

斜坡补偿峰值电流控制 Buck-Boost 变换器的实验电路参数选取如下：主电路中，输入电压为 3V，电感为 200μH(其额定电流为 3A)，电容为 200μF(其 ESR 为 50mΩ)，开关频率为 10kHz；控制电路中，采样电阻为 50mΩ，采样电阻两端电压经过 LT1357 运算放大器放大后作为电感电流采样信号，参考电流为 2.5A，比较器选用 LM319N，触发器选用 HD74LS02P 与电阻搭建，驱动芯片选用 IR2125。斜坡补偿电流斜率变化时对应的电感电流、输出电压纹波的时域波形及相轨图如图 4.15 所示。由于实验电路中存在寄生参数(二极管和开关管的导通电阻、电感和电容的 ESR 等)，在图 4.15 所示的实验波形中，电感电流呈现出指数上升和下降的特性，存在一定的弯曲度，而不是如图 4.11 所示理想情况下，电感电流所呈现的线性上升和下降的特性。

由图 4.15 可知，当 $m_c=6800$ 时，电感电流和输出电压的波形均是稳定的，其周期为 100μs，变换器工作在 CCM 周期 1 状态；当 $m_c = 6000$ 时，变换器出现次谐波振荡现象，工作在 CCM 周期 2 状态；当 $m_c = 2500$ 时，呈现出非周期的混沌现象，此时变换器仍然工作在 CCM；而当 $m_c = 1000$ 时，呈现出混沌振荡波形中有着间歇性的周期现象，且此时变换器工作在 DCM。将图 4.15 中的实验结果与图 4.13 中不同 m_c 所对应的动力学行为进行比较，可知两者是完全一致的。

分别选择不同的输入电压和负载电阻，由实验可以测得斜坡补偿 Buck-Boost 变换器失稳和模式转移的临界斜坡补偿电流斜率，由此可以绘出稳定性分界线与工作模式转移分界线的曲线，分别如图 4.14(a)和图 4.14(b)中的点线和虚线所示，其中 3 号点线为模式转移分界线的实验结果，4 号虚线为稳定性分界线的实验结果。这些实验测试数据绘制的曲线与数值仿真所绘制的曲线重叠性较好，充分验证了理论分析结果的正确性。

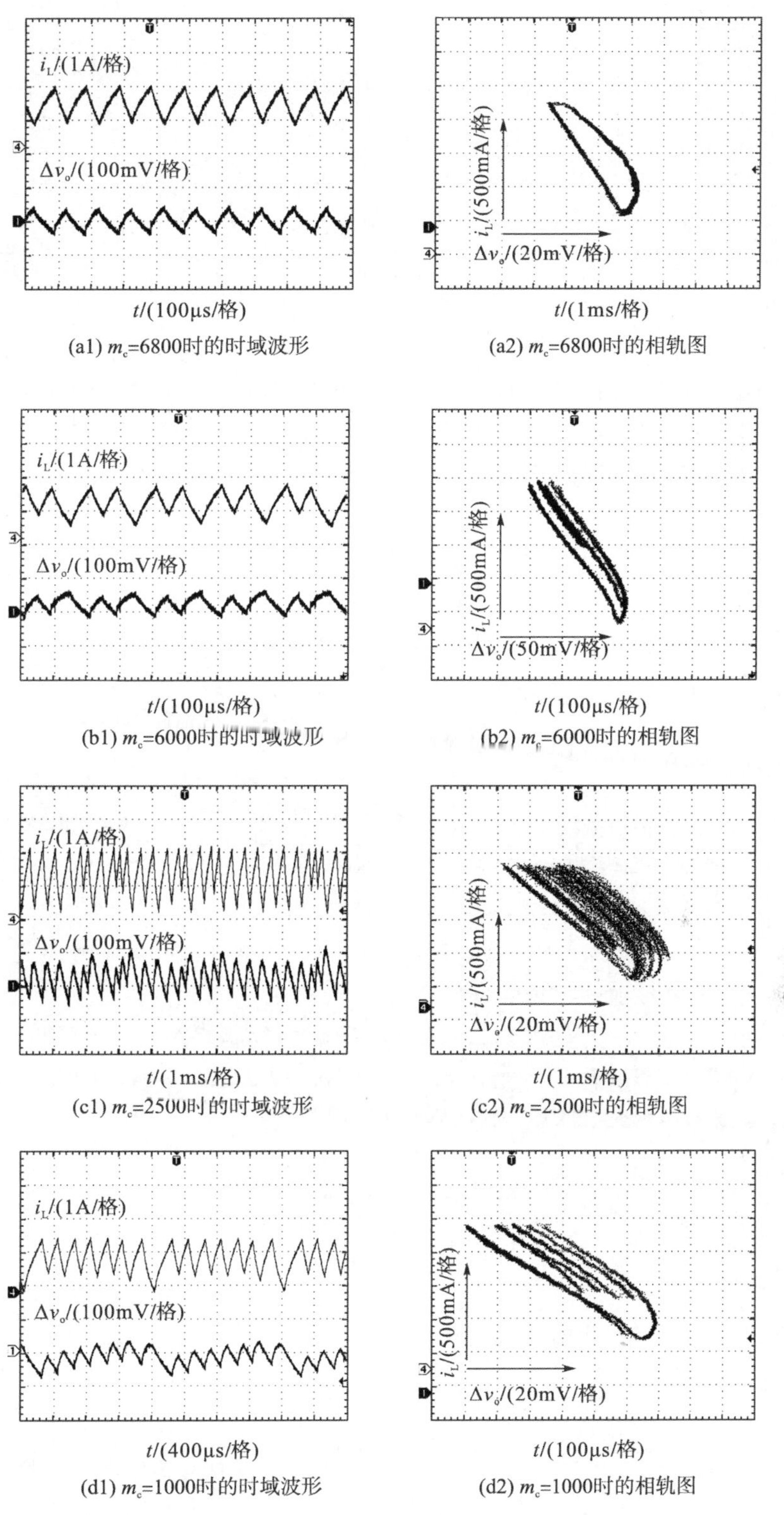

(a1) m_c=6800时的时域波形　　(a2) m_c=6800时的相轨图

(b1) m_c=6000时的时域波形　　(b2) m_c=6000时的相轨图

(c1) m_c=2500时的时域波形　　(c2) m_c=2500时的相轨图

(d1) m_c=1000时的时域波形　　(d2) m_c=1000时的相轨图

图 4.15　不同 m_c 时的电感电流、输出电压时域波形及相轨图

4.4 本 章 小 结

本章分别以 Boost 变换器、Buck 变换器和 Buck-Boost 变换器为例建立了峰值电流、谷值电流及斜坡补偿峰值电流控制开关变换器的二维离散迭代映射模型，研究并揭示了其存在的分岔行为，并将其分岔图与最大 Lyapunov 指数谱相对应进行验证，通过实验验证了理论分析和仿真结果的正确性。研究结果表明，随着电路参数的变化，峰值电流控制开关变换器存在倍周期分岔、边界碰撞分岔、切分岔和混沌等复杂动力学行为；而谷值电流控制开关变换器则存在与峰值电流控制开关变换器相反的分岔到混沌的路线。此外，在电流型 PWM 控制开关变换器的反馈控制电路中引入适当的斜坡补偿电流，既可以有效拓宽变换器的稳定工作范围，又可以使其工作模式发生转移，该结论有助于斜坡补偿参数和电路参数的选择。

参 考 文 献

[1]周国华, 许建平. 开关变换器调制与控制技术综述. 中国电机工程学报, 2014, 34(6): 815-831.

[2]周国华, 许建平. 开关变换器数字控制技术. 北京: 科学出版社, 2011.

[3]温伟刚, 魏学业, 王利清. 电流反馈型 Boost 变换器的稳定性及分岔研究. 北方交通大学学报, 2003, 27(6): 17-21.

[4]包伯成, 许建平, 刘中. 具有两个边界的 Boost 变换器的分岔行为和斜坡补偿的镇定控制. 物理学报, 2009, 58(5): 2949-2956.

[5]周国华. 基于纹波的开关功率变换器控制技术及其动力学行为研究. 成都: 西南交通大学, 2011.

[6]包伯成, 许建平, 刘中. 开关 DC-DC 变换器斜坡补偿的稳定性控制研究. 电子科技大学学报, 2008, 37(3): 397-400.

[7]Banerjee S, Parui S, Gupta A. Dynamical effect of missed switching in current-mode controlled DC-DC converters. IEEE Transactions on Circuits and Systems II: Express Briefs, 2004, 51(12): 649-654.

[8]包伯成, 周国华, 许建平, 等. 斜坡补偿电流模式控制开关变换器的动力学建模与分析. 物理学报, 2010, 59(6): 3769-3777.

[9]包伯成, 杨平, 马正华, 等. 电路参数宽范围变化时电流控制开关变换器的动力学研究. 物理学报, 2012, 61(22): 92-105.

[10]杨平, 包伯成, 沙金, 等. 开关变换器斜坡补偿动力学机理研究. 物理学报, 2013, 62(1): 010504-1-9.

第 5 章　电流型 PFM 控制开关变换器动力学建模与分析

相对于电流型 PWM 控制，电流型 PFM 控制开关变换器的稳定性不受占空比变化范围的限制，不需要额外的补偿斜坡，提高了开关变换器的稳定性，并具有更优的瞬态性能[1]。电流型 COT 控制和电流型 CFT 控制是两种常见的电流型 PFM 控制技术[2]。当开关变换器工作在轻载时，电流型 COT 控制的开关频率随着负载的减轻而降低，从而降低了开关损耗，提高了开关变换器的轻载效率[3]。

在电流型 PFM 控制开关变换器的建模分析中，常常忽略其电压外环上的电压纹波。此时，开关变换器不存在次谐波振荡现象且始终工作在稳定状态[4, 5]。然而，在电压外环采用 PI 补偿器的电流型 PFM 控制 Buck 变换器中，当输出电容较小或 PI 补偿器反馈增益较大时，电压外环上的电压纹波将不可忽略，变换器中存在次谐波振荡现象[6, 7]，从而导致变换器工作在不稳定状态。类似地，在电压外环采用 PI 补偿器的电流型 PFM 控制 Boost 变换器中，增大输出电容 ESR 或增大 PI 补偿器反馈增益也将导致变换器产生次谐波振荡现象[8]。

本章将分别以电压外环采用 PI 补偿器的电流型 COT 控制 Buck 变换器和电流型 CFT 控制 Boost 变换器为例，研究电路参数对电流型 PFM 控制开关变换器动力学行为的影响。

5.1　电流型 COT 控制 Buck 变换器

5.1.1　工作原理

电流型 COT 控制 Buck 变换器的原理图及其 CCM 稳态工作波形分别如图 5.1(a)和图 5.1(b)所示。由图 5.1(a)可以看出，其控制过程如下：电流内环提供的采样电感电流信号 R_si_L 与电压外环提供的控制信号 v_{con} 通过比较器进行比较，比较器的输出信号和导通定时器的输出信号通过触发器控制开关管 S_1 的导通和关断，且开关管的导通时间由导通定时器预设，从而实现输出电压的调节。需要说明的是，电压外环中的 PI 补偿器由运算放大器构成，其反馈增益为 $g = R_a/R_{in}$、时间常数为 $\tau_a = R_aC_a$。

在图 5.1(b)中，v_o 和 V_o 分别表示输出电压的瞬时值和平均值，V_p 表示控制脉冲信号，T_{ON} 表示固定导通时间，t_{OFF} 表示关断时间，T 表示稳态开关周期。由图 5.1(b)可以看出，开关管 S_1 导通后，采样电感电流 R_si_L 开始上升，经过固定导通时间 T_{ON} 后，导通定时器复位触发器，触发器 Q 端输出低电平使开关管 S_1 关断，R_si_L 开始下降。当 R_si_L 下降到 v_{con} 时，比较器输出高电平，置位触发器，使开关管 S_1 再次导通，并进入下一个开关周期。

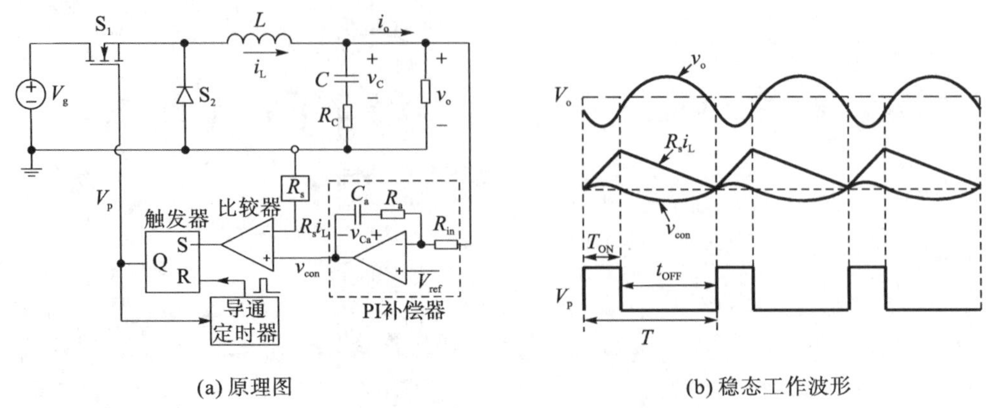

(a) 原理图　　(b) 稳态工作波形

图 5.1　电流型 COT 控制 Buck 变换器

5.1.2　次谐波振荡现象

当电压外环上的电压纹波可以忽略时，电流型 COT 控制 Buck 变换器始终工作在稳定状态[4, 5]。然而，当输出电容较小或 PI 补偿器反馈增益较大时，电压外环上的电压纹波不可忽略，导致电流型 COT 控制 Buck 变换器存在次谐波振荡现象[6, 7]。

为了分析电流型 COT 控制 Buck 变换器中存在的次谐波振荡现象，设计了典型的电路参数，如下：输入电压 $V_g = 12\text{V}$，电感 $L = 50\mu\text{H}$，输出电容 $C = 47\mu\text{F}$，输出电容 ESR $R_C = 5\text{m}\Omega$，负载电阻 $R = 4\Omega$，参考电压 $V_{ref} = 5\text{V}$，PI 补偿器反馈增益 $g = 40$，补偿电容 $C_a = 10\text{nF}$，电流采样增益 $R_s = 1\text{V/A}$，固定导通时间 $T_{ON} = 2.5\mu\text{s}$。图 5.2 给出了不同输出电容和 PI 补偿器反馈增益对应的 PSIM 电路仿真结果。如图 5.2(a)所示，当采用典型的电路参数时，电流型 COT 控制 Buck 变换器工作在稳定状态，不存在次谐波振荡现象。然而，当 $C = 30\mu\text{F}$ 或 $g = 60$，其他电路参数不变时，变换器存在次谐波振荡现象，且电感电流和输出电压具有较大的纹波，分别如图 5.2(b)和图 5.2(c)所示。此时，控制脉冲信号中存在两个控制脉冲连续出现的情况，这意味着变换器出现了脉冲簇发现象[9]。

当输出电容较大或 PI 补偿器反馈增益较小时，在开关管 S_1 导通瞬间，电压外环提供的控制信号 v_{con} 的斜率将小于或等于采样电感电流 $R_s i_L$ 的斜率［图 5.2(a)］，因此在整个固定导通时间内，v_{con} 将始终小于 $R_s i_L$，从而可以保证电流型 COT 控制 Buck 变换器工作在正常的稳定状态。当输出电容较小或 PI 补偿器反馈增益较大时，在开关管 S_1 导通的瞬间，v_{con} 的斜率大于 $R_s i_L$ 的斜率，导致固定导通时间 T_{ON} 结束时刻 v_{con} 大于 $R_s i_L$，使得变换器存在次谐波振荡现象并工作在不稳定状态，分别如图 5.2(b)和图 5.2(c)所示。由此可见，电流型 COT 控制 Buck 变换器的次谐波振荡现象的产生与输出电容 C、PI 补偿器反馈增益 g 和电流采样增益 R_s 有关。此外，考虑到控制信号 v_{con} 与 PI 补偿器反馈增益 g、输出电压 v_o 和补偿电容电压 v_{Ca} 有关，从而可以判断，电流型 COT 控制 Buck 变换器的次谐波振荡现象还可能与其他电路参数(如 R_C、T_{ON} 等)有关。下文将通过降阶异步开关离散建模来研究电流型 COT 控制 Buck 变换器的次谐波振荡现象的形成机理，以及电路参数对变换器稳定性和动力学行为的影响，并给出相应的稳定条件。

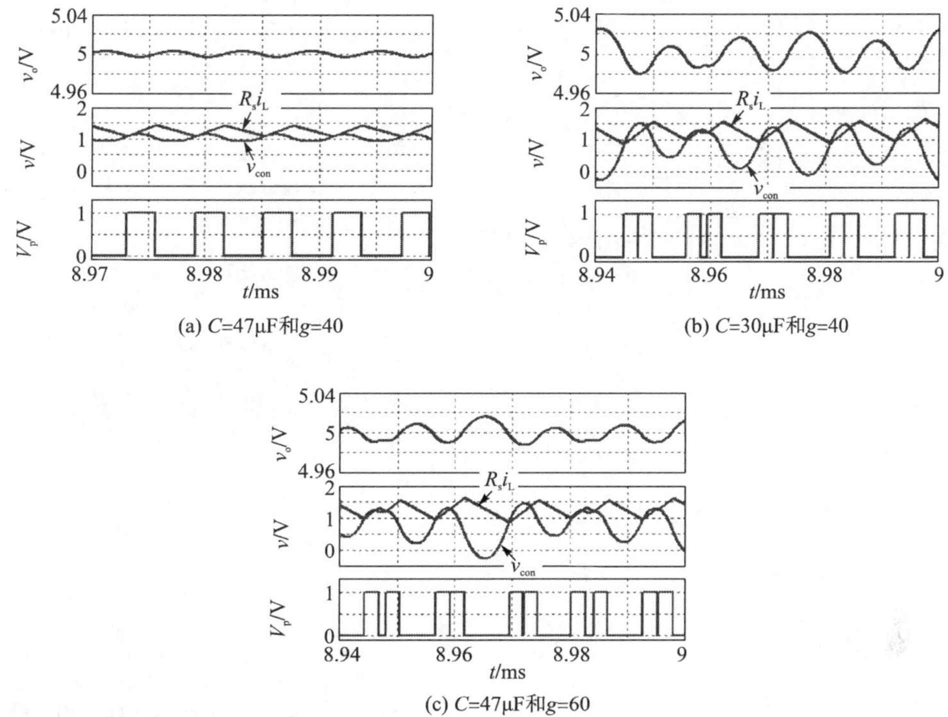

图 5.2　不同输出电容 C 和 PI 补偿器反馈增益 g 对应的仿真结果

5.1.3　降阶异步开关离散时间建模

电流型 COT 控制 Buck 变换器是一个变结构、分段线性动力学系统。图 5.1(a)所示的电流型 COT 控制 Buck 变换器具有 3 个状态变量，分别为功率级电路的电感电流 i_L、输出电容电压 v_C 及控制电路的补偿电容电压 v_{Ca}。当电流型 COT 控制 Buck 变换器工作在 CCM 时，其开关状态可以定义如下：开关状态 1——开关管 S_1 导通、二极管 S_2 截止；开关状态 2——S_1 关断、S_2 导通。

对于功率级电路，其在开关状态 m $(m=1, 2)$ 时的状态方程可以写为

$$\dot{\boldsymbol{x}}(t)=\boldsymbol{A}_m\boldsymbol{x}(t)+\boldsymbol{B}_mV_g \quad (t_{m-1}\leqslant t<t_m) \tag{5.1}$$

其中，t_{m-1} 和 t_m 分别表示开关状态 m 的开始时刻和结束时刻；$\boldsymbol{x}(t)$、$\boldsymbol{A}_m$ 和 $\boldsymbol{B}_m$ 分别为

$$\boldsymbol{x}(t)=\begin{bmatrix} i_L(t) \\ v_C(t) \end{bmatrix}, \quad \boldsymbol{A}_1=\boldsymbol{A}_2=\begin{bmatrix} -\dfrac{\kappa R_C}{L} & -\dfrac{\kappa}{L} \\ \dfrac{\kappa}{C} & -\dfrac{\kappa}{RC} \end{bmatrix}, \quad \kappa=\frac{R}{R+R_C}, \quad \boldsymbol{B}_1=\begin{bmatrix} \dfrac{1}{L} \\ 0 \end{bmatrix}, \quad \boldsymbol{B}_2=\begin{bmatrix} 0 \\ 0 \end{bmatrix}$$

根据图 5.1(a)，输出电压 $v_o(t)$ 可以写为

$$v_o(t)=\kappa[R_Ci_L(t)+v_C(t)] \tag{5.2}$$

相应地，控制信号 $v_{con}(t)$ 可以写为

$$v_{con}(t)=(1+g)V_{ref}-gv_o(t)-v_{Ca}(t) \tag{5.3}$$

在开关状态 1，S_1 导通，采样电感电流 R_si_L 上升。经过预设的 T_{ON}，S_1 关断，变换器

从开关状态 1 进入开关状态 2；在开关状态 2，$R_s i_L$ 下降，当 $R_s i_L$ 下降到控制信号 v_{con} 时，S_1 再次导通，变换器进入下一个开关周期。由此可知，电流型 COT 控制 Buck 变换器的开关切换条件为

$$R_s \boldsymbol{F}\boldsymbol{x}(t) = v_{con}(t) \tag{5.4}$$

其中，$\boldsymbol{F} = [1\ 0]$。

根据图 5.1(a)中 PI 补偿器的构成及运算放大器的“虚短”、“虚断”，可以得到补偿电容电压 $v_{Ca}(t)$ 在开关状态 m 时的表达式为

$$v_{Ca}(t) = v_{Ca}(t_{m-1}) + \frac{g}{\tau_a}\int_{t_{m-1}}^{t} v_o(\tau)\,d\tau - \frac{gV_{ref}}{\tau_a}(t - t_{m-1}) \tag{5.5}$$

在开关状态 m 中，由式(5.1)和式(5.2)，输出电压还可以表示为 $v_o = \boldsymbol{LF}(\boldsymbol{B}_m V_g - \dot{\boldsymbol{x}})$，将其代入式(5.5)，有

$$v_{Ca}(t) = v_{Ca}(t_{m-1}) + \frac{g}{\tau_a}(\boldsymbol{LFB}_m V_g - V_{ref})(t - t_{m-1}) - \frac{g}{\tau_a}\boldsymbol{LF}\left[\boldsymbol{x}(t) - \boldsymbol{x}(t_{m-1})\right] \tag{5.6}$$

由式(5.6)可以看出，在每一个开关状态内，v_{Ca} 均可以表示为 i_L 和 v_C 的线性组合，则式(5.4)可以由 i_L 和 v_C 表示。因此，式(5.1)～式(5.4)构成了电流型 COT 控制 Buck 变换器的降阶分段线性模型。

为了分析电路参数对电流型 COT 控制 Buck 变换器动力学行为的影响，下面根据降阶分段线性模型，建立其降阶异步开关离散时间模型。

当电流型 COT 控制 Buck 变换器工作在第 m 个开关状态时，其相应的运行时间为 $\tau_m = t_m - t_{m-1}$。定义状态变量 $\boldsymbol{x}$ 在 $t = t_{m-1}$ 时为 $\boldsymbol{x}(t_{m-1})$，那么由式(5.1)可求得状态变量 $\boldsymbol{x}$ 在 $t = t_m$ 时的表达式为

$$\boldsymbol{x}(t_m) = \boldsymbol{P}_m(\tau_m)\boldsymbol{x}(t_{m-1}) + \boldsymbol{Q}_m(\tau_m)V_g \quad (m = 1, 2) \tag{5.7}$$

其中，

$$\boldsymbol{P}_m(\tau_m) = \begin{bmatrix} a_m + \dfrac{\beta}{\omega}b_m & -\dfrac{\kappa}{\omega L}b_m \\ \dfrac{\kappa}{\omega C}b_m & a_m - \dfrac{\beta}{\omega}b_m \end{bmatrix},\quad \boldsymbol{Q}_1(\tau_1) = \begin{bmatrix} \dfrac{1}{R} - \dfrac{1}{R}a_1 + \dfrac{R - \alpha L}{\omega RL}b_1 \\ 1 - a_1 - \dfrac{\alpha}{\omega}b_1 \end{bmatrix},\quad \boldsymbol{Q}_2(\tau_2) = \begin{bmatrix} 0 \\ 0 \end{bmatrix}$$

$$\alpha = \frac{\kappa}{2}\left(\frac{1}{RC} + \frac{R_C}{L}\right),\quad \beta = \frac{\kappa}{2}\left(\frac{1}{RC} - \frac{R_C}{L}\right),\quad \omega = \sqrt{\frac{\kappa}{LC} - \alpha^2}$$

$$a_m = \cos\omega\tau_m e^{-\alpha\tau_m},\quad b_m = \sin\omega\tau_m e^{-\alpha\tau_m}$$

如图 5.3 所示，定义 $\boldsymbol{x} = [i_L\ v_C]^T$、$v_{Ca}$ 和 v_{con} 在第 n 个控制脉冲开始时刻的采样值为 $\boldsymbol{x}_n = [i_n\ v_n]^T$、$v_{Ca,n}$ 和 $v_{con,n}$，在第 n 个控制脉冲结束时刻的采样值为$[i_L(t_1), v_C(t_1)]^T$、$v_{Ca}(t_1)$ 和 $v_{con}(t_1)$，在第$(n+1)$个控制脉冲开始时刻的采样值为 $\boldsymbol{x}_{n+1} = [i_{n+1}\ v_{n+1}]^T$、$v_{Ca,n+1}$ 和 $v_{con,n+1}$。

在如图 5.3 所示的第 n 个开关周期内，对于开关状态 1，即 S_1 导通、S_2 关断，状态变量 $\boldsymbol{x}$ 和补偿电容电压 v_{Ca} 的初始值分别为 $\boldsymbol{x}_n = \boldsymbol{x}(t_0)$ 和 $v_{Ca,n} = v_{Ca}(t_0)$，相应的工作时间为 $\tau_1 = t_1 - t_0$，且预设为 T_{ON}。根据式(5.6)和式(5.7)，在 $t = t_1$ 时刻，状态变量 $\boldsymbol{x}$ 和补偿电容电压 v_{Ca} 可写为

$$\boldsymbol{x}(t_1) = \left[i_L(t_1)\ \ v_C(t_1)\right] = \boldsymbol{P}_1(T_{ON})\boldsymbol{x}_n + \boldsymbol{Q}_1(T_{ON})V_g \tag{5.8a}$$

$$v_{\mathrm{Ca}}(t_1)=v_{\mathrm{Ca},n}+\frac{g}{\tau_{\mathrm{a}}}(LF\boldsymbol{B}_1V_{\mathrm{g}}-V_{\mathrm{ref}})T_{\mathrm{ON}}-\frac{g}{\tau_{\mathrm{a}}}L\boldsymbol{F}[\boldsymbol{x}(t_1)-\boldsymbol{x}_n] \tag{5.8b}$$

对于开关状态 2，即 S_1 关断、S_2 导通，状态变量 $\boldsymbol{x}$ 和补偿电容电压 v_{Ca} 的初始值分别为 $\boldsymbol{x}(t_1)$ 和 $v_{\mathrm{Ca}}(t_1)$，相应的工作时间为 $\tau_2=t_2-t_1=t_{\mathrm{OFF}}$。根据式(5.6)和式(5.7)，在 $t=t_2$ 时刻，$\boldsymbol{x}$ 和 v_{Ca} 可写为

$$\boldsymbol{x}(t_2)=\boldsymbol{P}_2(t_{\mathrm{OFF}})\boldsymbol{x}(t_1) \tag{5.9a}$$

$$v_{\mathrm{Ca}}(t_2)=v_{\mathrm{Ca}}(t_1)+\frac{g}{\tau_{\mathrm{a}}}(LF\boldsymbol{B}_2V_{\mathrm{g}}-V_{\mathrm{ref}})t_{\mathrm{OFF}}-\frac{g}{\tau_{\mathrm{a}}}L\boldsymbol{F}\left[\boldsymbol{x}_{n+1}-\boldsymbol{x}(t_1)\right] \tag{5.9b}$$

其中，t_{OFF} 需利用式(5.10)所示的超越方程，借助计算机辅助求解。

$$R_{\mathrm{s}}\boldsymbol{F}\boldsymbol{x}(t_2)=v_{\mathrm{con}}(t_2)=(1+g)V_{\mathrm{ref}}-g\kappa\left[R_{\mathrm{C}}i_{\mathrm{L}}(t_2)+v_{\mathrm{C}}(t_2)\right]-v_{\mathrm{Ca}}(t_2) \tag{5.10}$$

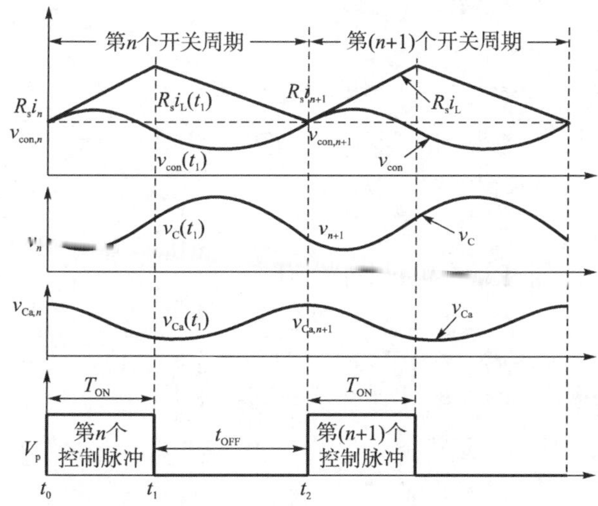

图 5.3　第 n 个和第$(n+1)$个开关周期的稳态工作波形

由图 5.3 可以看出，在第 n 个开关周期内，状态变量 $\boldsymbol{x}$ 的演化过程为 $\boldsymbol{x}_n=\boldsymbol{x}(t_0)\rightarrow\boldsymbol{x}(t_1)\rightarrow\boldsymbol{x}(t_2)=\boldsymbol{x}_{n+1}$。因此，由式(5.8)～式(5.10)可得电流型 COT 控制 Buck 变换器的降阶异步开关离散时间模型为

$$\boldsymbol{x}_{n+1}=\boldsymbol{P}_2(t_{\mathrm{OFF}})\left[\boldsymbol{P}_1(T_{\mathrm{ON}})\boldsymbol{x}_n+\boldsymbol{Q}_1(T_{\mathrm{ON}})V_{\mathrm{g}}\right] \tag{5.11}$$

5.1.4　雅可比矩阵及其特征值

对于式(5.11)所示的降阶异步开关离散时间模型，其在平衡点附近的雅可比矩阵为

$$\boldsymbol{J}_n=\begin{bmatrix}J_{11} & J_{12}\\ J_{21} & J_{22}\end{bmatrix} \tag{5.12}$$

设 $\xi_{\mathrm{I}}=\beta a_2-\alpha a_2-\omega b_2-\dfrac{\alpha\beta}{\omega}b_2$，　$\xi_{\mathrm{V}}=\dfrac{\kappa}{\omega L}(\alpha b_2-\omega a_2)$，　$\eta_{+}=a_1a_2+\dfrac{\beta}{\omega}(a_1b_2+a_2b_1)$

$+\dfrac{\beta^2 LC-\kappa^2}{\omega^2 LC}b_1b_2$ ， $\rho_{\rm I}=\dfrac{\kappa}{\omega C}(\omega a_2-\alpha b_2)$ ， $\rho_{\rm V}=\dfrac{\alpha\beta}{\omega}b_2-\omega b_2-\alpha a_2-\beta a_2$ ， $\eta_-=a_1a_2-\dfrac{\beta}{\omega}(a_1b_2+a_2b_1)+\dfrac{\beta^2 LC-\kappa^2}{\omega^2 LC}b_1b_2$ ， $\sigma_1=\xi_{\rm I}i_{\rm L}(t_1)+\xi_{\rm V}v_{\rm C}(t_1)$ ， $\sigma_2=\rho_{\rm I}i_{\rm L}(t_1)+\rho_{\rm V}v_{\rm C}(t_1)$ ，则式(5.12)中各元素的表达式为

$$J_{11}=\frac{\partial i_{n+1}}{\partial i_n}=\sigma_1\frac{\partial t_{\rm OFF}}{\partial i_n}+\eta_+,\quad J_{12}=\frac{\partial i_{n+1}}{\partial v_n}=\sigma_1\frac{\partial t_{\rm OFF}}{\partial v_n}-\frac{\kappa}{\omega L}(a_1b_2+a_2b_1)$$

$$J_{21}=\frac{\partial v_{n+1}}{\partial i_n}=\sigma_2\frac{\partial t_{\rm OFF}}{\partial i_n}+\frac{\kappa}{\omega C}(a_1b_2+a_2b_1),\quad J_{22}=\frac{\partial v_{n+1}}{\partial v_n}=\sigma_2\frac{\partial t_{\rm OFF}}{\partial v_n}+\eta_-$$

其中，

$$\frac{\partial t_{\rm OFF}}{\partial i_n}=\frac{gL+\dfrac{g\kappa^2\tau_{\rm a}}{\omega C}(a_1b_2+a_2b_1)+(g\kappa\tau_{\rm a}R_{\rm C}+\tau_{\rm a}R_{\rm s}-gL)\eta_+}{gV_{\rm ref}-(g\kappa\tau_{\rm a}R_{\rm C}+\tau_{\rm a}R_{\rm s}-gL)\sigma_1-g\kappa\tau_{\rm a}\sigma_2}$$

$$\frac{\partial t_{\rm OFF}}{\partial v_n}=\frac{g\kappa\tau_{\rm a}\eta_--\dfrac{\kappa}{\omega L}(g\kappa\tau_{\rm a}R_{\rm C}+\tau_{\rm a}R_{\rm s}-gL)(a_1b_2+a_2b_1)}{gV_{\rm ref}-(g\kappa\tau_{\rm a}R_{\rm C}+\tau_{\rm a}R_{\rm s}-gL)\sigma_1-g\kappa\tau_{\rm a}\sigma_2}$$

式(5.12)所示雅可比矩阵的特征方程为

$$\det\left|\lambda\boldsymbol{I}-\boldsymbol{J}_n\right|=0 \tag{5.13}$$

将式(5.12)代入式(5.13)并求解，可得其特征值为

$$\lambda_1=0\ 和\ \lambda_2=J_{11}+J_{22} \tag{5.14}$$

由式(5.14)可知，式(5.12)的雅可比矩阵具有两个特征值，且特征值 $\lambda_1=0$ 始终落在单位圆内，故电流型 COT 控制 Buck 变换器的稳定性由特征值 λ_2 的位置所决定。当 λ_2 落在单位圆内，变换器工作在稳定状态；否则，变换器工作在不稳定状态。

5.1.5 动力学行为分析

根据式(5.11)所示的降阶异步开关离散时间模型及其雅可比矩阵式(5.12)，可以研究电流型 COT 控制 Buck 变换器随输出电容和 PI 补偿器反馈增益变化的稳定性和动力学行为。

对于 5.1.2 节的典型电路参数及 3 个状态变量的初始值 $\boldsymbol{x}_0=[0\ 0]^{\rm T}$ 和 $v_{{\rm Ca},0}=0{\rm V}$，分别以 C 和 g 为分岔参数，相应的 i_n 和 $v_{{\rm o},n}$ 分岔图分别如图 5.4(a)和图 5.4(b)所示。从图 5.4 可以看出，随着 C 减小或 g 增大，变换器在 $C=41.25\mu{\rm F}$ 或 $g=46.85$ 处发生倍周期分岔，从周期 1 状态进入周期 2 状态，经过短暂的周期 2 状态后直接进入混沌状态，导致变换器失稳。

进一步，给出了 C 由 41.9μF 减小到 40.9μF 和 g 由 45.9 增大到 46.9 时，电流型 COT 控制Buck变换器两个特征值的运动轨迹，分别如图5.5(a)和图5.5(b)所示。其中，图5.5(a2)和 5.5(b2)分别为图 5.5(a1)和 5.5(b1)的局部放大。从图 5.5 可以看出，λ_1 始终落在单位圆内，λ_2 从单位圆内通过−1 处穿出单位圆，意味着变换器通过倍周期分岔失稳。

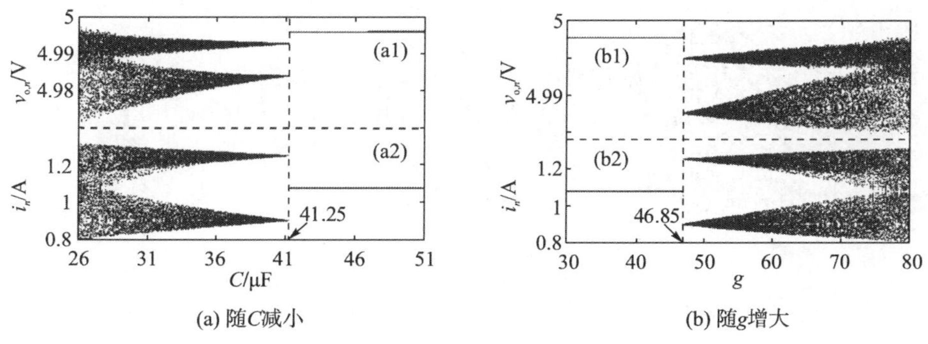

图 5.4　随 C 和 g 变化的分岔图

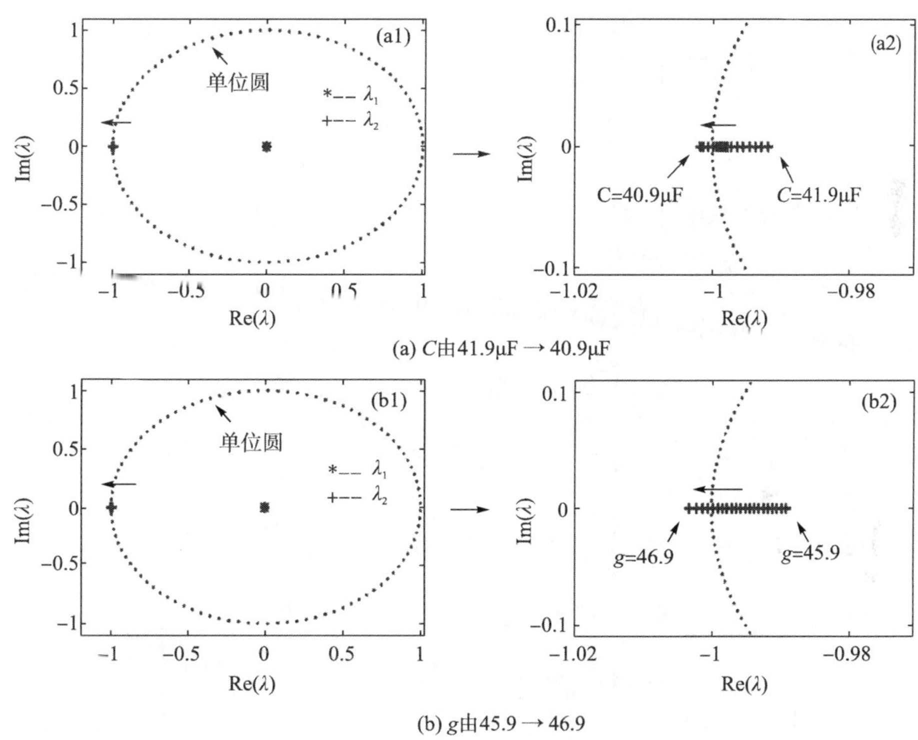

图 5.5　两个特征值的运动轨迹

由以上分析可知，输出电容 C 和 PI 补偿器反馈增益 g 等电路参数的变化对电流型 COT 控制 Buck 变换器的稳定性具有显著的影响，且 C 较小或 g 较大时，变换器存在次谐波振荡现象。

5.1.6　近似异步开关离散时间模型

由式(5.11)所示的降阶异步开关离散时间模型及其雅可比矩阵特征值式(5.14)，无法给出稳定条件的显性表达式，这不便于电流型 COT 控制 Buck 变换器电路参数的设计和选择。本节将推导电流型 COT 控制 Buck 变换器的近似异步开关离散时间模型，并给出其近似稳定条件的显性表达式。

对于输出电压，其电压纹波相对于其平均值很小，可以忽略。如此，在每个开关周期内，电感电流的上升斜率 $m_1 = (V_g - V_o)/L$ 和下降斜率 $m_2 = V_o/L$ 可以看作常数。

在第 n 个开关周期内(图 5.3)，电感电流 $i_L(t)$、输出电容电压 $v_C(t)$ 和补偿电容电压 $v_{Ca}(t)$ 在 $t = t_1$ 和 $t = t_2$ 时刻的近似表达式分别为

$$i_L(t_1) = i_n + m_1 T_{ON} \tag{5.15a}$$

$$v_C(t_1) = v_n + \frac{i_n - I_o}{C} T_{ON} + \frac{m_1}{2C} T_{ON}^2 \tag{5.15b}$$

$$v_{Ca}(t_1) = v_{Ca,n} + \frac{g}{\tau_a}(V_g - V_{ref}) T_{ON} - \frac{g}{\tau_a} L[i_L(t_1) - i_n] \tag{5.15c}$$

$$i_L(t_2) = i_L(t_1) - m_2 t_{OFF} \tag{5.16a}$$

$$v_C(t_2) = v_C(t_1) + \frac{i_L(t_1) - I_o}{C} t_{OFF} - \frac{m_2}{2C} t_{OFF}^2 \tag{5.16b}$$

$$v_{Ca}(t_2) = v_{Ca}(t_1) - \frac{g}{\tau_a} V_{ref} t_{OFF} - \frac{g}{\tau_a} L\left[i_{n+1} - i_L(t_1)\right] \tag{5.16c}$$

其中，$I_o = V_o/R$ 表示平均输出电流；t_{OFF} 可通过将式(5.16)代入式(5.10)求得。

需要注意的是，t_{OFF} 是一个变化的量而不是一个常数。

结合式(5.15)、式(5.16)及图 5.3，可得电流型 COT 控制 Buck 变换器的近似异步开关离散时间模型为

$$\begin{cases} i_{n+1} = i_n + m_1 T_{ON} - m_2 t_{OFF} \\ v_{n+1} = v_n + \dfrac{T}{C}(i_n - I_o) + \dfrac{m_1}{2C} T_{ON}^2 + \dfrac{m_1}{C} T_{ON} t_{OFF} - \dfrac{m_2}{2C} t_{OFF}^2 \end{cases} \tag{5.17}$$

5.1.7 近似稳定条件及参数稳定区域

将式(5.17)代入式(5.12)，可以得到式(5.17)的雅可比矩阵为

$$\boldsymbol{J}_n = \begin{bmatrix} 1 - m_2 \dfrac{\partial t_{OFF}}{\partial i_n} & -m_2 \dfrac{\partial t_{OFF}}{\partial v_n} \\ \dfrac{T}{C} + \dfrac{i_n - I_o + m_1 T_{ON} - m_2 t_{OFF}}{C} \dfrac{\partial t_{OFF}}{\partial i_n} & 1 + \dfrac{i_n - I_o + m_1 T_{ON} - m_2 t_{OFF}}{C} \dfrac{\partial t_{OFF}}{\partial v_n} \end{bmatrix} \tag{5.18}$$

其中，

$$\frac{\partial t_{OFF}}{\partial i_n} = \frac{(g\kappa R_C + R_s)C + g\kappa T}{m_2(g\kappa R_C + R_s)C - g\kappa(i_n - I_o + m_1 T_{ON} - m_2 t_{OFF})}$$

$$\frac{\partial t_{OFF}}{\partial v_n} = \frac{g\kappa C}{m_2(g\kappa R_C + R_s)C - g\kappa(i_n - I_o + m_1 T_{ON} - m_2 t_{OFF})}$$

当电流型 COT 控制 Buck 变换器工作在稳态时，式(5.17)在平衡点附近的邻域内存在近似关系：

$$i_n + 0.5 m_1 T_{ON} \approx I_o, \quad m_1 T_{ON} \approx m_2 t_{OFF} \tag{5.19}$$

将式(5.18)代入式(5.13)，并利用式(5.19)的近似关系，可以得到式(5.18)的两个特征值为

$$\lambda_1 = 0 \text{ 和 } \lambda_2 = \frac{2m_2(g\kappa R_C + R_s)C - g\kappa(2m_2 + m_1)T_{ON}}{2m_2(g\kappa R_C + R_s)C + g\kappa m_1 T_{ON}} \tag{5.20}$$

为了确保电流型 COT 控制 Buck 变换器工作在稳定状态，式(5.20)的两个特征值需落在单位圆内。由于 $\lambda_1 = 0$ 始终落在单位圆内，故只需确保$|\lambda_2| < 1$。因此，可以得到电流型 COT 控制 Buck 变换器的近似稳定条件为

$$2R_C C > T_{ON} \tag{5.21a}$$

或

$$2R_C C < T_{ON} \text{ 且 } g < g_{crit} = \frac{2R_s C}{\kappa(T_{ON} - 2R_C C)} \tag{5.21b}$$

其中，g_{crit}是 $2R_C C < T_{ON}$ 时确保变换器稳定工作的 PI 补偿器反馈增益的临界表达式，该表达式也可以通过谐波平衡分析法求得[10]。

由式(5.21)可知，当 $2R_C C > T_{ON}$，电流型 COT 控制 Buck 变换器工作在稳定状态；当 $2R_C C < T_{ON}$，若 $g < g_{crit}$，变换器工作在稳定状态，否则变换器将工作在不稳定状态。从式(5.21)还可以看出，电流型 COT 控制 Buck 变换器的稳定性受输出电容、输出电容 ESR、PI 补偿器反馈增益、负载电阻、电流采样增益和固定导通时间等电路参数的影响。相对于负载电阻，输出电容 ESR 非常小，故 $\kappa = R/(R + R_C) \approx 1$，因此负载电阻对电流型 COT 控制 Buck 变换器的稳定性可以忽略。

根据式(5.21b)和 5.1.2 节中的典型电路参数，在 C-g、R_C-g、R_s-g 和 T_{ON}-g 共 4 个参数平面上，给出了划分电流型 COT 控制 Buck 变换器稳定工作区域和不稳定工作区域的失稳边界，该边界得到了式(5.11)和 PSIM 仿真结果的验证，分别如图 5.6(a)、图 5.6(b)、图 5.6(c)和图 5.6(d)所示。其中，标“+”的曲线为根据式(5.21b)所得的失稳边界，标“*”

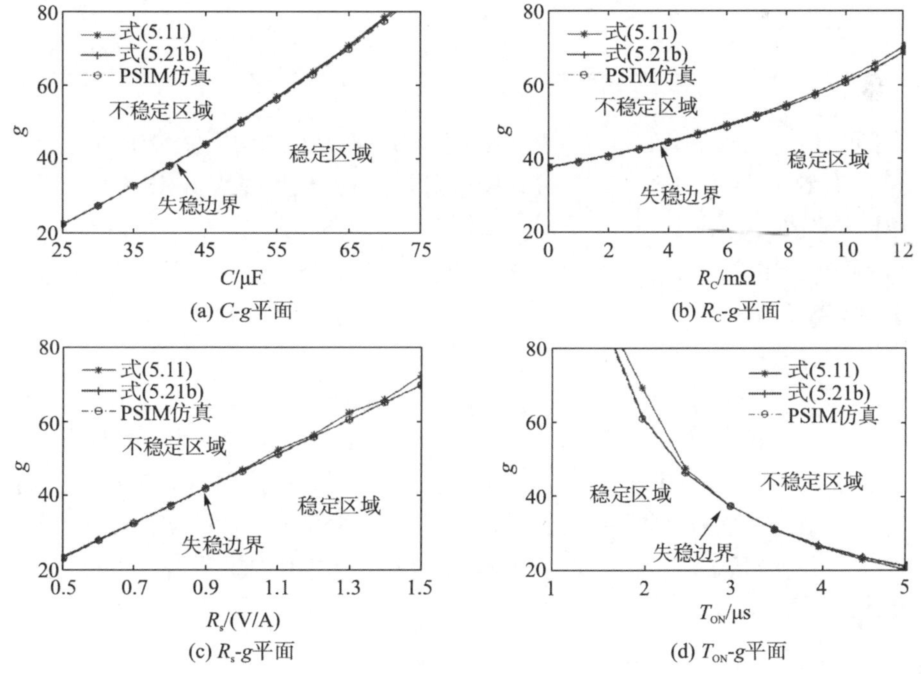

图 5.6 不同参数平面的失稳边界

的曲线为根据式(5.11)所得的失稳边界，标“○”的曲线为通过 PSIM 仿真所得的失稳边界。研究结果表明，不稳定工作区域随输出电容、输出电容 ESR 和采样电流增益的增大或随着 PI 补偿器反馈增益和固定导通时间的减小而减小。

5.1.8 理论分析与实验验证

根据式(5.21b)和图 5.6，分别以 PI 补偿器反馈增益 g、输出电容 C、输出电容 ESR R_C、电流采样增益 R_s 和固定导通时间 T_{ON} 作为可调电路参数，并选择 8 种参数组合，见表 5.1。其他典型的电路参数已在 5.1.2 节中给出。相应地，在表 5.1 中给出了 PI 补偿器反馈增益 g 与临界反馈增益 g_{crit} 间的大小关系及其对应的理论工作状态。

表 5.1 电流型 COT 控制 Buck 变换器的理论结果

序号	可调参数	大小关系	工作状态
a1	$g = 40, C = 30\mu F$	$g > g_{crit} = 27.3$	不稳定状态
a2	$g = 40, C = 60\mu F$	$g < g_{crit} = 63.2$	稳定状态
b1	$g = 60, R_C = 5m\Omega$	$g > g_{crit} = 46.4$	不稳定状态
b2	$g = 60, R_C = 11m\Omega$	$g < g_{crit} = 64.3$	稳定状态
c1	$g = 45, R_s = 0.6V/A$	$g > g_{crit} = 27.8$	不稳定状态
c2	$g = 45, R_s = 1.3V/A$	$g < g_{crit} = 60.3$	稳定状态
d1	$g = 35, T_{ON} = 4\mu s$	$g > g_{crit} = 26.7$	不稳定状态
d2	$g = 35, T_{ON} = 2\mu s$	$g < g_{crit} = 61.5$	稳定状态

为了验证理论分析，制作了电流型 COT 控制 Buck 变换器的实验装置。在实验装置中，开关管 S_1 采用 IRF540，二极管 S_2 采用 MBR2045CT，比较器采用 LM319，电流采样电路由 LM7171 运算放大器搭建，PI 补偿器由 LT1357 运算放大器搭建，导通定时器由 LM334 可调电流源芯片为电容充放电实现，驱动电路采用 IR2125。

图 5.7 给出了对应表 5.1 中 g、C、R_C、R_s 和 T_{ON} 的 8 种组合的实验结果。从图 5.7 可以看出，当输出电容、输出电容 ESR 和电流采样增益较小或固定导通时间较大时，电流型 COT 控制 Buck 变换器中存在次谐波振荡现象，并导致较大的电感电流纹波和输出电压纹波；反之，变换器工作在稳定的周期 1 状态，具有较小的电感电流纹波和输出电压纹波。显然，实验结果有效地验证了表 5.1 所示的理论分析结果。特别地，由图 5.7(a1)、图 5.7(b1)和图 5.7(c1)可以看出，当变换器中存在次谐波振荡现象时，存在两个或多个控制脉冲连续出现的情况，这表明电流型 COT 控制 Buck 变换器存在脉冲簇发现象[9]。

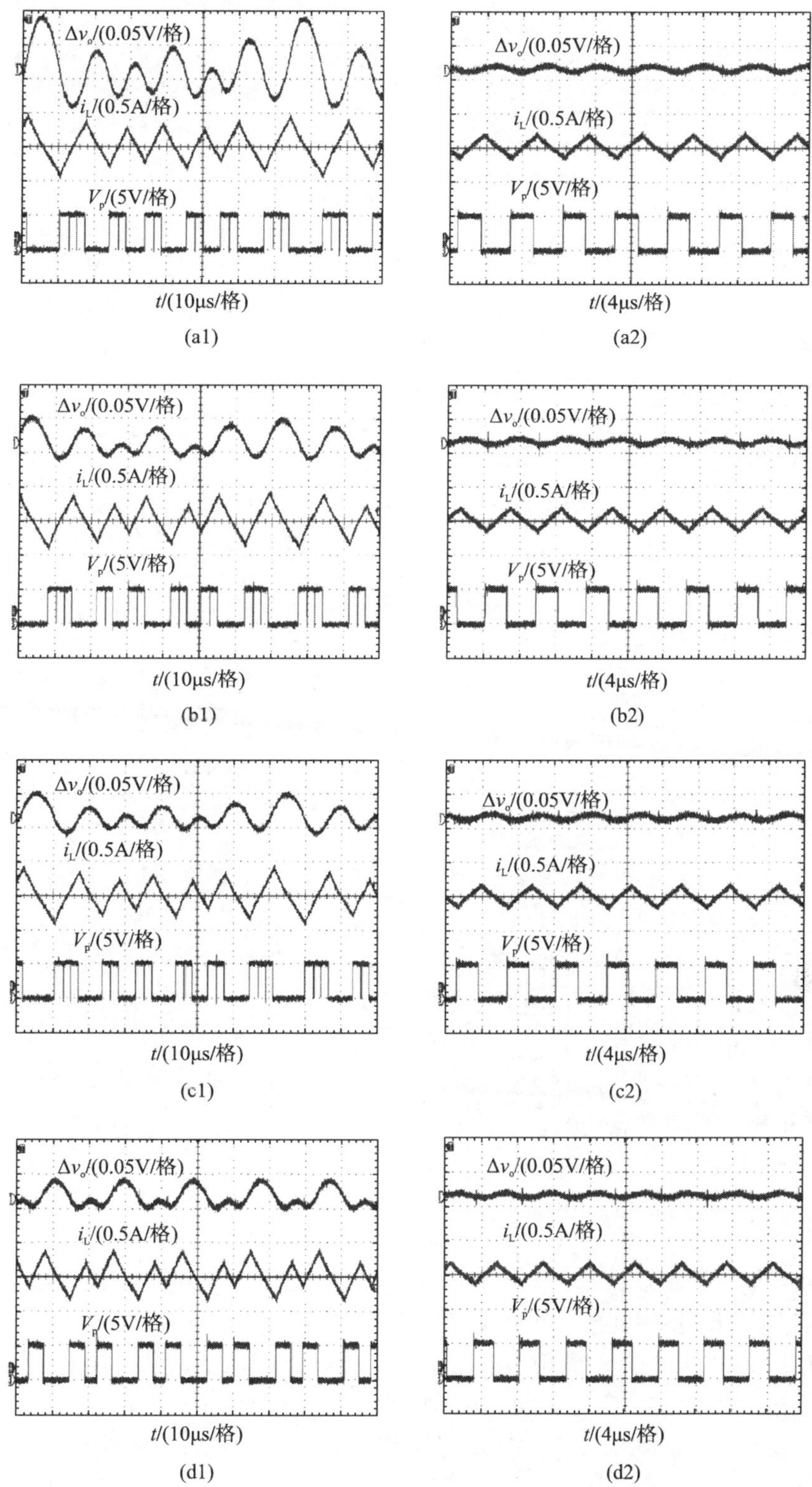

图 5.7　对应于表 5.1 中 g、C、R_C、R_s 和 T_{ON} 的 8 种组合的实验结果

5.2 电流型 CFT 控制 Boost 变换器

5.2.1 工作原理

图 5.8 所示为电流型 CFT 控制 Boost 变换器的原理图及其 CCM 稳态工作波形。在图 5.8(a)中，功率级电路包括输入电压 V_g、电感 L、开关管 S_1、二极管 S_2、输出电容 C 及其 ESR R_C 和负载电阻 R；控制电路由分压网络 R_1 和 R_2、PI 补偿器、采样增益为 R_s 的电流采样电路、比较器、触发器和关断定时器组成。

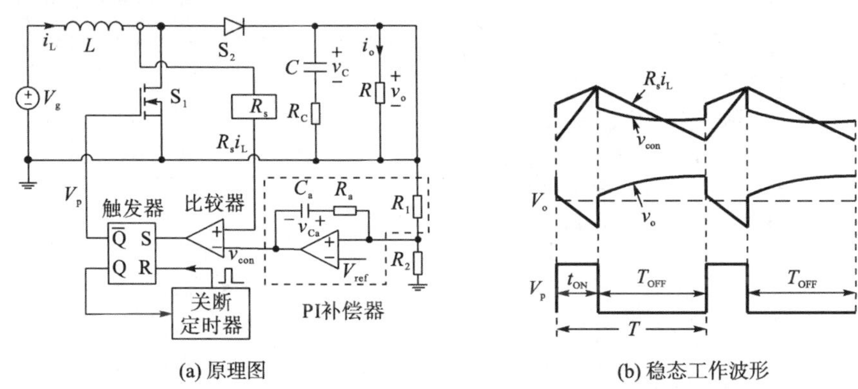

(a) 原理图　　(b) 稳态工作波形

图 5.8　电流型 CFT 控制 Boost 变换器

在图 5.8(b)中，R_si_L、v_{con}、v_o、V_o 和 V_p 分别为采样电感电流信号、控制信号、输出电压、输出电压平均值和控制脉冲信号。由图 5.8(b)可以看出，开关管 S_1 导通后，R_si_L 开始上升，当 R_si_L 上升到 v_{con}，比较器输出高电平，置位触发器，触发器 $\bar{Q}$ 端输出低电平使 S_1 关断，R_si_L 开始下降。经过固定关断时间 T_{OFF} 后，关断定时器输出高电平复位触发器，触发器 $\bar{Q}$ 端输出高电平使 S_1 再次导通，并进入下一个开关周期。值得强调的是，由于输出电容 ESR 的存在，Boost 变换器的输出电压纹波是脉动的，即不连续；相应地，电压外环上的电压纹波也是脉动的。

5.2.2 次谐波振荡现象

当 PI 补偿器反馈增益 $g = R_a/R_1$ 较大或输出电容 ESR R_C 较大时，电流型 CFT 控制 Boost 变换器将存在次谐波振荡现象，导致变换器工作在不稳定状态。

设计如表 5.2 所示的电路参数，研究 g 和 R_C 对电流型 CFT 控制 Boost 变换器稳定性的影响。当 $R_C = 2\text{m}\Omega$ 时，若 $g = 20$，则电流型 CFT 控制 Boost 变换器工作在稳定状态，如图 5.9(a)所示；若 $g = 27.5$，则变换器存在次谐波振荡现象，导致电感电流和输出电压具有较大的纹波，如图 5.9(b)所示。当 $g = 8$ 时，若 $R_C = 20\text{m}\Omega$，则电流型 CFT 控制 Boost 变换器工作在稳定状态，如图 5.9(c)所示；若 $R_C = 100\text{m}\Omega$，则变换器中存在次谐波振荡现象，如图 5.9(d)所示。

表 5.2　电流型 CFT 控制 Boost 变换器的典型电路参数

参数名	参数含义	参数值
V_g	输入电压	5V
L	电感	10μH
C	输出电容	100μF
R	负载电阻	10Ω
R_1、R_2	分压电阻	6kΩ、2kΩ
V_{ref}	参考电压	3V
C_a	PI 补偿器补偿电容	10nF
R_s	电流采样增益	1V/A
T_{OFF}	固定关断时间	2.5μs

分析图 5.9 可知，存在两种情况导致电流型 CFT 控制 Boost 变换器产生次谐波振荡。第一种情况，当输出电容 ESR 较小时，输出电容 ESR 对输出电压纹波的影响可以忽略，变换器中产生的次谐波振荡现象是由 PI 补偿器反馈增益 g 过大引起的，如图 5.9(b)所示。

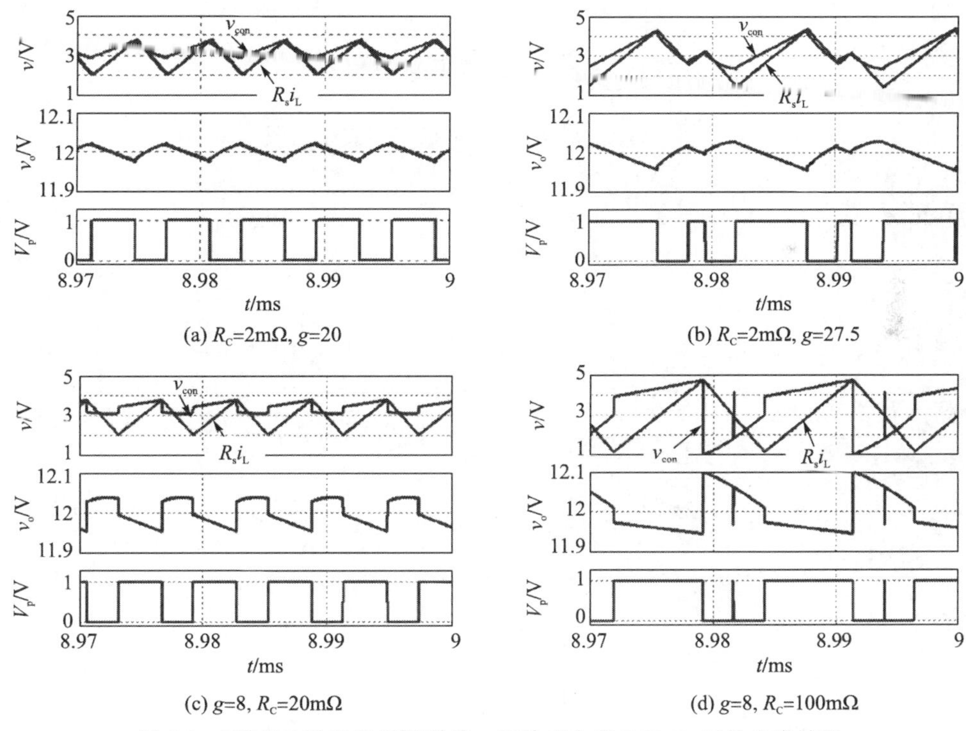

图 5.9　不同 PI 补偿器反馈增益 g 和输出电容 ESR R_C 时的仿真结果

第二种情况，随着输出电容 ESR 的增大，输出电容 ESR 对输出电压纹波的影响将不可忽略。当输出电容 ESR 较大时，输出电压纹波脉动幅度较大，相应地，控制信号 v_{con} 的电压纹波脉动幅度也较大，导致固定关断时间结束后，v_{con} 小于 R_si_L，使得开关管 S_1 在导通瞬间再次关断，从而引起次谐波振荡现象并伴随脉冲簇发现象，如图 5.9(d)所示。

5.2.3 降阶异步开关离散时间模型

从图 5.8(a)可以看出，电流型 CFT 控制 Boost 变换器具有 3 个状态变量，分别为电感电流 i_L、输出电容电压 v_C 及补偿电容电压 v_{Ca}。当电流型 CFT 控制 Boost 变换器工作在 CCM 时，其工作过程由两个开关状态描述：开关状态 1，S_1 导通、S_2 关断；开关状态 2，S_1 关断、S_2 导通。如图 5.10 所示，在第 n 个开关周期内，开关状态 1 和开关状态 2 的工作时间分别为 $t_{ON}=t_1-t_0$ 和 $T_{OFF}=t_2-t_1$。

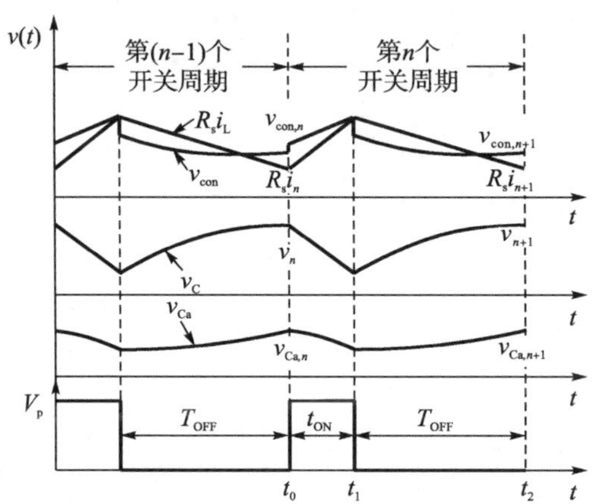

图 5.10 第($n-1$)个和第 n 个开关周期的主要稳态工作波形

当 Boost 变换器工作在开关状态 m ($m=1,2$)时，对应的状态方程为

$$\dot{\boldsymbol{x}}=\boldsymbol{A}_m\boldsymbol{x}+\boldsymbol{B}_m V_g \quad (t_{m-1}\leqslant t<t_m) \tag{5.22}$$

其中，

$$\boldsymbol{x}(t)=\begin{bmatrix} i_L(t) \\ v_C(t) \end{bmatrix}, \quad \boldsymbol{A}_1=\begin{bmatrix} 0 & 0 \\ 0 & \dfrac{-\kappa}{RC} \end{bmatrix}$$

$$\boldsymbol{A}_2=\begin{bmatrix} \dfrac{-\kappa R_C}{L} & \dfrac{-\kappa}{L} \\ \dfrac{\kappa}{C} & \dfrac{-\kappa}{RC} \end{bmatrix}$$

$$\boldsymbol{B}_1=\boldsymbol{B}_2=\begin{bmatrix} \dfrac{1}{L} \\ 0 \end{bmatrix}, \quad \kappa=\frac{R}{R+R_C}$$

Boost 变换器由开关状态 1 切换到开关状态 2 的切换条件为

$$R_s\boldsymbol{F}_1\boldsymbol{x}=v_{con}(t) \tag{5.23}$$

其中，

$$v_{con}(t)=(1+k_d g)V_{ref}-g\kappa v_C(t)-v_{Ca}(t), \quad k_d=\frac{(R_1+R_2)}{R_2}, \quad \boldsymbol{F}_1=[1 \quad 0]$$

对于图 5.8(a)中的 PI 补偿器，其补偿电容电压 v_{Ca} 在第 m 个开关状态内可表示为

$$v_{\mathrm{Ca}}(t)=v_{\mathrm{Ca}}(t_{m-1})+\frac{g}{\tau_{\mathrm{a}}}\int_{t_{m-1}}^{t}v_{\mathrm{o}}(\tau)\mathrm{d}\tau-\frac{g}{\tau_{\mathrm{a}}}k_{\mathrm{d}}V_{\mathrm{ref}}(t-t_{m-1}) \tag{5.24}$$

其中，$\tau_{\mathrm{a}}=R_{\mathrm{a}}C_{\mathrm{a}}$ 为 PI 补偿器的时间常数。

在开关状态 1 中，根据图 5.8(a)，输出电压可表示为 $v_{\mathrm{o}}=-RC\boldsymbol{F}_2\dot{\boldsymbol{x}}$（$\boldsymbol{F}_2=[0\ 1]$），代入式(5.24)有

$$v_{\mathrm{Ca}}(t)=v_{\mathrm{Ca}}(t_0)-\frac{g}{\tau_{\mathrm{a}}}RC\boldsymbol{F}_2[\boldsymbol{x}(t)-\boldsymbol{x}(t_0)]-\frac{g}{\tau_{\mathrm{a}}}k_{\mathrm{d}}V_{\mathrm{ref}}(t-t_0) \tag{5.25}$$

在开关状态 2 中，输出电压可表示为 $v_{\mathrm{o}}=V_{\mathrm{g}}-L\boldsymbol{F}_1\dot{\boldsymbol{x}}$，代入式(5.23)有

$$v_{\mathrm{Ca}}(t)=v_{\mathrm{Ca}}(t_1)-\frac{g}{\tau_{\mathrm{a}}}L\boldsymbol{F}_1[\boldsymbol{x}(t)-\boldsymbol{x}(t_1)]-\frac{g}{\tau_{\mathrm{a}}}(k_{\mathrm{d}}V_{\mathrm{ref}}-V_{\mathrm{g}})(t-t_1) \tag{5.26}$$

由式(5.25)和式(5.26)可看出，在每个开关状态内，v_{Ca} 均可以表示为 i_{L} 和 v_{C} 的线性组合。于是，开关切换条件式(5.23)可以由 i_{L} 和 v_{C} 表示。因此，式(5.22)和式(5.23)构成了电流型 CFT 控制 Boost 变换器的降阶分段线性模型。

为了分析电路参数对电流型 CFT 控制 Boost 变换器动力学行为的影响，下面根据降阶分段线性模型，建立其降阶异步开关离散时间模型。

如图 5.10 所示，定义 $\boldsymbol{x}=[i_{\mathrm{L}}\ v_{\mathrm{C}}]^{\mathrm{T}}$，$v_{\mathrm{Ca}}$ 和 v_{con} 在第$(n-1)$个控制脉冲结束时刻的采样值分别为 $\boldsymbol{x}_n=[i_n\ v_n]^{\mathrm{T}}$、$v_{\mathrm{Ca},n}$ 和 $v_{\mathrm{con},n}$，在第 n 个控制脉冲结束时刻的采样值分别为 $\boldsymbol{x}_{n+1}=[i_{n+1}\ v_{n+1}]^{\mathrm{T}}$、$v_{\mathrm{Ca},n+1}$ 和 $v_{\mathrm{con},n+1}$。

当 $m=1$ 时，求解式(5.22)，可得状态变量 $\boldsymbol{x}$ 在 $t=t_1$ 时的表达式为

$$\boldsymbol{x}(t_1)=\boldsymbol{P}_1\boldsymbol{x}_n+\boldsymbol{Q}_1V_{\mathrm{g}} \tag{5.27}$$

其中，

$$\boldsymbol{P}_1=\begin{bmatrix}1 & 0\\ 0 & \mathrm{e}^{\frac{-\kappa t_{\mathrm{ON}}}{RC}}\end{bmatrix},\quad \boldsymbol{Q}_1=\begin{bmatrix}\dfrac{t_{\mathrm{ON}}}{L}\\ 0\end{bmatrix}$$

此时，补偿电容电压 $v_{\mathrm{Ca}}(t_1)$ 为

$$v_{\mathrm{Ca}}(t_1)=v_{\mathrm{Ca}}(t_0)+\frac{g}{\tau_{\mathrm{a}}}RC\boldsymbol{F}_2[\boldsymbol{x}(t_1)-\boldsymbol{x}_n]-\frac{g}{\tau_{\mathrm{a}}}k_{\mathrm{d}}V_{\mathrm{ref}}t_{\mathrm{ON}} \tag{5.28}$$

其中，t_{ON} 可由下式求出：

$$R_{\mathrm{s}}\boldsymbol{F}_1\boldsymbol{x}(t_1)=v_{\mathrm{con}}(t_1)=(1+gk_{\mathrm{d}})V_{\mathrm{ref}}-g\kappa\boldsymbol{F}_2\boldsymbol{x}(t_1)-v_{\mathrm{Ca}}(t_1) \tag{5.29}$$

当 $m=2$ 时，求解式(5.22)，可得 $\boldsymbol{x}$ 在 $t=t_2$ 时的表达式为

$$\boldsymbol{x}(t_2)=P_2\boldsymbol{x}(t_1)+\boldsymbol{Q}_2V_{\mathrm{g}} \tag{5.30}$$

其中，

$$\boldsymbol{P}_2=\begin{bmatrix}a+\dfrac{\beta}{\omega}b & -\dfrac{\kappa}{\omega L}b\\ \dfrac{\kappa}{\omega C}b & a-\dfrac{\beta}{\omega}b\end{bmatrix},\quad \boldsymbol{Q}_2=\begin{bmatrix}\dfrac{1}{R}-\dfrac{1}{R}a+\dfrac{R-\alpha L}{\omega RL}b\\ 1-a-\dfrac{\alpha}{\omega}b\end{bmatrix},\quad \alpha=\frac{\kappa}{2}\left(\frac{1}{RC}+\frac{R_{\mathrm{C}}}{L}\right)$$

$$\beta=\frac{\kappa}{2}\left(\frac{1}{RC}-\frac{R_{\rm C}}{L}\right),\quad \omega=\sqrt{\frac{\kappa}{LC}-\alpha^2}\ ,\quad a=\cos\omega T_{\rm OFF}{\rm e}^{-\alpha T_{\rm OFF}}\ ,\quad b=\sin\omega T_{\rm OFF}{\rm e}^{-\alpha T_{\rm OFF}}$$

此时，补偿电容电压 $v_{\rm Ca}(t_2)$ 为

$$v_{\rm Ca}(t_2)=v_{\rm Ca}(t_1)-\frac{g}{\tau_{\rm a}}L\boldsymbol{F}_2[\boldsymbol{x}(t_2)-\boldsymbol{x}(t_1)]-\frac{g}{\tau_{\rm a}}(k_{\rm d}V_{\rm ref}-V_{\rm g})T_{\rm OFF} \tag{5.31}$$

由图 5.10 可以看出，Boost 变换器在第 n 个开关周期内，状态变量 $\boldsymbol{x}$ 的演化过程为 $\boldsymbol{x}_n=\boldsymbol{x}(t_0)\rightarrow\boldsymbol{x}(t_1)\rightarrow\boldsymbol{x}(t_2)=\boldsymbol{x}_{n+1}$。因此，由式(5.27)～式(5.31)可得电流型 CFT 控制 Boost 变换器的降阶异步开关离散时间模型为

$$\boldsymbol{x}_{n+1}=\boldsymbol{P}_2\boldsymbol{P}_1\boldsymbol{x}_n+(\boldsymbol{P}_2\boldsymbol{Q}_1+\boldsymbol{Q}_2)V_{\rm g} \tag{5.32}$$

5.2.4 分岔行为分析

由式(5.32)，分别以 PI 补偿器反馈增益 g 和输出电容 ESR $R_{\rm C}$ 为分岔参数，其他电路参数见表 5.2，得到相应的分岔图如图 5.11 所示。从图 5.11(a)可以看出，当 $R_{\rm C}=2{\rm m}\Omega$ 时，随着 g 的逐渐增大，电流型 CFT 控制 Boost 变换器在 $g=27.16$ 处经倍周期分岔失稳。从图 5.11(b)可以看出，当 $g=8$ 时，随着 $R_{\rm C}$ 的逐渐增大，变换器在 $R_{\rm C}=66.5{\rm m}\Omega$ 处经边界碰撞分岔失稳。需要强调的是，随着 g 和 $R_{\rm C}$ 的变化，电流型 CFT 控制 Boost 变换器具有不同的失稳方式。由图 5.11(a)和图 5.11(b)还可以看出，在两种情况下，电流型 CFT 控制 Boost 变换器均存在一个临界稳定条件。

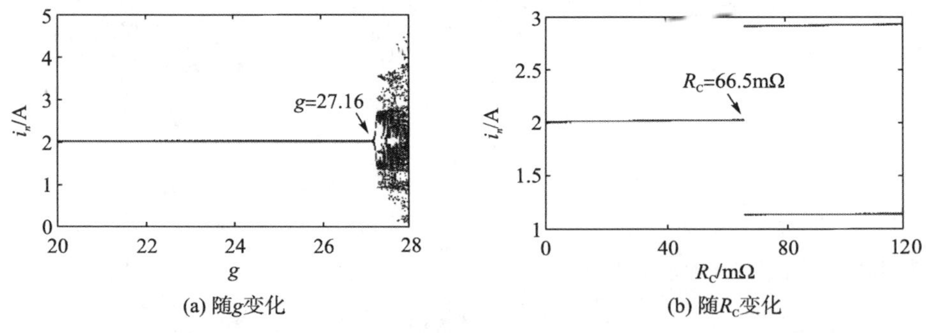

图 5.11　随 g 和 $R_{\rm C}$ 变化的分岔图

5.2.5 近似异步开关离散时间模型

利用式(5.32)所示的降阶离散时间模型，无法获得电流型 CFT 控制 Boost 变换器临界稳定条件的解析表达式[11]，不便于其电路参数的选择和设计，故下面将对式(5.32)进行近似处理。对于输出电压，其电压纹波相对于平均值很小，可以忽略。于是，在每个开关周期内，电感电流的上升斜率 $m_1=V_{\rm g}/L$ 和下降斜率 $m_2=(V_{\rm o}-V_{\rm g})/L$ 均可以看作常数。基于此，可以推导电流型 CFT 控制 Boost 变换器的近似异步开关离散时间模型，从而给出其近似临界稳定条件的解析表达式。

如图 5.10 所示，在第 n 个开关周期内，$i_{\rm L}$、$v_{\rm C}$ 和 $v_{\rm Ca}$ 在时刻 $t=t_1$ 和 $t=t_2$ 时的表达式

分别为

$$i_L(t_1) = i_n + m_1 t_{ON} \tag{5.33a}$$

$$v_C(t_1) = v_n - \frac{I_o}{C} t_{ON} \tag{5.33b}$$

$$v_{Ca}(t_1) = v_{Ca,n} + \frac{g}{\tau_a} RC[v_C(t_1) - v_n] - \frac{g}{\tau_a} k_d V_{ref} t_{ON} \tag{5.33c}$$

$$i_L(t_2) = i_L(t_1) - m_2 T_{OFF} \tag{5.34a}$$

$$v_C(t_2) = v_C(t_1) + \frac{i_L(t_1) - I_o}{C} T_{OFF} - \frac{m_2}{2C} T_{OFF}^2 \tag{5.34b}$$

$$v_{Ca}(t_2) = v_{Ca}(t_1) - \frac{gL}{\tau_a}[i_L(t_2) - i_L(t_1)] - \frac{g}{\tau_a}(k_d V_{ref} - V_g) T_{OFF} \tag{5.34c}$$

其中，$I_o = V_o/R$ 为平均输出电流；t_{ON} 可通过将式(5.34)代入式(5.29)求得。

由式(5.33)和式(5.34)，可以得到电流型 CFT 控制 Boost 变换器的近似异步离散模型为

$$\begin{cases} i_{n+1} = i_n + m_1 t_{ON} - m_2 T_{OFF} \\ v_{n+1} = v_n + \dfrac{i_n}{C} T_{OFF} - \dfrac{I_o}{C}(t_{ON} + T_{OFF}) + \dfrac{m_1}{C} t_{ON} T_{OFF} - \dfrac{m_2}{2C} T_{OFF}^2 \end{cases} \tag{5.35}$$

5.2.6　稳定性分析及参数稳定区域

由 5.2.4 节的分岔分析可知，在输出电容 ESR 较小时，电流型 CFT 控制 Boost 变换器随着 PI 补偿器反馈增益的增大通过倍周期分岔失稳，故可以利用式(5.35)在其平衡点附近的雅可比矩阵的特征值来推导其近似临界稳定条件[12]。

式(5.35)在其平衡点附近的雅可比矩阵为

$$\boldsymbol{J}_n = \begin{bmatrix} \dfrac{\partial i_{n+1}}{\partial i_n} & \dfrac{\partial i_{n+1}}{\partial v_n} \\ \dfrac{\partial v_{n+1}}{\partial i_n} & \dfrac{\partial v_{n+1}}{\partial v_n} \end{bmatrix} \tag{5.36}$$

将式(5.35)中的 i_{n+1} 和 v_{n+1} 代入式(5.36)可得

$$\boldsymbol{J}_n = \begin{bmatrix} 1 + m_1 \dfrac{\partial t_{ON}}{\partial i_n} & m_1 \dfrac{\partial t_{ON}}{\partial v_n} \\ \dfrac{T_{OFF}}{C} + \dfrac{m_1 T_{OFF} - I_o}{C} \dfrac{\partial t_{ON}}{\partial i_n} & 1 + \dfrac{m_1 T_{OFF} - I_o}{C} \dfrac{\partial t_{ON}}{\partial v_n} \end{bmatrix} \tag{5.37}$$

其中，

$$\frac{\partial t_{ON}}{\partial i_n} = \frac{R_s C}{g\kappa I_o - m_1 R_s C}, \quad \frac{\partial t_{ON}}{\partial v_n} = \frac{g\kappa C}{g\kappa I_o - m_1 R_s C}$$

稳态时，式(5.35)在其平衡点附近的邻域内，存在如下近似关系：

$$m_1 t_{ON} \approx m_2 T_{OFF}, \quad V_o \approx k_d V_{ref} \tag{5.38}$$

将式(5.38)代入式(5.37)，并由雅可比矩阵的特征方程求得式(5.37)的两个特征值分别为

$$\lambda_1 = 0 \quad 和 \quad \lambda_2 = \frac{g\kappa I_o + g\kappa m_1 T_{OFF} - m_1 R_s C}{g\kappa I_o - m_1 R_s C} \tag{5.39}$$

为了确保输出电容 ESR 较小时电流型 CFT 控制 Boost 变换器工作在稳定状态，雅可比矩阵的两个特征值均需落在单位圆内。由式(5.39)可知，$\lambda_1 = 0$ 始终在单位圆内，故只需要满足$|\lambda_2| < 1$ 即可，从而可以得到输出电容 ESR 较小时变换器的临界稳定条件为

$$g_{crit1} = \frac{R_s(R + R_C)C}{ML + 0.5RT_{OFF}} \tag{5.40}$$

其中，$M = V_o/V_g$ 为 Boost 变换器的电压传输比。

由 5.2.4 节的分岔分析可知，随着输出电容 ESR 逐渐增大，电流型 CFT 控制 Boost 变换器通过边界碰撞分岔失稳。于是，在边界碰撞分岔点处，微小的参数变化将引起变换器工作状态的剧烈变化，从而导致导通时间 t_{ON} 的变化是不连续的，故雅可比矩阵不再适用于其稳定性的分析。

为了确保变换器工作在稳定状态，根据电流型 CFT 控制 Boost 变换器的工作原理，在每一个固定关断时间的结束时刻，v_{con} 应大于 $R_s i_L$，否则变换器将工作在不稳定状态。为此，变换器临界稳定条件 g_{crit2} 满足如下表达式：

$$R_s i_{n+1} = v_{con,n+1} = (1 + g_{crit2}k_d)V_{ref} - g_{crit2}[R_C(i_{n+1} - I_o) + v_{n+1}] - v_{Ca,n+1} \tag{5.41}$$

忽略变换器的能量传输损耗，在式(5.35)平衡点附近的邻域内存在近似关系 $i_n \approx V_o I_o/V_g - 0.5m_2T_{OFF}$，将其代入式(5.41)，可以得到输出电容 ESR 较大时电流型 CFT 控制 Boost 变换器的临界稳定条件为

$$g_{crit2} = \frac{R_s RC}{ML - 0.5R_C RC + \dfrac{R_C M^2 LC}{(M-1)T_{OFF}}} \tag{5.42}$$

综合上述两种情况，可以得到电流型 CFT 控制 Boost 变换器的临界稳定条件为

$$g_{crit} = \min(g_{crit1}，g_{crit2}) \tag{5.43}$$

式(5.43)表明，当 $g < g_{crit}$ 时，电流型 CFT 控制 Boost 变换器工作在稳定状态，否则变换器将工作在不稳定状态。

利用表 5.2 所示的电路参数，根据式(5.43)，可以得到 g-R_C 平面上划分稳定和不稳定区域的失稳边界，并与根据式(5.32)和 PSIM 仿真所得的失稳边界进行比较，如图 5.12 所示。

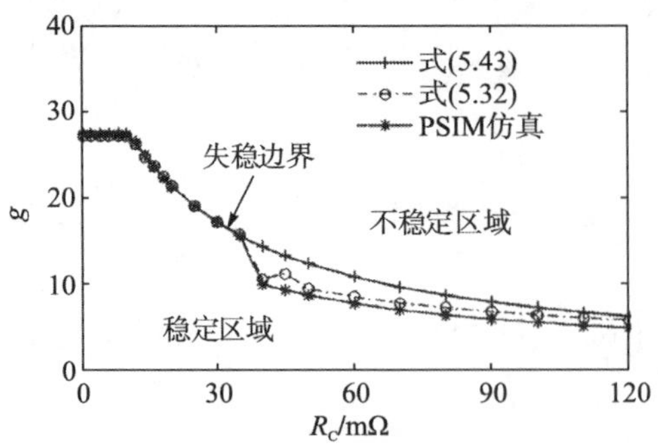

图 5.12 g-R_C 平面上的失稳边界

由图 5.12 可以看出，根据式(5.32)和 PSIM 仿真所得的失稳边界基本吻合。当输出电容 ESR 较小时，根据式(5.43)所得的失稳边界与前两者之间吻合较好；当输出电容 ESR 较大时，根据式(5.43)所得的失稳边界与前两者之间存在一定的偏差，且在某些取值范围内偏差较大。总体来说，三者之间的变化趋势一致。由此可知，当输出电容 ESR 较大时，要获得更加准确的失稳边界，需采用式(5.32)进行分岔分析。

5.2.7　实验验证

为了验证 5.2 节的理论分析和电路仿真的正确性，搭建了电流型 CFT 控制 Boost 变换器的实验装置。在实验装置中，开关管 S_1 采用 IRF540，二极管 S_2 采用 MBR2045CT，比较器采用 LM319，电流采样电路由 LM7171 运算放大器搭建，PI 补偿器由 LT1357 运算放大器搭建，关断定时器由 LM334 可调电流源芯片为电容充放电实现，驱动电路采用 IR2125。

图 5.13 所示为采用与图 5.9 仿真分析相同的电路参数得到的实验结果。从图 5.13 可以看出，当 $R_C = 2\text{m}\Omega$ 时，若 $g < g_{crit} = 27.4$，则电流型 CFT 控制 Boost 变换器工作在稳定状态，如图 5.13(a)所示；若 $g > g_{crit} = 27.4$，则变换器存在次谐波振荡现象，导致电感电流和输出电压具有较大的纹波，如图 5.13(b)所示。当 $g = 8$ 时，若 $R_C = 20\text{m}\Omega$，$g < g_{crit} = 21.32$，则电流型 CFT 控制 Boost 变换器工作在稳定状态，如图 5.13(c)所示；若 $R_C = 100\text{m}\Omega$，$g > g_{crit} = 7.22$，则变换器存在次谐波振荡现象，导致电感电流和输出电压具有较大的纹波，如图 5.13(d)所示。因此，图 5.13 所示的实验结果验证了本文理论分析和仿真分析的正确性。

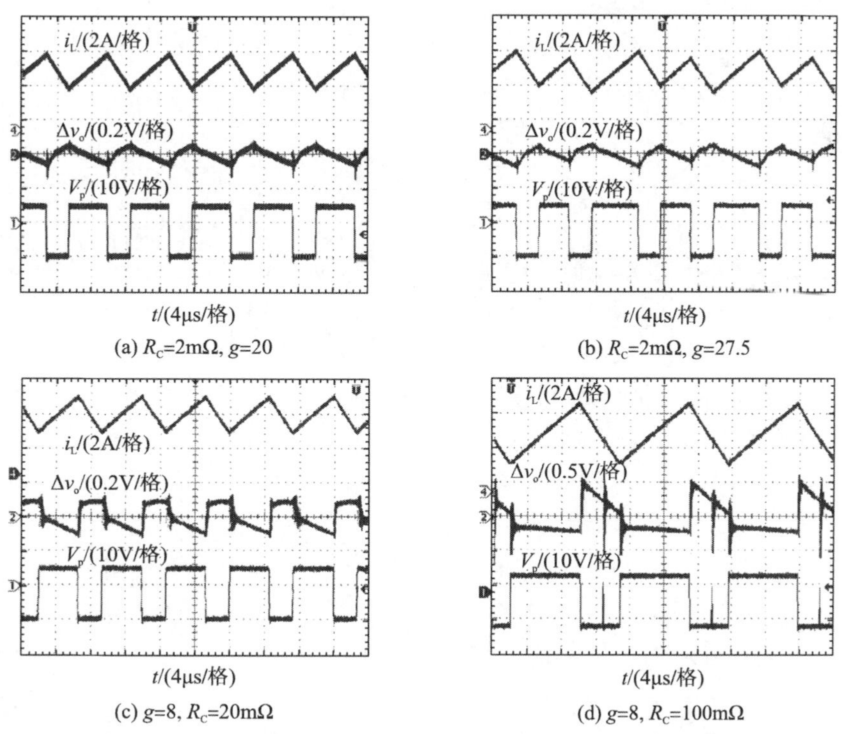

图 5.13　不同 PI 补偿器反馈增益和输出电容 ESR 时的实验结果

5.3 本 章 小 结

根据 PI 补偿器的补偿电容电压是电感电流和输出电容电压的线性组合，分别建立了电流型 COT 控制 Buck 变换器和电流型 CFT 控制 Boost 变换器的降阶异步开关离散时间模型。基于建立的模型，利用分岔图、特征值运动轨迹等动力学分析方法研究了输出电容及其 ESR、PI 补偿器反馈增益等电路参数对变换器稳定性和动力学行为的影响。分别推导了电流型 COT 控制 Buck 变换器和电流型 CFT 控制 Boost 变换器的近似异步开关离散时间模型，给出了相应的近似稳定条件和不同电路参数平面上划分稳定区域和不稳定区域的失稳边界。

在电流型 COT 控制 Buck 变换器中，研究结果表明，变换器的稳定性主要受输出电容及其 ESR、PI 补偿器反馈增益、电流采样增益和固定导通时间等电路参数的影响；变换器的不稳定工作区域随输出电容及其 ESR、电流采样增益的增大而减小，随 PI 补偿器反馈增益和固定导通时间的减小而减小。

在电流型 CFT 控制 Boost 变换器中，研究结果表明，当输出电容 ESR 较小时，随着 PI 补偿器反馈增益的增大，变换器通过倍周期分岔失稳；随着输出电容 ESR 的增大，变换器通过边界碰撞分岔失稳。为了消除电流型 CFT 控制 Boost 变换器的次谐波振荡现象，需采用 ESR 较小的输出电容且 PI 补偿器需设计较小的反馈增益。因此，具有较大 ESR 的电解电容不适宜作为电流型 CFT 控制 Boost 变换器的输出电容，而具有较小 ESR 的陶瓷电容较适宜作为其输出电容。

本章的研究结果为电流型 PFM 控制开关变换器电路参数的选取提供了一个设计准则，并促进了电流型 PFM 控制开关变换器的基础理论研究。

参 考 文 献

[1]Yan Y Y, Lee F C, Mattavelli P. Comparison of small signal characteristics in current mode control schemes for point-of-load buck converter applications. IEEE Transactions on Power Electronics, 2013, 28(7): 3405-3413.

[2]周国华, 许建平. 开关变换器调制与控制技术综述. 中国电机工程学报, 2014, 34(6): 815-831.

[3]Duan X M, Huang A Q. Current-mode variable-frequency control architecture for high-current low-voltage DC-DC converters. IEEE Transactions on Power Electronics, 2006, 21(4): 1133-1137.

[4]Sun J. Small-signal modeling of variable-frequency pulse width modulators. IEEE Transactions on Aerospace and Electronic Systems, 2002, 38(3): 1104-1108.

[5]Li J, Lee F C. New modeling approach and equivalent circuit representation for current-mode control, IEEE Transactions on Power Electronics, 2010, 25(5): 1218-1230.

[6]Redl R, Novak I. Instability in current-mode controlled switching voltage regulators. IEEE Power Electronics Specialists Conference, 1981: 17-28.

[7]Zhang X, Xu J P, Wu J H, et al. Reduced-order mapping and design-oriented instability for constant on-time current-mode

controlled buck converters with a PI compensator. Journal of Power Electronics, 2017, 17(5): 1298-1307.

[8]张希, 许建平, 许多, 等. PI 补偿固定关断时间电流型控制 Boost 变换器的次谐波振荡机理及失稳边界. 中国电机工程学报, 2018, 38(1): 242-249.

[9]Wang J P, Xu J P, Bao B C. Analysis of pulse bursting phenomenon in constant-on-time-controlled buck converter. IEEE Transactions on Industrial Electronics, 2011, 58(12): 5406-5410.

[10]Fang C C, Redl R. Subharmonic instability limits for the peak-current-controlled buck converter with closed voltage feedback loop. IEEE Transactions on Power Electronics, 2015, 30(2): 1085-1092.

[11]杨宇, 马西奎. 输出电压纹波对电流型 Boost 变换器稳定性的影响. 中国电机工程学报, 2007, 27(28): 102-106.

[12]Zhou G H, He S Z, Chen X, et al. Can V^2 control be applied to boost converter. Electronics Letters, 2014, 50(8): 627-629.

第 6 章　V^2 型控制开关变换器动力学建模与分析

第 2～5 章讨论了基本型(电压型和电流型)控制开关变换器的动力学行为。作为组合型控制技术的 V^2 型控制，因其具有快速的负载瞬态响应而受到广泛关注[1-6]。V^2 型控制本质上是基于输出电压纹波的控制技术，其控制性能与输出电压纹波相关[7-10]。而输出电压纹波由输出电容电压纹波 Δv_C、输出电容 ESR 两端的电压纹波 Δv_{re} 及输出电容等效串联电感两端的电压纹波 3 部分组成[4]。输出电容等效串联电感对输出电压纹波的影响相对较小，一般不予考虑。运用动力学理论分析和揭示 V^2 型控制开关变换器内在的非线性动力学现象及其产生机理，对 V^2 型控制开关变换器的参数设计和选择具有十分重要的理论和指导意义[11-13]。本章将建立 V^2 型控制开关变换器的二维离散映射模型，在此基础上对其动力学行为进行研究。

6.1　峰值 V^2 控制 Buck 变换器

6.1.1　含输出电容 ESR 的 Buck 变换器状态方程

峰值 V^2 控制 Buck 变换器的电路拓扑如图 6.1(a)所示。在每一个开关周期初始时刻，时钟脉冲信号使触发器置位，开关管 S_1 导通、二极管 S_2 关断，此时输出电压增加。当输出电压增加到控制电压 v_k 时，S_1 关断、S_2 导通，直到下一个开关周期开始。峰值 V^2 控制 Buck 变换器工作于 CCM 时的稳态工作波形如图 6.1(b)所示。

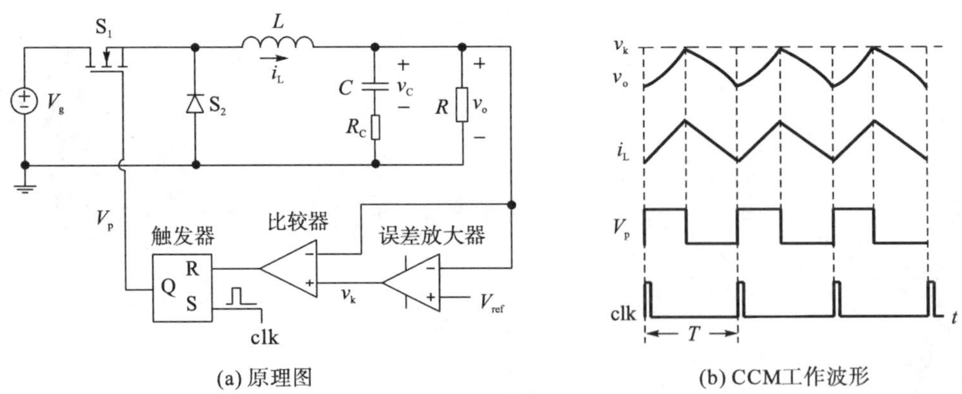

(a) 原理图　　(b) CCM工作波形

图 6.1　峰值 V^2 控制 Buck 变换器

由第 3.1.1 节的分析可知，Buck 变换器的开关器件存在 3 种开关状态：①S_1 导通、S_2 关断；②S_1 关断、S_2 导通；③S_1 关断、S_2 关断。当 Buck 变换器工作在 CCM 时，开关器件只存在前两种开关状态；当 Buck 变换器工作在 DCM 时，开关器件存在 3 种开关状态。

对应于上述 3 种开关状态，在第 n 个开关周期中，令初始时刻为 $t = 0$，开关状态 1 的持续时间为 t_1，开关状态 2 的持续时间为 t_2，开关状态 3 的持续时间为 t_3，则第 n 个开关周期内 Buck 变换器的状态方程为

$$\dot{\boldsymbol{x}}=\begin{cases}\boldsymbol{A}_1\boldsymbol{x}+\boldsymbol{B}_1V_{\mathrm{g}} & nT\leqslant t\leqslant nT+t_1\\ \boldsymbol{A}_2\boldsymbol{x}+\boldsymbol{B}_2V_{\mathrm{g}} & nT+t_1\leqslant t\leqslant nT+t_1+t_2\\ \boldsymbol{A}_3\boldsymbol{x}+\boldsymbol{B}_3V_{\mathrm{g}} & nT+t_1+t_2\leqslant t\leqslant (n+1)T\end{cases} \tag{6.1}$$

其 中 ， $\boldsymbol{x}=\begin{bmatrix}v_{\mathrm{C}} & i_{\mathrm{L}}\end{bmatrix}^{\mathrm{T}}$ ； $\boldsymbol{A}_1=\boldsymbol{A}_2=\begin{bmatrix}\dfrac{-1}{(R+R_{\mathrm{C}})C} & \dfrac{R}{(R+R_{\mathrm{C}})C}\\ \dfrac{-R}{(R+R_{\mathrm{C}})L} & \dfrac{-RR_{\mathrm{C}}}{(R+R_{\mathrm{C}})L}\end{bmatrix}$ ； $\boldsymbol{A}_3=\begin{bmatrix}\dfrac{-1}{(R+R_{\mathrm{C}})C} & 0\\ 0 & 0\end{bmatrix}$ ；

$\boldsymbol{B}_1=\begin{bmatrix}0 & \dfrac{1}{L}\end{bmatrix}^{\mathrm{T}}$ ； $\boldsymbol{B}_2=\boldsymbol{B}_3=\begin{bmatrix}0 & 0\end{bmatrix}^{\mathrm{T}}$ 。

6.1.2 二维离散映射模型

令 $\boldsymbol{x}_n=\boldsymbol{x}(nT)$ 和 $\boldsymbol{x}_{n+1}=\boldsymbol{x}((n+1)T)$ 分别为状态矢量在 nT 和 $(n+1)T$ 时刻的采样值，峰值 V^2 控制 Buck 变换器的二维离散映射模型可以表示成第 $(n+1)T$ 时刻的状态矢量 $\boldsymbol{x}_{n+1}$ 与第 nT 时刻的状态矢量 $\boldsymbol{x}_n$ 之间的关系，即 $\boldsymbol{x}_{n+1}=\boldsymbol{f}(\boldsymbol{x}_n)$ 。

记第 n 个开关周期的状态变量初始值分别为 v_n 和 i_n，根据式(6.1)的第一个方程，可得 Buck 变换器在 $t=nT+t_1$ 时刻的电容电压和电感电流，分别为

$$v_{\mathrm{C}}(nT+t_1)=\mathrm{e}^{-\alpha t_1}[k_1\cos(\omega t_1)+k_2\sin(\omega t_1)]+V_{\mathrm{g}} \tag{6.2}$$

$$i_{\mathrm{L}}(nT+t_1)=\frac{\mathrm{e}^{-\alpha t_1}[k_3\cos(\omega t_1)+k_4\sin(\omega t_1)]}{R}+\frac{V_{\mathrm{g}}}{R} \tag{6.3}$$

其中，$\alpha=\dfrac{RR_{\mathrm{C}}C+L}{2\tau L}$ ； $\omega=\sqrt{\dfrac{R}{\tau L}-\alpha^2}$ ； $\tau=(R+R_{\mathrm{C}})C$ ； $k_1=v_n-V_{\mathrm{g}}$ ； $k_2=\dfrac{Ri_n-v_n}{\tau}+\dfrac{\alpha}{\omega}k_1$ ； $k_3=\tau(k_2\omega-k_1\alpha)+k_1$ ； $k_4=k_2-\tau(k_1\omega+k_2\alpha)$ 。

经过时间间隔 t_1 后，变换器进入开关状态 2。根据式(6.1)的第二个状态方程，并以式(6.2)、式(6.3)为初值，可得 Buck 变换器在 $t = nT+t_1+t_2$ 时刻的电容电压和电感电流，分别为

$$v_{\mathrm{C}}(nT+t_1+t_2)=\mathrm{e}^{-\alpha t_2}[k_{12}\cos(\omega t_2)+k_{22}\sin(\omega t_2)] \tag{6.4}$$

$$i_{\mathrm{L}}(nT+t_1+t_2)=\frac{\mathrm{e}^{-\alpha t_2}[k_{32}\cos(\omega t_2)+k_{42}\sin(\omega t_2)]}{R} \tag{6.5}$$

其中， $k_{12}=v_{\mathrm{C}}(nT+t_1)$ ； $k_{22}=\dfrac{Ri_{\mathrm{L}}(nT+t_1)-v_{\mathrm{C}}(nT+t_1)}{\omega\tau}+\dfrac{\alpha}{\omega}k_{12}$ ； $k_{32}=\tau(k_{22}\omega-k_{12}\alpha)+k_{12}$ ； $k_{42}=k_{22}-\tau(k_{12}\omega+k_{22}\alpha)$ 。

再经过时间间隔 t_2 后，变换器进入开关状态 3。根据式(6.1)的第三个状态方程，并以式(6.4)、式(6.5)为初值，可得 Buck 变换器在 $t=(n+1)T$ 时刻的电容电压和电感电流，分

别为

$$v_{\rm C}((n+1)T)=v_{\rm C}(nT+t_1+t_2){\rm e}^{\frac{-t_3}{\tau}} \tag{6.6}$$

$$i_{\rm L}((n+1)T)=0 \tag{6.7}$$

由图 6.1 可知，输出电压与电感电流、电容电压之间的关系为

$$v_{\rm o}(t)=\frac{RR_{\rm C}}{R+R_{\rm C}}i_{\rm L}(t)+\frac{R}{R+R_{\rm C}}v_{\rm C}(t) \tag{6.8}$$

于是，输出电压在 $t=nT+t_1$ 时刻的值为

$$v_{\rm o}(nT+t_1)=\frac{RR_{\rm C}}{R+R_{\rm C}}i_{\rm L}(nT+t_1)+\frac{R}{R+R_{\rm C}}v_{\rm C}(nT+t_1) \tag{6.9}$$

由峰值 $\rm V^2$ 控制 Buck 变换器的原理可知 $v_{\rm k}(t)=K\left[V_{\rm ref}-v_{\rm o}(t)\right]$，其中 K 为误差放大器的比例系数。为了不增加模型的阶数，误差放大器中只采用比例环节。当 $v_{\rm o}(nT+t_1)=v_{\rm k}(nT+t_1)$ 时，开关管由导通切换为关断。定义开关函数：

$$s(v_{on},t_1)=v_{\rm k}(nT+t_1)-v_{\rm o}(nT+t_1)=KV_{\rm ref}-(K+1)v_{\rm o}(nT+t_1) \tag{6.10}$$

令 $s(v_{on},t_1)=0$，即可求出第 n 个开关周期的 t_1。当变换器工作于 CCM 时，$t_2=T-t_1$，$t_3=0$；当变换器工作于 DCM 时，令式(6.5)中的 $i_{\rm L}(nT+t_1+t_2)=0$，可以求出 t_2，进而可以求出 $t_3=T-(t_1+t_2)$。求解 t_1 和 t_2 的等式均为超越方程，不能得到解析表达式，但可以采用 Newton-Raphson 等数值方法[14]进行求解。得到 t_1 和 t_2 后，根据式(6.2)～式(6.7)，可以得到下述 3 种情况下的离散映射模型。

当 $t_1\geqslant T$ 时，开关管在整个开关周期内一直处于导通状态，这时离散映射为

$$\boldsymbol{x}_{n+1}=\boldsymbol{f}(\boldsymbol{x}_n)=\begin{cases}v_{n+1}={\rm e}^{-\alpha T}[k_1\cos(\omega T)+k_2\sin(\omega T)]+V_{\rm g}\\ i_{n+1}=\dfrac{{\rm e}^{-\alpha T}[k_3\cos(\omega T)+k_4\sin(\omega T)]}{R}+\dfrac{V_{\rm g}}{R}\end{cases} \tag{6.11}$$

当 $t_1+t_2>T$ 时，变换器工作于 CCM，这时离散映射为

$$\boldsymbol{x}_{n+1}=\boldsymbol{f}(\boldsymbol{x}_n)=\begin{cases}v_{n+1}={\rm e}^{-\alpha(T-t_1)}[k_{12}\cos\omega(T-t_1)+k_{22}\sin\omega(T-t_1)]\\ i_{n+1}=\dfrac{{\rm e}^{-\alpha(T-t_1)}[k_{32}\cos\omega(T-t_1)+k_{42}\sin\omega(T-t_1)]}{R}\end{cases} \tag{6.12}$$

当 $t_1+t_2\leqslant T$ 时，变换器工作于 DCM，这时离散映射为

$$\boldsymbol{x}_{n+1}=\boldsymbol{f}(\boldsymbol{x}_n)=\begin{cases}v_{n+1}=v_{\rm C}(nT+t_1+t_2){\rm e}^{\frac{-t_3}{\tau}}\\ i_{n+1}=0\end{cases} \tag{6.13}$$

式(6.11)～式(6.13)即为峰值 $\rm V^2$ 控制 Buck 变换器的二维离散映射模型。根据此模型，可对峰值 $\rm V^2$ 控制 Buck 变换器的非线性动力学行为进行研究。

此外，峰值 $\rm V^2$ 控制 Buck 变换器的离散映射中存在输出电压边界。定义边界 $V_{\rm b}$ 为输出电压在时钟周期结束[$(n+1)T$ 时刻]刚好到达控制电压 $v_{\rm k}$ 时，时钟周期开始时(nT 时刻)的输出电压值。令 $v_{\rm o}((n+1)T)=v_{\rm k}((n+1)T)=V_{\rm k}$，其中 $V_{\rm k}=KV_{\rm ref}/(1+K)$。结合式(6.2)、式(6.3)和式(6.8)，可以得到边界值 $V_{\rm b}$ 为

$$V_b=\frac{\tau RR_C[(\alpha N_1+N_2)V_g+(V_k-V_g)(R+R_C)e^{\alpha T}]+N_3v_n}{N_1(R+R_C)} \tag{6.14}$$

其中， $N_1=\dfrac{R_C-R_C\tau\alpha+R}{\omega}\sin\omega T+\tau R_C\cos\omega T$ ； $N_2=\dfrac{R_C-R_C\tau\alpha+R}{\omega}\cos\omega T-\tau R_C\sin\omega T$ ； $N_3=R[(R_C-R_C\alpha\tau+1)N_1-R_C\tau N_2]$ 。

6.1.3　分岔分析

基于式(6.10)至式(6.14)所描述的二维离散映射模型，可以通过分岔图等动力学分析方法对峰值 V^2 控制 Buck 变换器的非线性动力学进行详细研究。选择峰值 V^2 控制 Buck 变换器主电路及控制环路参数如下：输入电压 $V_g=8V$，参考电压 $V_{ref}=5.25V$，电感 $L=100\mu H$，输出电容 $C=1000\mu F$，输出电容 ESR $R_C=0.1\Omega$，负载电阻 $R=2\Omega$，误差放大器比例系数 $K=30$，开关周期 $T=50\mu s$，对相关参数的分岔特性进行分析。

1. 输入电压为分岔参数

固定除输入电压外的其他电路参数，以输入电压为分岔参数，变化范围为 8～12V，得到的输出电压、电感电流的分岔图如图 6.2 所示。

由图 6.2(a)可以看出，随着 V_g 的减小，在 $V_g=11.26V$ 处，变换器发生倍周期分岔，其运行轨道从稳定的 CCM 周期 1 进入 CCM 周期 2。随着 V_g 进一步减小，在 $V_g=9.92V$ 时，CCM 周期 2 轨道与边界 V_b 碰撞，发生边界碰撞分岔，变换器直接进入 CCM 混沌状态。由图 6.2(b)可以看出，在整个输入电压范围内，电感电流 i_L 一直大于零，说明变换器一直工作于 CCM。因此，当输入电压减小时，峰值 V^2 控制 Buck 变换器存在倍周期分岔、边界碰撞分岔、CCM 混沌状态的分岔路线。

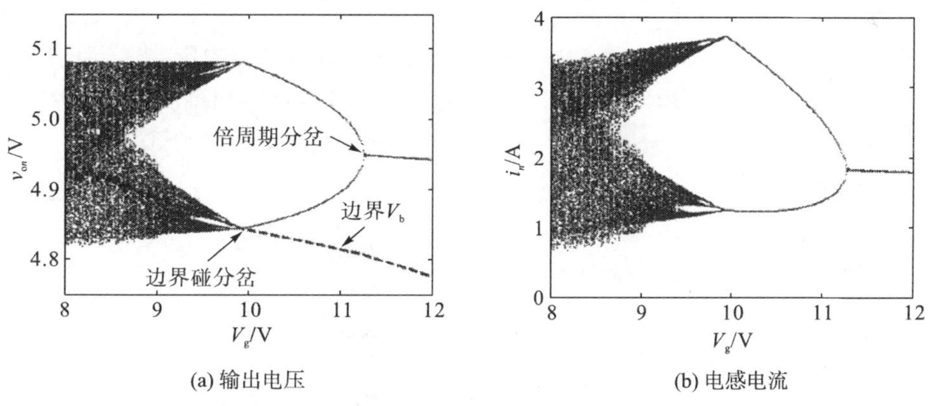

(a) 输出电压　　(b) 电感电流

图 6.2　以输入电压为分岔参数的分岔图

2. 负载电阻为分岔参数

在实际应用中，开关变换器的负载会在一定范围内变化。为了讨论负载变化对变换器动力学行为的影响，图 6.3 给出了以负载电阻为分岔参数的分岔图，其中 $V_g=8V$，$R=2～12\Omega$。

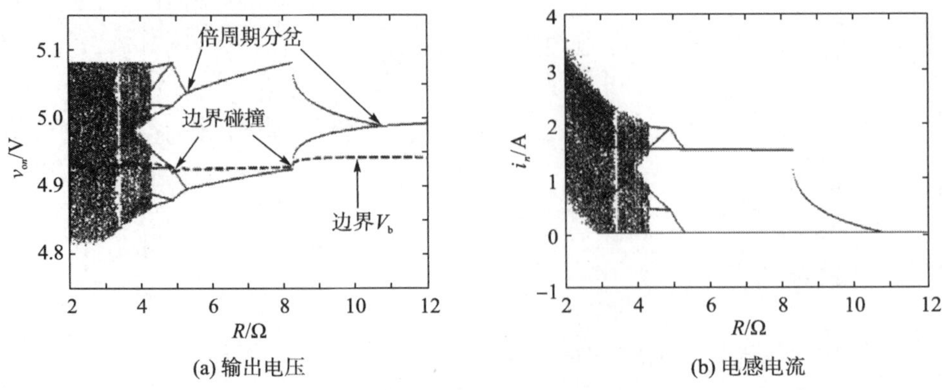

(a) 输出电压　　(b) 电感电流

图 6.3　以负载电阻为分岔参数的分岔图

由图 6.3 可以看出，当 R 减小到 10.8Ω 时，变换器发生第一次倍周期分岔，由 DCM 周期 1 进入 DCM 周期 2；当 $R = 8.21\Omega$ 时，DCM 周期 2 轨道与边界 V_b 发生第一次边界碰撞，产生折叠；当 $R = 5.28\Omega$ 时，DCM 周期 2 轨道发生第二次倍周期分岔，进入 DCM 周期 4；当 $R = 4.9\Omega$ 时，DCM 周期 4 轨道与边界 V_b 发生第二次边界碰撞，进入 DCM 周期 8；随着 R 的持续减小，变换器的轨道经过多次边界碰撞分岔，最后进入 DCM 阵发混沌状态。在 R 减小到约为 2.86Ω 时，变换器进入 CCM 混沌状态。

通过对负载电阻变化的分岔行为分析可以发现，R 越大，变换器越容易进入 DCM 工作状态；在占空比大于 0.5 时，可以增大 R 使峰值 V^2 控制 Buck 变换器工作于 DCM 稳定状态。在实际应用中，当其他参数保持不变时，若 R 越大，则负载电流越小，输入电流也越小，电感电流在相同的斜率下更易进入 DCM 状态。负载电阻变化时的分岔行为与实际情况保持一致。

3. 输出电容及其 ESR 为分岔参数

输出电容及其 ESR 对峰值 V^2 控制方法的控制性能有着较大的影响。为了分析输出电容对峰值 V^2 控制 Buck 变换器的动力学特性的影响，令 $V_g = 12V$，保持其他电路参数不变，以 C 为分岔参数，变化范围为 100～1000μF，相应的分岔图如图 6.4 所示。

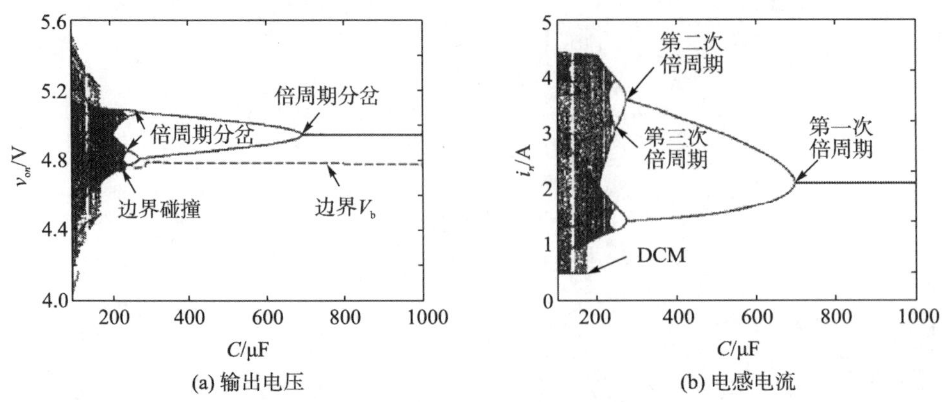

(a) 输出电压　　(b) 电感电流

图 6.4　以输出电容为分岔参数的分岔图

从图 6.4(a)可以看出，随着 C 的逐渐减小，在 C 约为 694μF 时，变换器发生第一次倍周期分岔，从稳定的 CCM 周期 1 状态进入 CCM 周期 2 状态；随着 C 的继续减小，在 C 约为 275μF 时，变换器发生第二次倍周期分岔，从 CCM 周期 2 状态进入 CCM 周期 4 状态；在 C 约为 245μF 时，变换器发生第三次倍周期分岔，从 CCM 周期 4 状态进入 CCM 周期 8 状态；当 C 约为 237μF 时，变换器的运行轨道与边界 V_b 碰撞，发生边界碰撞分岔，由 CCM 周期 8 状态进入 CCM 混沌状态。从图 6.4(b)可以清晰地看出，当 C 减小到约为 173μF 时，i_L 的最小离散迭代值为零，表明变换器在一定参数范围内会工作于 DCM，工作状态由CCM混沌态变为DCM混沌态。从整个输出电容的变化范围(100～1000μF)来看，峰值 V^2 控制 Buck 变换器经历了第一次倍周期分岔、第二次倍周期分岔、第三次倍周期分岔、边界碰撞分岔、CCM 混沌、DCM 混沌的逆分岔路线。

以输出电容 ESR 为分岔参数，变化范围为 0.01～0.1Ω，相应的分岔图如图 6.5 所示。

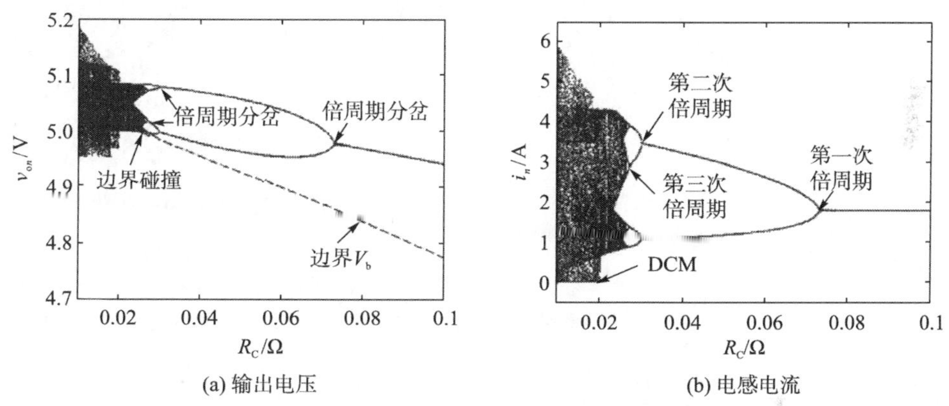

图 6.5　以输出电容 ESR 为分岔参数的分岔图

从图 6.5(a)可以看出，随着输出电容 ESR 的减小，在 R_C 约为 0.0729Ω 时，变换器发生第一次倍周期分岔，其运行轨道从稳定的 CCM 周期 1 状态进入 CCM 周期 2 状态。随着输出电容 ESR 的继续减小，在 R_C 约为 0.0301Ω 时，变换器发生第二次倍周期分岔，进入 CCM 周期 4 状态；在 R_C 约为 0.0274Ω 时，变换器发生第三次倍周期分岔，进入 CCM 周期 8 状态；当 R_C 约为 0.0265Ω 时，变换器的运行轨道与边界 V_b 碰撞，发生边界碰撞分岔，进入 CCM 混沌状态。从图 6.5(b)可以清晰地看出，当 R_C 约为 0.0194Ω 时，i_L 的最小离散迭代值为零，变换器的工作状态由 CCM 混沌态变为 DCM 混沌态。

从整个 R_C 的变化范围来看，图 6.5 所示的峰值 V^2 控制 Buck 变换器的逆分岔路线与图 6.4 一致。无论是输出电容 C 变化，还是 R_C 变化，均会使得输出电容的时间常数($R_C C$)发生变化。对比图 6.4、图 6.5 及相应的分析可以看出，二者变化引起的输出电容时间常数变化对峰值 V^2 控制 Buck 变换器的动力学行为产生的影响一致。而实际工程应用中，不同厂家生产的电容具有不同的时间常数。因此，在对输出电容进行选择时，还需注意电容的时间常数性能指标。

4. 参考电压和比例系数为分岔参数

为了研究控制环路参数对峰值 V^2 控制 Buck 变换器的影响，选择相同的电路参数，分别以参考电压和误差放大器的比例系数为分岔参数进行研究。

以 V_{ref} 为分岔参数，变化范围为 3～6V，相应的分岔图如图 6.6 所示。由图 6.6(a)可以看出，随着 V_{ref} 的增大，在 $V_{ref}=3.73V$ 时，变换器发生倍周期分岔，形成周期 2 轨道。当 $V_{ref}=4.23V$ 时，周期 2 轨道与边界 V_b 碰撞发生边界碰撞分岔，直接进入 CCM 混沌状态。由图 6.6(b)可以看出，在整个参考电压变化范围内，i_L 始终大于零，变换器工作于 CCM。

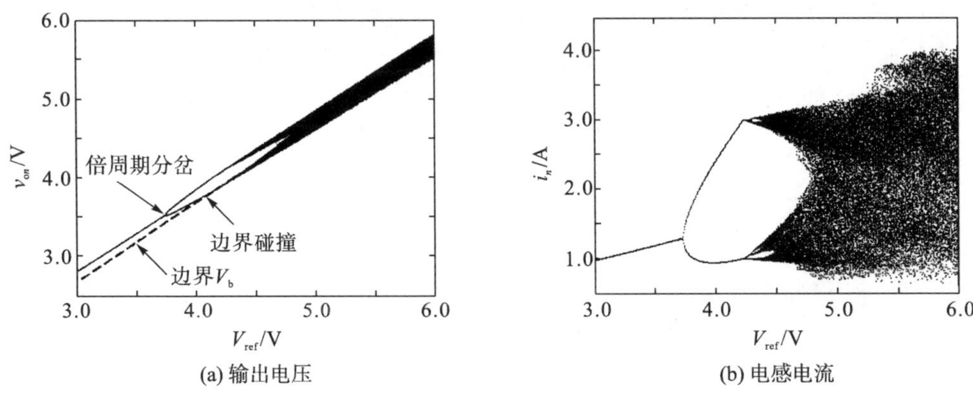

(a) 输出电压 (b) 电感电流

图 6.6 以参考电压为分岔参数的分岔图

以 K 为分岔参数，变化范围为 1～12，相应的分岔图如图 6.7 所示。由图 6.7(a)可以看出，随着 K 的增大，在 $K=2.2$ 时，变换器发生倍周期分岔，形成周期 2 轨道。当 $K=3.56$ 时，周期 2 轨道与边界 V_b 碰撞发生边界碰撞分岔，直接进入 CCM 混沌状态。由图 6.7 (b)可以看出，在整个比例系数变化范围内，i_L 始终大于零，变换器工作于 CCM。

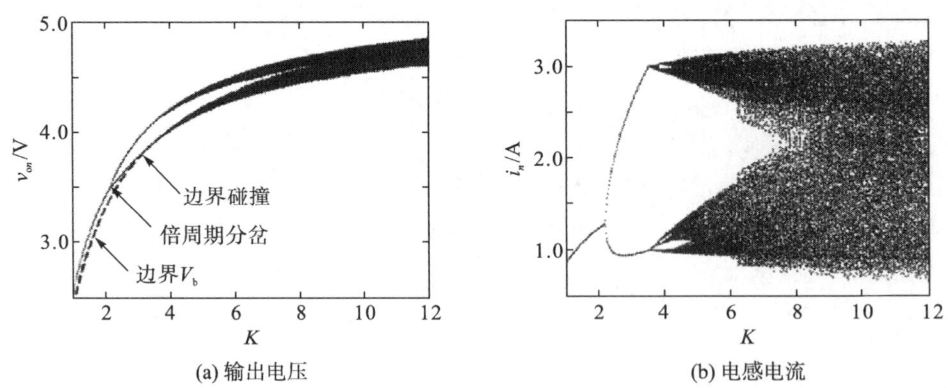

(a) 输出电压 (b) 电感电流

图 6.7 以比例系数为分岔参数的分岔图

对比图 6.6 和图 6.7 可以看出，对于峰值 V^2 控制 Buck 变换器，V_{ref} 和 K 变化时变换器具有相同的分岔路线，即 CCM 周期 1 经过倍周期分岔进入 CCM 周期 2，CCM 周期 2

发生边界碰撞分岔直接进入 CCM 混沌。参考电压 V_{ref} 对输出电压有很强的控制和调节作用，输出电压随着参考电压的增大近似线性增大。比例系数 K 对输出电压也有相应的控制和调节作用，在 K 较小时，控制和调节作用比较明显；随着 K 的增大，控制和调节作用逐渐减弱，当 K 比较大(远远大于 1)时，控制和调节作用基本消失。

6.1.4　雅可比矩阵与特征值

通过对离散映射模型的不动点处的雅可比矩阵及其特征值进行分析，可以确定开关变换器工作时的稳定性。由式(6.12)或式(6.13)，令 $\boldsymbol{x}_{n+1}=\boldsymbol{x}_n=\boldsymbol{X}_Q$，利用 Newton-Raphson 法等数值算法，可以求出不动点 $\boldsymbol{X}_Q=[V_C\ I_L]^T$。峰值 V^2 控制 Buck 变换器的离散映射模型在不动点 $\boldsymbol{X}_Q$ 处的雅可比矩阵为

$$\boldsymbol{J}(\boldsymbol{X}_Q)=\begin{bmatrix} J_{11} & J_{12} \\ J_{21} & J_{22} \end{bmatrix}\Bigg|_{\boldsymbol{x}_n=\boldsymbol{X}_Q} \tag{6.15}$$

其中，$J_{11}=\partial v_{n+1}/\partial v_n$；$J_{12}=\partial v_{n+1}/\partial i_n$；$J_{21}=\partial i_{n+1}/\partial v_n$；$J_{22}=\partial i_{n+1}/\partial i_n$。

若变换器工作于 CCM，则由式(6.12)可以求得矩阵系数 $J_{ij}\ (i,j=1,2)$，分别为

$$J_{11}=\mathrm{e}^{-\alpha(T-t_1)}[\rho_1\cos\omega(T-t_1)+\rho_2\sin\omega(T-t_1)] \tag{6.16a}$$

$$J_{12}=\mathrm{e}^{-\alpha(T-t_1)}[\rho_3\cos\omega(T-t_1)+\rho_4\sin\omega(T-t_1)] \tag{6.16b}$$

$$J_{21}=\frac{\mathrm{e}^{-\alpha(T-t_1)}[\rho_5\cos\omega(T-t_1)+\rho_6\sin\omega(T-t_1)]}{R} \tag{6.16c}$$

$$J_{22}=\frac{\mathrm{e}^{-\alpha(T-t_1)}[\rho_7\cos\omega(T-t_1)+\rho_8\sin\omega(T-t_1)]}{R} \tag{6.16d}$$

其中，

$$\rho_1=v_{\mathrm{C1v}}+(\alpha k_{12}-\omega k_{22})t_{\mathrm{1v}}，\quad \rho_2=(\omega k_{12}+\alpha k_{22})t_{\mathrm{1v}}+k_{\mathrm{22v}}$$

$$\rho_3=v_{\mathrm{C1i}}+(\alpha k_{12}-\omega k_{22})t_{\mathrm{1i}}，\quad \rho_4=(\omega k_{12}+\alpha k_{22})t_{\mathrm{1i}}+k_{\mathrm{22i}}$$

$$\rho_5=Ri_{\mathrm{L1v}}+(\alpha k_{32}-\omega k_{42})t_{\mathrm{1v}}，\quad \rho_6=(\omega k_{32}+\alpha k_{42})t_{\mathrm{1v}}+(1-\tau\alpha)k_{\mathrm{22v}}-\tau\omega v_{\mathrm{C1v}}$$

$$\rho_7=Ri_{\mathrm{L1i}}+(\alpha k_{32}-\omega k_{42})t_{\mathrm{1i}}，\quad \rho_8=(\omega k_{32}+\alpha k_{42})t_{\mathrm{1i}}+(1-\tau\alpha)k_{\mathrm{22i}}-\tau\omega v_{\mathrm{C1i}}$$

$$v_{\mathrm{C1v}}=\mathrm{e}^{-\alpha t_1}\left\{[1+(\omega k_2-\alpha k_1)t_{\mathrm{1v}}]\cos\omega t_1+\left[\frac{\tau\alpha-1}{\omega\tau}-(\omega k_1+\alpha k_2)t_{\mathrm{1v}}\right]\sin\omega t_1\right\}$$

$$v_{\mathrm{C1i}}=\mathrm{e}^{-\alpha t_1}\left\{(\omega k_2-\alpha k_1)t_{\mathrm{1i}}\cos\omega t_1+\left[\frac{R}{\omega\tau}-(\omega k_1+\alpha k_2)t_{\mathrm{1i}}\right]\sin\omega t_1\right\}$$

$$i_{\mathrm{L1v}}=\frac{\mathrm{e}^{-\alpha t_1}\left\{(\omega k_4-\alpha k_3)t_{\mathrm{1v}}\cos\omega t_1+\left[\frac{-(\alpha\tau-1)^2}{\omega\tau}-\omega\tau-(k_3\omega+k_4\alpha)t_{\mathrm{1v}}\right]\sin\omega t_1\right\}}{R}$$

$$i_{\mathrm{L1i}}=\frac{\mathrm{e}^{-\alpha t_1}\left\{[R+(\omega k_4-\alpha k_3)t_{\mathrm{1i}}]\cos\omega t_1+\left[\frac{R(1-\tau\alpha)}{\omega\tau}-(\omega k_3+\alpha k_4)t_{\mathrm{1i}}\right]\sin\omega t_1\right\}}{R}$$

$$k_{\mathrm{22i}}=\frac{Ri_{\mathrm{L1i}}+(\tau\alpha-1)v_{\mathrm{c1i}}}{\omega\tau}，\quad k_{\mathrm{22v}}=\frac{Ri_{\mathrm{L1v}}+(\tau\alpha-1)v_{\mathrm{c1v}}}{\omega\tau}$$

$$\sigma = c_2 \sin \omega t_1 - c_1 \cos \omega t_1$$

$$c_1 = R_C(\omega k_4 - \alpha k_3) + R(\omega k_2 - \alpha k_1)\text{，}\quad c_2 = R_C(\alpha k_4 + \omega k_3) + R(\omega k_1 + \alpha k_2)$$

$$t_{1i} = \frac{R_C R \cos \omega t_1 + \left[(1-\tau\alpha)\dfrac{RR_C}{\omega\tau} + \dfrac{R^2}{\omega\tau}\right]\sin \omega t_1}{\sigma}$$

$$t_{1v} = \frac{R \cos \omega t_1 + \left[\dfrac{(\alpha\tau - 1)(R + R_C - R_C\alpha\tau)}{\omega\tau} - R_C\omega\tau\right]\sin \omega t_1}{\sigma}$$

若变换器工作于 DCM，此时 $J_{21}=J_{22}=0$，可令 $J_{12}=0$，则 J_{11} 由下式决定：

$$J_{11} = \rho_9 e^{\frac{-t_3}{\tau}} + \frac{v_C(nT + t_1 + t_2)}{\tau} e^{\frac{-t_3}{\tau}}(t_{1v} + t_{2v}) \tag{6.17}$$

其中，

$$\rho_9 = e^{-\alpha t_2}\{[v_{C1v} + (\omega k_{22} - \alpha k_{12})t_{2v}]\cos \omega t_2 + [k_{22v} - (\omega k_{12} + \alpha k_{22})t_{2v}]\sin \omega t_2\}$$

$$t_{2v} = \frac{R i_{L1v} \cos \omega t_2 + [(1-\tau_1\alpha)k_{22v} - \tau_1 \omega v_{C1v}]\sin \omega t_2}{\omega k_{32} \sin \omega t_2 - \omega k_{42} \cos \omega t_2}$$

根据式(6.15)～式(6.16)，可得相应的特征方程为

$$\det\left[\lambda \boldsymbol{I} - \boldsymbol{J}_n(\boldsymbol{X}_Q)\right] = 0 \tag{6.18}$$

由式(6.18)即可得到两个特征值 λ_1 和 λ_2，根据 λ_1 和 λ_2 的变化可以判定峰值 V^2 控制 Buck 变换器的稳定运行参数范围。表 6.1、表 6.2 分别给出了输出电容及其 ESR 变化时对应的特征值。

从表 6.1、表 6.2 中的左列可以看出，当一次离散映射 $\boldsymbol{x}_{n+1}=f(\boldsymbol{x}_n)$ 的特征值逼近−1 时，系统发生倍周期分岔，从周期 1 状态变成周期 2 状态，此时存在二次离散映射 $\boldsymbol{x}_{n+2} = f^2(\boldsymbol{x}_n)$。类似地，令 $\boldsymbol{x}_{n+2}=\boldsymbol{x}_n=\boldsymbol{X}_{Q2}$，可以求得不动点 $\boldsymbol{X}_{Q2}$ 及对应的雅可比矩阵，最后可以得到相应的特征值，如表 6.1、表 6.2 中的右列所示。

表 6.1 输出电容变化时的特征值

一次离散映射 $f(\cdot)$			二次离散映射 $f^2(\cdot)$		
C/μF	特征值(λ_1, λ_2)	说明	C/μF	特征值(λ_1, λ_2)	说明
800	−0.9534, 0.5246	周期 1	300	−0.6788, −0.0144	周期 2
750	−0.9730, 0.5022	周期 1	290	−0.7961, −0.0078	周期 2
700	−0.9961, 0.4779	周期 1	280	−0.8973, −0.0037	周期 2
695	−0.9992, 0.4752	周期 1	276	−0.9594, −0.0021	周期 2
694	−1.0030, 0.4750	倍周期分岔	275	−1.0013, −0.0015	倍周期分岔
693	−1.0049, 0.4745	周期 2	274	−1.0046, −0.0013	周期 4
680	−1.0168, 0.4681	周期 2	270	−1.2971, 0.0007	周期 4

表 6.2　输出电容 ESR 变化时的特征值

一次离散映射 $f(\cdot)$			二次离散映射 $f^2(\cdot)$		
R_C/mΩ	特征值 (λ_1, λ_2)	说明	R_C/mΩ	特征值 (λ_1, λ_2)	说明
75.0	−0.9877, 0.5022	周期 1	33.0	−0.6503, −0.0281	周期 2
74.0	−0.9927, 0.4974	周期 1	32.0	−0.7639, −0.0184	周期 2
73.5	−0.9957, 0.4951	周期 1	31.0	−0.8840, −0.0114	周期 2
73.0	−0.9981, 0.4927	周期 1	30.2	−0.9826, −0.0073	周期 2
72.9	−1.0005, 0.4923	倍周期分岔	30.1	−1.0020, −0.0067	倍周期分岔
72.8	−1.0030, 0.4919	周期 2	30.0	−1.0615, −0.0055	周期 4
72.5	−1.0056, 0.4905	周期 2	29.0	−1.2639, 0.0007	周期 4

根据表 6.1、表 6.2 中的特征值，可以绘出输出电容及其 ESR 变化时的特征值走向。以输出电容为例，图 6.8(a)、图 6.8(b) 分别给出了 $C = 800\sim680\mu F$、$C = 300\sim270\mu F$ 时的特征值走向，其中箭头方向表示 C 减小时系统特征值的移动方向。

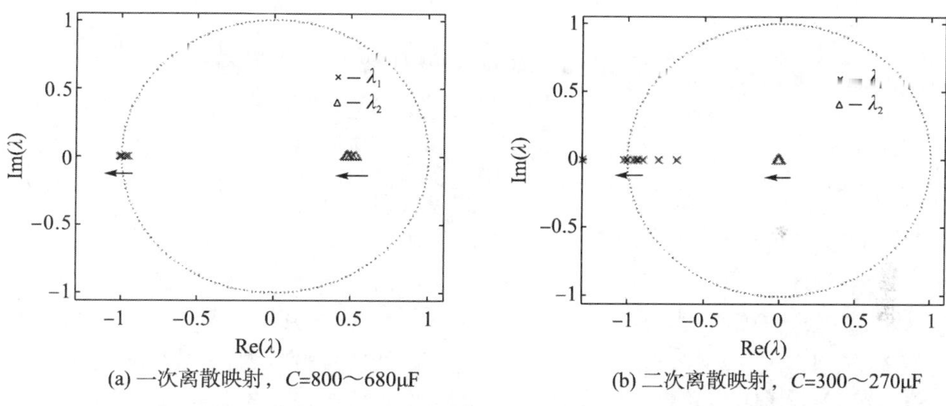

(a) 一次离散映射，C=800～680μF　　(b) 二次离散映射，C=300～270μF

图 6.8　输出电容变化时的特征值运动轨迹

从图 6.8(a) 可以明显看出，随着 C 逐渐减小，系统的一个实数特征值从 −1 离开单位圆，表明系统发生倍周期分岔，进入周期 2 轨道，即次谐波振荡状态；从图 6.8(b) 可以看出，在二次迭代映射下，系统仍然存在一个实数特征值从 −1 离开单位圆的情况，表明系统再次发生倍周期分岔，进入周期 4 轨道。两次倍周期分岔点处的电容值与图 6.4 一致，验证了分岔图的正确性。

6.1.5　最大 Lyapunov 指数

Lyapunov 指数常常用来表征系统运动的特征，它在某一方向上的取值的正负，可以表示系统在吸引子中的相邻轨道在该方向是平均发散或者收敛，是目前用来判断非线性系统存在混沌行为与否的主要依据[15]。系统的最大 Lyapunov 指数可表示为

$$\lambda_{\mathrm{L}}=\max(\lambda_1,\lambda_2)=\max\left[\lim_{n\to\infty}\frac{1}{n}\ln\left|\mathrm{eig}(\boldsymbol{J}_n\boldsymbol{J}_{n-1}\cdots\boldsymbol{J}_1)\right|\right] \tag{6.19}$$

其中，eig(•)和max(•)分别是求特征值和求最大值的函数。

根据式(6.19)，对应于图6.4和图6.5的最大Lyapunov指数谱分别如图6.9(a)和图6.9(b)所示。

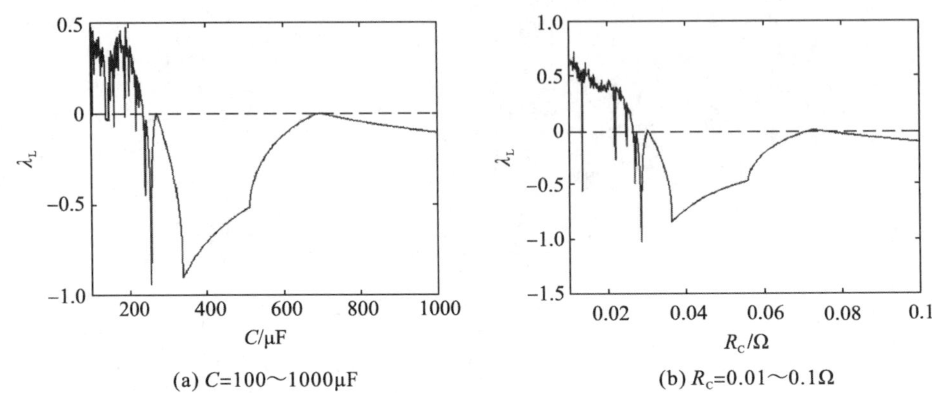

(a) C=100～1000μF (b) R_{C}=0.01～0.1Ω

图6.9 以C和R_{C}为参数的最大Lyapunov指数谱

由图6.9(a)可以看出，当$C > 694\mu\mathrm{F}$时，λ_{L}小于零，表明变换器处于稳定的周期态；当$C = 694\mu\mathrm{F}$时，λ_{L}上升到零，对应图6.4中的第一次倍周期点；当$275\mu\mathrm{F} < C < 694\mu\mathrm{F}$时，$\lambda_{\mathrm{L}}$小于零；当$C = 275\mu\mathrm{F}$时，$\lambda_{\mathrm{L}}$又从负数上升到零，对应图6.4中的第二次倍周期点；当$245\mu\mathrm{F} < C < 275\mu\mathrm{F}$时，$\lambda_{\mathrm{L}}$小于零；当$C = 245\mu\mathrm{F}$时，$\lambda_{\mathrm{I}}$又从负数上升到零，对应图6.4中的第二次倍周期点；当$C < 237\mu\mathrm{F}$时，大部分范围内λ_{L}大于零，表明变换器处于混沌态，其中有小范围内小于零的λ_{L}，表明变换器存在周期窗。

类似地，由图6.9(b)可以看出，当$R_{\mathrm{C}} > 0.0729\Omega$、$0.0301\Omega < R_{\mathrm{C}} < 0.0729\Omega$和$0.0274\Omega < R_{\mathrm{C}} < 0.0301\Omega$时，$\lambda_{\mathrm{L}}$均小于零，表明变换器处于稳定的周期态；当$R_{\mathrm{C}} = 0.0729\Omega$、$R_{\mathrm{C}} = 0.0301\Omega$和$R_{\mathrm{C}} = 0.0274\Omega$时，$\lambda_{\mathrm{L}}$均从负数上升到零，分别对应图6.5中的第一次、第二次和第三次倍周期点；当$R_{\mathrm{C}} < 0.0265\Omega$时，大部分范围内$\lambda_{\mathrm{L}}$大于零，表明变换器处于混沌态，其中也有小范围内小于零的λ_{L}，表明变换器存在周期窗。图6.9(a)和图6.9(b)的最大Lyapunov指数谱分别与图6.4和图6.5的分岔图相对应，验证了分岔图的正确性。

6.1.6 仿真分析

采用Psim软件搭建了相应的电路仿真模型，对峰值V^2控制Buck变换器进行时域仿真分析。为了避免赘述，仅以输入电压、输出电容及其ESR和误差放大器比例系数的变化进行时域仿真验证。

1. 输入电压变化

选择相同的电路参数，V_{g}分别为12V、11V和8V时的时域仿真波形如图6.10所示。

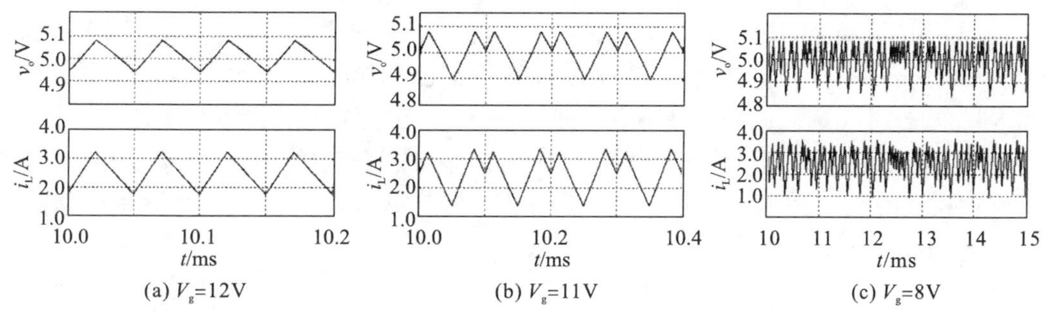

图 6.10　输入电压变化时的时域波形

由图 6.10 可以看出，当 V_g = 12V 时，变换器处于稳定的 CCM 周期 1 状态；当 V_g = 11V 时，变换器处于 CCM 周期 2 状态；当 V_g = 8V 时，变换器处于 CCM 混沌状态。随着输入电压的减小，变换器由稳定的 CCM 周期 1 状态，经过 CCM 周期 2 状态进入 CCM 混沌状态。输入电压变化的时域仿真结果与峰值 V² 控制 Buck 变换器的分岔分析完全一致。

2. 输出电容及其 ESR 变化

令 V_g = 12V，当输出电容变化时，v_o 和 i_L 的仿真时域波形和 i_L-v_o 相轨图如图 6.11 所示。

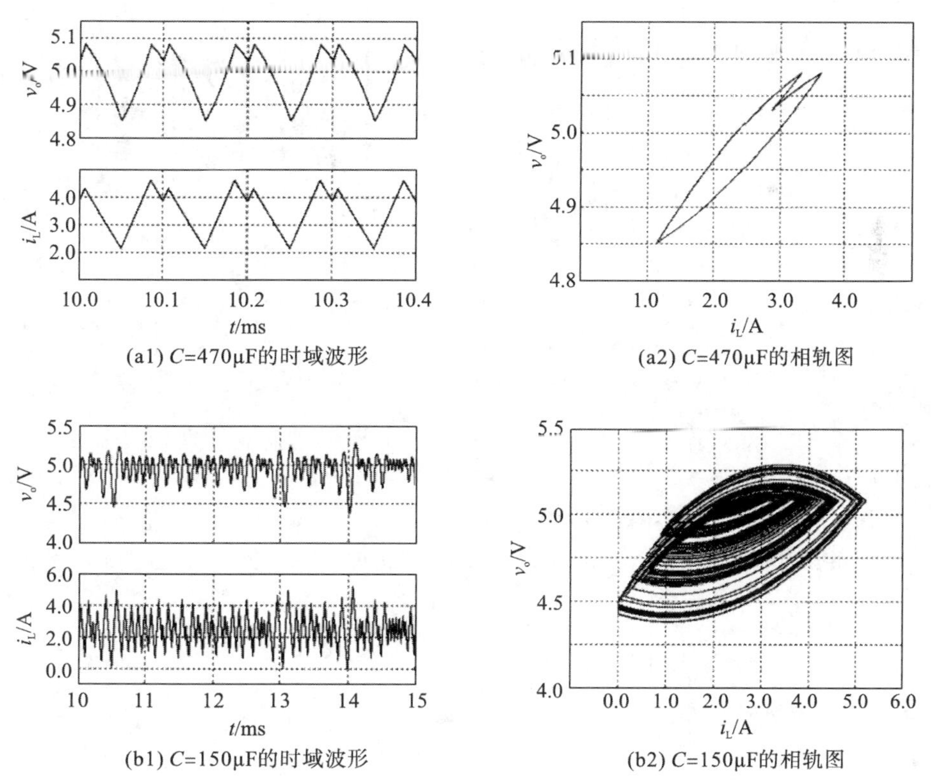

图 6.11　输出电容变化时的时域波形和相轨图

由图 6.10(a)和图 6.11 可以看出，当 C= 1000μF 时，变换器工作于稳定的周期 1 状态；当 C= 470μF 时，变换器呈现出次谐波振荡现象；当 C= 150μF 时，变换器呈现出 DCM 混沌现象。当 R_C 不变时，随着 C(输出电容时间常数 R_CC)的减小，输出电压和电感电流从稳定的周期 1 状态逐渐转移到不稳定的 DCM 混沌状态，仿真结果与动力学分析一致。

选取相同的电路参数，令 V_g= 12V，当输出电容 ESR 变化时，v_o 和 i_L 的时域仿真波形及 i_L-v_o 相轨图如图 6.12 所示。

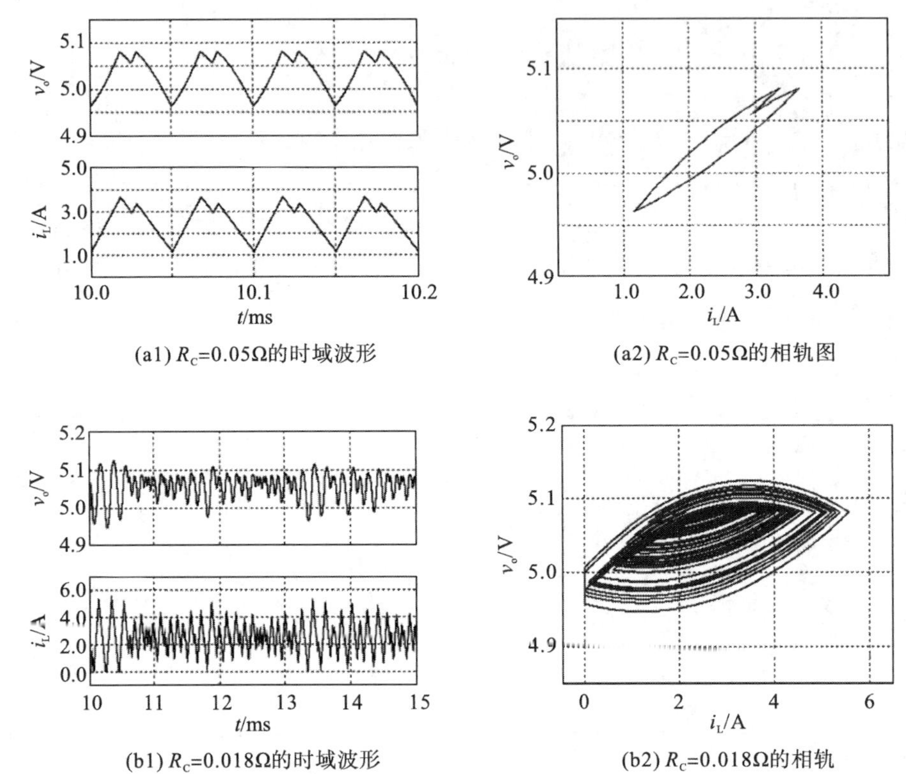

(a1) R_c=0.05Ω的时域波形　　(a2) R_c=0.05Ω的相轨图

(b1) R_c=0.018Ω的时域波形　　(b2) R_c=0.018Ω的相轨

图 6.12　输出电容 ESR 变化时的时域波形和相轨图

在图 6.12 中，当 R_C= 0.05Ω 时，变换器呈现出次谐波振荡现象；当 R_C= 0.018Ω，变换器处于 DCM 混沌状态。结合图 6.10～图 6.12 可知，当 C 不变时，随着 R_C(输出电容时间常数 R_CC)的减小，变换器从稳定的周期 1 状态逐渐转移到不稳定的 DCM 混沌状态，仿真结果与动力学分析一致。

3. 误差放大器的比例系数变化

选取相同的电路参数，误差放大器的比例系数 K 变化时的时域仿真波形如图 6.13 所示。

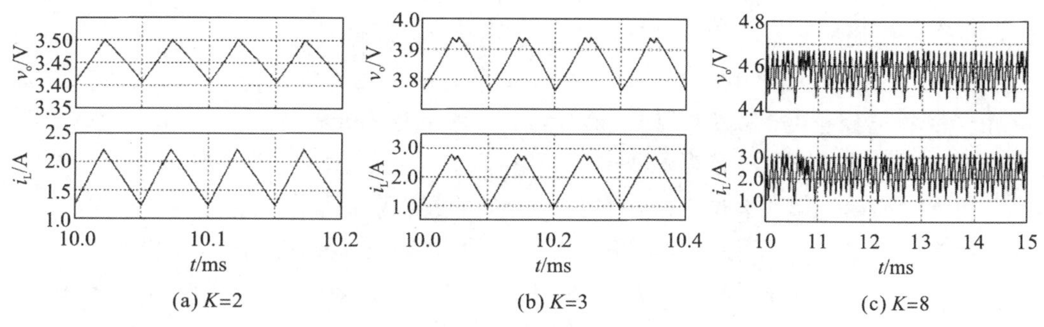

图 6.13　比例系数 K 变化时的时域波形

由图 6.13 可以看出，当 $K = 2$ 时，变换器处于 CCM 周期 1 状态；当 $K = 3$ 时，变换器处于 CCM 周期 2 状态，呈现为次谐波振荡现象；当 $K = 8$ 时，变换器处于 CCM 混沌状态。由此可见，随着比例系数 K 的增大，峰值 V^2 控制 Buck 变换器从稳定的 CCM 周期 1 状态，经过 CCM 周期 2 状态，转移到不稳定的 CCM 混沌状态，仿真结果与分岔分析一致。

本节对主电路参数及控制环路参数变化时的峰值 V^2 控制 Buck 变换器进行了相应的时域仿真，通过对比分析可以发现，时域仿真结果和基于二维离散映射模型的非线性动力学分析完全一致，从而验证了峰值 V^2 控制 Buck 变换器的二维离散映射模型和相应的理论分析的正确性。

6.2　谷值 V^2 控制 Boost 变换器

6.2.1　含输出电容 ESR 的 Boost 变换器状态方程

谷值 V^2 控制 Boost 变换器如图 6.14(a) 所示。其中，控制电路主要由误差放大器、比较器和触发器构成，R_1、R_2 构成内环电压采样电路，V_{ref} 为参考电压，clk 为时钟信号，T 为开关周期。

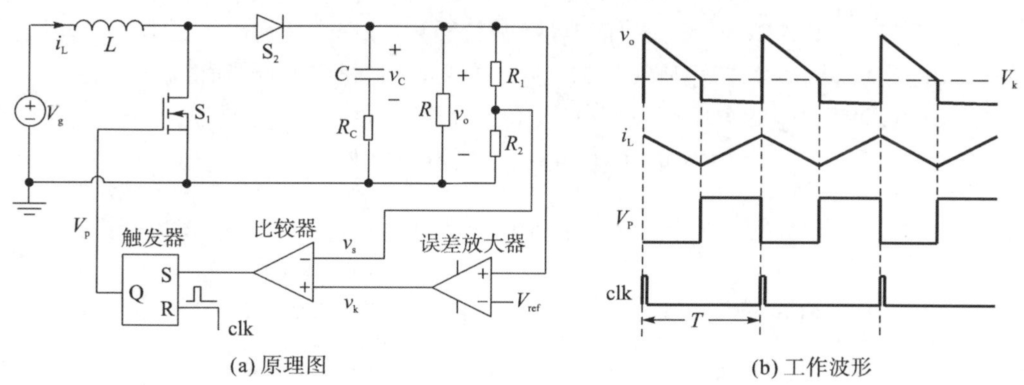

图 6.14　谷值 V^2 控制 Boost 变换器及其工作波形

在每个开关周期初始时刻，时钟脉冲信号使触发器复位并输出低电平，开关管 S_1 关断、二极管 S_2 导通，电感电流 i_L 线性下降，输出电压 v_o 也近似线性下降。当内环检测电压 v_s 下降到谷值控制电压 v_k 时，比较器翻转，使触发器输出高电平，S_1 导通、S_2 关断，i_L 线性上升。此时，输出电容为负载供电，电容电压 v_C 因为输出电容放电而略微减小，相应地内环检测电压 v_s 也有所下降，直到下一个开关周期到来。

由控制原理可知，当 $v_s = v_k$ 时，S_1 由关断切换为导通。令 V_k 为此时的输出电压，即等效控制电压，有 $V_k = KV_{ref}/(K_v+K)$，其中 $K_v = R_2/(R_1+R_2)$，为输出电压采样系数，K 为误差放大器的比例系数。因此，谷值 V^2 控制 Boost 变换器的主要工作波形如图 6.14(b) 所示。

由 5.2.3 节的分析可知，Boost 变换器工作于 CCM 时的状态方程为

$$\dot{\boldsymbol{x}} = \begin{cases} \boldsymbol{A}_1\boldsymbol{x} + \boldsymbol{B}_1 V_g & S_1\text{导通、}S_2\text{关断} \\ \boldsymbol{A}_2\boldsymbol{x} + \boldsymbol{B}_2 V_g & S_1\text{关断、}S_2\text{导通} \end{cases} \tag{6.20}$$

其中，$\boldsymbol{x} = [i_L\ v_C]^T$；$\boldsymbol{A}_1 = \begin{bmatrix} 0 & 0 \\ 0 & -\dfrac{1}{(R+R_C)C} \end{bmatrix}$；$\boldsymbol{A}_2 = \begin{bmatrix} -\dfrac{RR_C}{(R+R_C)L} & -\dfrac{R}{(R+R_C)L} \\ \dfrac{R}{(R+R_C)C} & -\dfrac{1}{(R+R_C)C} \end{bmatrix}$；

$\boldsymbol{B}_1 = \boldsymbol{B}_2 = \begin{bmatrix} \dfrac{1}{L} & 0 \end{bmatrix}^T$。

6.2.2 输出电压边界

谷值 V^2 控制的控制量为输出电压。当处于开关状态 2 时(S_1 关断、S_2 导通)，v_o 减小到 V_k 时，S_1 导通、S_2 关断，进入开关状态 1。由主电路可知：

$$v_o(t) = \frac{R}{R+R_C}[R_C i_L(t) + v_C(t)] \tag{6.21}$$

因此，对于谷值 V^2 控制 Boost 变换器，开关管由关断向导通切换的控制方程为

$$V_k = \frac{R}{R+R_C}(R_C i_L + v_C) \tag{6.22}$$

谷值 V^2 控制 CCM Boost 变换器的离散映射空间中存在一个输出电压边界。定义边界 V_b 为输出电压在时钟周期结束刚好到达控制电压 V_k，时钟周期开始时的输出电压值。

在 S_1 关断期间，电容电压及电感电流的时域解可以由式(6.20)推出：

$$v_C(t) = e^{-\alpha t}(K_1 \sin\omega t + K_2 \cos\omega t) + V_g \tag{6.23}$$

$$i_L(t) = \frac{1}{R}e^{-\alpha t}\{[K_1 - \tau(\alpha K_1 + \omega K_2)]\sin\omega t + [K_2 - \tau(\alpha K_2 - \omega K_1)]\cos\omega t\} + \frac{V_g}{R} \tag{6.24}$$

其中，$\tau = (R_C + R)C$；$\alpha = \dfrac{L + RR_C C}{2\tau L}$；$\omega = \dfrac{\sqrt{4\tau RL - (L + RR_C C)^2}}{2\tau L}$；$K_2 = v_n - V_g$；

$K_1 = \dfrac{Ri_n + \left(\dfrac{RR_C C}{2L} - \dfrac{1}{2}\right)v_n}{\omega\tau} - \dfrac{\alpha}{\omega}V_g$；$i_n$、$v_n$ 分别为 i_L 和 v_C 在 n 个开关周期中的初始值。

根据边界 V_b 的定义，令 $v_o(T) = V_k$，结合式(6.21)、式(6.23)和式(6.24)，有

$$V_b = \frac{\tau RR_C[(\alpha N_1 + N_2)V_g + (V_k - V_g)(R + R_C)e^{\alpha T}] + R[(R_C - R_C\alpha\tau + 1)N_1 - R_C\tau N_2]v_n}{N_1(R + R_C)} \tag{6.25}$$

其中，$N_1 = \dfrac{R_C - R_C\tau\alpha + R}{\omega}\sin\omega T + \tau R_C\cos\omega T$；$N_2 = \dfrac{R_C - R_C\tau\alpha + R}{\omega}\cos\omega T - \tau R_C\sin\omega T$。

6.2.3　二维离散映射模型

令 $\boldsymbol{x}_n = \boldsymbol{x}(nT)$，$\boldsymbol{x}_{n+1} = \boldsymbol{x}((n+1)T)$ 分别为状态矢量在 nT 和 $(n+1)T$ 时刻的采样值，谷值 V^2 控制 Boost 变换器的离散映射模型可以表示成 $\boldsymbol{x}_{n+1} = f(\boldsymbol{x}_n)$ 的形式。

由式(6.21)，输出电压在 nT 时刻的采样值为

$$v_{on} = \frac{R}{R + R_C}(R_C i_n + v_n)$$

根据 v_{on} 与边界 V_b 及谷值控制电压 V_k 的关系，谷值 V^2 控制 CCM Boost 变换器存在 3 种映射方程。

(1) $v_{on} > V_b$，S_1 在整个周期内保持关断，此时映射方程为

$$v_{n+1} = e^{-\alpha T}(K_1\sin\omega T + K_2\cos\omega T) + V_g \tag{6.26a}$$

$$i_{n+1} = \frac{1}{R}e^{-\alpha T}\{[K_1 - \tau(\alpha K_1 + \omega K_2)]\sin\omega T + [K_2 - \tau(\alpha K_2 - \omega K_1)]\cos\omega T\} + \frac{V_g}{R} \tag{6.26b}$$

(2) $V_k < v_{on} < V_b$，S_1 首先断开，v_o 下降。当 v_o 下降至 V_k 时，S_1 导通、S_2 关断。

S_1 断开时，v_C 与 i_L 的时域解分别为式(6.23)和式(6.24)；结合式(6.21)，令 $v_o(t) = V_k$，利用 Newton-Raphson 法等数值方法可以求出 S_1 的关断时间 t_1。从而可以求出 S_1 由关断切换为导通时刻的初始值 $v_C(t_1)$ 和 $i_L(t_1)$。由于变换器工作于 CCM，因此 S_1 的导通时间 $t_2 = T - t_1$。由式(6.20)可知，此时映射方程为

$$v_{n+1} = v_C(t_1)e^{-\frac{T - t_1}{(R + R_C)C}} \tag{6.27a}$$

$$i_{n+1} = \frac{V_g}{L}(T - t_1) + i_L(t_1) \tag{6.27b}$$

(3) $v_{on} < V_k$，S_1 在整个周期内保持导通，此时映射方程为

$$v_{n+1} = v_n e^{-\frac{T}{(R + R_C)C}} \tag{6.28a}$$

$$i_{n+1} = \frac{V_g}{L}T + i_n \tag{6.28b}$$

由式(6.21)可知输出电压在 $(n+1)T$ 时刻的采样值为

$$v_{o(n+1)} = \frac{R}{R + R_C}(R_C i_{n+1} + v_{n+1}) \tag{6.29}$$

式(6.26)～式(6.29)即为谷值 V^2 控制 Boost 变换器的二维离散映射模型。

6.2.4 分岔分析

选择谷值 V^2 控制 Boost 变换器的参数如下：$V_g = 4V$，$V_{ref} = 10.05V$，$L = 150\mu H$，$C = 1000\mu F$，$R_C = 0.1\Omega$，$R = 10\Omega$，$K_v = 0.1$，$K = 20$，$T = 50\mu s$，分别对相关参数变化时的分岔特性进行研究。

1. 输入电压为分岔参数

以输入电压 V_g 为分岔参数，变化范围为 4～6.5V，得到的分岔图如图 6.15 所示。

由图 6.15(a)可以看出，当 V_g 较小时，谷值 V^2 控制 Boost 变换器处于稳定的周期 1 运行状态，随着输入电压增大，当 $V_g = 4.75V$ 时，变换器发生倍周期分岔；随着输入电压继续增大，当 $V_g = 6.04V$ 时，周期 2 轨道与边界 V_b 发生碰撞，产生边界碰撞分岔，变换器进入 CCM 混沌状态。由图 6.15(b)可以看出，在整个参数变化范围内，i_L 始终大于零，变换器一直处于 CCM。

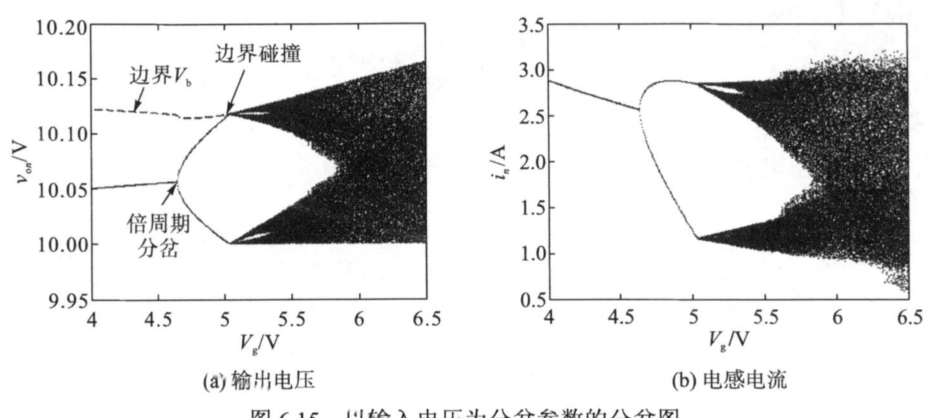

(a) 输出电压　(b) 电感电流

图 6.15　以输入电压为分岔参数的分岔图

2. 输出电容为分岔参数

以输出电容 C 为分岔参数，$C = 370～620\mu F$，得到的分岔图如图 6.16 所示。

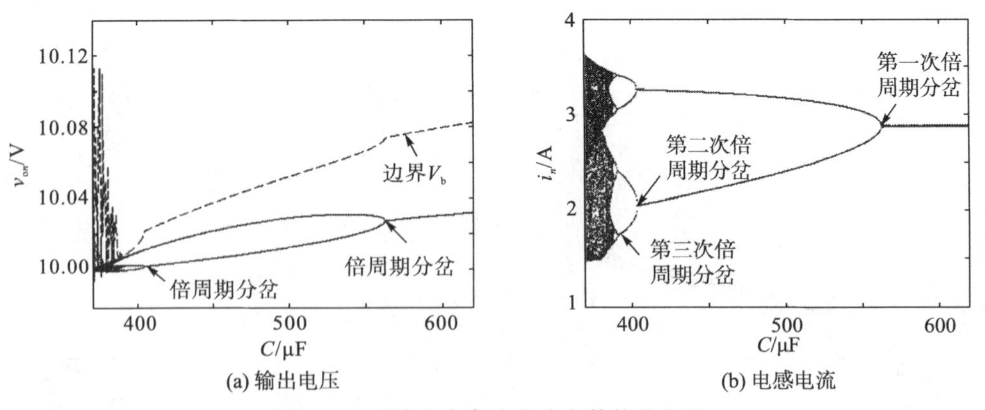

(a) 输出电压　(b) 电感电流

图 6.16　以输出电容为分岔参数的分岔图

从图 6.16(a)可以看出，随着 C 逐渐减小，当 C 减小到 563μF 时，变换器发生第一次倍周期分岔，从稳定的周期 1 状态进入周期 2 状态；随着 C 的继续减小，当 $C = 404\mu F$ 时，变换器发生第二次倍周期分岔，进入周期 4 状态；当 $C = 392\mu F$ 时，变换器发生第三次倍周期分岔，进入周期 8 状态；紧接着，当 C 减小到 388.5μF 时，变换器的运行轨道与边界 V_b 碰撞，发生边界碰撞分岔，进入混沌状态。从图 6.16(b)可以清晰地看出，在整个输出电容的变化范围内，i_L 的最小离散迭代值均大于零，表明变换器一直工作于 CCM。

由图 6.16 可知，随着输出电容的逐渐减小，谷值 V^2 控制 Boost 变换器经历了第一次倍周期分岔、第二次倍周期分岔、第三次倍周期分岔、边界碰撞分岔、CCM 混沌的分岔路线。

3. 输出电容 ESR 为分岔参数

固定其他电路参数，以输出电容的 ESR 为分岔参数，变化范围为 0.0375～0.06Ω，相应的分岔图如图 6.17 所示。

从图 6.17(a)可以看出，随着 R_C 的减小，在 R_C 约为 0.0568Ω 时，变换器发生第一次倍周期分岔，其运行轨道从稳定的周期 1 状态进入周期 2 状态。随着 R_C 的继续减小，在 R_C 约为 0.0408Ω 时，变换器发生第二次倍周期分岔，进入周期 4 状态；在 R_C 约为 0.0396Ω 时，变换器发生第三次倍周期分岔，进入周期 8 状态；在 R_C 减小到 0.0393Ω 时，变换器的运行轨道与边界 V_b 碰撞，发生边界碰撞分岔，进入混沌状态。从图 6.17(b)可以清晰地看出，在整个 R_C 的变化范围内，i_L 的最小离散迭代值始终大于零，表明变换器一直工作于 CCM。

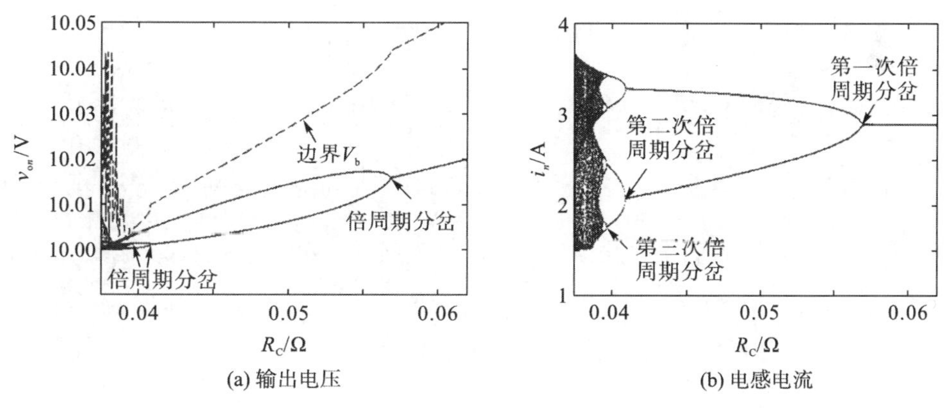

(a) 输出电压　(b) 电感电流

图 6.17　以输出电容 ESR 为分岔参数的分岔图

对比图 6.16 和图 6.17，从给定的 C 及 R_C 的变化范围来看，图 6.17 所示谷值 V^2 控制 Boost 变换器的分岔路线与图 6.16 一致。输出电容 C 及其 ESR 的变化均会使得输出电容的时间常数($R_C C$)发生变化，两者变化引起的输出电容时间常数变化对谷值 V^2 控制 Boost 变换器的动力学行为的影响一致。

6.2.5 稳定性分析

由式(6.27)，令 $\boldsymbol{x}_{n+1} = \boldsymbol{x}_n = \boldsymbol{X}_\mathrm{Q}$，利用 Newton-Raphson 法等数值算法，可求出不动点 $\boldsymbol{X}_\mathrm{Q} = [I_\mathrm{L}\ \ V_\mathrm{C}]^\mathrm{T}$。于是，谷值 V^2 控制 Boost 变换器的离散映射模型在不动点 $\boldsymbol{X}_\mathrm{Q}$ 处的雅可比矩阵为

$$\boldsymbol{J}(\boldsymbol{X}_\mathrm{Q}) = \begin{bmatrix} J_{11} & J_{12} \\ J_{21} & J_{22} \end{bmatrix}\bigg|_{\boldsymbol{x}_n=\boldsymbol{X}_\mathrm{Q}} \tag{6.30}$$

其中，$J_{11} = \partial i_{n+1}/\partial i_n$；$J_{12} = \partial i_{n+1}/\partial v_n$；$J_{21} = \partial v_{n+1}/\partial i_n$；$J_{22} = \partial v_{n+1}/\partial v_n$。

由于变换器工作于 CCM，因此由式(6.27)可以求得矩阵系数 $J_{ij}\ (i,j = 1, 2)$，分别为

$$J_{11} = i_\mathrm{L1i} - \frac{V_\mathrm{g} t_\mathrm{1i}}{L},\quad J_{12} = i_\mathrm{L1v} - \frac{V_\mathrm{g} t_\mathrm{1v}}{L} \tag{6.31a}$$

$$J_{21} = \mathrm{e}^{\frac{-(T-t_1)}{\tau}}\left(v_\mathrm{C1i} + \frac{v_\mathrm{C1} t_\mathrm{1i}}{\tau}\right),\quad J_{22} = \mathrm{e}^{\frac{-(T-t_1)}{\tau}}\left(v_\mathrm{C1v} + \frac{v_\mathrm{C1} t_\mathrm{1v}}{\tau}\right) \tag{6.31b}$$

其中，

$$i_\mathrm{L1i} = \frac{\mathrm{e}^{-\alpha t_1}\left\{[R + (\omega K_3 - \alpha K_4)t_\mathrm{1i}]\cos\omega t_1 + \left[\dfrac{R(1-\tau\alpha)}{\omega\tau} - (\omega K_4 + \alpha K_3)t_\mathrm{1i}\right]\sin\omega t_1\right\}}{R}$$

$$i_\mathrm{L1v} = \frac{\mathrm{e}^{-\alpha t_1}\left\{(\omega K_3 - \alpha K_4)t_\mathrm{1v}\cos\omega t_1 + \left[\dfrac{-(\alpha\tau-1)^2}{\omega\tau} - \omega\tau - (\omega K_4 + \alpha K_3)t_\mathrm{1v}\right]\sin\omega t_1\right\}}{R}$$

$$K_3 = K_1 - \tau(\alpha K_1 + \omega K_2),\quad K_4 = K_2 - \tau(\alpha K_2 - \omega K_1)$$

$$v_\mathrm{C1} = \mathrm{e}^{-\alpha t_1}[K_2\cos(\omega t_1) + K_1\sin(\omega t_1)] + V_\mathrm{g}$$

$$v_\mathrm{C1i} = \mathrm{e}^{-\alpha t_1}\left\{(\omega K_1 - \alpha K_2)t_\mathrm{1i}\cos\omega t_1 + \left[\frac{R}{\omega\tau} - (\omega K_2 + \alpha K_1)t_\mathrm{1i}\right]\sin\omega t_1\right\}$$

$$v_\mathrm{C1v} = \mathrm{e}^{-\alpha t_1}\left\{[1 + (\omega K_1 - \alpha K_2)t_\mathrm{1v}]\cos\omega t_1 + \left[\frac{\tau\alpha - 1}{\omega\tau} - (\omega K_2 + \alpha K_1)t_\mathrm{1v}\right]\sin\omega t_1\right\}$$

$$\sigma = [R_\mathrm{C}(\alpha K_3 + \omega K_4) + R(\omega K_2 + \alpha K_1)]\sin\omega t_1 - [R_\mathrm{C}(\omega K_3 - \alpha K_4) + R(\omega K_1 - \alpha K_2)]\cos\omega t_1$$

$$t_\mathrm{1i} = \frac{RR_\mathrm{C}\cos\omega t_1 + \left[(1-\tau\alpha)\dfrac{RR_\mathrm{C}}{\omega\tau} + \dfrac{R^2}{\omega\tau}\right]\sin\omega t_1}{\sigma}$$

$$t_\mathrm{1v} = \frac{R\cos\omega t_1 + \left[\dfrac{(\alpha\tau-1)(R + R_\mathrm{C} - R_\mathrm{C}\alpha\tau)}{\omega\tau} - R_\mathrm{C}\omega\tau\right]\sin\omega t_1}{\sigma}$$

根据式(6.31)，可得相应的特征方程为

$$\det\left[\lambda\boldsymbol{I} - \boldsymbol{J}(\boldsymbol{X}_\mathrm{Q})\right] = 0 \tag{6.32}$$

其中，$\boldsymbol{I}$ 为二阶单位矩阵。

由式(6.32)可以解出两个特征值 λ_1 和 λ_2，根据 λ_1 和 λ_2 的变化可以判断谷值 V^2 控制

Boost 变换器的稳定性。当特征值逼近−1 时，变换器发生倍周期分岔，从周期 1 状态失稳变成周期 2 状态(次谐波振荡状态)。根据得到的特征值，可以绘出输出电容及其 ESR 变化时的特征值走向。图 6.18(a)、图 6.18(b)分别给出了 $C = 540\sim600\mu F$、$R_C = 52.5\sim62.5m\Omega$ 时的特征值走向，其中箭头的方向表示 C、R_C 减小时系统特征值的移动方向。

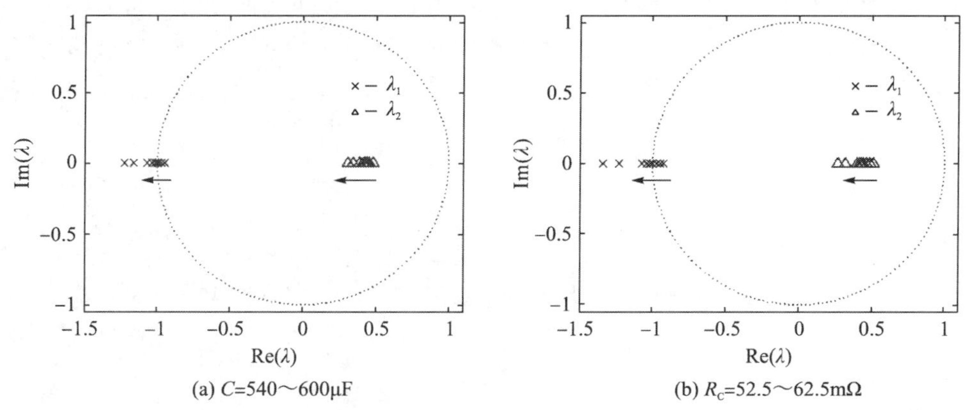

(a) C=540～600μF　　(b) R_c=52.5～62.5mΩ

图 6.18　输出电容及其 ESR 变化时的特征值运动轨迹

从图 6.18 可以看出，随着 C、R_C 逐渐减小，系统的一个实数特征值从−1 离开单位圆，表明变换器发生倍周期分岔，进入周期 2 轨道，即次谐波振荡状态，此时的电容值为 563μF，ESR 值为 56.8mΩ，与图 6.16、图 6.17 的第一次倍周期分岔点一致，验证了分岔图的正确性。

6.2.6　最大 Lyapunov 指数

对应于图 6.16、图 6.17 的最大 Lyapunov 指数谱分别如图 6.19(a)、图 6.19(b)所示。

由图 6.19(a)可以看出，随着电容 C 的减小，当 C 减小到 563μF 时，λ_L 从负数上升到零，对应图 6.16 中的第一次倍周期点；随着 C 的进一步减小，λ_L 从零开始又变为负数，当 $C = 404\mu F$ 时，λ_L 又从负数上升到零，对应图 6.16 中的第二次倍周期点，然后变为负数；

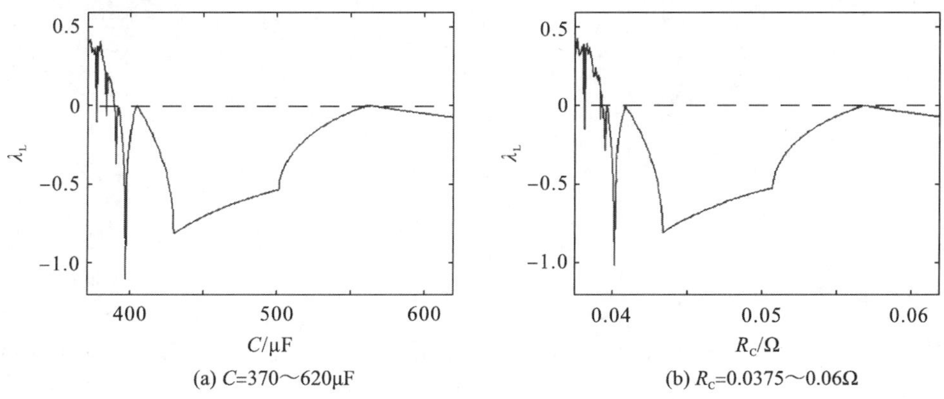

(a) C=370～620μF　　(b) R_c=0.0375～0.06Ω

图 6.19　以 C 和 R_C 为参数的最大 Lyapunov 指数谱

当 $C = 392\mu F$ 时，λ_L 从负数又上升到零，对应图 6.16 中的第三次倍周期点；当 $C < 388\mu F$ 时，λ_L 在大部分范围内大于零，表明变换器处于混沌态，其中存在小范围内小于零的 λ_L，表明变换器在混沌态中夹杂着周期窗。

类似地，由图 6.19(b) 可以看出，随着 R_C 的逐渐减小，当 $R_C = 0.0568$、0.0408、0.0396Ω 时，λ_L 均从负数上升到零，分别对应图 6.17 中的第一次、第二次、第三次倍周期点；当 $R_C < 0.0393\Omega$ 时，大部分范围内 λ_L 大于零，表明变换器处于混沌态，其中也有小范围内小于零的 λ_L，表明变换器存在周期窗。图 6.19(a) 和图 6.19(b) 的最大 Lyapunov 指数谱分别与图 6.16 和图 6.17 的分岔图相对应，验证了分岔图的正确性。

6.2.7 仿真分析

基于 Psim 软件，搭建了相应的电路仿真模型，对谷值 V^2 控制 Boost 变换器进行时域仿真。

1. 输出电容变化

选取相同的电路参数，在输出电容 C 取不同值时的时域仿真波形和相轨图如图 6.20 所示。由图 6.20 可以看出，当 $C = 1000\mu F$ 时，变换器工作在稳定的周期 1 状态；当 $C = 450\mu F$ 时，变换器处于周期 2 状态；当 $C = 375\mu F$ 时，变换器处于 CCM 混沌状态。

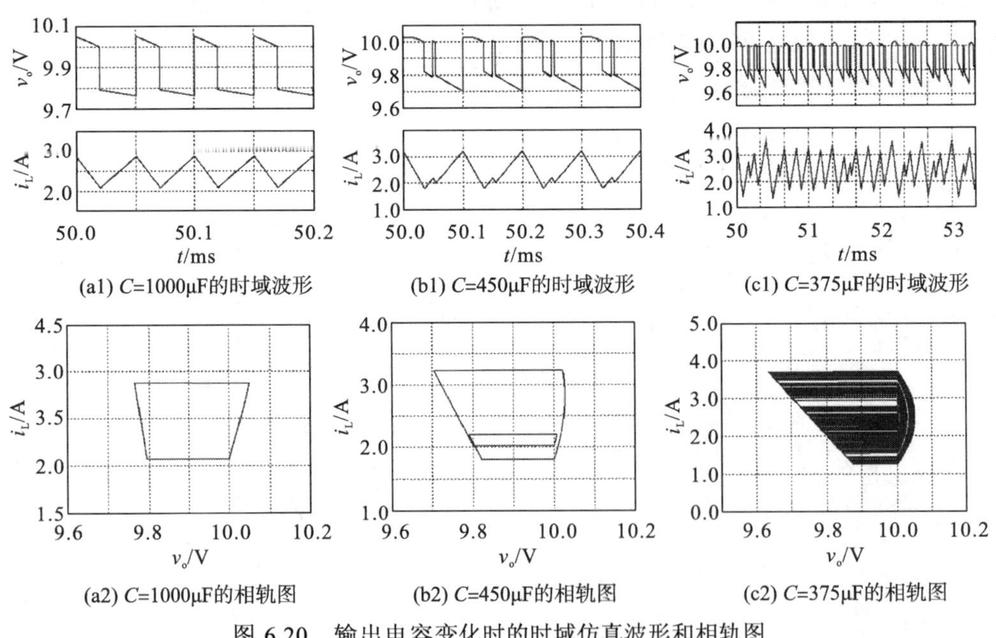

(a1) C=1000μF的时域波形 (b1) C=450μF的时域波形 (c1) C=375μF的时域波形

(a2) C=1000μF的相轨图 (b2) C=450μF的相轨图 (c2) C=375μF的相轨图

图 6.20 输出电容变化时的时域仿真波形和相轨图

2. 输出电容 ESR 变化

选取相同的电路参数，在输出电容 ESR 取不同值时的时域仿真波形和相轨图如图 6.21 所示。由图 6.21 可以看出，当 $R_C = 100m\Omega$ 时，变换器处于稳定的周期 1 状态；当 $R_C = 50m\Omega$ 时，变换器处于周期 2 状态；当 $R_C = 38m\Omega$ 时，变换器处于稳定的 CCM 混沌状态。

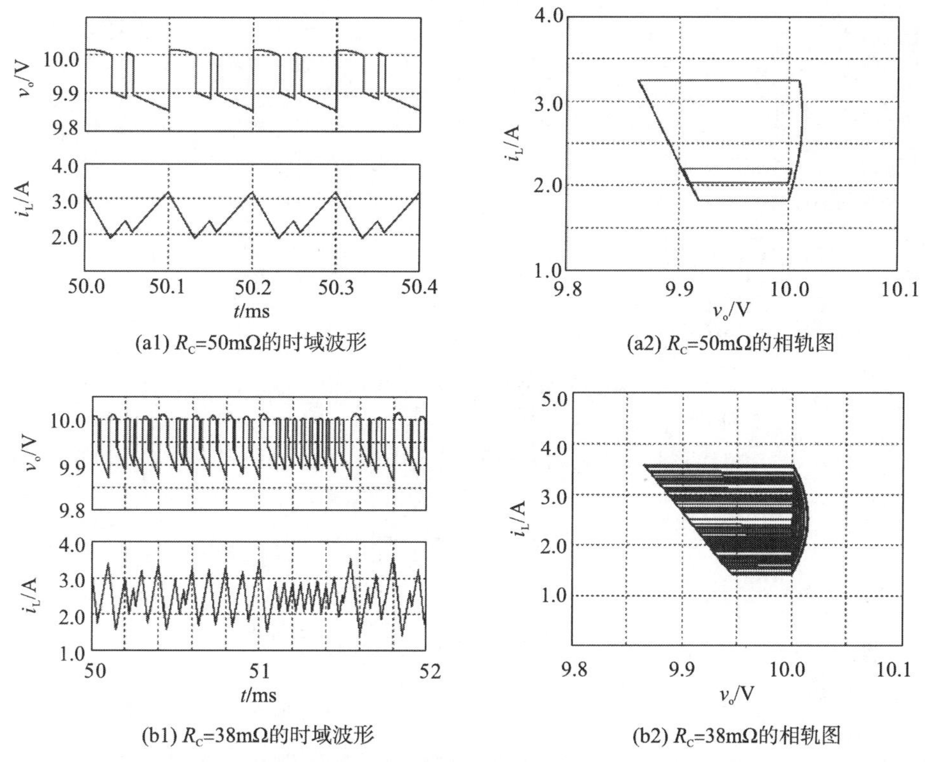

(a1) R_C=50mΩ的时域波形　　(a2) R_C=50mΩ的相轨图

(b1) R_C=38mΩ的时域波形　　(b2) R_C=38mΩ的相轨图

图 6.21　输出电容 ESR 变化时的时域仿真波形和相轨图

图 6.20 和图 6.21 所示的时域仿真结果与图 6.16 和图 6.17 所示的分岔图完全一致，从而验证了理论分析的正确性。

6.3　斜坡补偿 V^2 型控制开关变换器

峰值 V^2 控制开关变换器在占空比 $D > 0.5$ 时，谷值 V^2 控制开关变换器在占空比 $D < 0.5$ 时，均会发生次谐波振荡，使变换器进入不稳定运行状态。为了抑制次谐波振荡，采用斜坡补偿技术，可以拓展 V^2 型控制开关变换器的稳定运行参数范围。本节将以谷值 V^2 控制 Boost 变换器为例，研究斜坡补偿对 V^2 型控制开关变换器的镇定控制作用。

6.3.1　工作原理

斜坡补偿谷值 V^2 控制 Boost 变换器如图 6.22(a)所示。其中，v_{ramp} 为补偿斜坡电压。斜坡补偿谷值 V^2 控制 Boost 变换器的工作原理如下：每个开关周期初始时刻，由时钟脉冲信号控制开关管 S_1 关断，二极管 S_2 导通，电感电流线性下降，输出电压也近似线性下降。当输出电压下降到被补偿后的谷值控制电压时，开关管 S_1 导通，二极管 S_2 承受反压截止。电感电流线性上升，负载完全由输出电容提供能量，直到下一个开关周期。

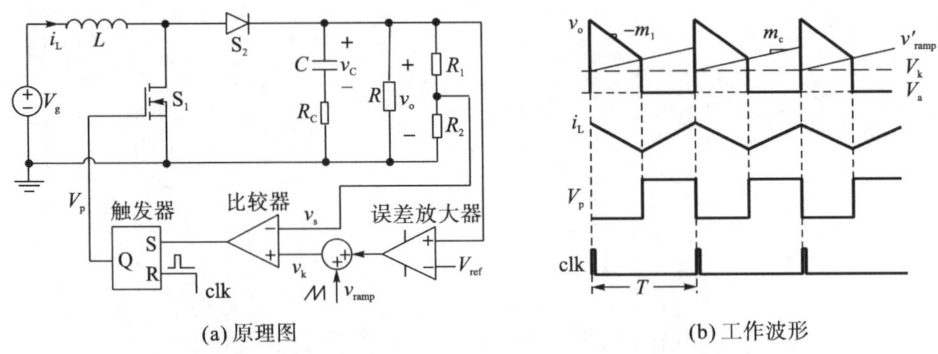

(a) 原理图 (b) 工作波形

图 6.22 斜坡补偿谷值 V^2 控制 Boost 变换器

在开关管 S_1 导通前的瞬间，斜坡补偿 V^2 控制 Boost 变换器的内环采样电压 v_s 等于被补偿的控制电压，因此有

$$v_s = K(V_{ref} - v_o) + v_{ramp}$$

将 $v_s = K_v v_o$ 带入上式，有

$$v_o = \frac{K}{K_v + K} V_{ref} + \frac{1}{K_v + K} v_{ramp}$$

即

$$v_o = V_k + v'_{ramp} \tag{6.33}$$

其中，$v'_{ramp} = \dfrac{1}{K + K_v} v_{ramp}$ 为等效补偿斜坡电压。

由式(6.33)可以看出，开关管 S_1 由关断向导通切换前瞬间的输出电压阈值，可以等效为在未补偿的谷值控制 V_k 的基础上叠加一个等效补偿斜坡电压 v'_{ramp}。因此，斜坡补偿谷值 V^2 控制 Boost 变换器的等效工作波形如图 6.22(b)所示。其中，m_c 为等效斜坡补偿电压的斜率。

6.3.2 斜坡补偿机理

谷值 V^2 控制 Boost 变换器在开关管 S_1 的状态发生切换时，输出电压跳变量始终为跳变时的电感电流与输出电容 ESR 的乘积。稳态时 V_k 和 V_a(输出电压最小值)均为常数，S_1 由关断向导通切换时，输出电压的跳变量 $\Delta v_o = V_k - V_a$ 为常数，而 $\Delta v_o = i_{Lmin} R_C$，故稳态时的电感电流最小值 i_{Lmin} 也为常数。因此，在稳态时，谷值 V^2 控制类似于谷值电流控制。

由谷值电流控制可知，当占空比 $D < 0.5$ 时，会产生次谐波振荡。对于谷值 V^2 控制，如果 i_L 有一个扰动 Δi，则这个扰动会被逐渐放大，即 $\Delta i_2 > \Delta i_1 > \Delta i$，电感电流波形如图 6.23(a)所示。因为输出电压扰动量 $\Delta v = \Delta i R_C$，故有 $\Delta v_2 > \Delta v_1 > \Delta v$，即输出电压扰动会被逐渐放大，输出电压波形如图 6.23(a)所示。因此，谷值 V^2 控制 Boost 变换器在占空比 $D < 0.5$ 时，也会产生次谐波振荡。

引入斜坡补偿后，谷值 V^2 控制 Boost 变换器的电感电流和输出电压波形如图 6.23(b)所示。

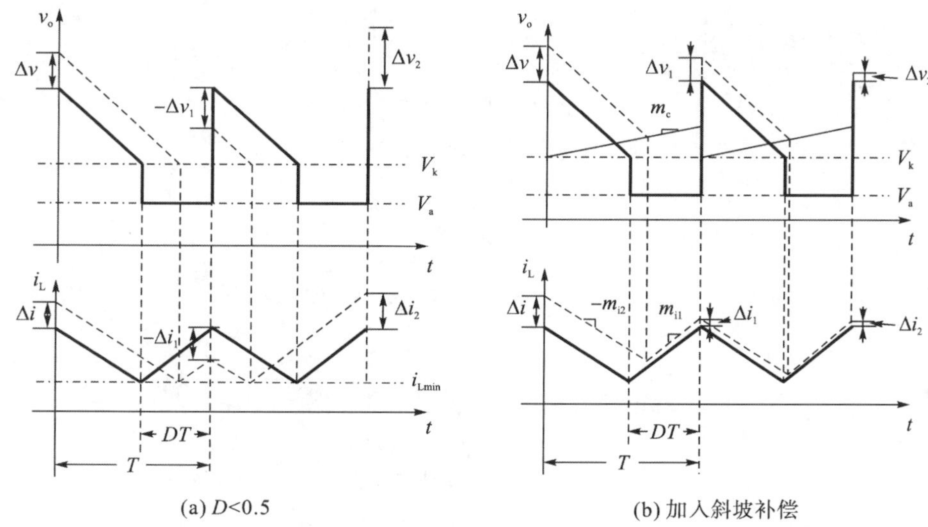

(a) D<0.5　　(b) 加入斜坡补偿

图 6.23　$D<0.5$ 时及加入斜坡补偿后的输出电压和电感电流波形

由图 6.23(b)可知，当占空比 $D<0.5$ 时，加入斜坡补偿后，电感电流的扰动会逐渐减小。由于输出电压扰动与电感电流扰动成比例，输出电压的扰动也会逐渐减小，最后趋于稳定。因此，在谷值 V² 控制 Boost 变换器中引入斜坡补偿，同样可以拓展变换器稳定运行的参数范围。

6.3.3　二维离散映射模型

为了从动力学角度分析斜坡补偿对谷值 V² 控制 Boost 变换器工作状态的影响，本节建立了斜坡补偿谷值 V² 控制 Boost 变换器的二维离散映射模型。

1. 输出边界电压

斜坡补偿谷值 V² 控制 Boost 变换器的离散映射空间中存在一个输出电压边界。定义电压边界 V_b 为开关周期结束输出电压刚好下降到被补偿后的阈值电压，所对应的开关周期起始时的输出电压初始值，即

$$v_o(T)=V_k+m_cT \tag{6.34}$$

联立式(6.21)、式(6.23)、式(6.24)和式(6.34)，可以求出：

$$i_n=\frac{\tau\left[(\alpha N_1+\omega N_2)V_g+(V_k+m_cT-V_g)(R+R_C)e^{\alpha T}\right]+\left[(1-\alpha\tau)N_1-\tau\omega N_2\right]v_n}{RN_1}$$

代入输出电压的表达式，可得

$$V_b=\frac{\tau R_C\left[(\alpha N_1+\omega N_2)V_g+(V_K+m_cT-V_g)(R+R_C)e^{\alpha T}\right]+\left[(R_C-R_C\alpha\tau+R)N_1-R_C\tau\omega N_2\right]v_n}{N_1(R+R_C)} \tag{6.35}$$

其中，m_c 为斜坡补偿电压的斜率，其余参数与式(6.25)中相同。

2. 二维离散映射模型

与谷值 V^2 控制 Boost 变换器相比较，除切换方程和输出电压边界不同外，斜坡补偿谷值 V^2 控制 Boost 变换器的二维离散映射模型与 6.2.3 节相同。

(1) 当 $v_{on}>V_b$ 时，离散映射模型为

$$\boldsymbol{x}_{n+1}=f(\boldsymbol{x}_n)=\begin{cases}v_{n+1}=\mathrm{e}^{-\alpha T}[K_1\sin(\omega T)+K_2\cos(\omega T)]+V_g\\ i_{n+1}=\dfrac{1}{R}\mathrm{e}^{-\alpha T}\{[K_1-\tau(\alpha K_1+\omega K_2)]\sin\omega T+[K_2-\tau(\alpha K_2-\omega K_1)]\cos\omega T\}+\dfrac{V_g}{R}\end{cases} \tag{6.36}$$

(2) 当 $V_k\leqslant v_{on}\leqslant V_b$ 时，离散映射模型为

$$\boldsymbol{x}_{n+1}=f(\boldsymbol{x}_n)=\begin{cases}v_{n+1}=v_C(t_1)\mathrm{e}^{-\frac{T-t_1}{(R+R_C)C}}\\ i_{n+1}=\dfrac{V_g}{L}(T-t_1)+i_L(t_1)\end{cases} \tag{6.37}$$

(3) 当 $v_{on}<V_k$ 时，离散映射模型为

$$\boldsymbol{x}_{n+1}=f(\boldsymbol{x}_n)=\begin{cases}v_{n+1}=v_n\mathrm{e}^{-\frac{T}{(R+R_C)C}}\\ i_{n+1}=\dfrac{V_g}{L}T+i_n\end{cases} \tag{6.38}$$

6.3.4 分岔分析

选取 6.2.4 节中的参数，以斜坡补偿电压的斜率 m_c 为分岔参数，变化范围为 0～700V/s，得到的分岔图如图 6.24 所示。

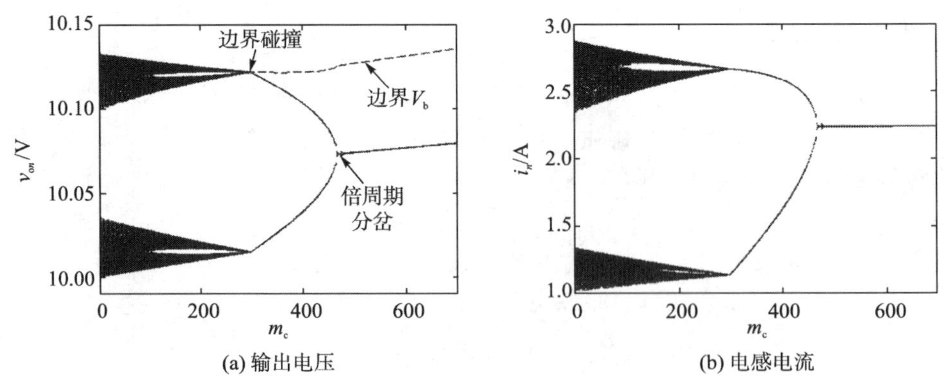

图 6.24 以斜坡补偿电压的斜率 m_c 为分岔参数的分岔图

从图 6.24(a) 可以看出，没有斜坡补偿 ($m_c=0$) 时，变换器处于混沌状态，这与 $V_g=6.5$V 时不加斜坡补偿的分岔图一致；当补偿斜率较大 ($m_c>467$V/s) 时，变换器处于稳定的周期 1 状态。当 m_c 减小到 467V/s 时，变换器发生倍周期分岔，形成不稳定的周期 2 运行轨道；当 m_c 减小到 300V/s 时，变换器与边界电压 V_b 发生边界碰撞分岔，使变换器直接进入 CCM

混沌状态。从图 6.24(b)可以看出，在整个参数变化范围内，i_L始终大于零，变换器一直处于 CCM。

选择相同的电路参数，并选择斜率 $m_c = 600\text{V/s}$，以输入电压 V_g 为分岔参数，变化范围为 4～7.5V，得到的分岔图如图 6.25 所示。

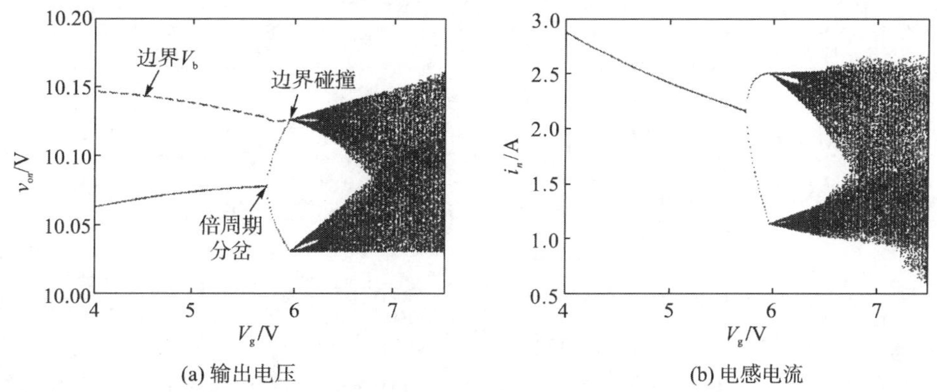

(a) 输出电压　(b) 电感电流

图 6.25　$m_c = 600\text{V/s}$ 时，以输入电压为分岔参数的分岔图

从图 6.25(a)可以看出，随着输入电压增大，在 $V_g = 6.7\text{V}$ 时，变换器从稳定的周期 1 发生倍周期分岔形成周期 2；在 $V_g = 6.97\text{V}$ 时，不稳定的周期 2 轨道与边界 V_b 发生边界碰撞，变换器直接进入 CCM 混沌状态。从图 6.25(b)可以看出，在整个参数变化范围内，i_L 始终大于零，变换器一直处于 CCM。比较图 6.15 可知，加入斜坡补偿后，变换器的稳定运行参数范围变大。

6.3.5　仿真分析

选择相同的电路参数，不加斜坡补偿时，仿真得到的 v_o、i_L 时域波形及 v_o-i_L 的相轨图如图 6.26 所示。保持 $V_g = 5.5\text{V}$，选取补偿斜坡电压斜率为 600V/s，得到的 v_o、i_L 时域波形及 v_o-i_L 的相轨图如图 6.27 所示。

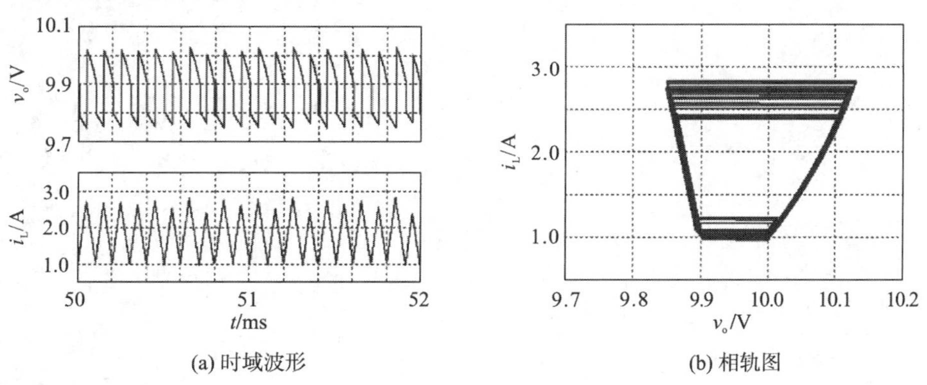

(a) 时域波形　(b) 相轨图

图 6.26　$V_g = 5.5\text{V}$ 时的时域波形和相轨图

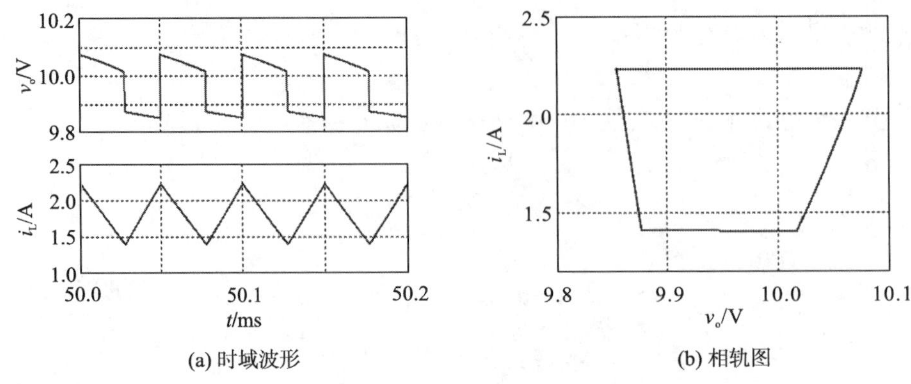

(a) 时域波形 (b) 相轨图

图 6.27 $m_c = 600\text{V/s}$，$V_g = 5.5\text{V}$ 时的时域波形和相轨图

从图 6.26 可以看出，当 $V_g = 5.5\text{V}$ 时，占空比为 0.45，变换器处于混沌状态。从图 6.27 可以看出，加入斜坡补偿电压后，谷值 V^2 控制 Boost 变换器工作在稳定的周期 1 状态。时域仿真结果表明，斜坡补偿使得谷值 V^2 控制 Boost 变换器的稳定工作参数范围得到扩展；加入适当的斜坡补偿电压，谷值 V^2 控制 Boost 变换器在占空比小于 0.5 时仍可稳定工作。

6.4 实验验证

为了验证理论分析和仿真分析的正确性，本节对峰值 V^2 控制 Buck 变换器和谷值 V^2 控制 Boost 变换器的部分内容进行实验验证。

6.4.1 峰值 V^2 控制 Buck 变换器

选择 6.1 节中的电路参数，建立相应的实验平台，以输出电容 ESR 变化为例，本节对峰值 V^2 控制 Buck 变换器的工作状态进行实验验证。输出电容 ESR 变化(采用多个瓷片电容并联，再串联不同电阻)时，输出电压纹波 Δv_o 和电感电流 i_L 的实验时域波形如图 6.28 所示。

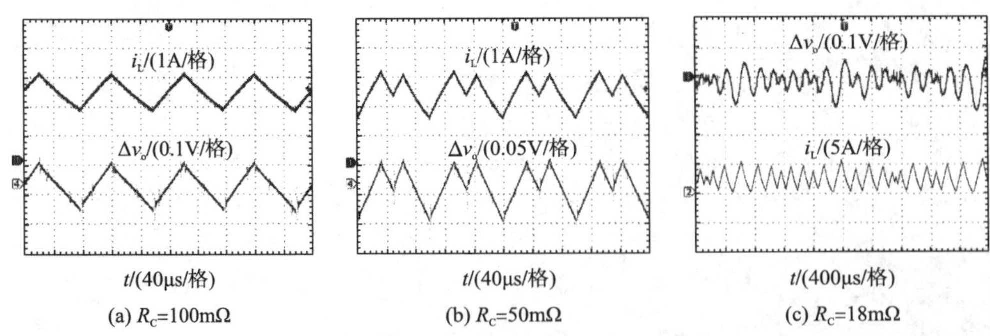

t/(40μs/格) t/(40μs/格) t/(400μs/格)

(a) R_c=100mΩ (b) R_c=50mΩ (c) R_c=18mΩ

图 6.28 输出电容 ESR 变化时的实验波形

从图 6.28 可以看出，当 $R_C = 100\text{m}\Omega$ 时，变换器处于稳定运行的周期 1 状态；当 $R_C = 50\text{m}\Omega$ 时，变换器处于次谐波振荡状态；当 $R_C = 18\text{m}\Omega$ 时，变换器处于 DCM 混沌状态。随着 R_C 的减小，峰值 V^2 控制 Buck 变换器逐渐从稳定运行的周期 1 状态转移至 DCM 混沌状态。对比 6.1.6 节的仿真结果可以发现，实验结果与仿真结果一致，验证了仿真和理论分析的正确性。

6.4.2　谷值 V^2 控制 Boost 变换器

为了验证谷值 V^2 控制 Boost 变换器的相关理论分析和仿真分析，选择与仿真相同的电路参数，搭建了相应的实验平台。输入电压采用直流电压源，负载电阻采用电子负载，输出电容采用瓷片电容堆，运算放大器采用 TL1357，比较器采用 K319，触发器由门电路实现。

1. 输入电压变化

当输入电压变化时，输出电压纹波、电感电流及控制脉冲信号的实验波形如图 6.29 所示。

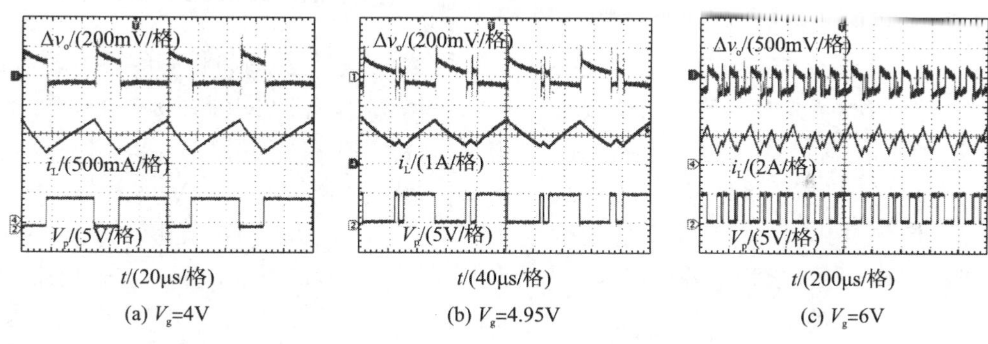

(a) V_g=4V　(b) V_g=4.95V　(c) V_g=6V

图 6.29　输入电压变化时的实验波形

图 6.29(a)为 $V_g = 4\text{V}$ 时的实验波形，此时占空比为 0.6，变换器工作在稳定的周期 1 状态；图 6.29(b)为 $V_g = 4.95\text{V}$ 时的实验波形，此时占空比为 0.505，变换器工作在周期 2 状态；图 6.29(b)为 $V_g = 6\text{V}$ 时的实验波形，此时占空比为 0.4，变换器工作在 CCM 混沌状态。图 6.29 所示的实验结果与 6.2.4 节的分岔分析一致，验证了输入电压由小到大变化时，谷值 V^2 控制 Boost 变换器由稳定的周期 1 状态逐渐过渡到周期 2 状态、CCM 混沌状态的过程。

2. 输出电容 ESR 变化

图 6.30(a)和图 6.30(b)分别给出了 $R_C = 50\text{m}\Omega$ 和 $R_C = 38\text{m}\Omega$ 时的实验波形。可以看出，当 $R_C = 50\text{m}\Omega$ 时，变换器工作在周期 2 状态；当 $R_C = 38\text{m}\Omega$ 时，变换器工作在 CCM 混沌状态。结合图 6.29(a)和图 6.30 的实验结果可以看出，实验结果与 6.2.4 节的分岔分析及 6.2.7 节的时域仿真结果一致。

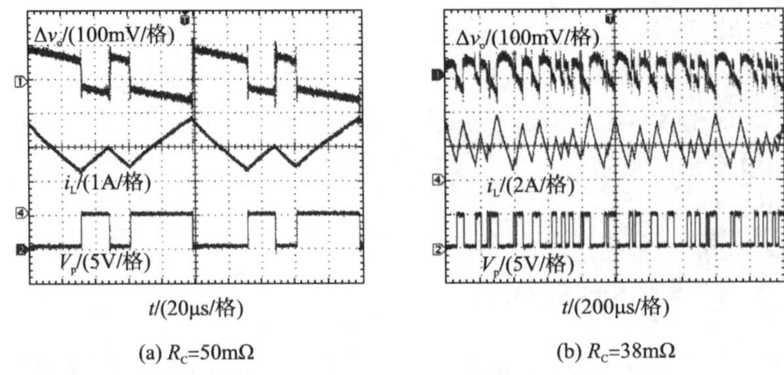

(a) R_c=50mΩ (b) R_c=38mΩ

图 6.30 不同输出电容 ESR 时的实验波形

6.5 本 章 小 结

本章通过不同开关工作状态下的 Buck 变换器状态方程，建立了峰值 V^2 控制 Buck 变换器的二维离散映射模型。利用分岔图、特征值运动轨迹、最大 Lyapunov 指数等研究了主电路参数及控制环路参数变化对峰值 V^2 控制 Buck 变换器动力学特性及稳定性的影响。研究结果表明，输出电容 C 及其 ESR 变化时，峰值 V^2 控制 Buck 变换器具有相同的分岔特性；V_{ref} 和 K 变化时，变换器也具有相同的分岔路线，但是控制特性有所不同。建立了谷值 V^2 控制 Boost 变换器的二维离散映射模型，研究了谷值 V^2 控制 Boost 变换器的动力学特性。研究结果表明，输出电容 C 及其 ESR 变化时，谷值 V^2 控制 Boost 变换器具有相同的分岔特性。以谷值 V^2 控制 Boost 变换器为例，研究了斜坡补偿对 V^2 型控制开关变换器的镇定控制作用。谷值 V^2 控制 Boost 变换器在占空比小于 0.5 时会发生次谐波振荡，加入适当斜坡补偿后能够进入稳定工作状态。最后进行了相应的时域仿真和实验验证。

参 考 文 献

[1]Goder D, Pelletier W. V^2 architecture provides ultra-fast transient response in switch power supplies. Proceedings of High Frequency Power Conversion, 1996: 19-23.

[2]Schuellein G. Current sharing of redundant synchronous buck regulators powering high performance microprocessors using the V^2 control method. IEEE Applied Power Electronics Conference and Exposition, 1998: 853-859.

[3]Veerachary M. V^2 control of interleaved buck converters. Proceedings of the International Symposium on Circuits and Systems, 2003: 344-346.

[4]Li J, Lee F C. Modeling of V^2 current-mode control. IEEE Transactions on Circuit and Systems I: Regular Papers, 2009, 57(9): 2552-2563.

[5]Cheng K Y, Yu F, Mattavelli P, Lee F C. Characterization and performance comparison of digital V^2-type constant on-time control for buck converters. IEEE Workshop on Control and Modeling for Power Electronics, 2010: 1-6.

[6]王凤岩. 快速瞬态响应电压调节器控制方法的研究. 成都: 西南交通大学, 2005.

[7]王凤岩, 许建平, 许峻峰. V^2 控制 Buck 变换器分析. 中国电机工程学报, 2005, 25(12): 67-72.

[8]Qu S. Modeling and design considerations of V^2 controlled buck regulator. IEEE Applied Power Electronics Conference, 2001: 507-513.

[9]王凤岩, 许建平. 不连续导电模式 V^2 控制 Buck 变换器分析. 电工技术学报, 2005, 20(10): 35-40.

[10]Redl R, Sun J. Ripple-based control of switching regulators - an overview. IEEE Transactions on Power Electronics, 2009, 24(12): 2669-2680.

[11]何圣仲, 周国华, 许建平, 等. 输出电容时间常数对 V^2 控制 Buck 变换器的动力学特性的影响. 物理学报, 2014, 63(13): 130501-1-12.

[12]何圣仲, 周国华, 许建平, 等. 谷值 V^2 控制 Boost 变换器的精确建模与动力学分析. 物理学报, 2014, 63(17): 170503-1-11.

[13]何圣仲. V^2 控制开关 DC-DC 变换器及其非线性动力学研究. 成都: 西南交通大学, 2014.

[14]Parker T S, Chua L O. Practical Numerical Algorithms for Chaotic Systems. Berlin, Germany: Springer-Verlag, 1989.

[15]包伯成. 混沌电路导论. 北京: 科学出版社, 2013.

第 7 章　开关变换器的对称动力学行为

第 4 章和第 6 章分别讨论了电流型控制和 V^2 型控制开关变换器的动力学行为，从结果中发现，峰值电流控制和谷值电流控制的开关变换器存在相反的分岔路线、相似的分岔类型；峰值 V^2 控制和谷值 V^2 控制的开关变换器也存在相似的动力学行为。

本章将对峰值电流控制和谷值电流控制开关变换器进行对比研究，建立它们的统一离散迭代映射模型，研究并揭示它们存在的对称分岔行为、对称 Lyapunov 指数、对称时域波形及对称相轨图等对称动力学现象。此外，引入斜率补偿因子，本章将研究补偿斜坡斜率对开关变换器的工作区、参数空间映射、分岔图及 Lyapunov 指数谱等动力学行为的影响。最后，以 Buck 变换器为研究对象，建立峰值 V^2 控制和谷值 V^2 控制开关变换器的采样数据模型，并研究它们的对称动力学现象。

7.1　开关变换器控制技术的对称性

图 7.1(a)和图 7.1(b)所示分别为峰值电流控制 Buck 变换器电路和稳态控制波形。峰值电流控制的技术原理可参考 4.1 节，此处不再赘述。如果在整个开关周期(时钟周期)T 内，线性上升的电感电流 i_L 不能到达峰值电流控制信号 I_{pk}，则比较器不能复位触发器，即开关管 S_1 一直处于导通状态。在开环控制方式下，峰值电流控制信号 I_{pk} 为恒值；在闭环控制方式下，检测的输出电压 v_o 与参考电压 V_{ref} 比较，其差值经误差放大器后生成 I_{pk}。

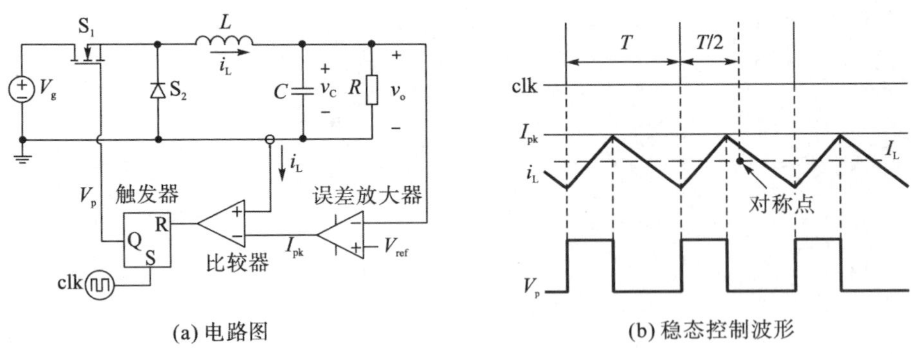

(a) 电路图　　(b) 稳态控制波形

图 7.1　峰值电流控制 Buck 变换器

图 7.2(a)和图 7.2(b)所示分别为谷值电流控制 Buck 变换器电路和稳态控制波形。谷值电流控制的技术原理可参考 4.2 节，此处不再赘述。如果在整个开关周期(即时钟周期)内，线性下降的电感电流 i_L 不能到达谷值电流控制信号 I_{vy}，比较器不能置位触发器，即开关管 S_1 一直处于关断状态，在开环控制方式下，谷值电流控制信号 I_{vy} 为恒值；在闭环

控制方式下，检测的输出电压 v_o 与参考电压 V_{ref} 比较，其差值经误差放大器后生成 I_{vy}。

对比图 7.1(b)和图 7.2(b)可知，每个开关周期 T 内，峰值电流控制和谷值电流控制的 i_L 关于点$(T/2, I_L)$对称，其中 I_L 为电感电流平均值，且 $I_L = (I_{pk}+I_{vy})/2$。因此，峰值电流控制技术与谷值电流控制技术具有对称性。由于峰值 V^2 控制和峰值电流控制、谷值 V^2 控制和谷值电流控制分别具有相似的性质，因此，峰值 V^2 控制技术与谷值 V^2 控制技术也具有对称性。

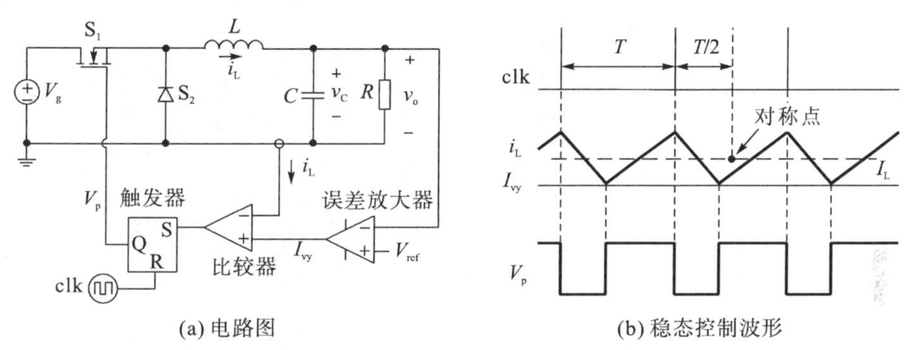

(a) 电路图　　(b) 稳态控制波形

图 7.2　谷值电流控制 Buck 变换器

7.2　电流型控制开关变换器的对称动力学行为

本节对峰值电流控制和谷值电流控制开关变换器进行对比研究，建立它们的统一离散迭代映射模型，研究并揭示它们存在的对称分岔行为、对称 Lyapunov 指数、对称时域波形及对称相轨图等对称动力学行为。

7.2.1　一维离散迭代映射与边界方程

图 7.1 和图 7.2 所示的 Buck 变换器拓扑是一个由电感 L、电容 C、开关管 S_1、二极管 S_2 和负载电阻 R 组成的二阶电路。如果开关周期 T 与 RC 时间常数相比足够小，即 $T \ll RC$，则输出电压可以认为恒定不变，输出部分可以用一个直流电压源 V_o 表示，即负载为电压型负载。在这种情形下，开关变换器变成一阶电路，电感电流波形变成分段线性波形[1-5]。为了简化电路建模分析，本节只考虑开环控制方式的情形，即认为参考电流 I_{pk} 和 I_{vy} 为恒值时，建立峰值电流控制和谷值电流控制开关变换器的离散迭代映射模型与边界方程。若需要考虑 I_{pk} 和 I_{vy} 不为恒值时，再采用闭环控制方式。

1. 峰值电流控制

设 $i_n = i_L(nT)$ 是电感电流在时钟 nT 时刻的采样值；$i_{n+1} = i_L[(n+1)T]$ 是电感电流在下一个时钟 $(n+1)T$ 时刻的采样值。根据文献[1]～[4]，可得峰值电流控制开关变换器的一维离散迭代映射方程 $i_{n+1} = f(i_n)$ 为

$$i_{n+1}=\begin{cases} i_n+m_1T & i_n \leqslant I_{\mathrm{bp}} \\ -\dfrac{m_2}{m_1}i_n+\left(1+\dfrac{m_2}{m_1}\right)I_{\mathrm{pk}}-m_2T & i_n > I_{\mathrm{bp}} \end{cases} \tag{7.1}$$

其中，边界值$I_{\mathrm{bp}}=I_{\mathrm{pk}}-m_1T$，定义为电感电流在时钟周期结束刚好上升到峰值参考电流I_{pk}，所对应的时钟周期开始时的电感电流值，如图 7.3 所示。其中，m_1、m_2分别为开关变换器电感电流的上升斜率、下降斜率。

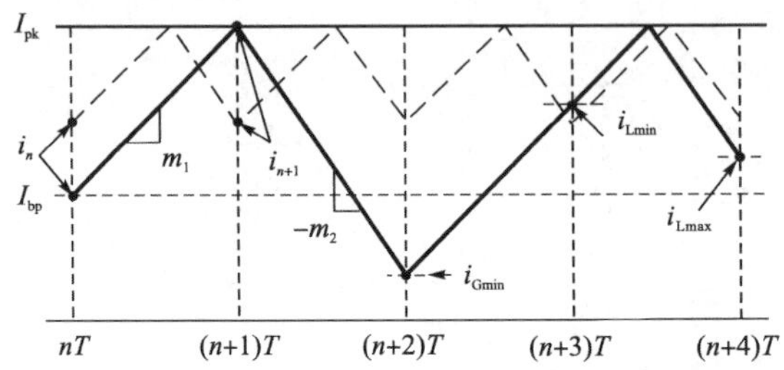

图 7.3 峰值电流控制开关变换器的统一离散迭代映射模型示例

对于基本的开关变换器，即 Buck 变换器、Boost 变换器及 Buck-Boost 变换器，电感电流斜率在开关管 S_1 导通和关断期间分别为

Buck 变换器：

$$m_1=\frac{(V_{\mathrm{g}}-V_{\mathrm{o}})}{L},\quad m_2=\frac{V_{\mathrm{o}}}{L} \tag{7.2a}$$

Boost 变换器：

$$m_1=\frac{V_{\mathrm{g}}}{L},\quad m_2=\frac{(V_{\mathrm{o}}-V_{\mathrm{g}})}{L} \tag{7.2b}$$

Buck-Boost 变换器：

$$m_1=\frac{V_{\mathrm{g}}}{L},\quad m_2=\frac{V_{\mathrm{o}}}{L} \tag{7.2c}$$

其中，V_{g}和V_{o}分别为开关变换器的输入电压和输出电压的平均值。

从图 7.3 可以看出，如果$i_n>I_{\mathrm{bp}}$，变换器工作于稳定的周期 1 轨道，否则变换器工作于不稳定的轨道或混沌轨道。对于峰值电流控制，电感电流的全局最大值(边界)显然等于I_{pk}。当$i_n=I_{\mathrm{bp}}$时，可以得到电感电流的全局最小值(边界)i_{Gmin}，且有$i_{\mathrm{Gmin}}=I_{\mathrm{pk}}-m_2T$。参考文献[6]，根据图 7.3 及式(7.1)，可以得到电感电流的局部最小值(边界)i_{Lmin}和局部最大值(边界)i_{Lmax}，分别为

$$i_{\mathrm{Lmin}}=i_{\mathrm{Gmin}}+m_1T=I_{\mathrm{pk}}+(m_1-m_2)T \tag{7.3}$$

$$i_{\mathrm{Lmax}}=-\frac{m_2}{m_1}i_{\mathrm{Lmin}}+\left(1+\frac{m_2}{m_1}\right)I_{\mathrm{pk}}-m_2T \tag{7.4}$$

根据 4 条边界I_{pk}、i_{Lmin}、i_{Lmax}和i_{Gmin}，可以确定峰值电流控制开关变换器的分岔图外形。类似地，很容易得到I_{pk}和i_{Lmin}之间的其他局部最小值和局部最大值，以及i_{Lmax}和i_{Gmin}之间的其他局部最小值和局部最大值。但是这些局部最小值和局部最大值边界方程越来越复杂，此处不再讨论。

2. 谷值电流控制

对于谷值电流控制，定义边界 I_{bv} 为电感电流在时钟周期结束刚好下降到谷值参考电流 I_{vy}，所对应的时钟周期开始时的电感电流值，如图 7.4 所示。其中，$I_{bv} = I_{vy} + m_2T$。

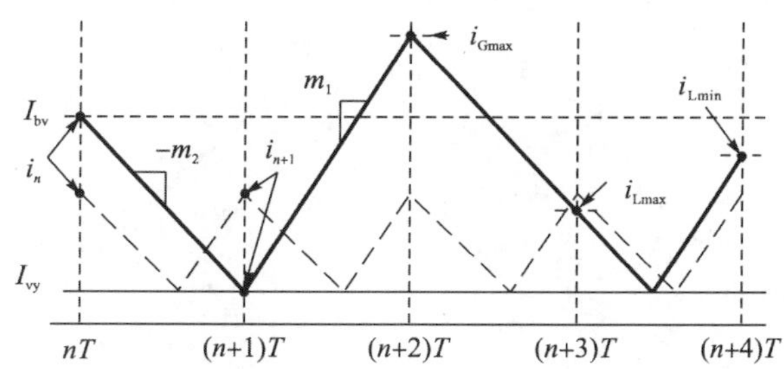

图 7.4　谷值电流控制开关变换器的统一离散迭代映射模型示例

根据文献[7]、[8]，可得谷值电流控制开关变换器的一维离散迭代映射方程 $i_{n+1} = f(i_n)$ 为

$$i_{n+1} = \begin{cases} i_n - m_2T & i_n \geqslant I_{bv} \\ \dfrac{m_1}{m_2} i_n + \left(1 + \dfrac{m_1}{m_2}\right) I_{vy} + m_1T & i_n < I_{bv} \end{cases} \tag{7.5}$$

对于谷值电流控制，电感电流的全局最小值(边界)显然等于 I_{vy}。从图 7.4 可以看出，如果 $i_n < I_{bv}$，变换器工作于稳定的周期 1 轨道，否则变换器工作于不稳定的轨道或混沌轨道。当 $i_n = I_{bv}$，可以得到电感电流的全局最大值(边界) i_{Gmax}，且有 $i_{Gmax} = I_{vy} + m_1T$。根据图 7.4 及式(7.5)，可以得到电感电流的局部最大值(边界) i_{Lmax} 和局部最小值(边界) i_{Lmin}，分别为

$$i_{Lmax} = i_{Gmax} - m_2T = I_{vy} + (m_1 - m_2)T \tag{7.6}$$

$$i_{Lmin} = -\frac{m_1}{m_2} i_{Lmax} + \left(1 + \frac{m_1}{m_2}\right) I_{vy} + m_1T \tag{7.7}$$

根据 4 条边界 I_{vy}，i_{Lmax}，i_{Lmin} 和 i_{Gmax}，可以确定谷值电流控制开关变换器的分岔图外形，如下文的图 7.5(b)和图 7.5(d)所示。类似地，很容易得到 I_{vy} 和 i_{Lmax} 之间的其他局部最小值和局部最大值，以及 i_{Lmin} 和 i_{Gmax} 之间的其他局部最小值和局部最大值。

7.2.2　对称分岔行为

为了调查并研究峰值电流控制和谷值电流控制开关变换器的对称动力学行为，根据峰值电流控制和谷值电流控制的离散映射方程和边界方程，本节对开关变换器的分岔行为进行对比研究，揭示其存在的对称分岔行为。

1. 峰值电流和谷值电流控制 Buck 变换器的对称分岔行为

对于 Buck 变换器，有 $D = V_o / V_g$，其中 D 为占空比；根据式(7.2a)，离散迭代映射方程式(7.1)、式(7.5)及边界方程式(7.3)、式(7.4)、式(7.6)、式(7.7)可转化为占空比 D 的

函数。选择如下两组电路参数进行仿真研究：$I_{pk}=1.2$A，$I_{vy}=0.6$A，$L=450\mu$H，$T=50\mu$s；(i) $V_o=6$V，$V_g=8.4$～20V；(ii) $V_o=3.6$～8.4V，$V_g=12$V。以占空比 D 为分岔参数，变化范围为 0.3～0.7，得到两组参数下峰值电流和谷值电流控制 Buck 变换器的分岔图，如图 7.5 所示。

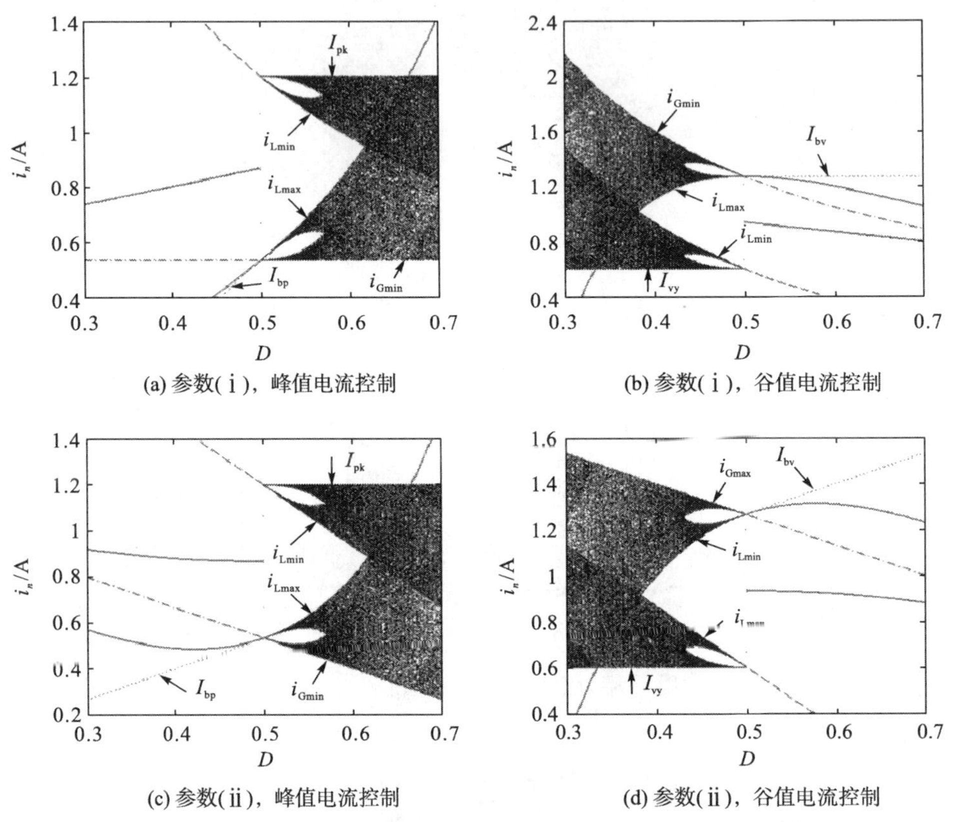

(a) 参数(i)，峰值电流控制

(b) 参数(i)，谷值电流控制

(c) 参数(ii)，峰值电流控制

(d) 参数(ii)，谷值电流控制

图 7.5 峰值电流和谷值电流控制 Buck 变换器的分岔图

从图 7.5(a) 和图 7.5(c) 可以看出，随着占空比的增大，峰值电流控制 Buck 变换器具有正向的倍周期分岔并经边界碰撞分岔通向混沌的道路。当 $D=0.5$ 时，变换器发生倍周期分岔；紧随倍周期分岔之后，系统轨道与边界 I_{bp} 碰撞，发生边界碰撞分岔，随后进入混沌轨道。随着占空比的进一步增大，混沌轨道不断扩展，I_{pk} 和 i_{Lmin} 之间的上片吸引子与 i_{Lmax} 和 i_{Gmin} 之间的下片吸引子合并成一片，此时 $i_{Lmin}=i_{Lmax}$。

从图 7.5(b) 和图 7.5(d) 可以看出，随着占空比的增大，谷值电流控制 Buck 变换器出现相反的倍周期分岔并经边界碰撞分岔通向混沌的道路。当 $D=0.5$ 时，变换器发生倍周期分岔，紧接着系统与边界 I_{bv} 碰撞，发生边界碰撞分岔，随后进入混沌轨道。随着占空比的进一步增大，当 $i_{Lmin}=i_{Lmax}$ 时，单片吸引子分离成两片，形成处于 i_{Gmax} 和 i_{Lmin} 之间的上片吸引子与处于 i_{Lmax} 和 I_{vy} 之间的下片吸引子。

从图 7.5(c) 和图 7.5(d) 可以看出，峰值电流和谷值电流控制 Buck 变换器出现有趣的对称分岔图现象，两者关于点 ($D=0.5$, $i_n=0.9$A) 对称，该点称为对称点 (symmetrical point,

SP)，由轴 $D=0.5$ 和轴 $i_n=(I_{pk}+I_{vy})/2$ 相交生成。为了从理论上证明图 7.5(c)和图 7.5(d)存在对称点，下面考虑构成峰值电流和谷值电流控制 Buck 变换器的分岔图形状的 4 条边界线的对称性。

很显然，峰值电流控制的 $i_n=I_{pk}$ 与谷值电流控制的 $i_n=I_{vy}$ 有对称轴 $i_n=(I_{pk}+I_{vy})/2$，因此，它们具有对称点 SP(0.5, $(I_{pk}+I_{vy})/2$)。

以占空比 D 为函数变量，峰值电流控制 Buck 变换器的 i_{Gmin} 和谷值电流控制 Buck 变换器的 i_{Gmax} 分别改变为

$$\begin{cases} i_{Gmin}=I_{pk}-m_2T=I_{pk}-\dfrac{V_gT}{L}D \\ i_{Gmax}=I_{vy}+m_1T=I_{vy}+\dfrac{V_gT}{L}-\dfrac{V_gT}{L}D \end{cases} \tag{7.8}$$

从式(7.8)可以看出，i_{Gmin} 和 i_{Gmax} 有相同的斜率，为 $-V_gT/L$。因此，当占空比 D 为 0.3～0.7 时，平行且相等的对边 i_{Gmin} 和 i_{Gmax} 构成了一个平行四边形。平行四边形的两条对角线相交于平行四边形的中心点，即为对称点。所以，边界 i_{Gmin} 和 i_{Gmax} 具有对称点 SP(0.5, $(I_{pk}+I_{vy})/2$)。从式(7.3)和式(7.6)可以看出，峰值电流控制 Buck 变换器的 i_{Lmin} 和谷值电流控制 Buck 变换器的 i_{Lmax} 也有相同的斜率。同理可知，它们具有对称点 SP(0.5, $(I_{pk}+I_{vy})/2$)。

从式(7.4)、式(7.7)、图 7.5(c)和图 7.5(d)可以看出，峰值电流控制 Buck 变换器的边界 i_{Lmax} 和谷值电流控制 Buck 变换器的边界 i_{Lmin} 是非线性的。将式(7.4)和式(7.7)改写成 D 的函数，分别为

$$i_{Lmax}=I_{pk}+\frac{(3D^2-2D)V_gT}{(1-D)L} \tag{7.9}$$

$$i_{Lmin}=I_{vy}-\frac{(3D^2-4D+1)V_gT}{DL} \tag{7.10}$$

在峰值电流控制 Buck 变换器的边界 i_{Lmax} 上定义任意一点 $X(D_p, i_p)$，并假设存在任意一点 $Y(D_v, i_v)$，使得点 Y 与点 X 有对称点 SP(0.5, $(I_{pk}+I_{vy})/2$)，则有如下关系：

$$i_p=I_{pk}+\frac{(3D_p^2-2D_p)V_gT}{(1-D_p)L} \tag{7.11}$$

$$D_p=1-D_v,\ i_p=I_{pk}+I_{vy}-i_v \tag{7.12}$$

将式(7.12)代入式(7.11)中，得

$$i_v=I_{vy}-\frac{(3D_v^2-4D_v+1)V_gT}{D_vL} \tag{7.13}$$

比较式(7.13)和式(7.10)可知，点 Y 位于谷值电流控制 Buck 变换器的边界 i_{Lmin} 上。因此，峰值电流控制的边界 i_{Lmax} 和谷值电流控制的边界 i_{Lmin} 具有对称点 SP(0.5, $(I_{pk}+I_{vy})/2$)。

以上的分析证明了图 7.5(c)和图 7.5(d)具有对称点。然而，当输出电压 V_o 恒定时，Buck 变换器的 m_2 不变，此时图 7.5(c)和图 7.5(d)没有对称性，不存在对称点。

根据式(7.2a)和图 7.5 可知，若保持 V_g 不变、V_o 变化[参数(ii)]，则 m_1、m_2 均可变化，该情况下峰值电流、谷值电流控制 Buck 变换器的正、逆分岔图会出现对称动力学现

象；若保持 V_o 不变、V_g 变化[参数(i)]，则 m_1 变化、m_2 不变，该情况下峰值电流和谷值电流控制 Buck 变换器的分岔图没有对称性。

2. 峰值电流和谷值电流控制 Boost 变换器的对称分岔行为

对于 Boost 变换器，有 $D = 1 - V_g / V_o$，根据式(7.2b)可知，当 V_g 变化、V_o 不变时电感电流斜率 m_1 和 m_2 均可变化。选择如下电路参数进行仿真研究：$I_{pk} = 1.2A$，$I_{vy} = 0.6A$，$L = 1mH$，$T = 50\mu s$，$V_o = 16V$。以占空比 D 为分岔参数，变化范围为 0.3～0.7，得到峰值电流和谷值电流控制 Boost 变换器的分岔图，如图 7.6 所示。

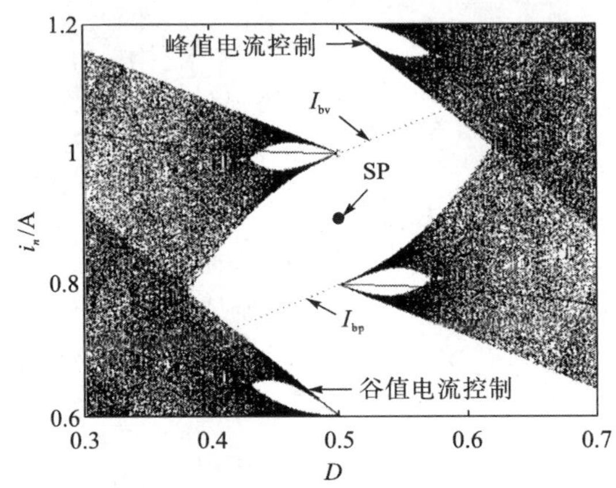

图 7.6　峰值电流和谷值电流控制 Boost 变换器的对称分岔图

从图 7.6 可以看出，随着占空比的逐渐变大(变小)，峰值电流(谷值电流)控制 Boost 变换器的正(逆)分岔图出现了倍周期分岔并经边界碰撞分岔通向混沌的道路。为了简化图形，分岔图中仅仅保留了边界 I_{bp} 和边界 I_{bv}。从图 7.6 还可以看出，峰值电流和谷值电流控制 Boost 变换器的分岔图存在对称性且具有对称点 SP(0.5, 0.9A)。对于该对称点存在性的证明，可以参考 Buck 变换器中对称点存在性的证明方法。

3. 峰值电流和谷值电流控制 Buck-Boost 变换器的对称分岔行为

由上述分析可知，只有电感电流斜率 m_1 和 m_2 同时变化时，峰值电流和谷值电流控制 Buck 变换器或 Boost 变换器的分岔图才具有对称性。根据式(7.2c)可知，若保持 V_o 不变、V_g 变化，则 m_1 变化、m_2 不变；若保持 V_g 不变、V_o 变化，则 m_1 不变、m_2 变化。这说明斜率 m_1 和 m_2 不会同时变化，从而很难发现峰值电流和谷值电流控制 Buck-Boost 变换器的对称分岔行为。

由电流型控制 Buck 变换器的对称分岔行为分析可知，无论斜率 m_1 和 m_2 是否会同时变化，峰值电流控制开关变换器的边界 I_{pk}、i_{Lmin} 分别与谷值电流控制开关变换器的边界 I_{vy}、i_{Lmax} 都具有对称点 SP(0.5, $(I_{pk}+I_{vy})/2$)。由式(7.3)、式(7.4)和式(7.6)、式(7.7)可知，峰值电流控制的边界 i_{Lmax}、谷值电流控制的边界 i_{Lmin} 分别是在它们的边界 i_{Gmin}、边界 i_{Gmax} 的基础上得到的。因此，对于 Buck-Boost 变换器，如果峰值电流控制的边界 i_{Gmin} 和谷值电流控制的边界 i_{Gmax} 具有对称点，则峰值电流和谷值电流控制 Buck-Boost 变换器的分岔图具有对称性。根据式(7.2c)、图 7.3 和图 7.4，有如下两种情况。

(1) Case Ⅰ：峰值电流控制的 V_o 不变、V_g 变化和谷值电流控制的 V_g 不变、V_o 变化。这种情况下，i_{Gmin} 和 i_{Gmax} 都不变。为了得到峰值电流和谷值电流控制 Buck-Boost 变换器的对称分岔图，峰值电流控制的 V_o 必须与谷值电流控制的 V_g 相等。

(2) Case Ⅱ：峰值电流控制的 V_g 不变、V_o 变化和谷值电流控制的 V_o 不变、V_g 变化。对于 Buck-Boost 变换器，有 $D = V_o / (V_o + V_g)$。以占空比 D 为函数变量，将峰值电流控制 Buck-Boost 变换器的 i_{Gmin} 和谷值电流控制 Buck-Boost 变换器的 i_{Gmax} 改写成占空比 D 的函数，分别为

$$\begin{cases} i_{Gmin} = I_{pk} - m_2 T = I_{pk} - \dfrac{DV_g T}{(1-D)L} \\ i_{Gmax} = I_{vy} + m_1 T = I_{vy} + \dfrac{(1-D)V_o T}{DL} \end{cases} \tag{7.14}$$

从式(7.14)可以看出，i_{Gmin} 和 i_{Gmax} 是关于占空比 D 的非线性函数。类似地，当峰值电流控制的 V_g 与谷值电流控制的 V_o 相等时，通过在边界 i_{Gmin} 上定义任意一点 $X_1(D_{p1}, i_{p1})$，都能在边界 i_{Gmax} 上找到一点 $Y_1(D_{v1}, i_{v1})$，使得点 Y_1 与点 X_1 有对称点 SP$(0.5, (I_{pk}+I_{vy})/2)$，即边界 i_{Gmin} 和 i_{Gmax} 具有对称点 SP$(0.5, (I_{pk}+I_{vy})/2)$。

对于 Buck-Boost 变换器，选择如下两组电路参数进行仿真研究：$I_{pk} = 1.2\text{A}$，$I_{vy} = 0.6\text{A}$，$L = 1\text{mH}$，$T = 50\mu\text{s}$，$D = 0.3 \sim 0.7$，(i) 峰值电流控制的 $V_o = 10\text{V}$，谷值电流控制的 $V_g = 10\text{V}$；(ii) 峰值电流控制的 $V_g = 6\text{V}$，谷值电流控制的 $V_o = 6\text{V}$。以占空比 D 为分岔参数，得到两组电路参数下峰值电流和谷值电流控制 Buck-Boost 变换器的对称分岔图，分别如图 7.7(a) 和图 7.7(b) 所示。

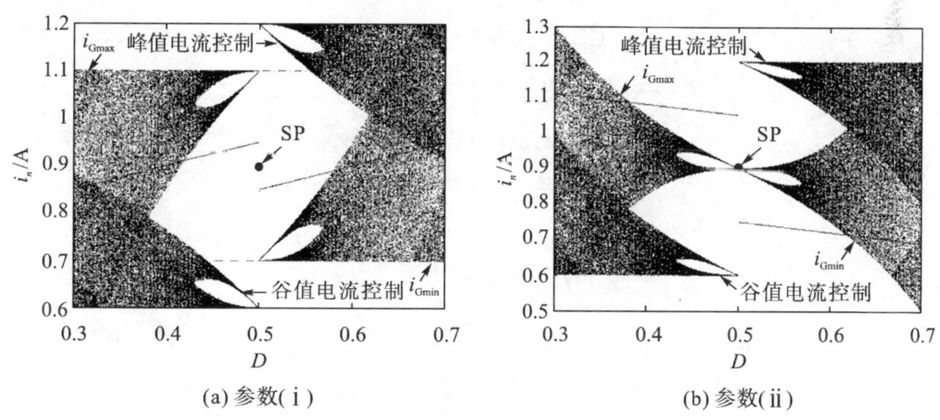

(a) 参数(ⅰ)　　(b) 参数(ⅱ)

图 7.7　峰值电流和谷值电流控制 Buck-Boost 变换器的对称分岔图

从图 7.7(a) 和图 7.7(b) 可以看出，随着占空比的逐渐变大(变小)，峰值电流(谷值电流)控制 Buck-Boost 变换器的正(逆)分岔图出现了第一次倍周期分岔并经边界碰撞分岔通向混沌的道路。从图 7.7(a) 和图 7.7(b) 还可以看出，峰值电流和谷值电流控制 Buck-Boost 变换器的分岔图存在对称性且具有对称点 SP(0.5, 0.9A)。为了简化图形，对称分岔图中仅仅保留了边界 i_{Gmin} 和边界 i_{Gmax}。

4. 对称分岔行为小结

由图 7.3、图 7.4、式(7.1)和式(7.5)可知，峰值电流控制的边界值 I_{bp} 与电感电流下降斜率 m_2 无关，即电感电流上升斜率 m_1 在峰值电流控制中起着决定性作用；而谷值电流控制的边界值 I_{bv} 与 m_1 无关，即 m_2 在谷值电流控制中起着决定性作用。

图 7.5 至图 7.7 所示的结果表明，当电路参数满足峰值电流控制的 m_1 和谷值电流控制的 m_2 均可变化或均不变时，峰值电流和谷值电流控制开关变换器具有对称的分岔行为，它们的分岔图关于点 SP($D = 0.5$, $i_n = (I_{pk} + I_{vy})/2$) 对称。

峰值电流和谷值电流控制开关变换器具有对称分岔行为的条件总结如下：①对于 Buck 变换器，V_o 变化；②对于 Boost 变换器，V_g 变化；③对于 Buck-Boost 变换器，存在两种情况，一种是峰值电流控制的 V_o 和谷值电流控制的 V_g 保持不变且相等，另一种是峰值电流控制的 V_g 和谷值电流控制的 V_o 保持不变且相等。

7.2.3 对称 Lyapunov 指数

根据峰值电流控制开关变换器的统一离散迭代映射方程式(7.1)，可得相应的特征值 λ_p 的方程[1, 2]：

$$\lambda_p = \frac{di_{n+1}}{di_n} = \begin{cases} 1 & i_n \leqslant I_{bp} \\ -\dfrac{m_2}{m_1} & i_n > I_{bp} \end{cases} \tag{7.15}$$

开关变换器工作于稳定的周期 1 状态时，特征值 λ_p 必须位于区间(−1, 1)，若 λ_p 通过 −1 越出该区间，则变换器将产生倍周期分岔[2, 3]。显然，在稳定的周期 1 工作区间，不会发生 $i_n \leqslant I_{bp}$ 的情形。因此，峰值电流控制变换器的稳定性只在 $i_n > I_{bp}$ 的情形下受到影响。由稳态时电感电流的伏秒平衡原理可知，$m_1 D = m_2(1-D)$。当 $i_n > I_{bp}$ 时，若 $\lambda_p = -m_2 / m_1 \leqslant -1$，即 $D \geqslant 0.5$，则峰值电流控制变换器将由倍周期分岔过渡到不稳定状态。

根据谷值电流控制开关变换器的统一离散迭代映射方程式(7.5)，可得相应的特征值 λ_v 的方程[9]：

$$\lambda_v = \frac{di_{n+1}}{di_n} = \begin{cases} 1 & i_n \geqslant I_{bv} \\ -\dfrac{m_1}{m_2} & i_n < I_{bv} \end{cases} \tag{7.16}$$

由式(7.16)可知，当 $i_n \geqslant I_{bv}$ 时，特征值 $\lambda_v = 1$，表明谷值电流控制变换器是不稳定的；当 $i_n < I_{bv}$ 时，若 $\lambda_v = -m_1 / m_2 \leqslant -1$，即 $D \leqslant 0.5$，则谷值电流控制变换器将由倍周期分岔过渡到不稳定状态。

对比峰值电流和谷值电流控制开关变换器的特征值方程可以看出，两者具有对称的稳定工作区和不稳定工作区。

根据式(7.15)和式(7.16)，以 Buck 变换器和 Boost 变换器为例，选择与图 7.5(c)、图 7.5(d)、图 7.6 相同的电路参数，可得如图 7.8 所示的峰值电流和谷值电流控制开关变换器的 Lyapunov 指数谱。对比分岔图及相应的 Lyapunov 指数谱可知[如图 7.6 与图 7.8(b)]：

在分岔图出现倍周期分岔并经边界碰撞分岔通向混沌的同时，Lyapunov 指数从负值上升到 0，并穿过 0 变成正值，表明变换器从稳定的周期状态转变成混沌状态。Lyapunov 指数谱验证了分岔图的正确性。

从图 7.8 可以看出，Lyapunov 指数小于 0 时，峰值电流和谷值电流控制开关变换器的 Lyapunov 指数具有对称轴 $D = 0.5$，该对称轴对应于相应分岔图上的对称点；当 Lyapunov 指数大于 0 后，两条曲线不再具有明显的对称性，这是因为混沌是非周期性的，非周期的两条指数曲线是不可能对称度量的。

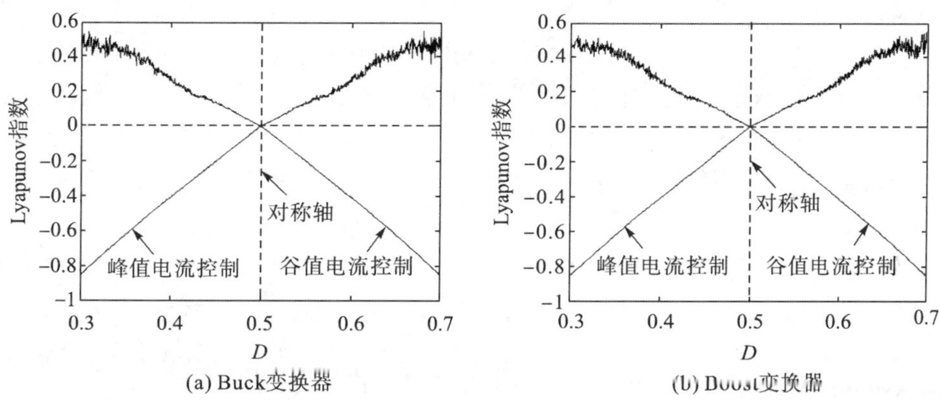

图 7.8　峰值电流和谷值电流控制开关变换器的 Lyapunov 指数谱

7.2.4　对称时域波形及相轨图

实际的 Buck、Boost、Buck-Boost 变换器是二阶电路，它们的输出部分由电容和负载电阻并联组成。类似地，根据第 4 章建立的二维离散迭代映射，也可以研究峰值电流和谷值电流控制开关变换器的对称分岔行为，但是研究过程与 7.2.2 节相比更为复杂。而简单有效的方法是，通过时域波形及相轨图调查峰值电流和谷值电流控制开关变换器的对称动力学行为。

下文以 Buck 变换器为例进行研究。在实际的 Buck 变换器中，为了得到输出电压和电感电流的相轨图，选择电容 $C = 560\mu F$ 及不同工作轨道的负载电阻 R 代替恒定的输出电压。

当 Buck 变换器工作于稳定的周期 1 轨道时，峰值电流控制的平均电感电流 I_{avg}^{PC} 和谷值电流控制的平均电感电流 I_{avg}^{VC} 分别为

$$I_{avg}^{PC} = I_{pk} - \frac{1}{2}m_1 DT = I_{pk} - \frac{V_g T}{2L}D(1-D) \tag{7.17}$$

$$I_{avg}^{VC} = I_{vy} + \frac{1}{2}m_1 DT = I_{vy} + \frac{V_g T}{2L}D(1-D) \tag{7.18}$$

当 Buck 变换器工作于周期 2 轨道时，类似于文献[10]，可以得到 I_{avg}^{PC} 和 I_{avg}^{VC} 分别为

$$I_{\text{avg}}^{\text{PC}} = I_{\text{pk}} - \frac{V_{\text{g}}T}{4L}[1-2D(1-D)] \tag{7.19}$$

$$I_{\text{avg}}^{\text{VC}} = I_{\text{vy}} + \frac{V_{\text{g}}T}{4L}[1-2D(1-D)] \tag{7.20}$$

根据式(7.17)至式(7.20)，峰值电流控制 Buck 变换器的电阻 R 可以根据 $R = DV_{\text{g}} / I_{\text{avg}}^{\text{PC}}$ 求得；谷值电流控制 Buck 变换器的电阻 R 可以根据 $R = DV_{\text{g}} / I_{\text{avg}}^{\text{VC}}$ 求得。

对图 7.1 和图 7.2 所示的峰值电流和谷值电流控制的 Buck 变换器，建立基于 Matlab/Simulink 的仿真模型，选取与图 7.5(c)、图 7.5(d)中相同的电路参数，并用 C = 560μF 及不同的电阻 R 代替 V_{o}，对其进行时域仿真。根据仿真结果，画出时域波形图及相轨图，对比、分析和综合以确定峰值电流和谷值电流控制 Buck 变换器的对称动力学行为。

图 7.9(a)和图 7.9(b)分别给出了峰值电流($D = 0.4$, $R = 4.62\Omega$)和谷值电流($D = 0.6$, $R = 9.47\Omega$)控制 Buck 变换器的周期 1 电感电流和相轨图。从图 7.9 中可以观察到对称的周期 1 电感电流波形和周期 1 相轨图。从图 7.9(a)可以看出，峰值电流控制和谷值电流控制的电感电流波形具有对称轴(symmetrical axis，SA)，该对称轴为 $i_{\text{L}} = (I_{\text{pk}} + I_{\text{vy}})/2$，且每个开关周期内，两个电感电流波形具有对称点 SP($T/2$, $(I_{\text{pk}} + I_{\text{vy}})/2$)，验证了对图 7.1 和图 7.2 的理论分析。从图 7.9(b)可以看出，峰值电流控制和谷值电流控制的周期 1 相轨图具有对称点 SP(6V, 0.9A)，该对称点是轴 V_{o} = 6V($D = 0.5$ 时对应的输出电压)与轴 $i_{\text{L}} = (I_{\text{pk}} + I_{\text{vy}})/2$ 的交点。为了便于观察对称性，图 7.9(b)中峰值电流控制的输出电压加上了 1.19V，谷值电流控制的输出电压减去了 1.19V。

图 7.10(a)和图 7.10(b)分别给出了峰值电流($D = 0.52$, $R = 6.04\Omega$)和谷值电流($D = 0.48$, $R = 7.51\Omega$)控制 Buck 变换器的周期 2 电感电流和相轨图。从图 7.10 可以观察到对称的周期 2 电感电流波形和周期 2 相轨图。从图 7.10 (a)可以看出，峰值电流控制的“M 形”电感电流波形和谷值电流控制的“W 形”电感电流波形有对称轴，为 $i_{\text{L}} = (I_{\text{pk}} + I_{\text{vy}})/2$，且每两个开关周期内，两个电感电流波形具有对称点 SP(T, $(I_{\text{pk}} + I_{\text{vy}})/2$)。从图 7.10(b)可以看出，峰值电流控制和谷值电流控制的周期 2 相轨图具有对称点 SP(6V, 0.9A)。

图 7.9 和图 7.10 的结果说明，具有周期轨道的时域波形或相轨图，都能找到对称轴或对称点。

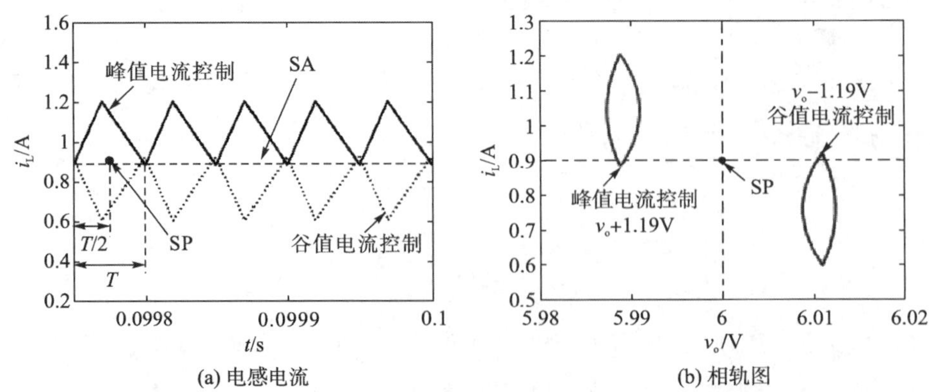

(a) 电感电流 (b) 相轨图

图 7.9 峰值电流和谷值电流控制 Buck 变换器的周期 1 电感电流和相轨图

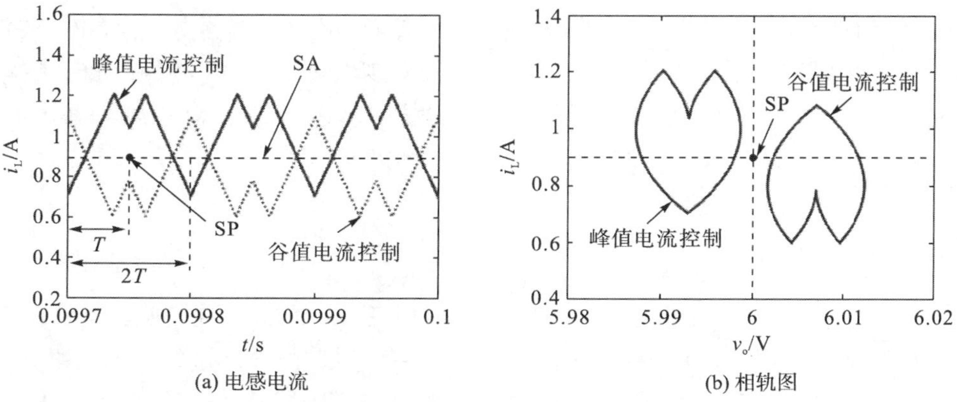

图 7.10　峰值电流和谷值电流控制 Buck 变换器的周期 2 电感电流和相轨图

当峰值电流和谷值电流控制 Buck 变换器工作于混沌轨道时，平均电感电流 $I_{\mathrm{avg}}^{\mathrm{PC}}$ 和 $I_{\mathrm{avg}}^{\mathrm{VC}}$ 没有确定的表达式，它们不再等于 V_o/R。因为在这种情况下，有限的开关周期内电感电流不满足伏秒平衡原理，输出电容电压也不满足安秒平衡原理。

从以上的分析可知，给定一个 R，输出电压 V_o 就确定了。通过不断改变 R 的值，可以找到峰值电流控制 Buck 变换器 $V_o = 6.5$V 时的电阻 R，为 7.464Ω。同理，对于谷值电流控制 Buck 变换器，当 $V_o = 5.5$V 时，电阻 $R = 5.918\Omega$。根据这组电阻值，观察混沌轨道的对称性。

图 7.11 给出了峰值电流($R = 7.464\Omega$)和谷值电流($R = 5.918\Omega$)控制 Buck 变换器的混沌电感电流和相轨图。为了便于观察对称性，图 7.11(a)比较了峰值电流控制的 $i_L/3 + 0.8$A 与谷值电流控制的 $i_L/3 + 0.4$A；图 7.11(b)比较了峰值电流控制的 $v_o - 0.485$V 与谷值电流控制的 $v_o + 0.485$V。

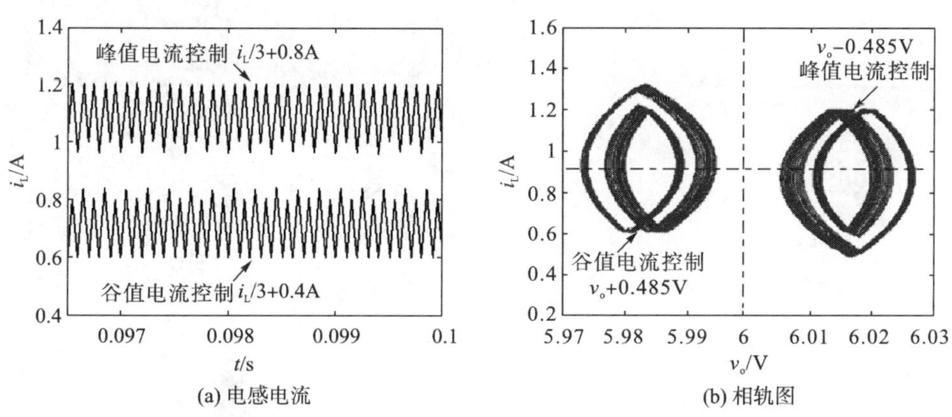

图 7.11　峰值电流和谷值电流控制 Buck 变换器的混沌电感电流和相轨图

从图 7.11(a)可以看出，峰值电流控制和谷值电流控制的电感电流波形因失去周期性规律而表现得杂乱无章，它们没有对称性。从图 7.11(b)可以看出，峰值电流控制和谷值电流控制的相轨图由一定区域内随机分布的、不封闭的轨线组成，它们的相轨图中包含有限的周期轨道和无限的非周期轨道，其中有限的周期轨道是关于点 SP(6V, 0.9A) 对称的，而非周期轨道不具有对称性。对于当前给定的一组电阻（峰值电流控制中 R=7.464Ω，谷值电流控制中 R = 5.918Ω），对称动力学现象和非对称动力学现象共存于峰值电流和谷值电流控制 Buck 变换器。

7.2.5 实验验证

为了证明峰值电流和谷值电流控制开关变换器存在对称动力学行为，以及验证仿真结果的正确性，采用与 7.2.4 节相同的周期 2 轨道电路参数进行实验研究。实验电路中，Buck 变换器的开关管 S_1 选用 IRF3205，二极管 S_2 选用 MBR2045，比较器选用 LM319，触发器选择 74LS02 与电阻搭建。

图 7.12 给出了峰值电流和谷值电流控制 Buck 变换器的实验结果。从图 7.12(a)和图 7.12(c)可以看出，“M 形”电感电流和“W 形”电感电流在每两个开关周期内具有对称点(50μs, 0.9A)，且有对称轴为 i_L = 0.9A，与图 7.10 (a)的仿真结果一致。从图 7.12(b)和图 7.12(d)可以看出，两个相轨图具有对称点，与图 7.10 (b)的仿真结果一致。实验结果验证了 7.2.4 节的仿真结果，且证明了峰值电流和谷值电流控制开关变换器存在对称动力学行为。

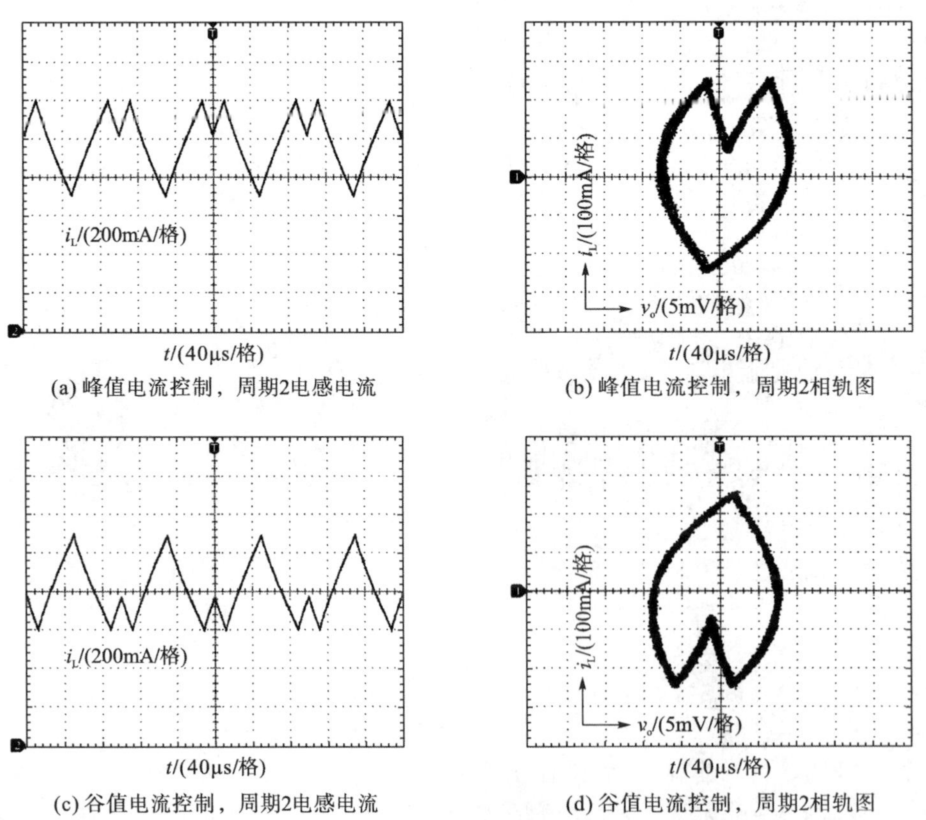

(a) 峰值电流控制，周期2电感电流
(b) 峰值电流控制，周期2相轨图
(c) 谷值电流控制，周期2电感电流
(d) 谷值电流控制，周期2相轨图

图 7.12 峰值电流和谷值电流控制 Buck 变换器的实验结果

7.3　斜坡补偿电流型控制开关变换器的对称动力学行为

由第 4 章和第 6 章的分析可知，通过在开关变换器反馈控制电路中引入适当的补偿斜坡电流或电压，可以有效地拓宽系统的稳定范围，使工作于不稳定的混沌状态中的变换器电路进入稳定的周期状态，实现系统的稳定性控制[1]。引入斜率补偿因子，本节对斜坡补偿峰值电流和谷值电流控制开关变换器的动力学行为进行深入研究，研究补偿斜坡斜率对开关变换器的工作区、参数空间映射、分岔图及 Lyapunov 指数谱等动力学行为的影响。

7.3.1　斜坡补偿一维离散迭代映射

图 7.13 所示为斜坡补偿峰值电流和谷值电流控制 Buck 变换器。其中，m_c 为补偿斜坡的斜率；i_{pk} 和 i_{vy} 为斜坡补偿后的峰值参考电流和谷值参考电流，其值由下式决定：

$$i_{pk} = I_{pk} - m_c \bmod(t,T) \tag{7.21a}$$

$$i_{vy} = I_{vy} + m_c \bmod(t,T) \tag{7.21b}$$

其中，mod(•)是取模函数。

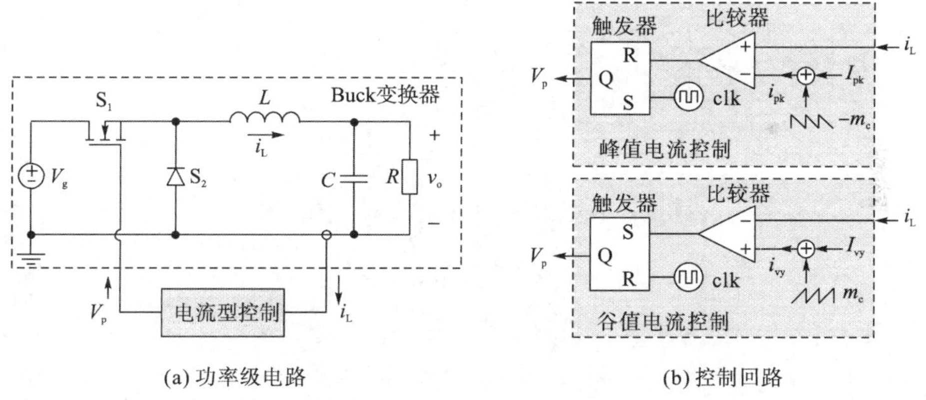

(a) 功率级电路　　(b) 控制回路

图 7.13　斜坡补偿峰值电流和谷值电流控制 Buck 变换器

在实际的开关变换器中，由于开关频率通常远大于变换器的自然频率，因此输出电压可以认为恒定不变[1, 2, 11]。在这种情形下，开关变换器变成一阶电路，电感电流波形变成分段线性波形。根据文献[1, 2, 11]，可得斜坡补偿峰值电流控制开关变换器的一维离散迭代映射方程 $i_{n+1}=f(i_n)$ 为

$$i_{n+1}=\begin{cases} i_n + m_1 T & i_n \leqslant I_{bp} \\ -\dfrac{m_2 - m_c}{m_1 + m_c} i_n + \dfrac{m_1 + m_2}{m_1 + m_c} I_{pk} - m_2 T & i_n > I_{bp} \end{cases} \tag{7.22}$$

其中，边界值 $I_{bp} = I_{pk} - (m_1+m_c)T$，定义为电感电流在时钟周期结束刚好上升到峰值参考电流 i_{pk}，所对应的时钟周期开始时的电感电流值，如图 7.14(a)所示。

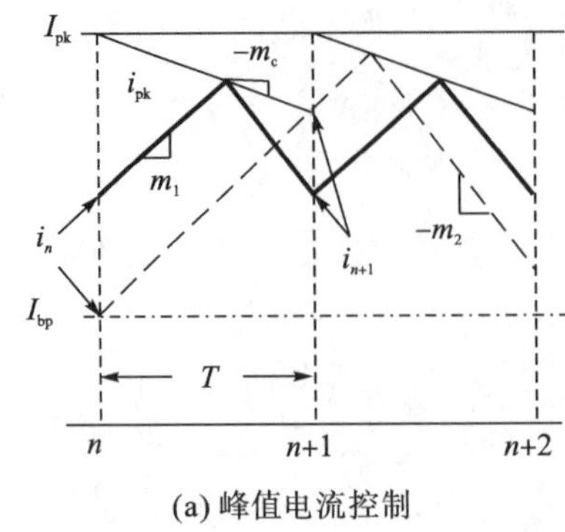

(a) 峰值电流控制

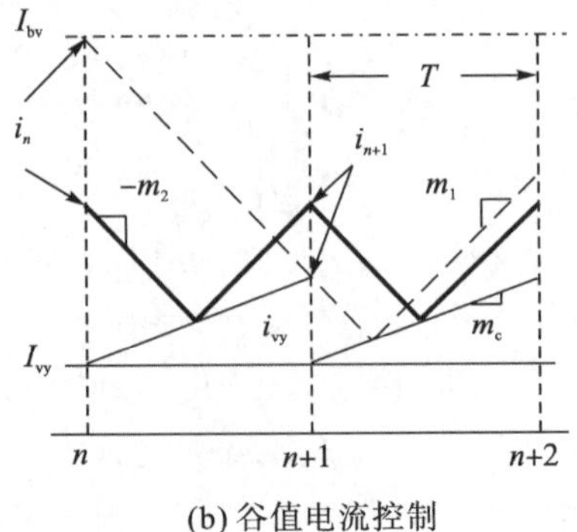

(b) 谷值电流控制

图 7.14 斜坡补偿离散迭代映射模型示例

图 7.14(b)所示为斜坡补偿谷值电流控制开关变换器的离散迭代映射模型示例。类似地，可得斜坡补偿谷值电流控制开关变换器的一维离散迭代映射方程[12]为

$$i_{n+1}=\begin{cases} i_n-m_2T & i_n\geqslant I_{bv} \\ -\dfrac{m_1-m_c}{m_2+m_c}i_n+\dfrac{m_1+m_2}{m_2+m_c}I_{vy}+m_1T & i_n<I_{bv} \end{cases} \tag{7.23}$$

其中，边界值 $I_{bv}=I_{vy}+(m_2+m_c)T$，定义为电感电流在时钟周期结束刚好下降到谷值参考电流 i_{vy}，所对应的时钟周期开始时的电感电流值。

7.3.2 斜坡补偿工作区

1. 占空比范围

对于峰值电流控制，斜坡补偿电流环的特征值 λ_p 方程为[1, 2, 11]

$$\lambda_p=-\frac{m_2-m_c}{m_1+m_c} \tag{7.24}$$

为了确保峰值电流控制开关变换器的稳定工作，必须满足$|\lambda_p|<1$。考虑稳态时电感电流的伏秒平衡原理，有 $m_1D=m_2(1-D)$。因此，没有斜坡补偿时($m_c=0$)，峰值电流控制开关变换器仅仅在 $D<0.5$ 时是稳定的。为了保证峰值电流控制开关变换器在 $D\geqslant 0.5$ 时能稳定工作，必须采用斜坡补偿，且补偿斜率 m_c 需满足：

$$m_c>m_{cp}=\frac{m_2-m_1}{2} \tag{7.25}$$

其中，m_{cp} 定义为斜坡补偿峰值电流控制的临界斜率。实际上，当 $\lambda_p=-1$，变换器发生倍周期分岔[2]。因此，将 $\lambda_p=-1$ 代入式(7.24)也可得到临界斜率 m_{cp} 的值。

采用斜坡补偿后，根据式(7.25)，可得峰值电流控制开关变换器在 $D\geqslant 0.5$ 时能稳定工作的临界占空比 D_{cp} 为

$$D_{cp}=0.5+\Delta D_p=\frac{0.5+0.5k_p}{1+k_p} \tag{7.26}$$

其中，$k_p=m_c/m_1$ 定义为峰值电流控制的斜率补偿因子(slope compensation factor，SCF)；

ΔD_{p} 为相应的占空比裕量。

根据上文分析可知，临界占空比是倍周期分岔点。

对于谷值电流控制，在稳定的周期 1 工作区间，不会发生 $i_n \geqslant I_{\mathrm{bv}}$ 的情形。谷值电流控制变换器的稳定性只在 $i_n < I_{\mathrm{bv}}$ 的情形受到影响，因此由式(7.23)可得相应的特征值 λ_{v} 方程为

$$\lambda_{\mathrm{v}} = -\frac{m_1 - m_{\mathrm{c}}}{m_2 + m_{\mathrm{c}}} \tag{7.27}$$

为了确保谷值电流控制开关变换器的稳定工作，必须满足 $|\lambda_{\mathrm{v}}| < 1$。因此在没有斜坡补偿时，谷值电流控制开关变换器仅仅在 $D > 0.5$ 时是稳定的。为了保证谷值电流控制开关变换器在 $D \leqslant 0.5$ 时能稳定工作，必须采用斜坡补偿，且补偿斜率 m_{c} 需满足：

$$m_{\mathrm{c}} > m_{\mathrm{cv}} = \frac{m_1 - m_2}{2} \tag{7.28}$$

其中，m_{cv} 定义为斜坡补偿谷值电流控制的临界斜率。

采用斜坡补偿后，根据式(7.28)，可得谷值电流控制开关变换器在 $D \leqslant 0.5$ 时能稳定工作的临界占空比 D_{cv} 为

$$D_{\mathrm{cv}} = 0.5 - \Delta D_{\mathrm{v}} = \frac{0.5 - 0.5k_{\mathrm{v}}}{1 + k_{\mathrm{v}}} \tag{7.29}$$

其中，$k_{\mathrm{v}} = m_{\mathrm{c}} / m_2$ 定义为谷值电流控制的斜率补偿因子；ΔD_{v} 为相应的占空比裕量。

根据式(7.25)、式(7.26)、式(7.28)、式(7.29)及关系式 $m_1 D = m_2(1-D)$，临界占空比可以转化成 m_{c} 和 D 的函数。图 7.15(a)和图 7.15(b)所示分别为峰值电流控制和谷值电流控制的临界占空比与占空比的关系。从图 7.15 可以看出，没有斜坡补偿，即 $m_{\mathrm{c}} = 0$ 时，临界占空比 $D_{\mathrm{cp}} = 0.5$、$D_{\mathrm{cv}} = 0.5$；临界斜坡补偿，即 $m_{\mathrm{c}} = m_{\mathrm{cp}}$ 时有 $D_{\mathrm{cp}} = D$，$m_{\mathrm{c}} = m_{\mathrm{cv}}$ 时有 $D_{\mathrm{cv}} = D$。

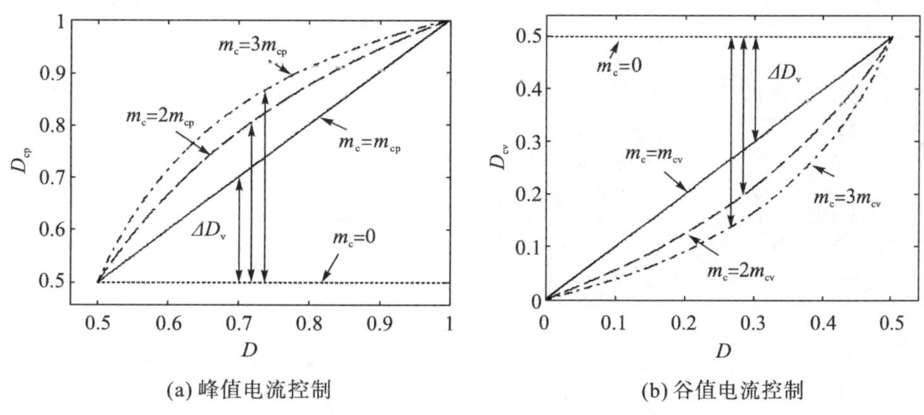

(a) 峰值电流控制　　(b) 谷值电流控制

图 7.15　临界占空比与占空比的关系

从图 7.15(a)可以看出，当 $m_{\mathrm{c}} > m_{\mathrm{cp}}$ 时，有 $D_{\mathrm{cp}} > D$，表明峰值电流控制开关变换器在 $D \geqslant 0.5$ 时是稳定的。从图 7.15(b)可以看出，当 $m_{\mathrm{c}} > m_{\mathrm{cv}}$ 时，有 $D_{\mathrm{cv}} < D$，表明谷值电流控制开关变换器在 $D \leqslant 0.5$ 时是稳定的。随着补偿斜率 m_{c} 的逐渐增大，如峰值电流控制的

$m_c = 2m_{cp}$或$3m_{cp}$、谷值电流控制的$m_c = 2m_{cv}$或$3m_{cv}$，相应的占空比裕量ΔD_p和ΔD_v也逐渐增大，表明斜坡补偿进一步拓宽了峰值电流控制开关变换器在$D \geqslant 0.5$和谷值电流控制开关变换器在$D \leqslant 0.5$时的稳定工作区。

2. 参数空间映射及工作区

考虑峰值电流控制的两个变化的电路参数$D = 0.5 \sim 0.7$及$k_p = 0 \sim 0.8$，谷值电流控制的两个变化的电路参数$D = 0.3 \sim 0.5$及$k_v = 0 \sim 0.8$，选择其他固定的电路参数如下：$V_g = 12V$，$I_{pk} = 1.5A$，$I_{vy} = 0.8A$，$L = 0.6mH$，$T = 50\mu s$，可得式(7.22)和式(7.23)表示的参数空间映射，即两参数动力学行为分布图，如图 7.16(a)和图 7.16(c)所示。

图 7.16(a)和图 7.16(c)是根据周期数的大小使用相应的黑白灰度等级将该映射点在两参数平面中绘出，白色区代表低周期，黑色区代表混沌，颜色越深则周期数越大。根据式(7.26)和式(7.29)，可得如图 7.16 (b)和图 7.16 (d)所示的峰值电流控制和谷值电流控制的工作区，分别与图 7.16 (a)和图 7.16 (c)的工作轨道相对应。

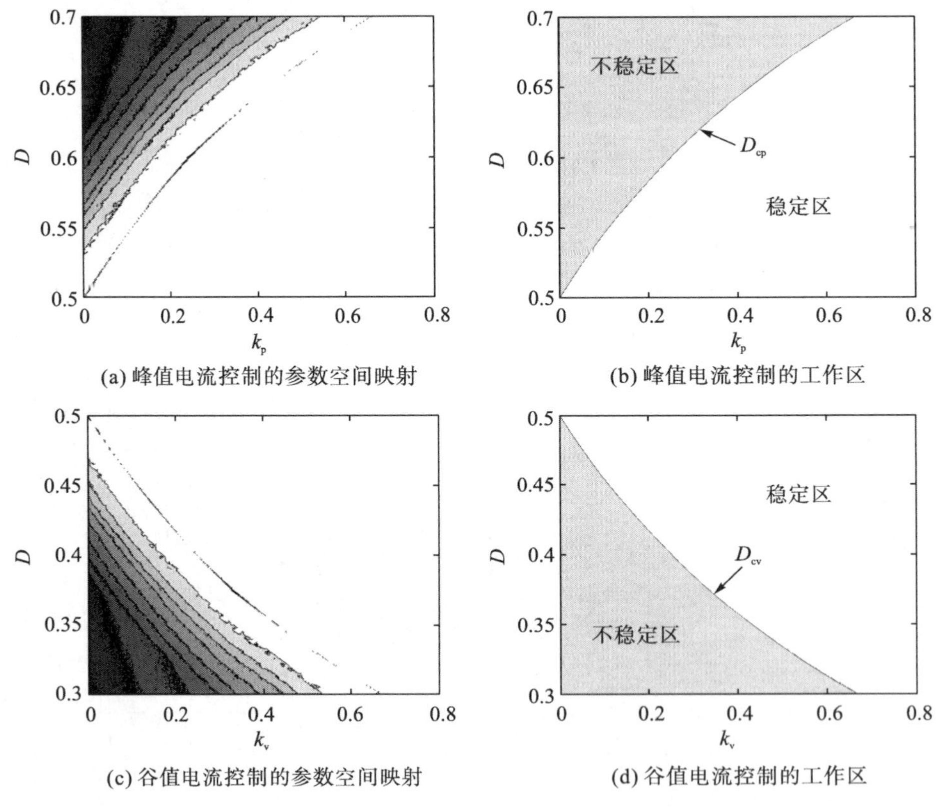

图 7.16 参数空间映射及工作区

图 7.16(b)中的曲线D_{cp}是峰值电流控制的倍周期分岔边界线，曲线D_{cp}之下的工作区是稳定的，而曲线D_{cp}之上的工作区由不稳定的低周期和混沌轨道组成。图 7.16(d)中的曲线D_{cv}是谷值电流控制的倍周期分岔边界线，曲线D_{cv}之上的工作区是稳定的，而曲线D_{cv}之下的工作区由不稳定的低周期和混沌轨道组成。从图 7.16 可以清晰地看出，峰值电

流和谷值电流控制开关变换器的稳定工作区是对称的，且稳定工作区的范围随着斜率补偿因子的增大而逐渐被拓宽。

7.3.3 对称动力学行为

根据离散迭代映射方程式(7.22)和式(7.23)，特征方程式(7.24)和式(7.27)，选择如下电路参数进行仿真研究：$V_g = 12V$，$I_{pk} = 1.5A$，$I_{vy} = 0.8A$，$L = 0.6mH$，$T = 50\mu s$，$D = 0.3$～0.7。值得注意的是，对于 Buck 变换器，有 $V_o = DV_g$，斜率 m_1 和 m_2 的值由式(7.2a)求得。当 $k_p = 0$ 和 $k_v = 0$ 时，得到峰值电流和谷值电流控制 Buck 变换器的分岔图和相应的 Lyapunov 指数谱，如图 7.17 所示。

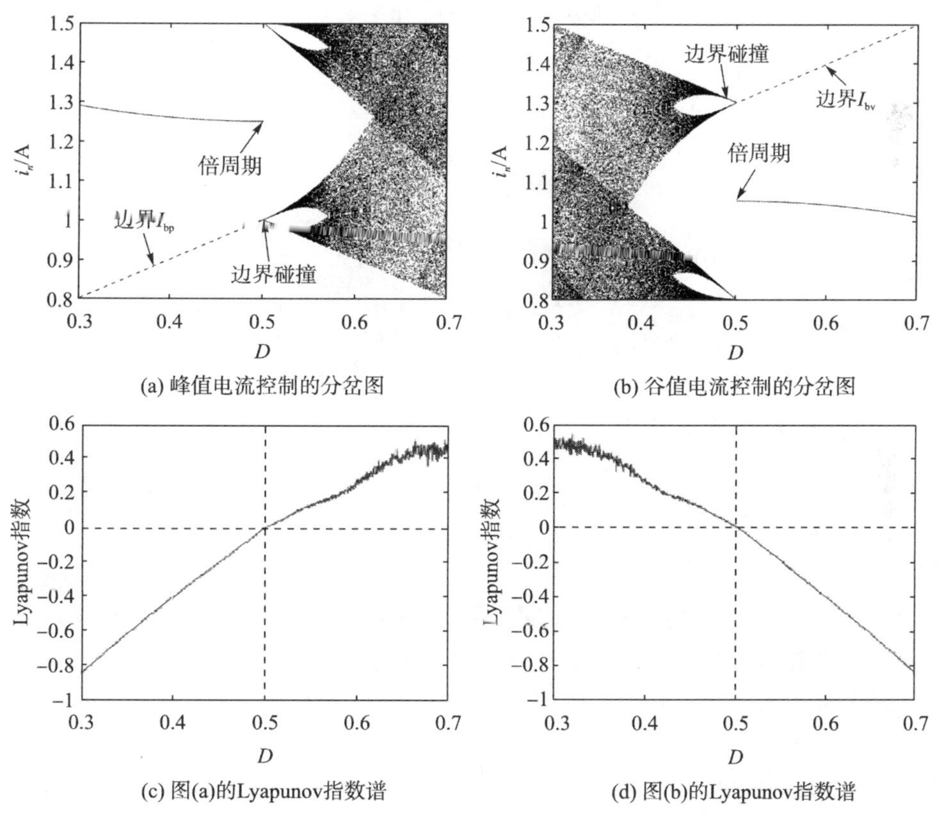

图 7.17 以 D 为参数的分岔图和 Lyapunov 指数谱

从图 7.17(a)可以看出，随着占空比的增大，峰值电流控制 Buck 变换器具有正向的倍周期分岔并经边界碰撞分岔通向混沌的道路。其中，当 $D = 0.5$ 时，变换器发生倍周期分岔，紧接着系统轨道与边界 I_{bp} 碰撞，发生边界碰撞分岔，随后进入混沌轨道。从图 7.17(b)可以看出，随着占空比的增大，谷值电流控制 Buck 变换器出现相反的倍周期分岔并经边界碰撞分岔通向混沌的道路。其中，当 $D = 0.5$ 时，变换器发生倍周期分岔，紧接着系统与边界 I_{bv} 碰撞，发生边界碰撞分岔，随后进入混沌轨道。

图 7.17(c)和图 7.17(d)分别给出了图 7.17(a)和图 7.17(b)相对应的 Lyapunov 指数谱。

从图 7.17(a)和图 7.17(c)可以看出，当分岔图出现第一次倍周期分岔并经边界碰撞分岔通向混沌的道路的同时，Lyapunov 指数从负值上升到 0，并穿过 0 变成正值，表明变换器从稳定的周期状态转变成混沌状态。同理，图 7.17(d)所示的 Lyapunov 指数谱验证了图 7.17(b)所示的分岔图的正确性。

从图 7.17(a)和图 7.17(b)可以看出，峰值电流和谷值电流控制 Buck 变换器出现了对称分岔图现象，两者具有对称点 SP（0.5, 1.125A），该点是轴 $D = 0.5$ 和轴 $i_n = (I_{pk} + I_{vy})/2$ 的交点。从图 7.17(c)和图 7.17(d)可以看出，峰值电流和谷值电流控制开关变换器的 Lyapunov 指数是关于轴 $D = 0.5$ 对称的，该对称轴对应于相应分岔图上的对称点。

当 $k_p = 0.2$ 和 $k_v = 0.2$ 时，得到斜坡补偿下峰值电流和谷值电流控制 Buck 变换器的分岔图，如图 7.18 所示。比较图 7.18(a)和图 7.17(a)可知，采用斜坡补偿后，倍周期分岔点和边界碰撞分岔点延后，表明峰值电流控制开关变换器的稳定工作区更宽了。当 $k_p = 0.2$ 时，根据式(7.26)，可得占空比裕量 $\Delta D_p = 0.083$ 及相应的临界占空比 $D_{cp} = 0.583$。从图 7.18(a)中可以观察到倍周期分岔发生在 $D = 0.583$，与计算值 $D_{cp} = 0.583$ 一致。

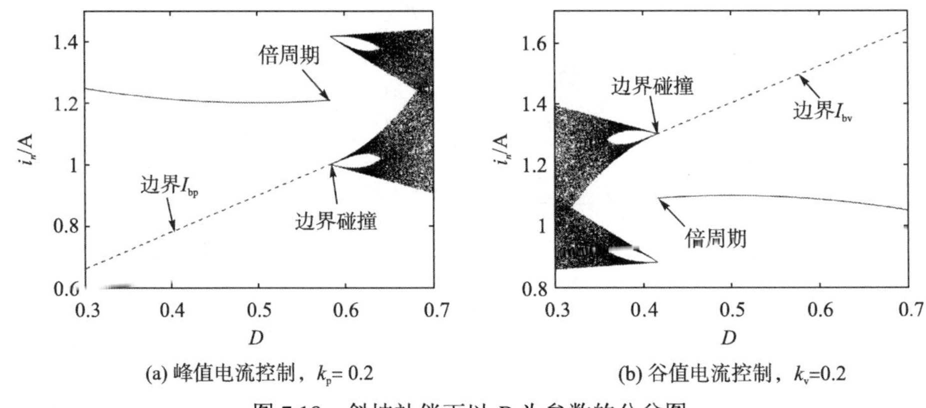

(a) 峰值电流控制，k_p= 0.2　　(b) 谷值电流控制，k_v=0.2

图 7.18　斜坡补偿下以 D 为参数的分岔图

比较图 7.18(b)和图 7.17(b)可知，采用斜坡补偿后，倍周期分岔点和边界碰撞分岔点提前，表明谷值电流控制开关变换器的稳定工作区更宽了。当 $k_v = 0.2$ 时，根据式(7.29)，可得占空比裕量 $\Delta D_v = 0.083$ 及相应的临界占空比 $D_{cv} = 0.417$。从图 7.18(b)中可以观察到倍周期分岔发生在 $D = 0.417$，与计算值 $D_{cv} = 0.417$ 一致。

比较图 7.18(a)和图 7.18(b)可知，采用斜坡补偿后，峰值电流和谷值电流控制 Buck 变换器的分岔图仍然具有对称点 SP(0.5, 1.125A)，表明斜坡补偿不会影响峰值电流和谷值电流控制开关变换器的对称动力学行为。

为了进一步研究采用斜坡补偿的峰值电流和谷值电流控制开关变换器的对称动力学行为，图 7.19(a)、图 7.19(b)分别给出了峰值电流控制 Buck 变换器在 $D = 0.7$ 时以斜率补偿因子为参数的分岔图及谷值电流控制 Buck 变换器在 $D = 0.3$ 时以斜率补偿因子为参数的分岔图。

从图 7.19 可以看出，随着斜率补偿因子的增大，当 $k_p = 0.67$ 和 $k_v = 0.67$ 时发生倍周期分岔，这两个分岔点与由式(7.26)和式(7.29)计算得到的 k_p 值和 k_v 值一致。发生倍周期分岔之前，由于变换器的不动点与边界 I_{bp} 或 I_{bv} 碰撞，发生边界碰撞分岔。从图 7.19(a)

和图 7.19(b)可以观察到,以斜率补偿因子为参数的峰值电流和谷值电流控制 Buck 变换器的分岔图具有对称轴 $i_n=(I_{\mathrm{pk}}+I_{\mathrm{vy}})/2$。

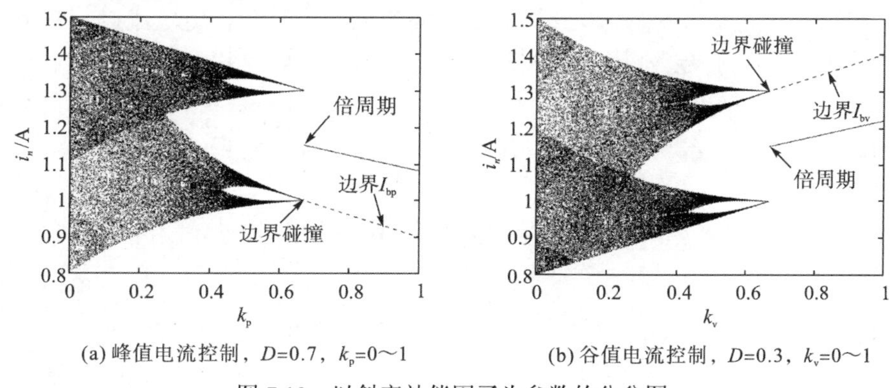

(a) 峰值电流控制，D=0.7，k_{p}=0～1　　(b) 谷值电流控制，D=0.3，k_{v}=0～1

图 7.19　以斜率补偿因子为参数的分岔图

7.3.4　实验结果

为了验证斜坡补偿不会影响峰值电流和谷值电流控制开关变换器存在的对称动力学行为,以及斜坡补偿能拓宽变换器的稳定工作区,采用 7.3.3 节相同的电路参数,对 $D=0.51$ 时的峰值电流控制 Buck 变换器和 $D=0.49$ 时的谷值电流控制 Buck 变换器进行了实验研究，实验结果如图 7.20 所示。

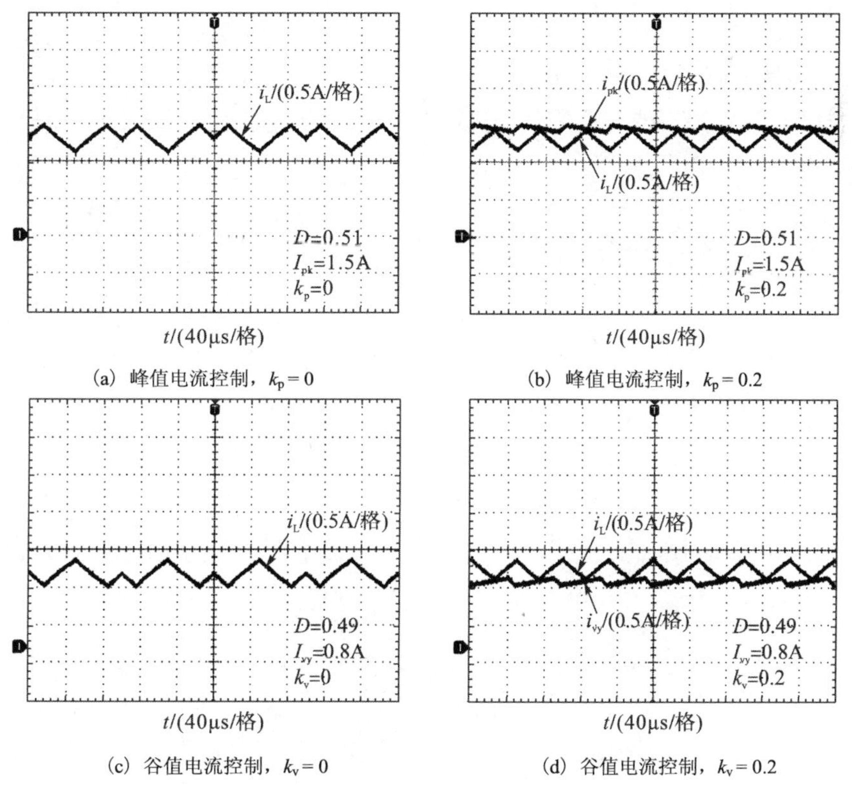

(a) 峰值电流控制，$k_{\mathrm{p}}=0$　　(b) 峰值电流控制，$k_{\mathrm{p}}=0.2$

(c) 谷值电流控制，$k_{\mathrm{v}}=0$　　(d) 谷值电流控制，$k_{\mathrm{v}}=0.2$

图 7.20　实验结果

没有斜坡补偿时，图 7.20(a)和图 7.20(c)分别给出了峰值电流控制和谷值电流控制 Buck 变换器的电感电流实验波形，从中可以观察到对称的周期 2 时域波形。当 $k_p = 0.2$ 和 $k_v = 0.2$ 时，图 7.20(b)和图 7.20(d)分别给出了峰值电流控制和谷值电流控制 Buck 变换器的电感电流和补偿后的参考电流实验波形，从中可以观察到对称的稳定周期 2 时域波形。实验结果表明，斜坡补偿拓宽了变换器的稳定工作区，且不影响峰值电流和谷值电流控制开关变换器的对称动力学行为。实验结果验证了分析结果及仿真结果。

7.4 V^2 型控制开关变换器的对称动力学行为

与峰值电流控制和谷值电流控制类似，峰值 V^2 控制和谷值 V^2 控制同样具有对称性。本节对峰值 V^2 控制和谷值 V^2 控制 Buck 变换器进行对比研究，建立其采样数据模型[13]，研究并揭示其存在的对称分岔行为、对称时域波形及对称相轨图等对称动力学行为。

7.4.1 二维采样数据模型

为了简化电路建模分析，本文只考虑开环控制方式的情形，即认为参考电压 V_{pk} 和 V_{vy} 为恒值时，建立峰值 V^2 控制和谷值 V^2 控制 Buck 变换器的采样数据模型。若需要考虑闭环控制，则 V_{pk} 和 V_{vy} 由检测的输出电压 v_o 与参考电压 V_{ref} 比较后的差值经误差放大器后生成。

图 7.21 (a)和图 7.21 (b)所示分别为峰值 V^2 控制 Buck 变换器电路和稳态控制波形。峰值 V^2 控制的技术原理可参考 6.1 节，此处不再赘述。如果在整个开关周期(时钟周期) T 内，采样的输出电压 v_s 不能到达峰值电压控制信号 V_{pk}，比较器不能复位触发器，即开关管 S_1 一直处于导通状态。

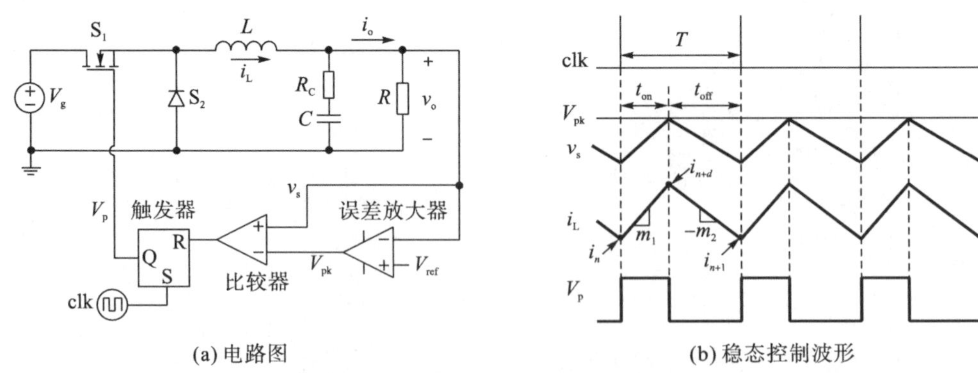

(a) 电路图　　(b) 稳态控制波形

图 7.21　峰值 V^2 控制 Buck 变换器

图 7.22(a)和图 7.22(b)所示分别为谷值 V^2 控制 Buck 变换器电路和稳态控制波形。谷值 V^2 控制的技术原理可参考 6.2 节，此处不再赘述。如果在整个开关周期内，采样的输出电压 v_s 不能到达谷值电压控制信号 V_{vy}，比较器不能置位触发器，即开关管 S_1 一直处于关断状态。

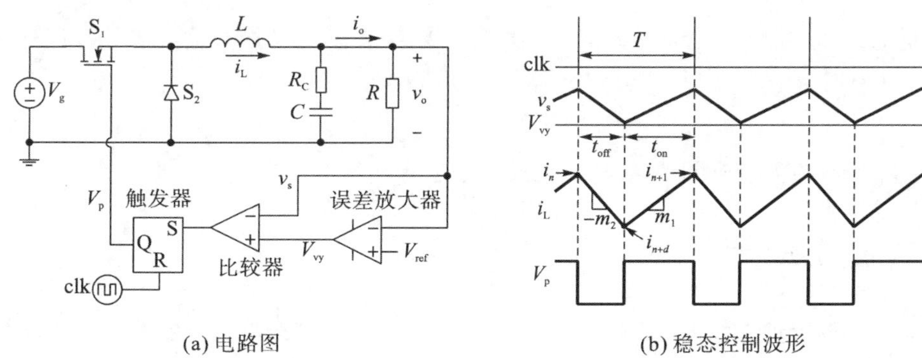

(a) 电路图　　(b) 稳态控制波形

图 7.22　谷值 V^2 控制 Buck 变换器

1. 峰值 V^2 控制

以电感电流 i_L 和电容电压 v_C 作为状态变量，在每个开关周期对其进行同步采样，建立离散模型。设 i_n 和 v_n 分别为第 n 个周期开始时的电感电流值和电容电压值。

当开关管 S_1 导通、二极管 S_2 关断结束时，电感电流 i_{n+d} 和电容电压 v_{n+d} 分别为

$$
\begin{aligned}
i_{n+d} &= i_n + m_1 t_{on} \\
v_{n+d} &= v_n + \frac{i_n - i_o}{C} t_{on} + \frac{m_1}{2C} t_{on}^2
\end{aligned}
\tag{7.30}
$$

其中，t_{on} 为开关管的导通时间；i_o 为负载电流；m_1 为电感电流上升斜率。

当开关管 S_1 关断、二极管 S_2 导通结束时，电感电流 i_{n+1} 和电容电压 v_{n+1} 分别为

$$
\begin{aligned}
i_{n+1} &= i_{n+d} - m_2 t_{off} \\
v_{n+1} &= v_{n+d} + \frac{i_{n+d} - i_o}{C} t_{off} - \frac{m_2}{2C} t_{off}^2
\end{aligned}
\tag{7.31}
$$

其中，t_{off} 为开关管的关断时间；m_2 为电感电流下降斜率。

由图 7.21(b) 可知，在开关管 S_1 关断时刻，采样的输出电压 v_s 恰好等于控制电压信号 V_{pk}，即 $v_o(n+d) = V_{pk}$。因此，可定义开关切换方程为

$$
(i_{n+d} - i_o) R_C + v_{n+d} = V_{pk} \tag{7.32}
$$

式(7.30)～式(7.32)即为峰值 V^2 控制 Buck 变换器的二维采样数据模型。

2. 谷值 V^2 控制

对于谷值 V^2 控制，当 S_1 关断、S_2 导通结束时，电感电流 i_{n+d} 和电容电压 v_{n+d} 分别为

$$
\begin{aligned}
i_{n+d} &= i_n - m_2 t_{off} \\
v_{n+d} &= v_n + \frac{i_n - i_o}{C} t_{off} - \frac{m_2}{2C} t_{off}^2
\end{aligned}
\tag{7.33}
$$

当 S_1 导通、S_2 关断结束时，电感电流 i_{n+1} 和电容电压 v_{n+1} 分别为

$$
\begin{aligned}
i_{n+1} &= i_{n+d} + m_1 t_{on} \\
v_{n+1} &= v_{n+d} + \frac{i_{n+d} - i_o}{C} t_{on} + \frac{m_1}{2C} t_{on}^2
\end{aligned}
\tag{7.34}
$$

由图 7.22(b) 可知，在开关管 S_1 导通时刻，采样的输出电压 v_s 恰好等于控制电压信号 V_{vy}，即 $v_o(n+d) = V_{vy}$。因此，可定义开关切换方程为

$$(i_{n+d} - i_o)R_C + v_{n+d} = V_{vy} \tag{7.35}$$

式(7.33)～式(7.35)即为谷值 V^2 控制 Buck 变换器的二维采样数据模型。

7.4.2 对称分岔行为

本节将根据峰值 V^2 控制和谷值 V^2 控制 Buck 变换器的采样数据模型，对两者的分岔行为进行对比研究，揭示其存在的对称分岔行为。

根据 Buck 变换器的二维采样数据模型，即式(7.30)至式(7.35)，选择如下电路参数进行仿真研究：$V_g = 12\text{V}$，$V_{pk} = 5.07\text{V}$，$V_{vy} = 6.93\text{V}$，$L = 100\mu\text{H}$，$C = 1000\mu\text{F}$，$R_C = 100\text{m}\Omega$，$R = 2\Omega$，$T = 50\mu\text{s}$，$D = 0.35$～0.65。值得注意的是，对于 Buck 变换器，有 $V_o = DV_g$，斜率 m_1 和 m_2 的值由式(7.2a)求得。得到峰值 V^2 和谷值 V^2 控制 Buck 变换器的分岔图，分别如图 7.23 和图 7.24 所示。

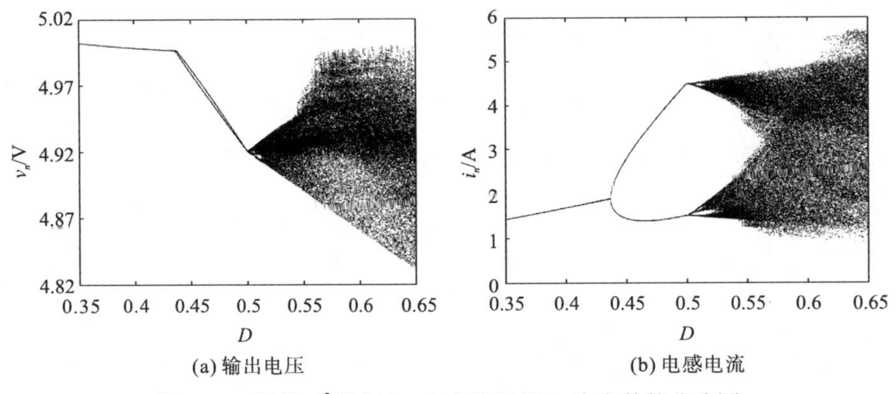

(a) 输出电压 (b) 电感电流

图 7.23 峰值 V^2 控制 Buck 变换器以 D 为参数的分岔图

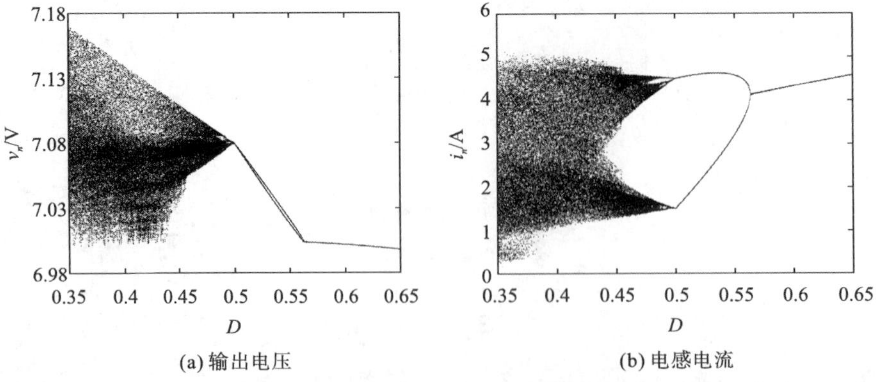

(a) 输出电压 (b) 电感电流

图 7.24 谷值 V^2 控制 Buck 变换器以 D 为参数的分岔图

从图 7.23 可以看出，随着占空比的增大，峰值 V^2 控制 Buck 变换器具有倍周期分岔通往混沌的道路；当 $D = 0.433$ 时，变换器发生倍周期分岔，当 $D = 0.5$ 时，变换器进入混

沌轨道。从图 7.24 可以看出，随着占空比的增大，谷值 V^2 控制 Buck 变换器出现相反的倍周期分岔通向混沌的道路，变换器发生倍周期分岔和进入混沌状态分别发生在 $D = 0.567$ 和 $D = 0.5$。

从图 7.23(a)和图 7.24(a)可以看出，峰值 V^2 和谷值 V^2 控制 Buck 变换器的输出电压出现了对称分岔图现象，两者具有对称点 SP(0.5, 6V)，该点是轴 $D = 0.5$ 和轴 $v_n = (V_{pk} + V_{vy})/2$ 的交点。同理，两种控制方式的电感电流分岔图也具有对称性，其对称点为 SP(0.5, 3A)，该点是轴 $D = 0.5$ 和轴 $i_n = (I_{Lpk} + I_{Lvy})/2$ 的交点，其中 I_{Lpk} 和 I_{Lvy} 分别为峰值 V^2 和谷值 V^2 控制的电感电流平均值。

图 7.25 和图 7.26 所示为峰值 V^2 和谷值 V^2 控制 Buck 变换器分别以 C 和 R_C 为分岔参数的分岔图。其中，分岔参数变化范围为 $C = 210 \sim 1000\mu F$，$R_C = 21 \sim 100m\Omega$。从图 7.25 和图 7.26 可以观察到，以 C 和 R_C 为参数的峰值 V^2 和谷值 V^2 控制 Buck 变换器的分岔图具有相同的分岔路线，且都关于轴 $v_n = (V_{pk} + V_{vy})/2$ 对称；而以占空比 D 为分岔参数时，它们的分岔路线相反，且输出电压和电感电流分别关于点(0.5, 6V)和点(0.5, 3A)对称。

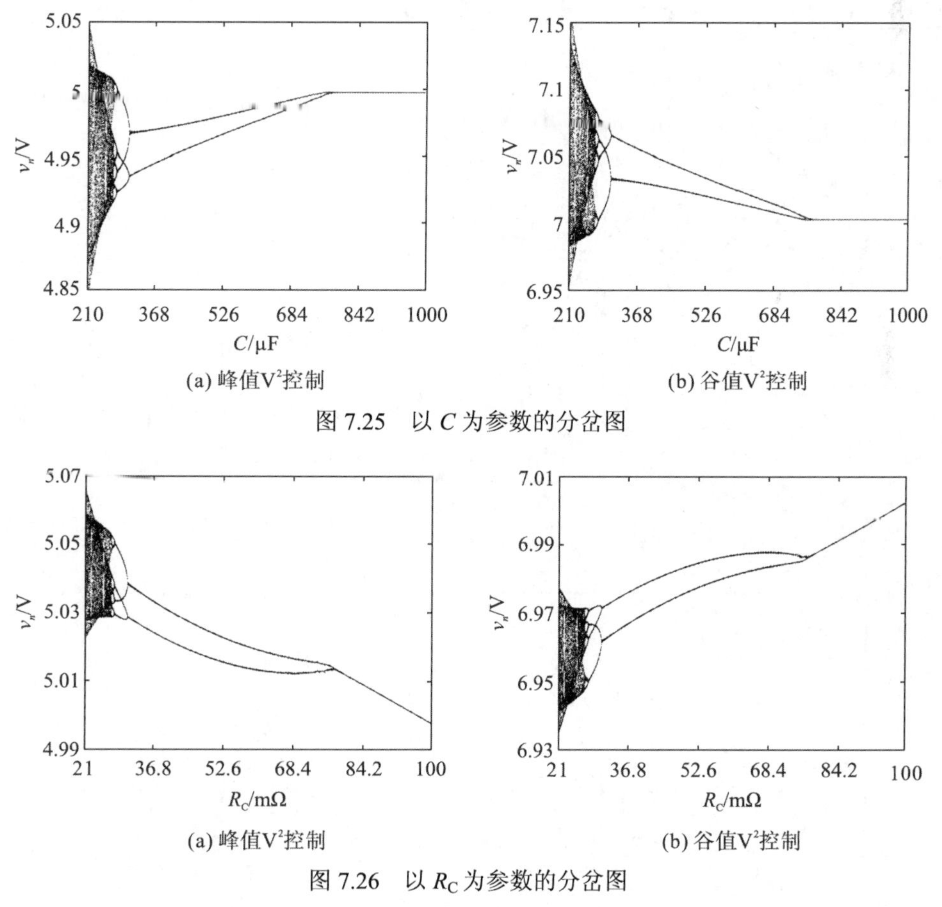

(a) 峰值V^2控制　　(b) 谷值V^2控制

图 7.25　以 C 为参数的分岔图

(a) 峰值V^2控制　　(b) 谷值V^2控制

图 7.26　以 R_C 为参数的分岔图

7.4.3　对称时域波形及相轨图

类似地，可以通过时域波形及相轨图研究峰值 V^2 和谷值 V^2 控制 Buck 变换器的对称动力学行为。对图 7.21 和图 7.22 所示的峰值 V^2 和谷值 V^2 控制 Buck 变换器，建立基于 Matlab/Simulink 的仿真模型，选取电路参数 $V_g = 12V$，$V_{pk} = 5.07V$，$V_{vy} = 6.93V$，$L = 100\mu H$，$C = 1000\mu F$，$R_C = 100m\Omega$，$R = 2\Omega$，$T = 50\mu s$，对其进行时域仿真；根据仿真结果，画出时域波形图及相轨图。

图 7.27 给出了峰值 $V^2(D = 0.48)$ 和谷值 $V^2(D = 0.52)$ 控制 Buck 变换器的周期 2 输出电压和相轨图。从图 7.27 中可以观察到周期 2 输出电压波形和周期 2 相轨图具有对称性。其中，峰值 V^2 控制的“M 形”输出电压波形和谷值 V^2 控制的“W 形”输出电压波形有对称轴，为 $V_o = (V_{pk} + V_{vy})/2$；峰值 V^2 控制和谷值 V^2 控制的周期 2 相轨图具有对称点 SP(6V, 3A)。为了便于观察对称性，峰值 V^2 控制的输出电压加上了 0.1V，谷值 V^2 控制的输出电压减去了 0.1V。图 7.28 给出了峰值 V^2 和谷值 V^2 控制 Buck 变换器在 $R_C = 50m\Omega$ 时的周期 2 输出电压和相轨图，从图中可以观察到周期 2 输出电压具有对称轴，为 $V_o = (V_{pk} + V_{vy})/2$，周期 2 相轨图具有对称点 SP(6V, 3A)。其中，峰值 V^2 控制的输出电压加上了 0.9V，谷值 V^2 控制的输出电压减去了 0.9V。

图 7.27 和图 7.28 的结果说明，具有周期轨道的时域波形或相轨图，都能找到对称轴或对称点。

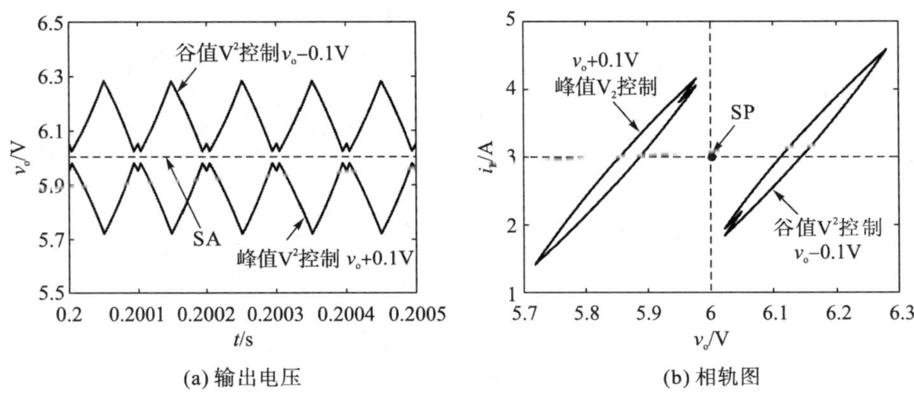

图 7.27 峰值 $V^2(D = 0.48)$ 和谷值 $V^2(D = 0.52)$ 控制 Buck 变换器的周期 2 输出电压和相轨图

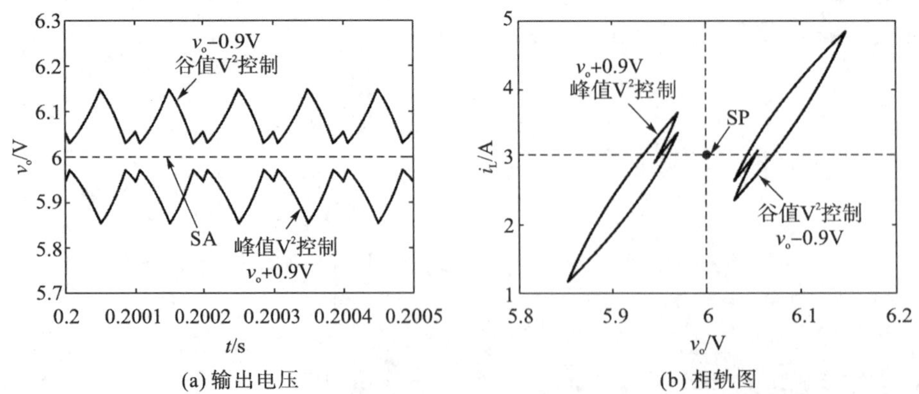

图 7.28 峰值 V^2 和谷值 V^2 控制 Buck 变换器在 $R_C = 50m\Omega$ 时的周期 2 输出电压和相轨图

7.5 本章小结

本章揭示了峰值电流控制技术与谷值电流控制技术具有对称性，且峰值 V^2 控制技术和谷值 V^2 控制技术也具有对称性。对峰值电流控制和谷值电流控制开关变换器进行了对比研究，建立和推导了统一的一维离散迭代映射方程及特征值方程，研究并揭示了它们存在对称分岔行为、对称 Lyapunov 指数等对称动力学行为。针对实际的开关变换器(二阶电路)，采用时域波形及相轨图，调查并研究了峰值电流和谷值电流控制开关变换器的对称动力学行为。研究结果表明，具有周期轨道的时域波形或相轨图，都能找到对称轴或对称点；随着占空比的变化，峰值电流和谷值电流控制开关变换器具有对称动力学现象、对称动力学现象和非对称动力学现象共存、非对称动力学现象。类似地，以 Buck 变换器为例，建立了峰值 V^2 和谷值 V^2 控制开关变换器的采样数据模型，研究并揭示了它们存在的对称分岔行为、对称时域波形和对称相轨图等对称动力学行为。

引入斜率补偿因子，对斜坡补偿峰值电流和谷值电流控制开关变换器的工作区、参数空间映射、分岔图及 Lyapunov 指数谱等动力学行为进行了深入研究。研究结果表明，斜坡补偿有效地拓宽了峰值电流和谷值电流控制开关变换器的稳定工作区，且不会影响峰值电流和谷值电流控制开关变换器的对称动力学行为。

对比研究峰值电流和谷值电流、峰值 V^2 控制和谷值 V^2 控制开关变换器的分岔、时域波形、相轨图等对称动力学行为，对于采用类似控制技术的开关变换器设计具有十分重要的指导意义。

参考文献

[1]包伯成, 许建平, 刘中. 具有两个边界的 Boost 变换器的分岔行为和斜坡补偿的镇定控制. 物理学报, 2009, 58(5): 2949-2956.

[2]包伯成, 许建平, 刘中. 开关 DC-DC 变换器斜坡补偿的稳定性控制研究. 电子科技大学学报, 2008, 37(3): 397-400.

[3]Banerjee S, Parui S, Gupta A. Dynamical effects of missed switching in current-mode controlled DC-DC converters. IEEE Transactions on Circuits and Systems II: Express Briefs, 2004, 51(12): 649-654.

[4]Banerjee S, Karthik M S, Yuan G, et al. Bifurcations in one-dimensional piecewise smooth maps-theory and applications in switching circuits. IEEE Transactions on Circuits and Systems I: Fundamental Theory and Applications, 2000, 47(3): 389-394.

[5]Kabe T, Parui S, Torikai H, et al. Analysis of piecewise constant models of current mode controlled DC-DC converters. IEICE Transactions on Fundamentals, 2007, E90-A(2): 448-456.

[6]Ruzbehani M, Zhou L, Wang M. Bifurcation diagram features of a DC-DC converter under current-mode control. Chaos Solitons and Fractals, 2006, 28(1): 205-212.

[7]Zhou G H, Xu J P, Bao B C. Symmetrical dynamics of current-mode controlled switching DC-DC converters. International Journal of Bifurcation and Chaos, 2012, 22(1): 1250008-1-11.

[8]周国华. 基于纹波的开关功率变换器控制技术及其动力学行为研究. 成都: 西南交通大学, 2011.

[9]周国华, 包伯成, 许建平. 峰值/谷值电流型控制开关 DC-DC 变换器的对称动力学现象分析. 物理学报, 2010, 59(4): 2272-2280.

[10]Tse C K. Complex Behavior of Switching Power Converters. Boca Raton USA: CRC Press, 2003.

[11]Bao B C, Xu J P, Liu Z. Mode shift and stability control of a current mode controlled buck-boost converter operating in discontinuous conduction mode with ramp compensation. Chinese Physics B, 2009, 18(11): 4742-4747.

[12]Zhou G H, Xu J P, Bao B C, et al. Symmetrical dynamics of peak current-mode and valley current-mode controlled switching DC-DC converters with ramp compensation. Chinese Physics B, 2010, 19(6): 060508-1-8.

[13]Zhou S H, Zhou G H, Zeng S H, et al. Sampled-data modeling and dynamical effect of output-capacitor time-constant for valley voltage-mode controlled buck-boost converter. Chinese Physics B, 2017, 26(11): 118401-1-11.

第 8 章 电流型负载开关变换器的动力学行为

快标分岔和慢标分岔是开关变换器，特别是功率因数校正变换器，存在的特殊非线性现象[1]。对于开关 DC–DC 变换器，主要研究了含有输入滤波器的电压型 Buck 变换器[2]和并联式开关 DC–DC 变换器中存在的快慢效应[3]。文献[4]将误差放大器中的电容电压作为系统状态变量，使开关 DC–DC 变换器变成三阶电路，揭示了开关 DC–DC 变换器存在的快标和慢标不稳定共存现象。文献[1]～[4]研究的都是电阻负载开关变换器，其中变换器电路均为三阶或三阶以上电路。

发光二极管(light emitting diode，LED)照明是电力电子领域的重要研究和应用方向，其负载采用 LED，控制 LED 负载以达到恒流照明。此外，在实际的开关变换器中，电感负载可以等效为电流型负载；然而，由于电感电流不能突变，因此电感负载会降低变换器电路的负载动态特性。电流型负载开关变换器在电力电子行业尤其是 LED 照明电源领域具有很好的应用前景[5]。

本章对电流型负载开关变换器的动力学行为进行理论、仿真和实验研究，揭示此类开关变换器存在的复杂次谐波振荡现象；研究电流型负载开关变换器的镇定方法，以及采用复合输出电容时该变换器的动力学行为。

8.1 峰值电流控制电流型负载开关变换器

开关变换器的负载形式有电阻负载、电压型负载和电流型负载。由第 2～6 章的分析可知，开关变换器的控制技术，包括电压型控制(基本型控制)、电流型控制(基本型控制)、V^2 型控制(组合型控制)等，都是基于电阻负载提出的；由第 7 章的分析可知，当开关周期 T 与时间常数 RC 相比足够小时，输出部分可以用恒压源 V_o表示，即负载形式为电压型，于是研究了电流型控制电压型负载开关变换器的对称动力学行为。由此可知，开关变换器的控制技术与开关变换器的负载形式无关，即所有开关变换器的控制技术都能应用于电流型负载开关变换器。

下文以 Buck 变换器为例，对峰值电流控制和谷值电流控制电流型负载开关变换器的动力学行为进行深入研究，建立它们的离散迭代映射模型，研究它们的快标分岔行为、慢标分岔行为、复杂次谐波振荡现象、庞加莱映射、时域波形及相轨图等[6, 7]。

图 8.1 所示为峰值电流控制电流型负载 Buck 变换器电路，其中负载为恒流源 I_o。在每个开关周期开始时，时钟信号使触发器输出电压 V_p 为高电平，开关管 S_1 导通，二极管 S_2 关断，电感电流 i_L 近似线性增大，当 i_L 增大到峰值参考电流 I_{ref} 时，比较器翻转，触发器使 V_p 输出低电平，S_1 关断、S_2 导通，i_L 近似线性减小，直到下一个时钟脉冲到来，开始一个新的开关周期。若 i_L 减小到零，并在当前开关周期结束前一直保持为零，则变换器

工作于 DCM，否则工作于 CCM。

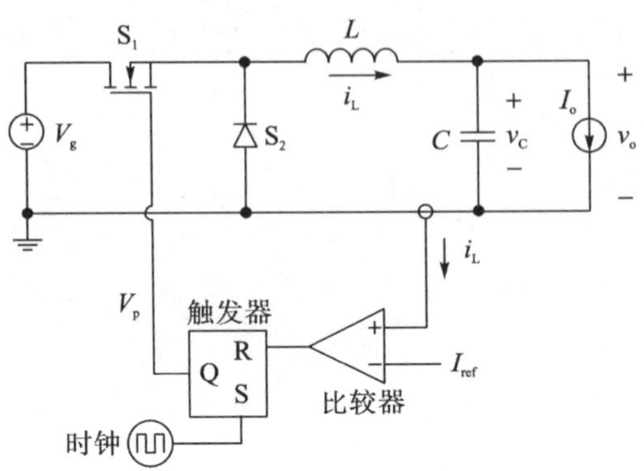

图 8.1 峰值电流控制电流型负载 Buck 变换器

8.1.1 复杂次谐波振荡现象

为了观察和揭示峰值电流控制电流型负载开关变换器的非线性现象，选择如下电路参数进行实验研究：$V_g = 5\sim 14\text{V}$，$I_{ref} = 1.2\text{A}$，$L = 200\mu\text{H}$，$C = 200\mu\text{F}$，$T = 50\mu\text{s}$，$I_o = 0.6\sim 0.9\text{A}$。在实验电路中，开关管 S_1 选用 FDS4435A，二极管 S_2 选用 MBR2045，比较器选用高速比较器 LM319，触发器选择或非门 74LS02 与电阻搭建。从图 8.2、图 8.3 和图 8.4 可以观察出，当 V_g 或 I_o 变化时，峰值电流控制电流型负载 Buck 变换器存在复杂的次谐波振荡现象。本章重点在于揭示变换器存在的复杂次谐波振荡现象，忽略了稳定周期 1 状态和混沌状态的工作情况。

图 8.2(a)、图 8.2(b) 分别给出了 $I_o = 0.68\text{A}$ 和 $V_g = 12\text{V}$ 时的电感电流 i_L 及电容电压 v_C(输出电压)波形、相轨图的实验结果。从图 8.2 可以观察到 DCM 电流型负载 Buck 变换器的(周期 2)次谐波振荡现象，与传统电阻负载或电压型负载开关变换器的(周期 2)次谐波振荡一致。

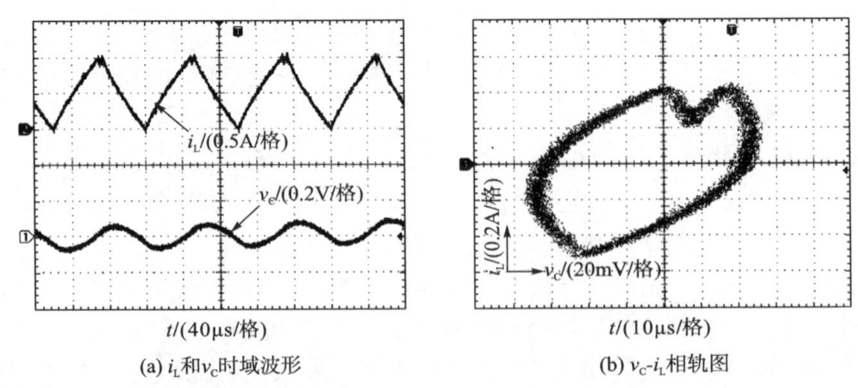

(a) i_L和v_C时域波形 (b) v_C-i_L相轨图

图 8.2 $I_o = 0.68\text{A}$ 和 $V_g = 12\text{V}$ 时的实验波形

图 8.3 给出了 $I_o = 0.76A$ 和 $V_g = 12V$ 时的实验波形。可以明显地看出，i_L 存在次谐波振荡和形状为“n 形”的低频振荡，v_C 存在正弦状的快标和慢标次谐波振荡。因此，峰值电流控制电流型负载 Buck 变换器发生了复杂的次谐波振荡；i_L 和 v_C 同时存在快标和慢标次谐波振荡。i_L 的实验波形经过几个开关周期后下降到零，表明电流型负载 Buck 变换器工作于 DCM-CCM 混合模式。此外，从图 8.3(c)所示的 v_C-i_L 相轨图可以看出，相轨曲线中包含了次谐波振荡和低频振荡轨道曲线，且由它们围成了一个封闭面。

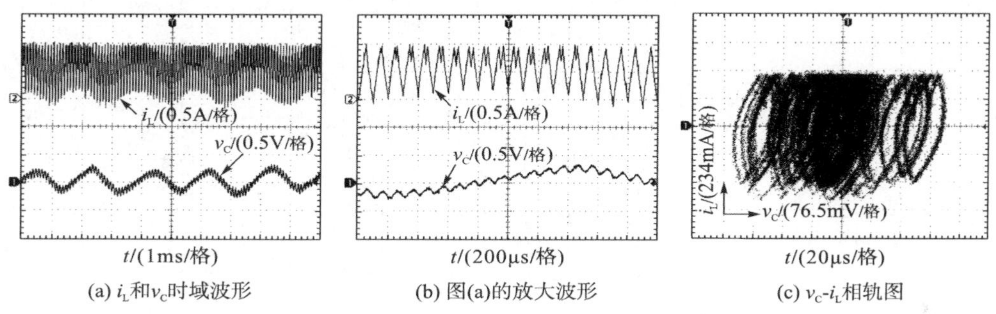

(a) i_L和v_C时域波形　(b) 图(a)的放大波形　(c) v_C-i_L相轨图

图 8.3　$I_o = 0.76A$ 和 $V_g = 12V$ 时的实验波形

图 8.4 给出了 $I_o = 0.8A$ 和 $V_g = 8V$ 时的实验波形，此时电流型负载 Buck 变换器工作于 CCM。从图 8.4 可以看出，工作于 CCM 的电流型负载 Buck 变换器也发生了快标和慢标次谐波振荡。随着时间的进化，i_L 和 v_C 同时存在快标和慢标次谐波振荡，且从 i_L 波形的慢标波动中可以清晰地观察到降频现象，即开关周期倍增(2T)现象。

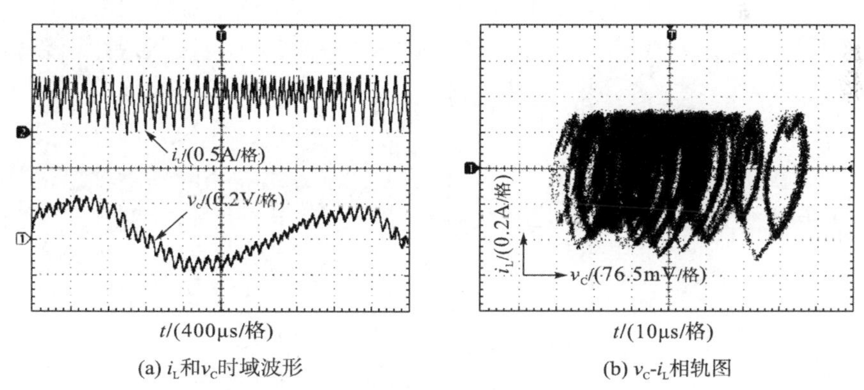

(a) i_L和v_C时域波形　(b) v_C-i_L相轨图

图 8.4　$I_o = 0.8A$ 和 $V_g = 8V$ 时的实验波形

8.1.2　离散迭代映射

从 8.1.1 节可以看出峰值电流控制电流型负载 Buck 变换器发生了快标和慢标次谐波振荡。为了进一步揭示该变换器存在的快标和慢标分岔行为，本节率先推导它的离散迭代映射模型。为了简化推导过程，假定变换器是理想的，即忽略开关管、二极管、电感、电容的寄生参数。这个假定是合理的，因为寄生参数仅仅影响临界分岔点的位置，不会影响与分岔行为相关的定性结果[8]。

定义状态矢量 $\boldsymbol{x}=[i_{\mathrm{L}}\ v_{\mathrm{C}}]^{\mathrm{T}}$，可得峰值电流控制电流型负载 Buck 变换器工作于 CCM 和 DCM 的状态方程：

$$\dot{\boldsymbol{x}}=\begin{cases}\boldsymbol{A}_1\boldsymbol{x}+\boldsymbol{B}_1\boldsymbol{G} & nT\leqslant t<nT+t_n\\ \boldsymbol{A}_2\boldsymbol{x}+\boldsymbol{B}_2\boldsymbol{G} & nT+t_n\leqslant t<nT+t_n+\tau_n\\ \boldsymbol{A}_3\boldsymbol{x}+\boldsymbol{B}_3\boldsymbol{G} & nT+t_n+\tau_n\leqslant t<(n+1)T\end{cases} \tag{8.1}$$

其中，$\boldsymbol{G}=[V_{\mathrm{g}}\ \ I_{\mathrm{o}}]^{\mathrm{T}}$ 为输入矢量；t_n 和 τ_n 分别为开关管和二极管在第 n 个开关周期内的导通时间；矩阵矢量 $\boldsymbol{A}_j(j=1,2,3)$ 和 $\boldsymbol{B}_j(j=1,2,3)$ 分别为

$$\boldsymbol{A}_1=\boldsymbol{A}_2=\begin{bmatrix}0 & \dfrac{-1}{L}\\ \dfrac{1}{C} & 0\end{bmatrix},\quad \boldsymbol{A}_3=\begin{bmatrix}0 & 0\\ 0 & 0\end{bmatrix}$$

$$\boldsymbol{B}_1=\begin{bmatrix}\dfrac{1}{L} & 0\\ 0 & \dfrac{-1}{C}\end{bmatrix},\quad \boldsymbol{B}_2=\boldsymbol{B}_3=\begin{bmatrix}0 & 0\\ 0 & \dfrac{-1}{C}\end{bmatrix} \tag{8.2}$$

对于图 8.1 所示的峰值电流控制电流型负载 Buck 变换器，其非线性离散迭代映射模型可以表示成时钟 $(n+1)T$ 时刻的状态矢量 $\boldsymbol{x}_{n+1}$ 与时钟 nT 时刻的状态矢量 $\boldsymbol{x}_n$ 之间的关系：

$$\boldsymbol{x}_{n+1}=\boldsymbol{f}(\boldsymbol{x}_n) \tag{8.3}$$

其中，$\boldsymbol{x}_n=[i_n\ \ v_n]^{\mathrm{T}}$；$\boldsymbol{x}_{n+1}=[i_{n+1}\ \ v_{n+1}]^{\mathrm{T}}$；$i_n$、$v_n$ 分别为 i_{L}、v_{C} 在时钟 nT 时刻的采样值。

由于变换器的开关频率通常远大于自然频率，因此 S_1 导通、S_2 关断（阶段 1）时，电感电流 i_{L} 线性上升。当 i_{L} 上升到峰值参考电流 I_{ref} 时，S_1 被关断。因此，由式(8.1)的第一个状态方程可得第 n 个开关周期内[从 nT 时刻到 $(n+1)T$ 时刻]开关管 S_1 的导通时间 t_n 为

$$t_n=\frac{L}{V_{\mathrm{g}}-v_n}(I_{\mathrm{ref}}-i_n) \tag{8.4}$$

经过 t_n 后，S_1 关断、S_2 导通（阶段 2），i_{L} 线性下降。当 i_{L} 下降到零时，S_2 关断，电路进入阶段 3。因此，由式(8.1)的第二个状态方程可得第 n 个开关周期内二极管 S_2 的最大导通时间 $\tau_{n,\max}$ 为

$$\tau_{n,\max}=\frac{L}{v_n}I_{\mathrm{ref}} \tag{8.5}$$

当 $t_n\geqslant T$ 时，开关管 S_1 一直处于导通状态，这时迭代映射为

$$i_{n+1}=(i_n-I_{\mathrm{o}})\cos\omega T-\omega C(v_n-V_{\mathrm{g}})\sin\omega T+I_{\mathrm{o}} \tag{8.6}$$

$$v_{n+1}=(v_n-V_{\mathrm{g}})\cos\omega T_{\mathrm{s}}+\omega L(i_n-I_{\mathrm{o}})\sin\omega T_{\mathrm{s}}+V_{\mathrm{g}} \tag{8.7}$$

其中，$\omega=\sqrt{1/(LC)}$。

当 $t_n<T$ 且 $t_n+\tau_{n,\max}\geqslant T$ 时，变换器工作于 CCM，S_1 导通 t_n 后关断，i_{L} 经过时间间隔 t_n 后下降，直到当前开关周期结束时 i_{L} 不为零，这时迭代映射为

$$i_{n+1}=c_1\cos\omega(T-t_n)-\omega Cc_2\sin\omega(T-t_n)+I_{\mathrm{o}} \tag{8.8}$$

$$v_{n+1}=c_2\cos\omega(T-t_n)+\omega Lc_1\sin\omega(T-t_n) \tag{8.9}$$

其中，$c_1=I_{\mathrm{ref}}-I_{\mathrm{o}}$；$c_2=(v_n-V_{\mathrm{g}})\cos\omega t_n+\omega L(i_n-I_{\mathrm{o}})\sin\omega t_n+V_{\mathrm{g}}$。

当 $t_n < T$ 且 $t_n + \tau_{n,\max} < T$ 时，变换器工作于 DCM，i_L 经过 t_n 后下降，并在当前开关周期结束之前下降到零。这种情况下，电流型负载 Buck 变换器变成一阶系统，相应的迭代映射为

$$i_{n+1} = 0 \tag{8.10}$$

$$v_{n+1} = \frac{c_3 - I_o(T - t_n - \tau_n)}{C} \tag{8.11}$$

其中，$c_3 = c_2 \cos\omega\tau_n + \omega L c_1 \sin\omega\tau_n$；$\tau_n = \tau_{n,\max}$。

式(8.6)～式(8.11)即为峰值电流控制电流型负载 Buck 变换器的非线性离散迭代映射模型，通过它可以分析峰值电流控制电流型负载 Buck 变换器的复杂动力学行为。

8.1.3　分岔图分析

根据离散迭代映射模型式(8.6)～式(8.11)，选择与 8.1.1 节相同的实验参数，采用数值迭代计算方法对峰值电流控制电流型负载 Buck 变换器的分岔行为进行分析。当 V_g = 12V 时，选择 I_o 为分岔参数，变化范围为 0.9～0.6A，迭代初始值设为 $\boldsymbol{x}_0 = [0\quad 0.5V_g]$，得到如图 8.5(a)所示的分岔图。从图 8.5(a)可以看出，随着 I_o 的逐渐减小，变换器存在快标分岔(倍周期分岔)伴随着慢标分岔(Neimark- Sacker 分岔)通向混沌的路线。当 I_o = 0.823A 时，变换器电路进入具有快慢效应的复杂次谐波振荡状态。当 I_o = 0.8A 时，具有快标和慢标振荡的瞬时电感电流会下降到零，即变换器电路在少数开关周期内工作于 DCM，与图 8.3 所示的实验波形基本一致。当 I_o 进一步减小到 0.692A 时，快慢效应消失，变换器进入传统的 DCM 次谐波振荡状态，与图 8.2 基本一致。

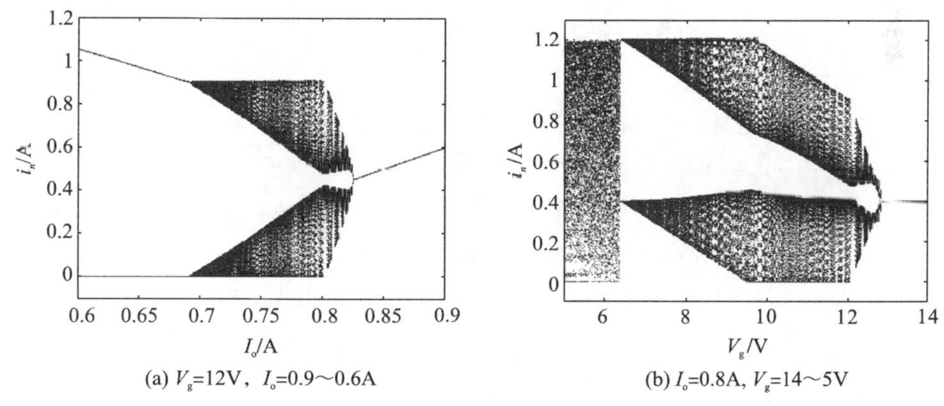

(a) V_g=12V，I_o=0.9～0.6A　　(b) I_o=0.8A, V_g=14～5V

图 8.5　以 I_o 和 V_g 为参数的分岔图

当 I_o=0.8A 时，选择 V_g 为分岔参数，变化范围为 14～5V，迭代初始值设为 $\boldsymbol{x}_0=[0\quad 0.5V_g]$，得到如图 8.5(b)所示的分岔图。从图 8.5(b)可以看出，当 V_g 从 14V 减小到 6.37V 的过程中，变换器从稳定的周期 1 状态过渡到具有快慢效应的复杂次谐波振荡状态。造成复杂次谐波振荡的原因是变换器在 V_g = 12.78 V 时发生了倍周期分岔和 Neimark-Sacker 分岔，详见 8.1.4 节的理论分析。在整个次谐波振荡的参数范围($6.37\text{V} < V_g \leqslant 12.78\text{V}$)内，快慢效应始终存在。当 $V_g \leqslant 6.37$V 时，具有快慢效应的复杂次谐波振荡消失，变换器进入混沌状态。

当 $V_g = 9.37 \sim 12$V，变换器工作于 DCM-CCM 混合模式，此时具有快慢效应的复杂次谐波振荡的时域波形和相轨图与图 8.3 相似。当 $V_g = 6.37 \sim 9.37$V 时，变换器工作于 CCM，此时的时域波形和相轨图与图 8.4 一致。

8.1.4 快标和慢标分岔理论分析

根据上文分析可知，复杂的快标和慢标次谐波振荡现象是由快标分岔伴随慢标分岔造成的。直觉上，快标分岔是倍周期分岔，慢标分岔可能是 Neimark-Sacker 分岔。本节从理论分析的角度揭示电流型负载 Buck 变换器的确存在倍周期分岔和 Neimark-Sacker 分岔。

1. 离散迭代映射的雅可比矩阵和特征值

将 $\boldsymbol{x}_{n+1} = \boldsymbol{x}_n = \boldsymbol{X}_Q$ 带入式(8.6)至式(8.11)，采用 Newton-Raphson 法或者其他的数值算法[8]可求得不动点 $\boldsymbol{X}_Q = [I_L\ V_C]^T$，以及与 $\boldsymbol{X}_Q$ 对应的开关管 S_1 的导通时间 t_Q 和二极管 S_2 的导通时间 τ_Q，即稳态解。通过研究不动点 $\boldsymbol{X}_Q$ 的雅可比矩阵的特征值，可以确定电流型负载 Buck 变换器平衡态的稳定性。此外，研究电路参数变化时雅可比矩阵的特征值走向，可以确定变换器的分岔类型和工作区边界。

离散迭代映射在不动点 $\boldsymbol{X}_Q$ 处的雅可比矩阵为

$$\boldsymbol{J}(\boldsymbol{X}_Q) = \begin{bmatrix} J_{11} & J_{12} \\ J_{21} & J_{22} \end{bmatrix}\Bigg|_{x_n = X_Q} \tag{8.12}$$

其中，$J_{11} = \partial i_{n+1}/\partial i_n$；$J_{12} = \partial i_{n+1}/\partial v_n$；$J_{21} = \partial v_{n+1}/\partial i_n$；$J_{22} = \partial v_{n+1}/\partial v_n$。

通过求解雅可比矩阵 $\boldsymbol{J}(\boldsymbol{X}_Q)$ 的特征方程，即可求得相应的特征值 λ:

$$\det\left[\lambda \boldsymbol{I} - \boldsymbol{J}(\boldsymbol{X}_Q)\right] = 0 \tag{8.13}$$

其中，$\boldsymbol{I}$ 为二阶单位矩阵。

当变换器工作于 CCM 时，由式(8.8)和式(8.9)可得

$$J_{11} = \sigma_1\left[c_1 \sin\omega(T - t_n) + \omega C c_2 \cos\omega(T - t_n)\right] - \omega C \rho_1 \sin\omega(T - t_n) \tag{8.14a}$$

$$J_{12} = \sigma_2\left[c_1 \sin\omega(T - t_n) + \omega C c_2 \cos\omega(T - t_n)\right] - \omega C \rho_2 \sin\omega(T - t_n) \tag{8.14b}$$

$$J_{21} = \sigma_1\left[c_2 \sin\omega(T - t_n) - \omega L c_1 \cos\omega(T - t_n)\right] + \rho_1 \cos\omega(T - t_n) \tag{8.14c}$$

$$J_{22} = \sigma_2\left[c_2 \sin\omega(T - t_n) - \omega L c_1 \cos\omega(T - t_n)\right] + \rho_2 \cos\omega(T - t_n) \tag{8.14d}$$

其中，$\sigma_1 = \omega L (v_n - V_g)^{-1}$；$\sigma_2 = \omega L (I_{ref} - i_n)(v_n - V_g)^{-2}$；$\rho_1 = \sigma_1 c_4 + \omega L \sin\omega t_n$；$\rho_2 = \sigma_2 c_4 + \cos\omega t_n$；$c_4 = \omega L (i_n - I_o)\cos\omega t_n - (v_n - V_g)\sin\omega t_n$。

因此，特征方程变为 $\left[\lambda^2 - (J_{11} + J_{22})\lambda + J_{11}J_{22} - J_{12}J_{21}\right]\Big|_{x_n = X_Q} = 0$，即

$$\lambda_{1,2} = 0.5(J_{11} + J_{22}) \pm 0.5\sqrt{(J_{11} - J_{22})^2 + 4J_{12}J_{21}}\Big|_{x_n = X_Q} \tag{8.15}$$

当变换器工作于 DCM 时，由式(8.10)和式(8.11)可得

$$J_{11} = J_{12} = 0,\quad J_{21} = \rho_1 \cos\omega\tau_n + \omega L I_o \sigma_1 \tag{8.16a}$$

$$J_{22} = \sigma_3\left(\omega L c_1 \cos\omega\tau_n - c_2 \sin\omega\tau_n + \omega L I_o\right) + \rho_2 \cos\omega\tau_n + \omega L I_o \sigma_2 \tag{8.16b}$$

其中，$\sigma_3=-\omega LI_{\mathrm{ref}}v_n^{-2}$。

因此，特征方程变为 $\lambda(\lambda-J_{22})=0$，即

$$\lambda_1=0\,,\quad \lambda_2=J_{22}\big|_{x_n=X_{\mathrm{Q}}} \tag{8.17}$$

2. 倍周期分岔和 Neimark-Sacker 分岔

当电路参数变化时，根据式(8.6)至式(8.11)表述的离散迭代映射及雅可比矩阵式(8.12)，判断雅可比矩阵特征值的走向即可分析电流型负载 Buck 变换器的分岔和稳定性性能。参数变化时特征值的走向揭示了电流型负载 Buck 变换器的分岔现象及工作状态。如果不动点处雅可比矩阵的所有特征值都在单位圆内，那么电流型负载 Buck 变换器是稳定的。任何特征值从单位圆内部穿越到单位圆外部都表明系统的平衡态失去稳定性，即系统在穿越点处发生分岔。

此处，重点研究负载电流和输入电压变化时系统特征值的变化。选择与 8.1.1 节相同的参数，且固定 $I_{\mathrm{ref}}=1.2\mathrm{A}$，当 $V_{\mathrm{g}}=12\mathrm{V}$ 时，表 8.1 给出了电流型负载变化时系统的特征值变化；当 $I_{\mathrm{o}}=0.8\mathrm{A}$ 时，表 8.2 给出了输入电压变化时系统的特征值变化。

表 8.1　电流型负载变化时的特征值

I_{o}/A	特征值	情况说明
0.855	−0.5630，0.9912	稳定的周期 1 轨道
0.845	−0.6282，0.9930	稳定的周期 1 轨道
0.835	−0.7207，0.9949	稳定的周期 1 轨道
0.825	−0.9370，0.99892	稳定的周期 1 轨道
0.824	−0.9381，0.99894	稳定的周期 1 轨道
0.823	−1.0082，1.0001	快标分岔和慢标分岔

表 8.2　输入电压变化时的特征值

V_{g}/V	特征值	情况说明
13.10	−0.7380，0.9952	稳定的周期 1 轨道
13.00	−0.7786，0.9960	稳定的周期 1 轨道
12.90	−0.8338，0.9971	稳定的周期 1 轨道
12.80	−0.9373，0.9989	稳定的周期 1 轨道
12.79	−0.9263，0.9993	稳定的周期 1 轨道
12.78	−1.0082，1.0001	快标分岔和慢标分岔

图 8.6(a)、图 8.6(b)分别给出了 $V_{\mathrm{g}}=12\mathrm{V}$ 和 $I_{\mathrm{o}}=0.86\sim0.82\mathrm{A}$ 时、$I_{\mathrm{o}}=0.8\mathrm{A}$ 和 $V_{\mathrm{g}}=13.18\sim12.76\mathrm{V}$ 时的特征值走向，其中箭头的方向表示 I_{o} 或者 V_{g} 减小时系统特征值的移动方向。

根据表 8.1、表 8.2 及图 8.6，可以确定电流型负载 Buck 变换器的动力学行为。随着 I_{o} 或 V_{g} 逐渐减小，系统的一个实数特征值从−1 离开单位圆，表明系统发生了倍周期(快标)分岔。

由现有文献可知，电阻性负载或电压型负载开关变换器发生倍周期分岔后，变换器系统进入周期 2 轨道，即次谐波振荡状态。然而，对于电流型负载 Buck 变换器，当系统的

一个实数特征值从 -1 离开单位圆时，另一个实数特征值从 1 离开单位圆，表明系统发生了倍周期(快标)分岔之后紧接着发生了慢标分岔。这个慢标分岔造成系统具有不稳定的周期 2 轨道和复杂的次谐波振荡。

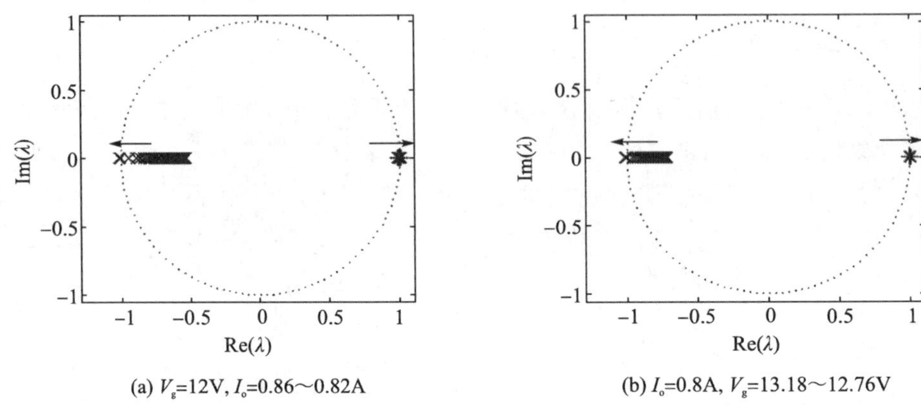

(a) V_g=12V, I_o=0.86～0.82A (b) I_o=0.8A, V_g=13.18～12.76V

图 8.6 峰值电流控制电流型负载 Buck 变换器的特征值走向

当系统发生次谐波振荡后，存在二次迭代映射 $\boldsymbol{x}_{n+2}=f(f(\boldsymbol{x}_n))$。类似地，令 $\boldsymbol{x}_{n+2}=\boldsymbol{x}_n=\boldsymbol{X}_{Q2}$，可求得不动点 $\boldsymbol{X}_{Q2}$ 及相应的雅可比矩阵和特征值。以 $I_o=0.823$ 为例，评估电流型负载 Buck 变换器的稳定性，此时迭代函数 $\boldsymbol{x}_{n+1}=f(\boldsymbol{x}_n)$ 是不稳定的。类似地，从 $\boldsymbol{x}_{n+2}=f(f(\boldsymbol{x}_n))$ 计算出不动点 $\boldsymbol{X}_{Q2}$，然后计算相应的雅可比矩阵和特征值。此时，系统的两个实数特征值相互碰撞后分离成一对共轭复根，其值为 $0.99999\pm \mathrm{j}0.00011$。这对共轭复根的模约为 1，表明系统发生了 Neimark-Sacker 分岔[9]。以上理论分析验证了电流型负载 Buck 变换器发生了快标倍周期分岔和慢标 Neimark- Sacker 分岔。

3. 快标和慢标分岔边界

根据已知电路参数和式(8.12)所示的雅可比矩阵，可以计算出变换器的稳定工作区和不稳定工作区之间的边界。图 8.7 给出了电流型负载 Buck 变换器在参数空间(I_o, V_g)上的工作区边界，该边界将系统分成了稳定区和不稳定区，为电路参数的设计提供了有益的指导。稳定区向不稳定区的过渡是由快标分岔伴随慢标分岔造成的。

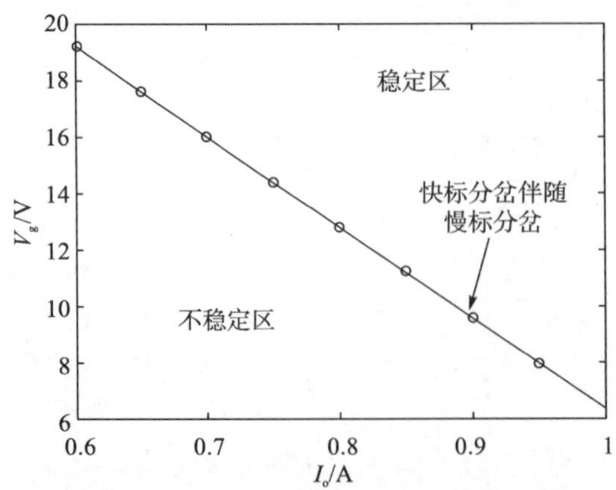

图 8.7 电流型负载 Buck 变换器在参数空间(I_o, V_g)上的工作区边界

4. 慢标低频振荡的不动点分析

参考文献[10]，构造峰值电流控制电流型负载 Buck 变换器发生次谐波振荡时的二次迭代映射曲线；采用数值仿真，进行变换器的输出电压慢标低频振荡时的不动点演变及其稳定性的分析。

以 $I_o = 0.76\text{A}$ 为例进行分析。为了构造电流型负载 Buck 变换器次谐波振荡时的二次迭代映射曲线，需要固定系统的一个状态变量，把二阶系统降阶为一阶系统。固定输出电压(电容电压)为变量，在 $0.5V_g$ 附近选取 5.8V 和 6.1V 作为输出电压变量初始值，并取电感电流初始值的变化区间为 $i_n = 0 \sim 1\text{A}$，进行一次迭代后得到电感电流状态变量的一次迭代映射，为 $i_{n+1}=\boldsymbol{f}(i_n)$，进行两次迭代后就得到二次迭代映射，为 $i_{n+2} = f(f(i_n)) = f^2(i_n)$，相应的曲线如图 8.8(a)所示。

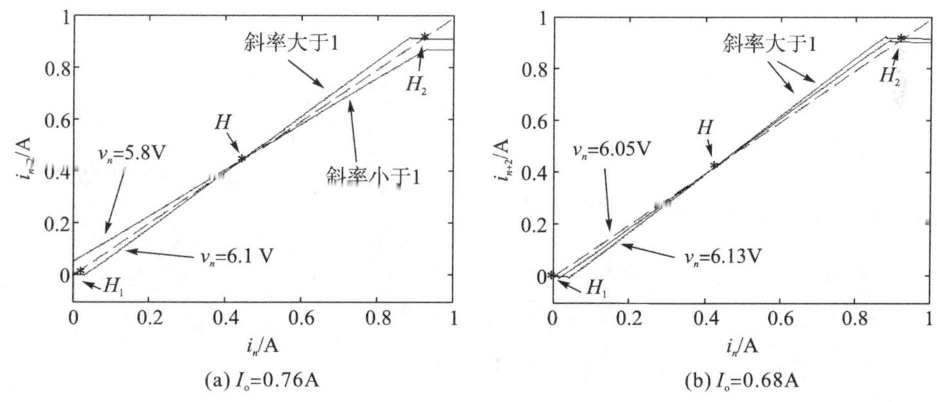

(a) I_o=0.76A　　(b) I_o=0.68A

图 8.8　不同负载电流下次谐波振荡的二次迭代映射

从图 8.8(a)可以看出，二次迭代映射曲线与对角线(斜率等于 1)存在两个交点，表明二次迭代映射有两个不动点，其中一个不动点为 H，另一个不动点为 H_1 或 H_2。当 $v_n = 5.8\text{V}$ 时，不动点 H 的斜率小于 1，是吸引的(稳定)周期 2 点；当 $v_n = 6.1\text{V}$ 时，不动点 H 的斜率大于 1，是排斥的(不稳定)周期 2 点。因此，随着输出电压的低频振荡，次谐波振荡的不动点 H 在吸引的周期 2 点和排斥的周期 2 点之间不断转变，造成峰值电流控制电流型负载 Buck 变换器的复杂次谐波振荡现象。

如果选择 $I_o = 0.68\text{A}$，则输出电压的慢标低频振荡消失，不动点 H 的斜率大于 1，总是排斥的周期 2 点，如图 8.8(b)所示。此时变换器工作于 DCM 次谐波振荡状态[图 8.2 或图 8.5(a)]，出现超稳态周期轨道[11]。

8.2　谷值电流控制电流型负载开关变换器

图 8.9 所示为谷值电流控制电流型负载 Buck 变换器电路[12]，其中负载为恒流源 I_o。在每个开关周期开始时，时钟信号使触发器输出电压 V_p 为低电平，开关管 S_1 关断，二极管 S_2 导通，电感电流 i_L 近似线性减小，当 i_L 减小到谷值参考电流 I_{ref} 时，比较器翻转，触

发器使 V_p 输出高电平，S_1 导通、S_2 关断，i_L 近似线性增大，直到下一个时钟脉冲到来，开始一个新的开关周期。正如 4.2 节的分析，谷值电流控制电流型负载 Buck 变换器不能工作于 DCM，只能工作在 CCM。

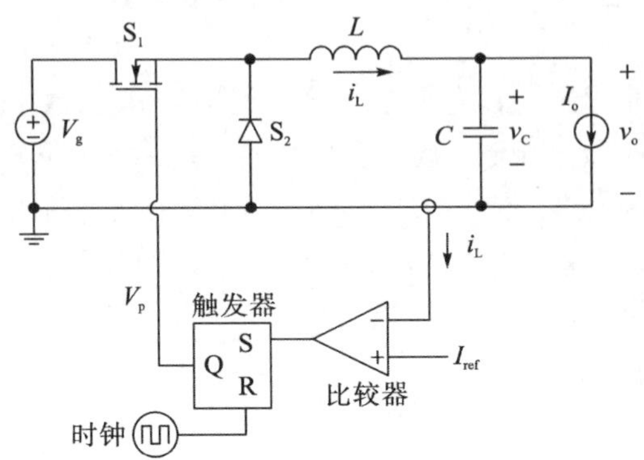

图 8.9 谷值电流控制电流型负载 Buck 变换器

8.2.1 离散迭代映射

设 $i_n = i_L(nT)$、$v_n = v_C(nT)$ 分别为电感电流 i_L、电容电压 v_C 在时钟 nT 时刻的采样值，则 i_{n+1}、v_{n+1} 分别为 i_L、v_C 在时钟 $(n+1)T$ 时刻的采样值，其中 T 为时钟周期(开关周期)。

当 i_L 下降到 I_{ref} 时开关管 S_1 导通。由式(8.1)的第二个状态方程可得第 n 个开关周期内[从 nT 时刻到 $(n+1)T$ 时刻]电感电流的下降时间，即开关管 S_1 的关断时间 τ_n 为

$$\tau_n = \frac{L}{v_n}(i_n - I_{ref}) \tag{8.18}$$

对于图 8.9 所示的电流型负载 Buck 变换器，可以根据式(8.1)的第二个和第一个状态方程分别建立 $\tau_n \geqslant T$ 和 $\tau_n < T$ 时的离散迭代映射模型。当 $\tau_n \geqslant T$ 时，在整个开关周期内开关管 S_1 一直处于关断状态，这时迭代映射为

$$i_{n+1} = (i_n - I_o)\cos\omega T - \omega C v_n \sin\omega T + I_o \tag{8.19}$$

$$v_{n+1} = v_n \cos\omega T + \omega L(i_n - I_o)\sin\omega T \tag{8.20}$$

当 $\tau_n < T$ 时，开关管 S_1 关断 τ_n 后导通，这时迭代映射为

$$i_{n+1} = c_1 \cos\omega(T-\tau_n) + c_5 \sin\omega(T-\tau_n) + I_o \tag{8.21}$$

$$v_{n+1} = -\omega C c_5 \cos\omega(T-\tau_n) + \omega L c_1 \sin\omega(T-\tau_n) + V_g \tag{8.22}$$

其中，$c_1 = I_{ref} - I_o$；$c_5 = \omega L[V_g - v_C(\tau_n)]$；$v_C(\tau_n) = v_n \cos\omega\tau_n + \omega L(i_n - I_o)\sin\omega\tau_n$。

8.2.2 分岔图分析

根据离散迭代映射模型式(8.19)～式(8.22)，采用数值仿真对谷值电流控制电流型负载 Buck 变换器的分岔行为进行分析。固定电路参数 $V_g = 12\text{V}$，$I_{ref} = 0.6\text{A}$，$C = 200\mu\text{F}$，$L = 450\mu\text{H}$，$T = 50\mu\text{s}$，迭代初始值设为 0，选择 I_o 为分岔参数，变化范围为 0.7～0.95A，得到

如图 8.10(a)所示的电感电流分岔图。

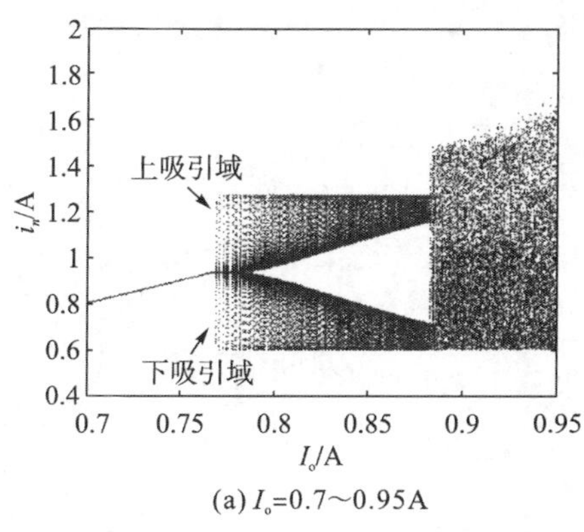

(a) I_o=0.7～0.95A

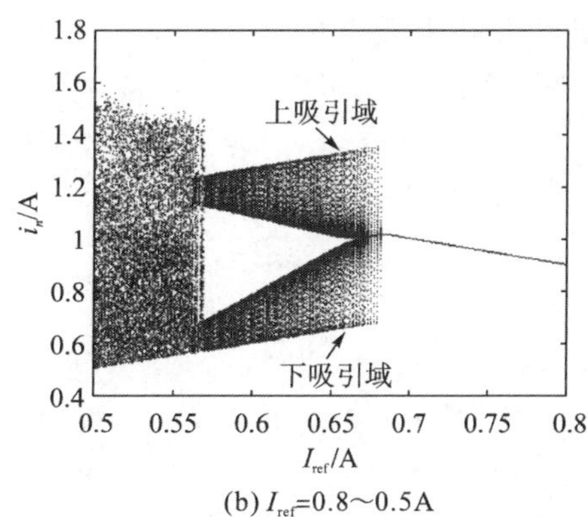

(b) I_{ref}=0.8～0.5A

图 8.10　以 I_o 和 I_{ref} 为参数的分岔图

从图 8.10(a)可以看出，随着参数 I_o 的减小，当 I_o = 0.768A 时，电流型负载 Buck 变换器出现倍周期分岔伴随 Neimark-Sacker 分岔，进入具有快慢效应的次谐波振荡状态。当 I_o 减小到 0.883A 时，快慢效应消失，系统进入混沌态。如图 8.10 所示，在 I_o = 0.768～0.883A 范围内的分岔图呈现出具有快慢效应的次谐波振荡吸引域，其中上部、下部的分岔图分别称为上吸引域、下吸引域。

为了更详细地揭示电流型负载 Buck 变换器在上、下吸引域范围内的分岔行为，在 nT 时刻构筑庞加莱截面，可得到 i_L 和 v_C 的庞加莱映射。图 8.11(a)和图 8.11(b)分别给出了 I_o = 0.84A 和 I_o = 0.775A 的庞加莱映射。图 8.11(a)中的庞加莱映射呈现出双环带分离状，其中上环带、下环带分别对应于图 8.10 中的上吸引域、下吸引域。图 8.11(b)中的庞加莱映射呈现出双环带合并状。呈现出双环带状的现象称为具有快慢效应的次谐波振荡现象。对比图 8.11 和图 8.10(a)可知，电流型负载越大，分岔图中的上吸引域、下吸引域及庞加莱映射中的上环带、下环带的距离越近。

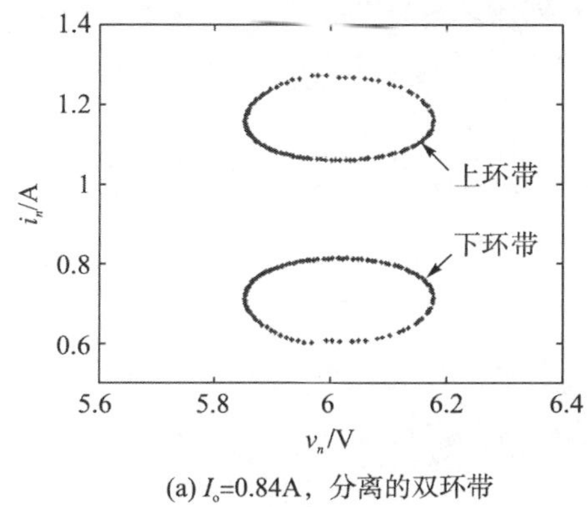

(a) I_o=0.84A，分离的双环带

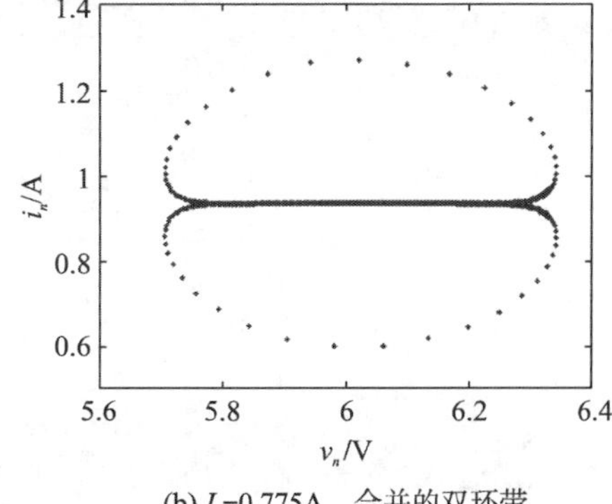

(b) I_o=0.775A，合并的双环带

图 8.11　两个不同电流型负载的庞加莱映射

谷值电流控制电阻负载开关变换器发生倍周期分岔后进入周期 2 状态，即次谐波振荡状态，相应的庞加莱映射是两个点(参考 4.2.2 节)；而谷值电流控制电流型负载开关变换器发生倍周期分岔后，进入具有快慢效应的次谐波振荡，相应的庞加莱映射是两个环带，

如图 8.11 所示。产生次谐波振荡的快慢效应的原因在于电流型负载的电压不能保持为恒值，除在一个开关周期内快速变化外，还在一定的电压范围内随时间变化呈现周期性慢速变化(相应的理论分析可以参考 8.1.4 节)。

图 8.10(b)给出了以 I_{ref} 为参数的分岔图，此时电流型负载为 $I_o = 0.85$A。从图 8.10(b)可以看出，随着 I_{ref} 逐渐减小，当 $I_{ref} = 0.681$A 时，Buck 变换器电路出现倍周期分岔，伴随 Neimark-Sacker 分岔，系统从周期 1 态转移至具有快慢效应的次谐波振荡状态，分岔图中呈现出上、下吸引域；当 I_{ref} 减小至 $I_{ref} = 0.569$A 时，快慢效应消失，系统进入混沌状态。对比图 8.10(a)和图 8.10(b)可知，两者具有相反的周期 1、倍周期分岔伴随 Neimark-Sacker 分岔、具有快慢效应的次谐波振荡、混沌路线。

8.2.3　复杂次谐波振荡现象

为了进一步揭示谷值电流控制电流型负载 Buck 变换器的非线性现象，对如图 8.9 所示的电路，采用与图 8.10 分岔图相同的电路参数进行实验研究。图 8.12、图 8.13 分别给出了 $I_o = 0.84$、0.8A 时的实验结果。

从图 8.12 可以看出，电感电流波形中呈现出由次谐波振荡和降频次谐波振荡组成的“u 形”次谐波振荡，其周期约为 2900μs(58 个开关周期)；输出电压波形中呈现出正弦次谐波振荡现象。

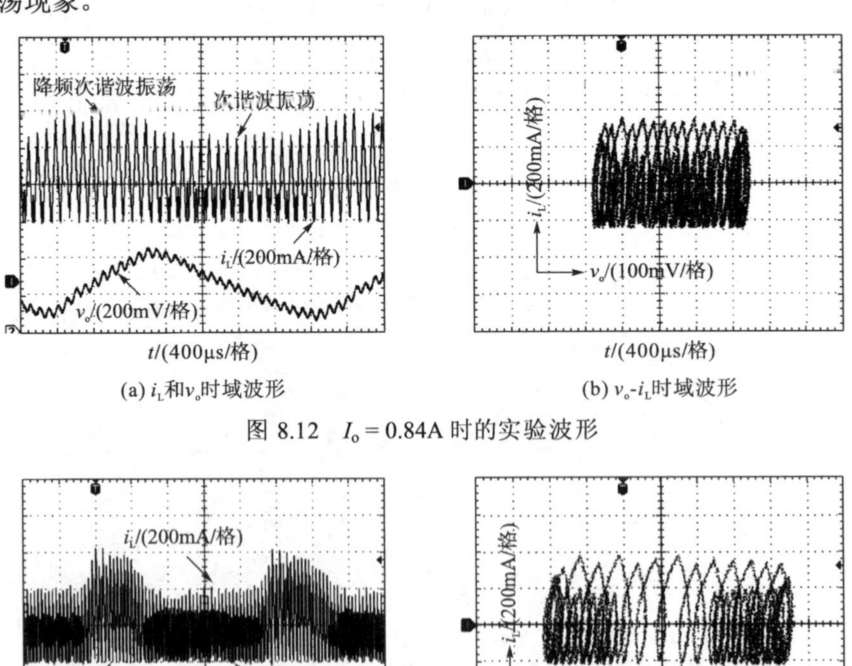

(a) i_L和v_o时域波形　　(b) v_o-i_L时域波形

图 8.12　$I_o = 0.84$A 时的实验波形

(a) i_L时域波形　　(b) v_o-i_L相轨图

图 8.13　$I_o = 0.8$A 时的实验波形

图 8.13 中电感电流波形中呈现出“u 形”次谐波振荡，其周期约为 5000μs(100 个开关周期)。从图 8.12 和图 8.13 可以分析出，当谷值电流控制电流型负载 Buck 变换器工作于具有快慢效应的次谐波振荡状态时，随着 I_o 的减小(增大)，“u 形”次谐波振荡或正弦次谐波振荡的周期增大(减小)。

8.3　电流型负载开关变换器的镇定控制

为了使开关变换器系统稳定运行，需要研究其镇定控制方法，可采用反馈控制和非反馈控制。开关变换器的斜坡补偿属于反馈控制法，是一种直观、有效、容易实施的镇定控制技术。在反馈控制电路中引入适当的斜坡补偿，既可有效拓宽系统的稳定范围，又可实现工作模式的转移。目前，斜坡补偿开关变换器的文献多针对电阻性负载[13, 14]，而对电流型负载开关变换器的斜坡补偿技术少有文献涉及。

以 8.1 节中的峰值电流控制电流型负载 Buck 变换器为例，本节建立含有斜坡补偿和电压外环的电流型负载开关变换器的二维离散迭代模型，分析参数变化时变换器的分岔行为、Lyapunov 指数等，重点研究斜坡补偿和电压外环比例系数对变换器稳定性的影响，以实现对电流型负载开关变换器的镇定控制[15]。

8.3.1　离散迭代映射

图 8.14 所示为含有斜坡补偿和电压外环的峰值电流控制电流型负载 Buck 变换器电路。其中，电流参考值 i_{ref} 由两部分组成，一部分为给定电流 I_{ref} 加入斜率为 m_c 的斜坡补偿电流，另一部分为电压反馈值。由于采用比例积分补偿会增加电路的阶数，且本节主要讨论比例系数 k 对电路稳定性的影响，因此可在参考电压 V_{ref} 与输出电压 v_o 产生的误差后面直接加比例环节得到电压反馈值。

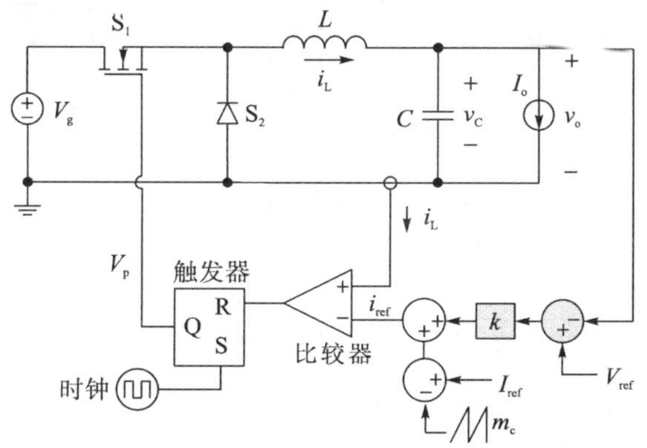

图 8.14　含有斜坡补偿和电压外环的峰值电流控制电流型负载 Buck 变换器

对于 Buck 变换器，可在离散状态空间中定义两个电感电流边界，分别表示为 I_{b1} 和 I_{b2}。当 $i_n = I_{b1}$，$i_{n+1} = i_{ref}$ 时，开关管 S_1 在一个周期内全导通，如图 8.15(a)所示。当 $i_n = I_{b2}$，$i_{n+1} = 0$ 时，在一个周期内，电感电流先线性上升到达参考值然后下降，到周期结束时恰好下降到 0，如图 8.15(b)所示。因此，两个边界可作如下表示：

$$I_{b1} = i_{ref} - \frac{(V_g - v_n)}{L}T \tag{8.23}$$

$$I_{b2} = i_{ref} - \frac{(V_g - v_n)}{L}(T - t_d) \tag{8.24}$$

其中，t_d 为电感电流从电流参考值 i_{ref} 下降到 0 所用的时间，其具体表达式在后面离散模型中给出；v_n 为第 n 周期开始时刻的电容电压值。

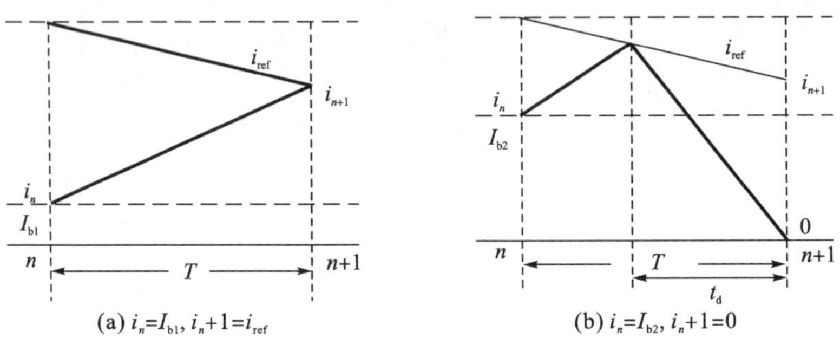

(a) $i_n=I_{b1}$, $i_n+1=i_{ref}$　(b) $i_n=I_{b2}$, $i_n+1=0$

图 8.15　两个电感电流边界的示意图

电流参考值 i_{ref} 的具体表达式为

$$i_{ref} = I_{ref} - m_c T + k(V_{ref} - v_n) \tag{8.25}$$

由此，可以得到具有两个电感电流边界的 Buck 变换器离散迭代模型。当 $i_n < I_{b1}$ 时，开关管 S_1 在整个周期内一直导通，离散迭代映射与 8.1.2 节中式(8.6)和式(8.7)相同。

当 $I_{b1} \leqslant i_n \leqslant I_{b2}$ 时，开关管 S_1 先导通 t_n，使电感电流上升到 i_{ref} 后再关断，电感电流下降。离散迭代映射如下：

$$i_{n+1} = c_6 \cos\omega(T - t_n) + c_7 \sin\omega(T - t_n) + I_o \tag{8.26}$$

$$v_{n+1} = v_C(t_n)\cos\omega(T - t_n) + \omega L c_1 \sin\omega(T - t_n) \tag{8.27}$$

其中，$t_n = \dfrac{(i_{ref} - i_n)L}{V_g - v_n}$；$v_C(t_n) = (v_n - V_g)\cos\omega t_n + \omega L(i_n - I_o)\sin\omega t_n + V_g$；$c_6 = i_{ref} - I_o$；$c_7 = -\dfrac{v_C(t_n)}{\omega L}$。

当 $I_{b2} \leqslant i_n$ 时，电感电流上升到 i_{ref} 后又下降到 0，其中下降时间为 t_d，离散迭代映射为

$$i_{n+1} = 0 \tag{8.28}$$

$$v_{n+1} = v_C(t_n + t_d) - \frac{I_o(T - t_d - t_n)}{C} \tag{8.29}$$

其中，$t_d = L\dfrac{i_{ref}}{v_C(t_n)}$；$v_C(t_n + t_d) = (v_n - V_g)\cos\omega(t_n + t_d) + \omega L(i_n - I_o)\sin\omega(t_n + t_d) + V_g$。

8.3.2　分岔图分析

基于 8.3.1 节建立的离散迭代模型，选取参数 $k = 0.2$，$V_g = 9.6\text{V}$，$I_{ref} = 1.2\text{A}$，$C = 100\mu\text{F}$，

$L = 250\mu H$，$m_c = 0$ 和 $T = 50\mu s$，电流型负载 I_o 为分岔参数，变化范围为 0.5～1.3A，可得到 Buck 变换器电感电流分岔图如图 8.16(a)所示，最大 Lyapunov 指数谱，如图 8.16(b)所示。

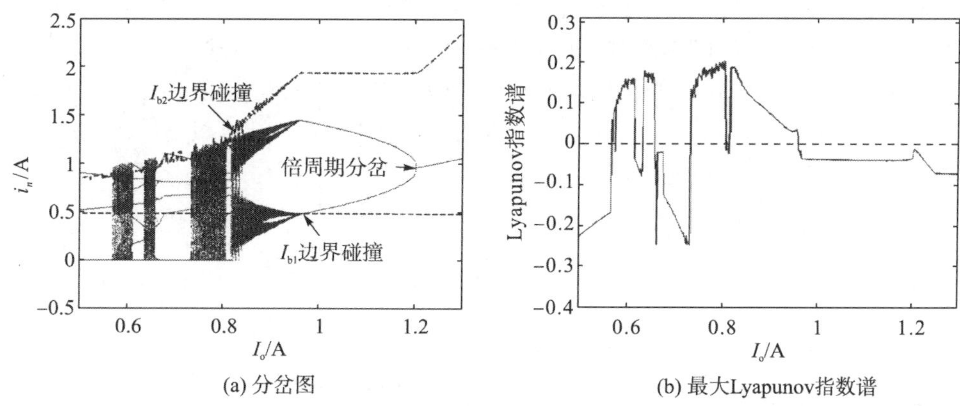

(a) 分岔图　(b) 最大Lyapunov指数谱

图 8.16　以 I_o 为分岔参数的分岔图和最大 Lyapunov 指数谱

当 $I_o = 1.3A$ 时，Buck 变换器处于稳定的周期 1 状态。随着 I_o 逐渐减小，当 $I_o = 1.204A$ 时，运行轨道出现倍周期分岔，进入周期 2 的次谐波振荡状态，其 Lyapunov 指数先从负值上升到零($I_o = 1.204A$ 时)，随后又折回负值区域。当 $I_o = 0.965A$ 时，运行轨道与边界 I_{b1} 相遇发生边界碰撞分岔，使得变换器进入混沌振荡状态，此时 Lyapunov 指数正好从负值线性上升并穿过零值变成正值，变换器呈现出混沌鲁棒状态(称为 CCM 鲁棒混沌态)。随着 I_o 进一步减小，在 $I_o = 0.833A$ 附近，运行轨道与边界 I_{b2} 发生边界碰撞，分岔图中出现多周期窗，Lyapunov 指数在正值和负值区域交替变化，说明变换器进入强阵发性的弱混沌区域(称为 DCM 阵发混沌态)。

固定 I_o 为 0.74A，输入电压 V_g 的变化范围为 8.5～13.5V，其他参数保持不变，可得到 Buck 变换器电感电流的分岔图[图 8.17(a)]和最大 Lyapunov 指数谱[图 8.17(b)]。当 V_g 逐渐减小到 13.32V 时，Buck 变换器的状态由周期 1 发生倍周期分岔，进入周期 2 的次谐波振荡状态。

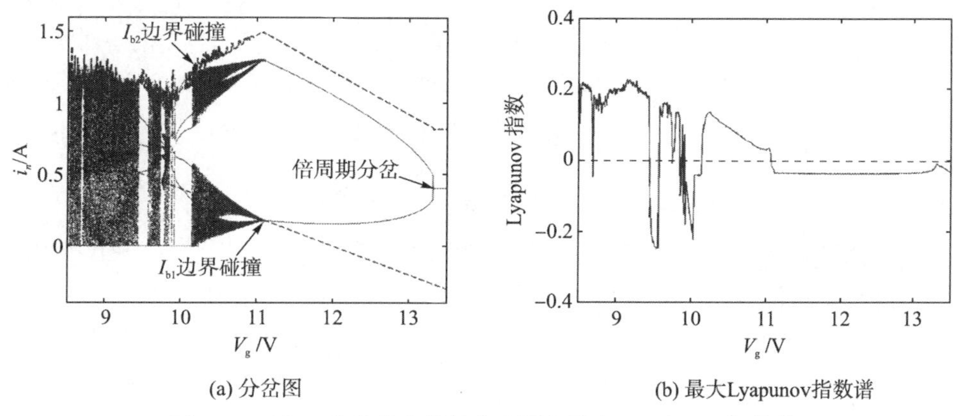

(a) 分岔图　(b) 最大Lyapunov指数谱

图 8.17　以 V_g 为分岔参数的分岔图和最大 Lyapunov 指数谱

在 $V_g=11.1V$ 附近，电感电流的运行轨道与边界 I_{b1} 发生边界碰撞进入 CCM 鲁棒混沌态；当 V_g 减小到 10.09V 时，运行轨道第一次与边界 I_{b2} 发生边界碰撞进入 DCM 阵发混沌态，随后还会多次和 I_{b2} 发生边界碰撞，引起一系列处于 DCM 混沌态的非稳定现象。其 Lyapunov 指数在 V_g 变化时也会对应相同的动力学行为。

图 8.16 和图 8.17 所示的结果表明，当输入电压 V_g 和负载 I_o 较小时，电流型负载 Buck 变换器均存在 CCM 鲁棒混沌和 DCM 阵发混沌等不稳定现象。为了实现变换器的镇定控制，可在变换器中引入斜坡补偿。以 I_o 为参数的分岔图为例，当引入斜率为 1000 和 6000 的斜坡补偿电流时，所得分岔图如图 8.18 所示。

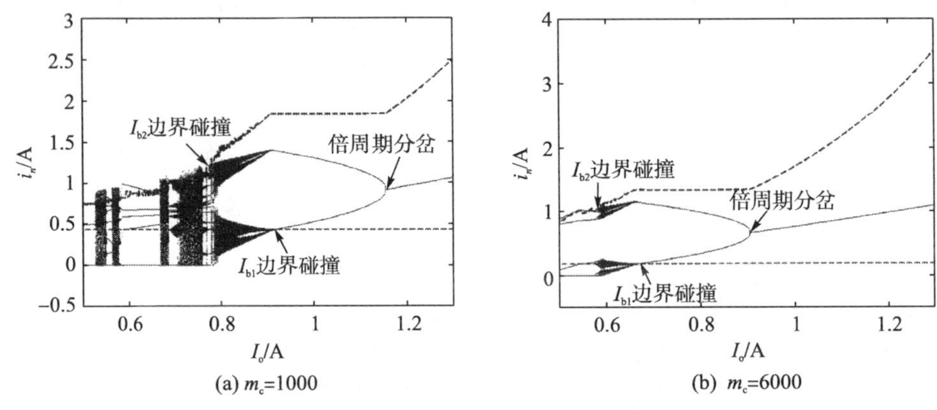

图 8.18 加入斜坡补偿后以 I_o 为分岔参数的分岔图

当 $m_c=1000$ 时，倍周期分岔点位于 $I_o=1.154A$ 附近；在 $I_o=0.785A$ 时，变换器的工作状态由 CCM 鲁棒混沌态向 DCM 阵发混沌态转移。当 $m_c=6000$ 时，在 $I_o=0.904A$ 时，变换器发生倍周期分岔；在 $I_o=0.59A$ 附近，变换器由 CCM 鲁棒混沌态向 DCM 阵发混沌态转移。比较图 8.16 和图 8.18 可以看出，采用斜坡补偿电流的斜率越大，变换器的稳定周期 1 范围越宽，DCM 区域越小，从而说明斜坡补偿可以有效拓宽稳定性区域并且逐渐实现工作模式的转移。

图 8.16～图 8.18 是基于比例系数 k 不变的动力学行为分析。下面研究 k 变化时对电路稳定性的影响。固定参数 $V_g=9.7V$，$I_o=0.8A$，$m_c=0$，得到 k 从 0 到 0.4 变化的分岔图及其最大 Lyapunov 指数谱，如图 8.19 所示。从图 8.19 可以看出，当 k 很小时(0～0.03)，分岔图中出现快慢标不稳定共存现象；随着 k 的增大，该现象逐渐消失，只存在倍周期分岔现象；随着 k 继续增大，当 $k=0.07$ 时，运行轨道进入混沌状态，此时 Lyapunov 指数变为正值。

以 V_g 为分岔参数，$I_o=0.8A$，$m_c=0$，其他参数不变，分别引入比例系数为 $k=0$，$k=0.02$，$k=0.03$，$k=0.06$ 的电压反馈，得到如图 8.20 所示的分岔图。当 $k=0$ 时，随着 V_g 的减小，在 $V_g=16V$ 附近，Buck 变换器发生倍周期分岔和 Neimark-Sacker 分岔，进入具有快慢效应的次谐波振荡状态；在 $V_g=9.1V$ 附近进入混沌状态。比较图 8.20(a)、8.20(b)、8.20(c)、8.20(d)可以看出，电压外环的加入会逐渐消除具有快慢效应的次谐波振荡区域，主要消除其中的低频振荡部分；当 k 达到一定值时可完全消除低频振荡，如在 8.20(d)中，变换器在倍周期分岔区域内只存在次谐波振荡。同时，还可看出，随着 k 的缓慢增大，稳定点逐渐向左移动，表明 k 的加入能在一定程度上消去次谐波振荡，缓慢拓宽变换器的稳定范围。

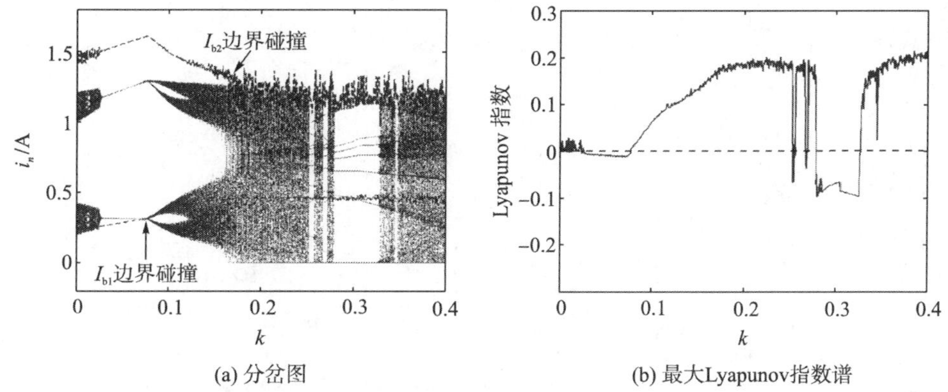

(a) 分岔图　(b) 最大Lyapunov指数谱

图 8.19　以 k 为分岔参数的分岔图和最大 Lyapunov 指数谱

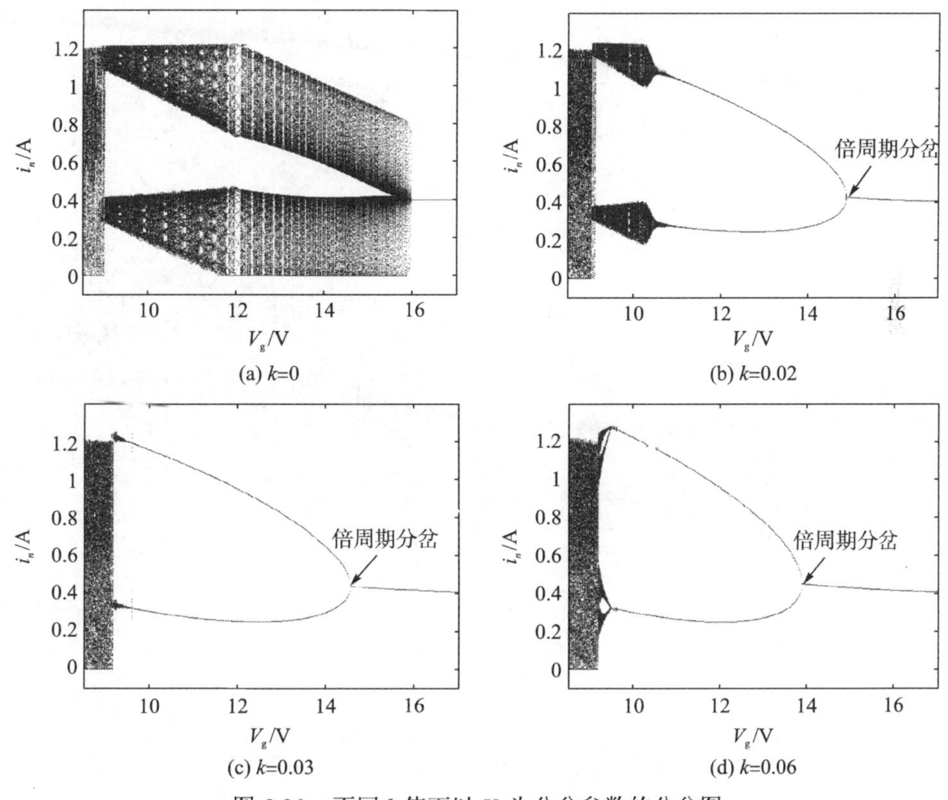

(a) k=0　(b) k=0.02　(c) k=0.03　(d) k=0.06

图 8.20　不同 k 值下以 V_g 为分岔参数的分岔图

8.3.3　动力学行为分布

采用与 8.1.4 节相似的方法，可以进一步确定引入斜坡补偿和电压外环后，峰值电流控制电流型负载 Buck 变换器的分岔类型和工作区边界。

根据式(8.12)和式(8.13)可知，当峰值电流控制电流型负载 Buck 变换器发生倍周期分岔时，即当系统处于临界稳定状态时，满足：

$$J_{12}J_{21}-J_{11}J_{22}-J_{11}-J_{22}=1 \tag{8.30}$$

基于式(8.30)，可以得到关于 m_c 和 k 的边界表达式。

当 $i_n \leqslant I_{b1}$ 时，式(8.30)中的参数为

$$J_{11}=\cos\omega T\,,\quad J_{12}=\frac{-\sin\omega T}{L\omega}\,,\quad J_{21}=\omega L\sin\omega T\,,\quad J_{22}=\cos\omega T$$

当 $I_{b1} \leqslant i_n \leqslant I_{b2}$ 时，式(8.30)中的参数为

$$J_{11}=c_6c_8\sin\omega(T-t_n)-c_7c_8\cos\omega(T-t_n)-\frac{c_9\sin\omega(T-t_n)}{\omega L}$$

$$J_{12}=-k\cos\omega(T-t_n)+c_{10}c_6\omega\sin\omega(T-t_n)-c_{10}c_7\omega\cos\omega(T-t_n)-\frac{c_{11}\sin\omega(T-t_n)}{\omega L}$$

$$J_{21}=c_9\cos\omega(T-t_n)-\omega Lc_7c_8\sin\omega(T-t_n)-\omega Lc_6c_8\cos\omega(T-t_n)$$

$$J_{22}=c_{11}\cos\omega(T-t_n)+v_C(t_n)\omega c_{10}\sin\omega(T-t_n)-k\omega L\sin\omega(T-t_n)-\omega^2Lc_{10}c_6\cos\omega(T-t_n)$$

$$c_8=\frac{\omega L}{v_n-V_g}\,,\quad c_9=c_8\omega L(i_n-I_o)\cos\omega t_n\,,\quad c_{10}=\frac{-Lk(V_g-v_n)+L(i_{ref}-i_n)}{(V_g-v_n)^2}$$

$$c_{11}=c_{10}\omega(V_g-v_n)\sin\omega t_n+\cos\omega t_n+(i_n-I_o)\omega^2Lc_{10}\cos\omega t_n$$

当 $I_{b2} \leqslant i_n$ 时，式(8.30)中的参数为

$$J_{11}=0\,,\quad J_{12}=0\,,\quad J_{21}=\frac{I_o\left(c_{12}+\dfrac{c_8}{\omega}\right)}{C}+c_{13}\,,\quad J_{22}=\frac{I_o(c_{14}+c_{10})}{C}+c_{15}$$

$$c_{12}=\frac{-Lc_9i_{ref}}{(v_C(t_n))^2}\,,\quad c_{13}=c_9\cos\omega t_d-\omega c_{11}v_C(t_n)\sin\omega t_d+\omega^2LC_1\cos\omega t_d\,,\quad c_{14}=\frac{-c_{11}Li_{ref}-kLv_c(t_n)}{(v_C(t_n))^2}$$

$$c_{15}=c_{11}\cos\omega t_d-v_C(t_n)\omega c_{14}\sin\omega t_d+\omega^2Lc_6c_{14}\cos\omega t_d-k\omega L\sin\omega t_d$$

当峰值电流控制电流型负载 Buck 变换器的电感电流最大值与 I_{b1} 发生边界碰撞时，变换器从周期 2 变为 CCM 鲁棒混沌；当电感电流的最大值与 I_{b2} 发生边界碰撞时，变换器由 CCM 鲁棒混沌变为 DCM 阵发混沌。因此，可以得到另外两个边界表达式：

$$I_{b1}=i_{n+1,\min} \tag{8.31}$$

$$I_{b2}=i_{n+1,\max} \tag{8.32}$$

其中，$i_{n+1,\min}=i_{ref}-\dfrac{(V_g-v_n)}{L}t_{on}$；$i_{n+1,\max}=i_{ref}$。

上述两个边界可进一步写成：

$$[I_{ref}-m_cT+k(V_{ref}-v_n)-i_n]L-(V_g-v_n)T=0 \tag{8.33}$$

$$[I_{ref}-m_cT+k(V_{ref}-v_n)]L-v_C(t_n)T=0 \tag{8.34}$$

式(8.33)为 CCM 周期 2 到 CCM 鲁棒混沌的边界表达式，式(8.34)为 CCM 鲁棒混沌到 DCM 阵发混沌的边界表达式。

由 8.3.2 节的分析可知，当电流型负载 Buck 变换器处于不稳定时，可以引入斜坡补偿

电流和电压外环，消除不稳定性，从而达到镇定控制的效果。输入电压 V_g 和负载电流 I_o 是影响电流型负载 Buck 变换器的关键因素，因此可以选择 m_c、k、V_g 和 I_o 作为变量，根据式(8.30)、式(8.33)和式(8.34)得到参数空间上的动力学行为分布图。图 8.21(a)和 8.21(b)分别为 V_g 随 k 和 I_o 随 k 变化的动力学行为分布图，图 8.21(c)和 8.21(d)分别为 V_g 随 m_c 和 I_o 随 m_c 变化的动力学行为分布图。

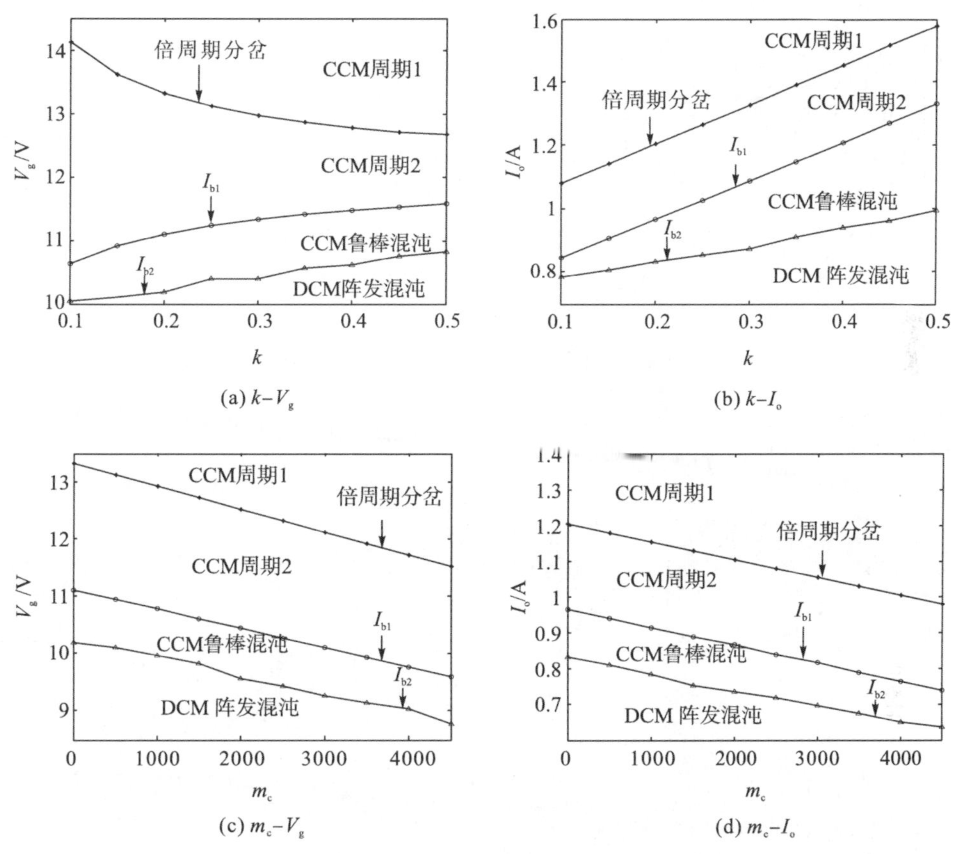

图 8.21　双参数变化的动力学分布图

经过分析可以看出，电流型负载 Buck 变换器存在 4 种工作状态区域，分别为周期 1 稳定区域、次谐波振荡区域(周期 2)、CCM 鲁棒混沌区域和 DCM 阵发混沌区域。通过增大 V_g、增大 I_o、增大斜坡补偿斜率、加入适当比例系数的电压外环都可拓宽该变换器的稳定性区域。因此，可以根据图 8.21 选择适当的电路参数，确保电路的正常工作。

8.3.4　时域分析与实验验证

为了验证电压外环的比例系数 k 和斜坡补偿斜率 m_c 对变换器工作的影响，分别选取不同的 k 和 m_c 进行时域仿真。选取 $V_g = 14V$，其他参数与图 8.20 的参数相同，得到 k 分别为 0、0.02 和 0.06 时的电感电流 i_L 和 v_o-i_L 相轨图，如图 8.22 所示。从图 8.22 可以看出，随着 k 的逐渐增大，变换器从快慢标不稳定共存状态逐渐过渡到稳定状态，与图 8.20 中的分岔图相符。

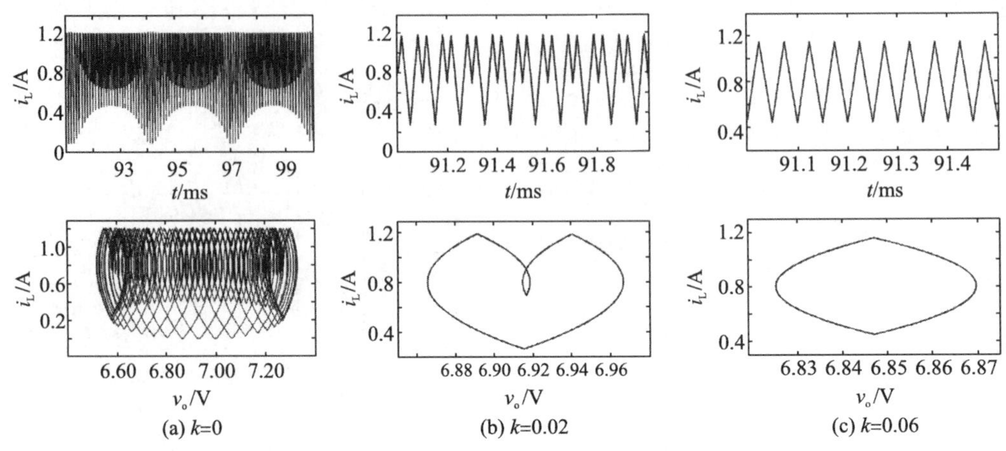

(a) k=0 (b) k=0.02 (c) k=0.06

图 8.22 电感电流 i_L 波形与 v_o-i_L 相轨图

选取 $V_g=12\text{V}$，可以得到 $k=0$ 时，m_c 分别为 1000、2000 和 6000 的电感电流波形，分别如图 8.23(a)、图 8.23(b)、图 8.23(c)所示；也可以得到 $k=0.2$ 时，m_c 分别为 1000、2000 和 6000 的电感电流波形，分别如图 8.23(d)、图 8.23(e)、图 8.23(f)所示。

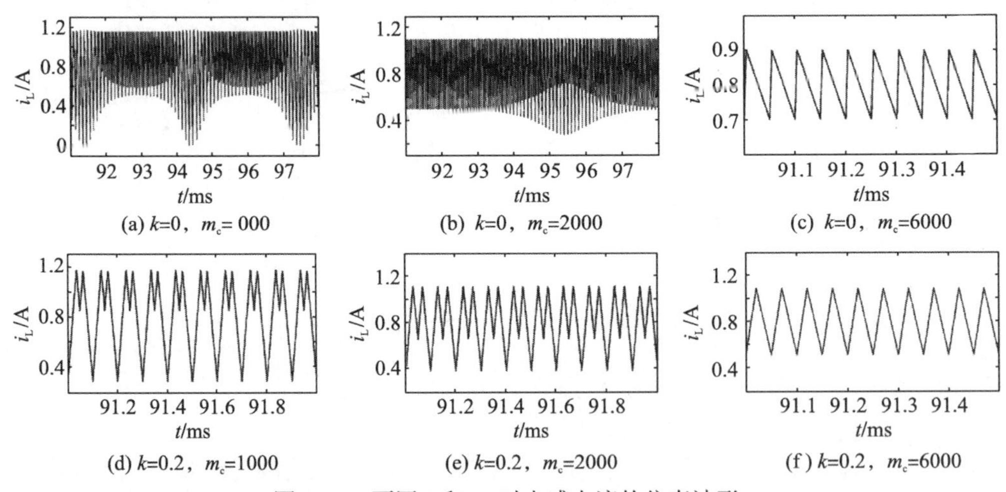

(a) k=0，m_c= 000 (b) k=0，m_c=2000 (c) k=0，m_c=6000

(d) k=0.2，m_c=1000 (e) k=0.2，m_c=2000 (f) k=0.2，m_c=6000

图 8.23 不同 k 和 m_c 时电感电流的仿真波形

采用与时域仿真分析相同的电路参数进行了实验研究。图 8.24 给出了 k 分别为 0 和 0.2，m_c 分别为 1000、2000、6000 时的实验结果。对比图 8.23 和图 8.24 可知，当只加入斜率为 m_c 的斜坡补偿电流时，随着 m_c 的逐渐增大，可同时消去低频振荡和次谐波振荡，并且随着斜坡补偿电流的增大消去振荡的效果越好。选择适当比例系数的误差放大器，也可以消去电路的低频振荡部分；若在此时再加入足够的斜坡补偿电流，则可完全消去电路中的次谐波振荡。实验结果验证了上文中的理论分析和仿真结果的正确性。因此，研究开关变换器的镇定控制机理，为电路闭环控制及补偿回路的设计提供了理论分析依据，为电路参数的选取提供了指导依据。

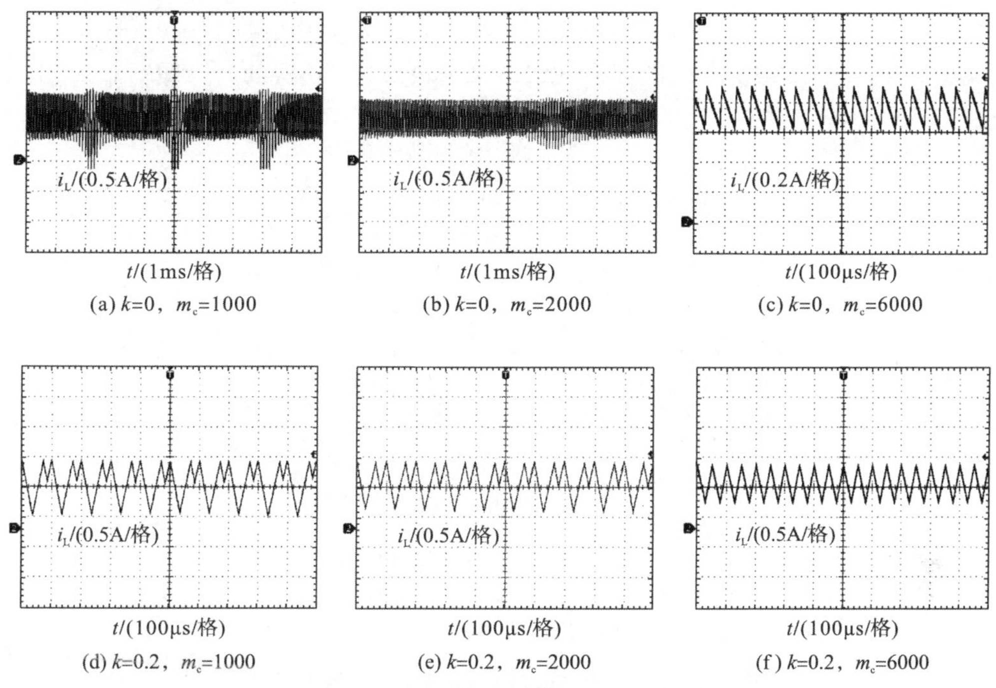

图 8.24 不同 k 和 m_c 时的电感电流实验波形

8.4 采用复合输出电容的电流型负载开关变换器

在实际的开关变换器中，输出电容 ESR 对变换器的工作状态影响较大。已有不少文献研究了单个输出电容 ESR 对变换器稳定性的影响[16, 17]。例如，在第 3 章中讨论的电压型 PFM 控制开关变换器中，当输出电容 ESR 相对较大时，电路系统才能稳定工作，当输出电容 ESR 较小时则会出现不稳定现象[18]。然而，较大的输出电容 ESR 会使输出电压纹波增大。在实际应用中，为了使系统稳定运行的同时，获得较低的输出电压纹波，通常将多个输出电容并联使用。从小信号的角度，现有文献对单个输出电容及其 ESR 对变换器性能的影响进行了分析，省略了其他电容支路及其 ESR，分析不够全面。

本节以带复合输出电容(以两条不同类型的电容支路并联为例)的电流型负载 Buck 变换器为研究对象[19]，建立其分段光滑模型和离散迭代映射模型，在此基础上开展相应的分岔行为分析、特征值轨迹分析和状态域估计。在宽范围的电路参数内，从动力学建模的角度深入研究了复合输出电容及其 ESR 对开关变换器稳定性的影响。

8.4.1 离散迭代映射

本节以同步 Buck 变换器为研究对象，侧重分析复合输出电容对复杂次谐波振荡的消除作用。图 8.25 所示为带复合输出电容的电流型负载同步 Buck 变换器。主电路以 V_g 为输入电压，恒流源 I_o 为负载，并由开关管 S_1、S_2，电感 L 和复合输出电容组成三阶电路，其中复合输出电容由两条不同类型的电容支路 C_1 和 C_2 及其 ESR R_{C1} 和 R_{C2} 组成。控制部分通过电感电流 i_L 与参考电流 I_{ref} 进行比较，采用与触发器构成的电路控制开关管的导通和关断。该电路的工作原理与 8.1.1 节类似。

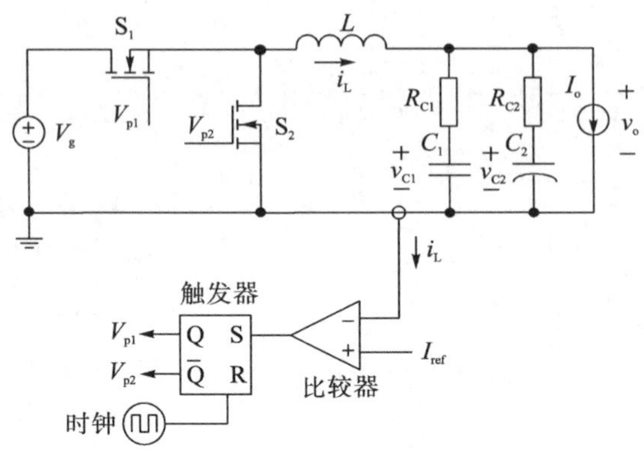

图 8.25 带复合输出电容的峰值电流控制电流型负载同步 Buck 变换器

选择电感电流 i_L、电容电压 v_{C1} 和电容电压 v_{C2} 作为状态变量，可以得到开关管 S_1 和 S_2 导通或关断时的三阶动力学方程。由于同步 Buck 变换器不存在 DCM 状态，因此此处只有两个开关状态。

开关状态 1：S_1 导通，S_2 关断，动力学方程为

$$\begin{cases} \dfrac{\mathrm{d}i_L}{\mathrm{d}t}=\dfrac{V_g}{L}-\dfrac{R_{C1}R_{C2}}{(R_{C1}+R_{C2})L}i_L-\dfrac{R_{C2}}{(R_{C1}+R_{C2})L}v_{C1}-\dfrac{R_{C1}}{(R_1+R_2)L}v_{C2}+\dfrac{R_{C1}R_{C2}}{(R_{C1}+R_{C2})L}I_o \\ \dfrac{\mathrm{d}v_{C1}}{\mathrm{d}t}=\dfrac{R_{C1}}{(R_{C1}+R_2)C_1}i_L-\dfrac{v_{C1}}{(R_{C1}+R_{C2})C_1}+\dfrac{v_{C2}}{(R_{C1}+R_{C2})C_1}-\dfrac{R_{C2}}{(R_{C1}+R_{C2})C_1}I_o \\ \dfrac{\mathrm{d}v_{C2}}{\mathrm{d}t}=\dfrac{R_{C1}}{(R_{C1}+R_2)C_2}i_L+\dfrac{v_{C1}}{(R_{C1}+R_{C2})C_2}-\dfrac{v_{C2}}{(R_{C1}+R_2)C_2}-\dfrac{R_{C1}}{(R_{C1}+R_{C2})C_2}I_o \end{cases} \tag{8.35}$$

开关状态 2：S_1 关断，S_2 导通，动力学方程为

$$\begin{cases} \dfrac{\mathrm{d}i_L}{\mathrm{d}t}=-\dfrac{R_{C1}R_{C2}}{(R_{C1}+R_{C2})L}i_L-\dfrac{R_{C2}}{(R_{C1}+R_{C2})L}v_{C1}-\dfrac{R_{C1}}{(R_1+R_2)L}v_{C2}+\dfrac{R_{C1}R_{C2}}{(R_{C1}+R_{C2})L}I_o \\ \dfrac{\mathrm{d}v_{C1}}{\mathrm{d}t}=\dfrac{R_{C1}}{(R_{C1}+R_2)C_1}i_L-\dfrac{v_{C1}}{(R_{C1}+R_{C2})C_1}+\dfrac{v_{C2}}{(R_{C1}+R_{C2})C_1}-\dfrac{R_{C2}}{(R_{C1}+R_{C2})C_1}I_o \\ \dfrac{\mathrm{d}v_{C2}}{\mathrm{d}t}=\dfrac{R_{C1}}{(R_{C1}+R_2)C_2}i_L+\dfrac{v_{C1}}{(R_{C1}+R_{C2})C_2}-\dfrac{v_{C2}}{(R_{C1}+R_2)C_2}-\dfrac{R_{C1}}{(R_{C1}+R_{C2})C_2}I_o \end{cases} \tag{8.36}$$

式(8.35)、式(8.36)对应了带复合输出电容的电流型负载 Buck 变换器在两种开关状态时状态变量的常微分方程组，由此构成了一个分段光滑线性时变动力学系统。令 $\boldsymbol{x}=[i_L\ v_{C1}\ v_{C2}]^{\mathrm{T}}$，则变换器在一个开关周期内的状态方程可统一为

$$\dot{\boldsymbol{x}}=\boldsymbol{A}_i\boldsymbol{x}+\boldsymbol{B}_i \quad i=1,\ 2 \tag{8.37}$$

其中，$i=1$ 表示开关状态 1，$i=2$ 表示开关状态 2，且

$$A_1 = A_2 = \begin{bmatrix} \dfrac{-R_{C1}R_{C2}}{(R_{C1}+R_{C2})L} & \dfrac{-R_{C2}}{(R_{C1}+R_{C2})L} & \dfrac{-R_{C1}}{(R_{C1}+R_{C2})L} \\ \dfrac{R_{C2}}{(R_{C1}+R_{C2})C_1} & \dfrac{-1}{(R_{C1}+R_{C2})C_1} & \dfrac{1}{(R_{C1}+R_{C2})C_1} \\ \dfrac{R_{C1}}{(R_{C1}+R_{C2})C_2} & \dfrac{1}{(R_{C1}+R_{C2})C_2} & \dfrac{-1}{(R_{C1}+R_{C2})C_2} \end{bmatrix}$$

$$B_1 = \begin{bmatrix} \dfrac{V_g}{L} + \dfrac{I_o R_{C1}R_{C2}}{(R_{C1}+R_{C2})L} \\ \dfrac{-I_o R_{C2}}{(R_{C1}+R_{C2})C_1} \\ \dfrac{-I_o R_{C1}}{(R_{C1}+R_{C2})C_2} \end{bmatrix}, \quad B_2 = \begin{bmatrix} \dfrac{I_o R_{C1}R_{C2}}{(R_{C1}+R_{C2})L} \\ \dfrac{-I_o R_{C2}}{(R_{C1}+R_{C2})C_1} \\ \dfrac{-I_o R_{C1}}{(R_{C1}+R_{C2})C_2} \end{bmatrix}$$

微分方程的解可写成如下形式：

$$x(t) = \mathrm{e}^{A_i(t-t_0)}x(t_0) + \int_{t_0}^{t} \mathrm{e}^{A_i(t-\tau)}B_i \mathrm{d}\tau \tag{8.38}$$

进一步可以表示为

$$x(t) = \Phi_i(t-t_0)x(t_0) + \Psi_i(t-t_0) \tag{8.39}$$

其中，t_0 表示系统的初始时刻；$\Phi_i(t) = \mathrm{e}^{A_i t}$；$\Psi_i(t) = A_i^{-1}(\Phi_i(t) - I)B_i$。

在每个开关周期开始时刻对状态变量做同步采样，可以得到变换器的离散迭代映射模型。记 $x_n = [i_n\ v_{C1n}\ v_{C2n}]^{\mathrm{T}}$ 为第 n 个周期开始时 i_L、v_{C1} 和 v_{C2} 的值，x_{n+1} 为第 n 周期结束即第 n+1 周期开始时 i_L、v_{C1} 和 v_{C2} 的值，该离散迭代映射模型可以写作如下形式：

$$x_{n+1} = f(x_n) \tag{8.40}$$

构造一个时间函数 $s(x_n,\ t)$，表示电感电流 i_L 与参考电流 I_{ref} 之差：

$$s(x_n,t) = I_{ref} - k\left[\Phi_1(t)x_n + \Psi_1(t)\right] \tag{8.41}$$

其中，$k = [1\ 0\ 0]$。

令 S_1 的导通时间为 t_n，当 $t = t_n$ 时，$s(x_n, t) = 0$，系统从开关状态 1 变为开关状态 2，则可以根据 $s(x_n,\ t_n) = 0$ 求得 S_1 的导通时间。

当 $t_n \leqslant T$ 时，可以得到离散迭代映射模型：

$$x_{n+1} = \Phi_2(T-t_n)[\Phi_1(t_n)x_n + \Psi_1(t_n)] + \Psi_2(T-t_n) \tag{8.42}$$

当 $t_n > T$ 时，可以得到离散迭代映射模型：

$$x_{n+1} = \Phi_1(T)x_n + \Psi_1(T) \tag{8.43}$$

式(8.41)至式(8.43)描述了带复合输出电容的电流型负载 Buck 变换器的精确三阶离散迭代映射模型，其为超越方程且计算较复杂，因此可用简化的离散模型进行等效。为了使简化模型更接近电路模型，使用二阶近似 $\mathrm{e}^{At} \approx I + tA + \dfrac{t^2A^2}{2}$，可以得到简化的离散迭代映射模型如下：

$$s(x_n,t) = I_{ref} - k\left[\left(I + tA_1 + \frac{t^2A_1^2}{2}\right)x_n + \left(t + \frac{t^2A_1}{2}\right)B_1\right] \tag{8.44}$$

当 $t_n \leqslant T$ 时，简化的离散迭代映射模型为

$$\boldsymbol{x}_{n+1} = \left[\boldsymbol{I} + (T - t_n)\boldsymbol{A}_2 + \frac{(T - t_n)^2 \boldsymbol{A}_2^2}{2}\right]\left[\left(\boldsymbol{I} + t_n \boldsymbol{A}_1 + \frac{t_n^2 \boldsymbol{A}_1^2}{2}\right)\boldsymbol{x}_n + \left(t_n + \frac{t_n^2 \boldsymbol{A}_1}{2}\right)\boldsymbol{B}_1\right] + \left[(T - t_n) + \frac{(T - t_n)^2 \boldsymbol{A}_2}{2}\right]\boldsymbol{B}_2 \tag{8.45}$$

当 $t_n > T$ 时，简化的离散迭代映射模型为

$$\boldsymbol{x}_{n+1} = \left(\boldsymbol{I} + \boldsymbol{A}_1 T + \frac{\boldsymbol{A}_1^2 T^2}{2}\right)\boldsymbol{x}_n + \left(T + \frac{\boldsymbol{A}_1 T^2}{2}\right)\boldsymbol{B}_1 \tag{8.46}$$

令 $\boldsymbol{x}_{n+1} = \boldsymbol{x}_n = \boldsymbol{X}_\text{Q}$，可以求出不动点 $\boldsymbol{X}_\text{Q} = [I_\text{L}\ V_\text{C1}\ V_\text{C2}]^\text{T}$。因此，带复合输出电容的电流型负载 Buck 变换器的简化离散迭代映射模型在不动点 $\boldsymbol{X}_\text{Q}$ 邻域的雅可比矩阵可以用式(8.47)表示。在其基础上，根据 8.1.4 节的式(8.13)，可以进一步得到 3 个特征值。

$$\boldsymbol{J}(\boldsymbol{X}_\text{Q}) = \begin{bmatrix} J_{11} & J_{12} & J_{13} \\ J_{21} & J_{22} & J_{23} \\ J_{31} & J_{32} & J_{33} \end{bmatrix} = \frac{\partial f}{\partial \boldsymbol{x}_n} - \frac{\partial f}{\partial t_n}\left(\frac{\partial s}{\partial t_n}\right)^{-1}\left(\frac{\partial s}{\partial \boldsymbol{x}_n}\right)\Bigg|_{x_n = X_\text{Q}} \tag{8.47}$$

其中，

$$\frac{\partial f}{\partial \boldsymbol{x}_n} = \boldsymbol{I} + t_n \boldsymbol{A}_1 + (T - t_n)\boldsymbol{A}_2 + \frac{[t_n \boldsymbol{A}_1 + (T - t_n)\boldsymbol{A}_2]^2}{2}, \quad \frac{\partial s}{\partial \boldsymbol{x}_n} = -\boldsymbol{k}\left(\boldsymbol{I} + t_n \boldsymbol{A}_1 + \frac{t_n^2 \boldsymbol{A}_1^2}{2}\right)$$

$$\frac{\partial f}{\partial t_n} = -\boldsymbol{A}_2 v[w\boldsymbol{x}_n + \boldsymbol{A}_1^{-1}(w - \boldsymbol{I})\boldsymbol{B}_1] + v[\boldsymbol{A}_1 w \boldsymbol{x}_n + w\boldsymbol{B}_1] - v\boldsymbol{B}_2, \quad w = \boldsymbol{I} + t_n \boldsymbol{A}_1 + \frac{t_n^2 \boldsymbol{A}_1^2}{2}$$

$$\frac{\partial s}{\partial t_n} = -\boldsymbol{k}\left[\boldsymbol{A}_1\left(\boldsymbol{I} + t_n \boldsymbol{A}_1 + \frac{t_n^2 \boldsymbol{A}_1^2}{2}\right)\boldsymbol{x}_n + \left(\boldsymbol{I} + t_n \boldsymbol{A}_1 + \frac{t_n^2 \boldsymbol{A}_1^2}{2}\right)\boldsymbol{B}_1\right], \quad v = \boldsymbol{I} + (T - t_n)\boldsymbol{A}_2 + \frac{(T - t_n)^2 \boldsymbol{A}_2^2}{2}$$

8.4.2 动力学行为分析

1. 分岔图分析

根据离散迭代映射模型，对带复合输出电容的电流型负载 Buck 变换器的动力学行为进行分析。复合输出电容由两个结构相似的电容支路并联组成，因此，对其中一条支路进行分析即可，下面以电容 C_1 及其 ESR R_C1 为例进行分析。固定电路参数 V_g = 11V，I_ref = 1.2A，I_o = 076A，L = 200μH，T_s = 50μs，R_C2 = 0.3Ω，C_2 = 500μF。选择电容 C_1 为分岔参数，变化范围为 100～2000μF，R_C1 = 0.25Ω。选择 R_C1 为分岔参数，变化范围为 0.001～1Ω，C_1 = 400μF。为了更加全面清晰地观察分岔行为，给出了以 C_1、i_n 和 $v_{\text{C1}n}$ 为坐标轴的三维分岔图及其俯视的二维分岔图，如图 8.26(a)和图 8.26(b)所示；以 R_C1、i_n 和 $v_{\text{C1}n}$ 为坐标轴的三维分岔图及其俯视的二维分岔图，如图 8.26(c)和图 8.26(d)所示。

从图 8.26(a)和图 8.26(b)可以看出，当电容 C_1 = 100μF 时，带复合输出电容的电流型负载 Buck 变换器最初工作在周期 2 的次谐波振荡状态；随着 C_1 的增大，当 C_1 = 245μF 时，变换器从周期 2 轨道进入双环面轨道，即进入具有快慢效应的次谐波振荡状态；直到 C_1 增大至 1450μF 时，快慢效应消失，系统从双环面轨道进入周期 2 轨道，即再次进入周

期 2 次谐波振荡状态。在 C_1 = 245～1450μF 范围内，三维分岔图逐渐由锥面变为柱面，再缓慢变为锥面；二维分岔图呈现出具有快慢效应的次谐波震荡区域。同理，可以分析以 R_{C1} 为分岔参数的分岔图。当 R_{C1} 很小时，带复合输出电容的电流型负载 Buck 变换器工作在周期 2 次谐波振荡状态；随着 R_{C1} 的增大，变换器先从周期 2 轨道进入双环面轨道，再由锥面变为柱面，再变为锥面；直到 R_{C1} 增大至 0.78Ω 左右时，系统从双环面轨道进入周期 2 轨道，快慢效应消失，即再次进入周期 2 次谐波振荡状态。

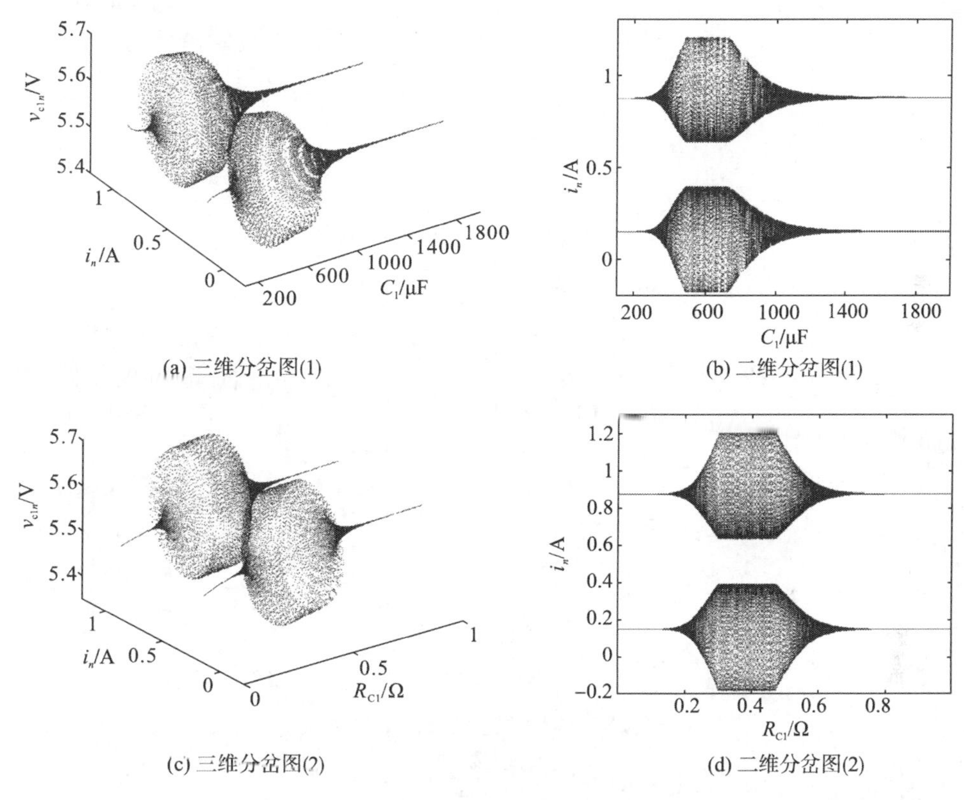

(a) 三维分岔图(1)　(b) 二维分岔图(1)

(c) 三维分岔图(2)　(d) 二维分岔图(2)

图 8.26　分别以 C_1 和 R_{C1} 为分岔参数的分岔图

根据图 8.26 可知，在一定参数下，分别以电容 C_1 和 R_{C1} 为分岔参数时，所得的分岔图变化趋势相同。快慢效应中的低频振荡现象都会随着其中一条支路电容的减小或增大而消失，即电容值较小或较大时，带复合输出电容的电流型负载 Buck 变换器工作在周期 2 的次谐波状态；同一支路电容 ESR 变化时也呈相同规律。

由于同一支路电容及其 ESR 变化趋势相同，选取 R_{C1} 为分岔参数，其他参数与图 8.26 相同，分别改变另一支路电容 C_2 及其 ESR R_{C2}。图 8.27 所示为 C_2 = 200μF 及 C_2 = 800μF 所对应的以 R_{C1} 为分岔参数的分岔图；图 8.28 所示为 R_{C2} = 0.15Ω 及 R_{C2} = 0.5Ω 所对应的以 R_{C1} 为分岔参数的分岔图。对比图 8.26(b)和图 8.27 可知，C_2 = 200μF、C_2 = 500μF 和 C_2 = 800μF 所对应的分岔图趋势相似。与 C_2 = 500μF 对应的分岔图相比，C_2 = 200μF 所对应的分岔图左移，且具有快慢效应的次谐波振荡区域变窄；C_2 = 800μF 所对应的分岔图右移，且具有快慢效应的次谐波振荡区域变宽。对比图 8.26(d)和图 8.28，也以可得到相同的结论。

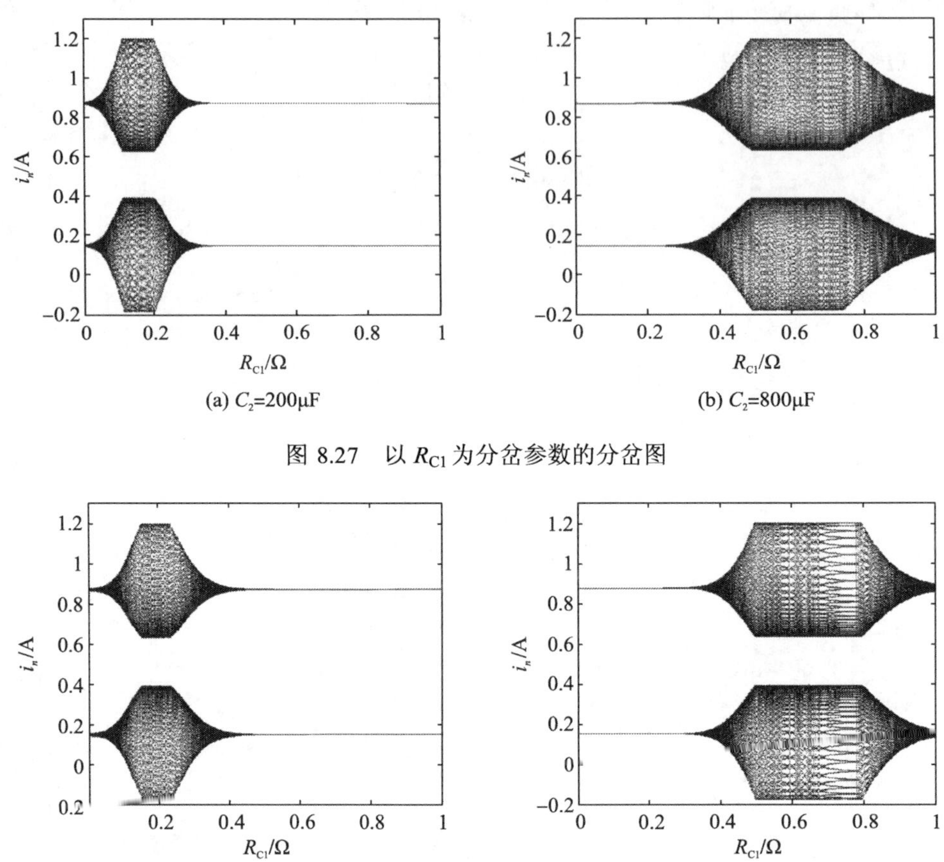

(a) C_2=200μF (b) C_2=800μF

图 8.27 以 R_{C1} 为分岔参数的分岔图

(a) R_{C2}=0.15Ω (b) R_{C2}=0.5Ω

图 8.28 以 R_{C1} 为分岔参数的分岔图

2. 特征值轨迹

根据离散迭代映射模型和雅可比矩阵，可以得到带复合输出电容的电流型负载 Buck 变换器的特征值轨迹，从而分析输出电容及其 ESR 对电路稳定性的影响。此处着重分析电容 C_1 变化时的特征值轨迹，R_{C1} 变化时的结果与电容 C_1 类似，在此不再赘述。

采用与图 8.26 (b) 对应的电路参数，并取 $C_1 = 241\mu\text{F}$，得到周期 1 平衡点的雅可比矩阵如下：

$$\boldsymbol{J} = \begin{bmatrix} -1.0047 & -0.058 & -0.0712 \\ -0.0683 & 0.7163 & 0.2800 \\ -0.0224 & 0.1350 & 0.8634 \end{bmatrix} \tag{8.48}$$

其特征值分别为-1.0076、1.0001 和 0.5825。有一个特征值小于-1 说明该变换器处于周期 2 次谐波振荡状态；此时变换器有两个不动点，存在离散映射 $\boldsymbol{x}_{n+2} = f(f(\boldsymbol{x}_n))$。令 $\boldsymbol{x}_{n+2} = \boldsymbol{x}_n = \boldsymbol{X}_{Q2}$，可以求得不动点 $\boldsymbol{X}_{Q2}$ 及对应的雅可比矩阵，得到 C_1 变化时的特征值，见表 8.3；其特征值轨迹如图 8.29 所示。

表 8.3　C_1 变化时的特征值

C_1 /μF	特征值	共轭根的模	说明
242	0.9889±j0.1394,0.3414	0.9986	周期 2
244	0.9891±j0.1393,0.3433	0.9989	周期 2
244.5	0.9903±j0.1383,0.3437	0.9991	周期 2
244.9	0.9898±j0.1390,0.3441	0.9995	周期 2
245.0	0.9902±j0.1384,0.3441	0.9998	周期 2
245.1	0.9904±j0.1383,0.3442	1.000009	快慢标共存

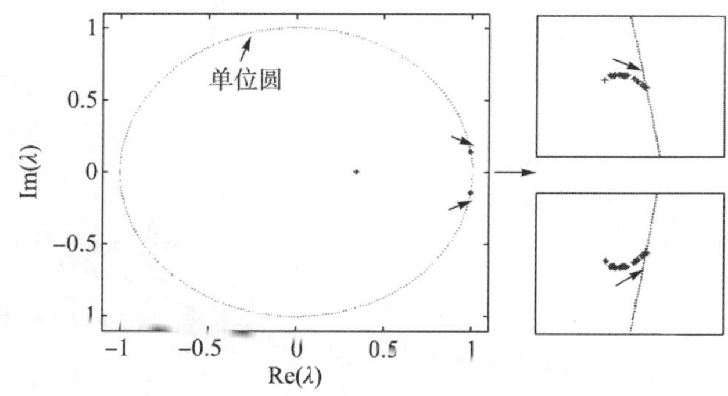

图 8.29　随 C_1 变化的特征值运动轨迹

由表 8.3 和图 8.29 可以看出，随着 C_1 的增大，带复合输出电容的电流型负载 Buck 变换器的 3 个特征值向靠近单位圆的方向运动，在 $C_1 = 245.1\mu F$ 时，一个根位于单位圆内，另一对共轭复根穿出单位圆，说明系统在次谐波振荡的基础上发生 Neimark-Sacker(慢标)分岔，变换器进入具有快慢效应的次谐波振荡状态，与图 8.26 (b)对应的分岔点相符，验证了该模型及分岔图的正确性。

由于恰好穿出单位圆的共轭复根包含该变换器慢标振荡的周期信息，因此有

$$\alpha \pm j\beta = e^{\pm j\omega\tau} \tag{8.49}$$

其中，α 和 β 分别为共轭复根的实部和虚部；ω 为低频振荡频率；$\tau = 2T$。

将表 8.3 中 $C_1 = 245.1\mu F$ 时共轭复根的值带入式(8.49)，可得 $\omega = 1386.74 rad/s$，即低频振荡周期大约为 4.5ms。计算出系统发生慢标分岔时刻的周期值，有助于理论分析带复合输出电容的电流型负载 Buck 变换器的动力学行为。

3. 动力学行为分布

复合输出电容及其对电流型负载 Buck 变换器的工作状态有较大的影响，选择 C_1、C_2、R_{C1} 和 R_{C2} 为电路参数，变化范围为 $C_1 = 100 \sim 2000\mu F$，$R_{C1} = 0.01 \sim 1\Omega$，$C_2 = 100 \sim 2000\mu F$，$R_{C2} = 0.075 \sim 1\Omega$，其他电路参数与图 8.26 所选取的相同，可以得到变换器在双参数 C_1-R_{C1}、C_2-R_{C1}、R_{C1}-R_{C2} 和 C_1-C_2 变化下的动力学行为分布，如图 8.30(a)至图 8.30(d)所示。在图 8.30 中，根据运行轨道所含周期数的大小，使用相应的黑白灰度将该分布图在双参数平面绘出，白色区域代表低周期轨道，黑色或灰度较深代表混沌或周期数较大区域。

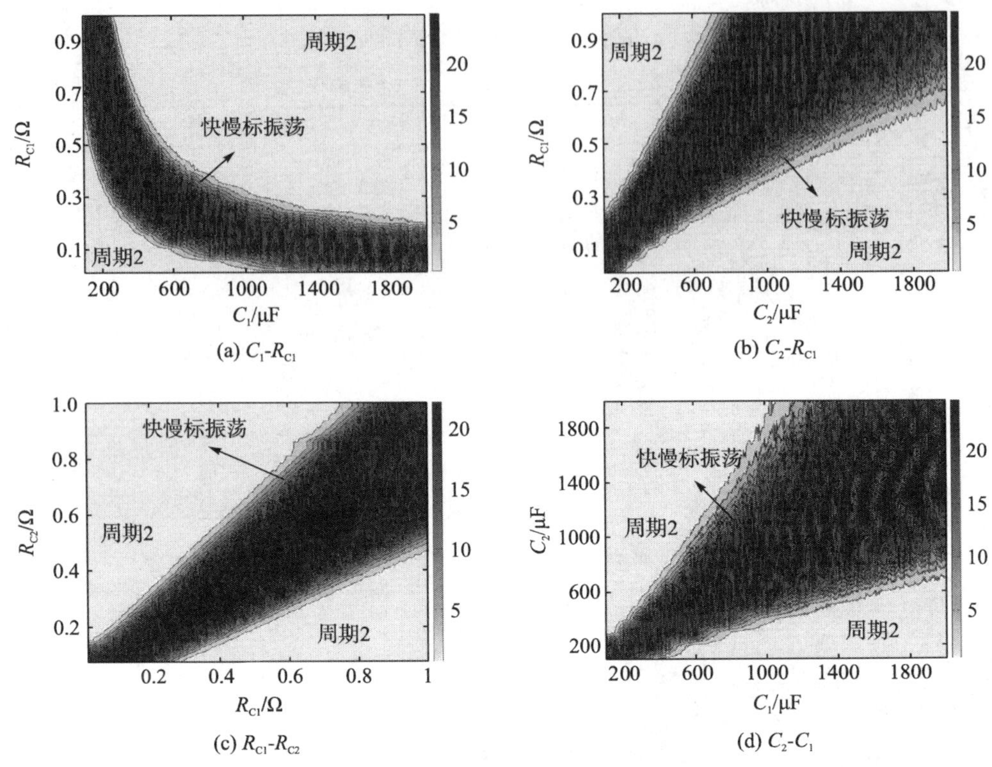

图 8.30 电路参数变化时的动力学行为分布

从图 8.30 中可以观察到，在 C_1-R_{C1}、C_2-R_{C1}、R_{C1}-R_{C2} 和 C_1-C_2 参数空间上，带复合输出电容的电流型负载 Buck 变换器的工作状态区域由两个周期 2 的次谐波振荡区域和一个具有快慢效应的次谐波振荡区域组成。由图 8.30(a)可知，R_{C1} 和 C_1 都较小或较大时，变换器工作于周期 2 的次谐波振荡状态。由图 8.30(b)至图 8.30(d)可知，R_{C1} 和 C_2、R_{C1} 和 R_{C2}、C_1 和 C_2 较小时，变换器工作于较窄的具有快慢效应的次谐波振荡区域；R_{C1} 和 C_2、R_{C1} 和 R_{C2}、C_1 和 C_2 较大时，变换器工作于较宽的具有快慢效应的次谐波振荡区域。同时也以可得到结论：复合输出电容的一条支路的电容值或 ESR 较小(较大)，另一条支路的电容值或 ESR 较大(较小)时，变换器的低频振荡现象被消除，工作于周期 2 的次谐波振荡状态。因此，可以根据图 8.31 合理选择输出电容参数，消除电流型负载开关变换器中存在的低频振荡现象，从而指导变换器的设计。

8.4.3 时域分析与实验验证

对图 8.25 所示的变换器进行时域仿真，分别画出不同电容 C_1 下的电感电流 i_L、输出电压 v_o 的时域波形及相轨图(图 8.31)，从而对比分析该变换器的动力学现象。图 8.31(a)、图 8.31(b)、图 8.31(c)分别给出了 $C_1 = 200\mu F$、$C_1 = 500\mu F$ 和 $C_1 = 1500\mu F$ 时的 i_L、v_o 及 v_o-i_L 相轨图。由图 8.31(a)和图 8.31(c)可以看出，在 $C_1 = 200\mu F$ 和 $C_1 = 1500\mu F$ 时，变换器只出现了次谐波振荡；图 8.31(a)和图 8.31(c)中的相轨图中只包含次谐波振荡轨道曲线，呈现心形封闭曲面。由图 8.31(b)可以看出，当 $C_1 = 500\mu F$ 时，变换器出现次谐波振荡和降频次谐波振荡；图 8.31(b)中的输出电压波形出现次谐波振荡的快慢标效应，其相轨图中包含了次谐波振荡和降频次谐波振荡的轨道曲线，且由它们围城了一个封闭曲面。

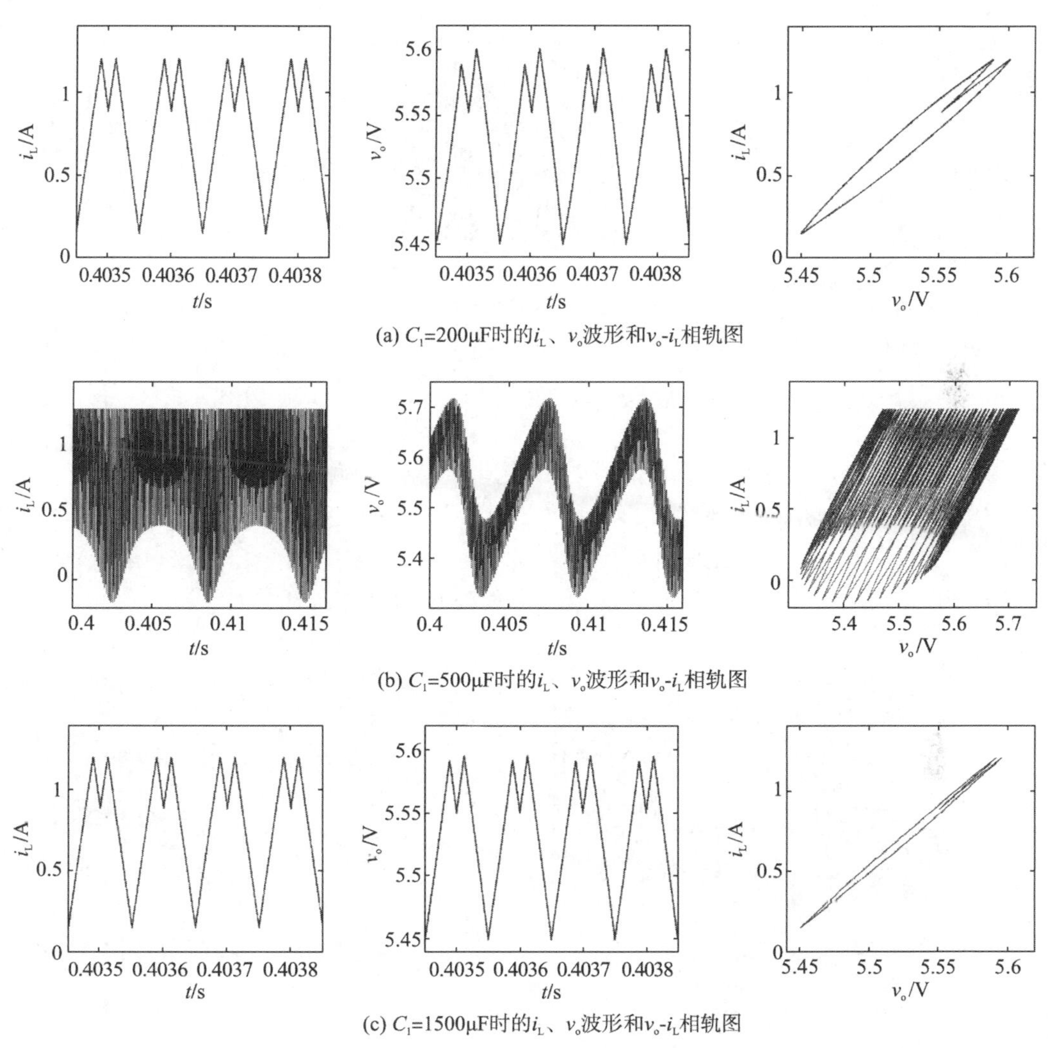

(a) C_1=200μF时的i_L、v_o波形和v_o-i_L相轨图

(b) C_1=500μF时的i_L、v_o波形和v_o-i_L相轨图

(c) C_1=1500μF时的i_L、v_o波形和v_o-i_L相轨图

图 8.31　不同电容 C_1 下的电感电流 i_L、输出电压 v_o 波形和 v_o-i_L 相轨图

对比图 8.31(a)～图 8.31(c)可以看出，电容 C_1 从一个较小值逐渐增大时，带复合输出电容的电流型负载 Buck 变换器首先从次谐波振荡状态逐渐呈现出快慢标共存现象；随着 C_1 的进一步增大，慢标现象逐渐减弱，这是由于输出电压在一定电压范围内随时间演变而呈现的周期性慢速变化受 C_1 的影响而逐渐被减弱，变换器最后工作于次谐波振荡状态。

选取与图 8.26 相同的电路参数进行仿真，得到不同 R_{C1} 下的电感电流 i_L 波形，如图 8.32 所示。对比图 8.32(a)～图 8.32(c)可以看出，在 $R_{C1} = 0.02\Omega$ 时，带复合输出电容的电流型负载 Buck 变换器工作于周期 2 状态；在 $R_{C1}=0.2\Omega$ 时，该变换器同时存在快慢标振荡；在 $R_{C1}=0.9\Omega$ 时，变换器再次进入周期 2 的次谐波振荡状态。其变化趋势与图 8.31 所示的趋势相同。对比图 8.26、图 8.31 及图 8.32 可知，时域仿真结果与离散迭代映射模型的数值仿真结果相一致。

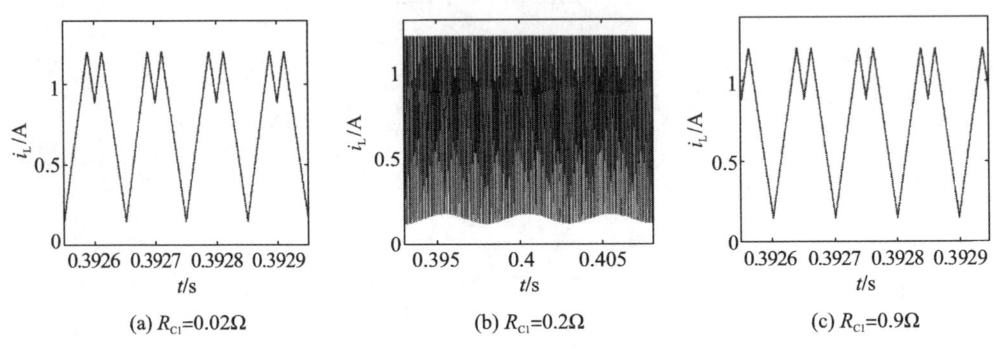

图 8.32 不同等效串联电阻 R_{C1} 下的电感电流 i_L 波形

为了观察慢标分岔时刻的低频振荡周期，选取 $C_1=245.1\mu F$，其他参数与图 8.26 相同，得到的电感电流 i_L 波形如图 8.33 所示。图 8.33 (b) 为图 8.33 (a) 的下端放大波形。从 i_L 的时域波形可以看出，其低频振荡的周期约为 4.5ms，与 8.4.2 节的理论分析结果一致。该结果有利于量化分析带复合输出电容的电流型负载 Buck 变换器的慢标分岔行为。

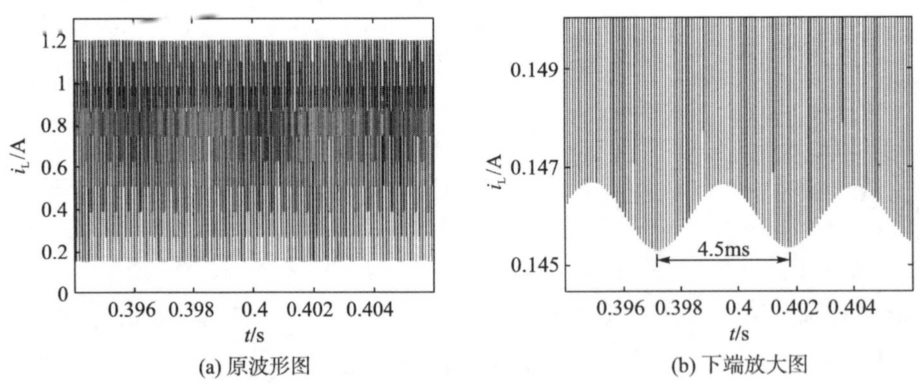

图 8.33 $C_1=245.1\mu F$ 时的电感电流 i_L 波形

为了验证理论分析和时域仿真结果，采用与图 8.26 相同的电路参数进行了实验研究。在实验中，一条输出电容支路由电解电容与可调变阻器串联组成，另一条电容支路由多个陶瓷电容并联后再串联可调变阻器构成，它们共同实现了两条不同类型的输出电容支路并联。当 $R_{C1}=0.25\ \Omega$ 时，C_1 分别为 200、500 和 1500μF 时的电感电流波形如图 8.34 所示。当 $C_1=400\mu F$ 时，R_{C1} 分别为 0.02、0.2 及 0.9Ω 时的电感电流实验波形如图 8.35 所示。

图 8.34 和图 8.35 所示的实验结果表明，随着 C_1 或 R_{C1} 的增大，变换器首先工作在周期 2 状态，而后工作于快慢次谐波振荡状态，最后回到周期 2 状态。对比图 8.26、图 8.31、

图 8.32、图 8.34 和图 8.35 可知，实验结果与理论分析和时域仿真结果一致。

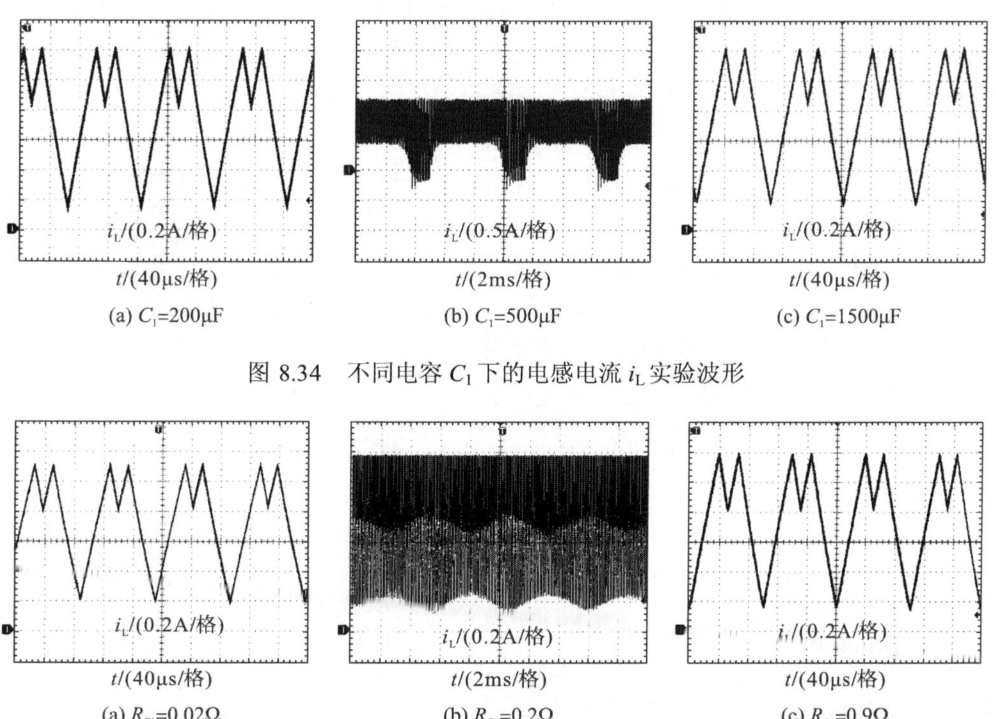

(a) C_1=200μF　(b) C_1=500μF　(c) C_1=1500μF

图 8.34　不同电容 C_1 下的电感电流 i_L 实验波形

(a) R_{C1}=0.02Ω　(b) R_{C1}=0.2Ω　(c) R_{C1}=0.9Ω

图 8.35　不同等效串联电阻 R_{C1} 下的电感电流 i_L 实验波形

8.5　本 章 小 结

本章建立了峰值电流和谷值电流控制电流型负载开关变换器的分段光滑开关模型及离散迭代映射模型，对此类开关变换器的快标分岔、慢标分岔、复杂次谐波振荡、时域波形及相轨图等动力学行为进行了理论分析和实验研究。在此基础上，引入斜坡补偿和电压外环，对峰值电流控制电流型负载开关变换器进行了镇定控制。此外，本章还研究了采用复合输出电容的电流型负载开关变换器的动力学行为。通过研究，得到如下结论：

(1) 电流型负载开关变换器电路具有周期 1、倍周期分岔伴随 Neimark-Sacker 分岔、具有快慢效应的次谐波振荡、混沌路线；在较宽的电路参数范围内，分岔图存在具有快慢效应的次谐波振荡吸引域，相应的庞加莱映射呈现出双环带，电感电流存在由次谐波振荡和降频次谐波振荡组成的“n 形”或“u 形”次谐波振荡，输出电压存在快慢结合的正弦次谐波振荡现象；造成电流型负载开关变换器的复杂次谐波振荡的根本原因在于输出电压的慢标低频振荡。

(2) 电流型负载开关变换器可能存在周期 1、周期 2、CCM 鲁棒混沌和 DCM 阵发混沌 4 种工作状态。斜坡补偿电流既可有效拓宽变换器的稳定工作范围，又可使其工作模式发生转移；适当调节比例系数会拓宽变换器的稳定范围，并且可以消除具有快慢效应的次谐波震荡区域。

(3)输出电容及其 ESR 变化时，电流型负载 Buck 变换器可能工作于周期 2 或具有快慢效应的次谐波振荡状态区域。快慢效应中的低频振荡会随输出电容或其 ESR 的增大(减小)而被消除，同一支路的电容及其 ESR 变化趋势相同；复合输出电容两条支路的电容或其 ESR 较小时，变换器呈现出较窄的快慢效应区域，两条支路的电容或其 ESR 较大时，变换器呈现出较宽的快慢效应区域；复合输出电容中一条支路的电容值或其 ESR 较小(较大)，另一条支路的电容值或其 ESR 较大(较小)，变换器的低频振荡被消除，工作于周期 2。要使变换器工作于周期 1 状态，可引入 8.4 节中的镇定控制方法。

上述结论阐述了电流型负载开关变换器的动力学行为，并揭示了其产生快慢标现象的本质。本章开展电流型负载开关变换器的动力学行为及其产生机理的研究工作，对电流型负载(或电感性负载)开关变换器的设计和工程应用，如 LED 照明电源领域、储能装置的恒流充放电等，具有重要的理论意义和实用价值。

参 考 文 献

[1]Wu X, Tse C K, Dranga O, et al. Fast-scale instability of single stage power-factor-correction power supplies. IEEE Transactions on Circuits and Systems I: Regular Papers, 2006, 53(1): 204-213.

[2]Mazumder S K, Nayfeh A H, Boroyevich D. Theoretical and experimental investigation of the fast- and slow-scale instabilities of a DC-DC converter. IEEE Transactions on Power Electronics, 2001, 16(2): 201-216.

[3]Iu H H C, Tse C K, Pjevalica V, et al. Bifurcation behavior in parallel-connected boost converters. International Journal of Circuit Theory and Applications, 2001, 29(3): 281-298.

[4]Chen Y, Tse C K, Qiu S, et al. Coexisting fast-scale and slow-scale instability in current-mode controlled DC/DC converters: analysis, simulation and experimental results. IEEE Transactions on Circuits and Systems I: Regular Papers, 2008, 55(10): 3335-3348.

[5]Wu C H, Chen C L. High-efficiency current-regulated charge pump for a white LED driver. IEEE Transactions on Circuits and Systems II: Express Briefs, 2009, 56(10): 763-767.

[6]周国华, 许建平, 包伯成, 等. 电流源负载峰值电流控制 Buck 变换器的复杂次谐波振荡现象. 物理学报, 2011, 60(1): 010503.

[7]Zhou G H, Bao B C, Xu J P. Complex dynamics and fast-slow scale instability in current-mode controlled buck converter with constant current load. International Journal of Bifurcation and Chaos, 2013, 23(4): 1350062-1-15.

[8]Parke T S, Chua L O. Practical Numerical Algorithms for Chaotic Systems. Berlin Germany: Springer-Verlag, 1989.

[9]Kuznetsov Y A. Elements of Applied Bifurcation Theory. Berlin Germany: Springer-Verlag, 1996.

[10]周宇飞, 陈军宁. 电流模式控制 Boost 变换器中的切分叉及阵发混沌现象. 中国电机工程学报, 2005, 25(1): 23-26.

[11]Kabe T, Parui S, Torikai H, et al. Analysis of piecewise constant models of current mode controlled DC-DC converters. IEICE Transactions on Fundamentals, 2007, E90-A(2): 448-456.

[12]Zhou G H, Xu J P, Bao B C, et al. Fast-scale and slow-scale subharmonic oscillation of valley current-mode controlled buck converter. Chinese Physics Letters, 2010, 27(9): 090504-1-4.

[13]包伯成, 许建平, 刘中. 具有两个边界的 Boost 变换器分岔行为和斜坡补偿的镇定控制. 物理学报, 2009, 58(5): 2949-2956.

[14]包伯成, 周国华, 许建平, 等. 斜坡补偿电流模式控制开关变换器的动力学建模与分析. 物理学报, 2010, 59(6): 3769-3777.

[15]Leng M R, Zhou G H, Zhang K T, et al. Dynamics and stabilization of peak current-mode controlled buck converter with constant current load. Chinese Physics B, 2015, 24(10): 100504-1-9.

[16]Qian T, Wu W. Analysis of the ramp compensation approaches to improve stability for buck converters with constant on-time control. IET Power Electronics, 2012, 5(2): 196-204.

[17]Li J, Lee F C. Modeling of V^2 current-mode control. IEEE Transactions on Circuits and Systems I: Regular Papers, 2010, 57(9): 2552-2563.

[18]Wang J P, Xu J P, Bao B C. Analysis of pulse bursting phenomenon in constant on-time controlled buck converter. IEEE Transactions on Industrial Electronics, 2011, 58(12): 5406-5410.

[19]Leng M R, Zhou G H, Liu X T, et al. Dynamical effects of composite output capacitors on current-mode controlled buck converter with constant current load. IET Power Electronics, 2017, 10(4): 490-498.

第 9 章　离散脉冲调制开关变换器的动力学行为

按照调制过程中脉冲宽度或脉冲频率是否可以连续变化，可将开关变换器的调制技术分为连续脉冲调制和离散脉冲调制。连续脉冲调制是指控制脉冲信号的宽度或频率可以通过调制方式连续改变。离散脉冲调制是指按照调制要求，选择一定规律的离散脉冲进行组合，输出期望的控制脉冲信号。前述章节讨论的是连续脉冲调制开关变换器的动力学行为，本章将讨论离散脉冲调制开关变换器的动力学行为。

开关变换器的离散脉冲调制是近年来提出的一种非线性调制策略，它不需要误差放大器和外部补偿电路，具有实现简单、稳定性好、瞬态响应速度快、电磁干扰噪声小及轻载效率高等突出优点。离散脉冲调制包括脉冲序列调制[1-4]、脉冲跨周期调制[5, 6]、双频率调制[7, 8]、多频率调制[9]等。

脉冲序列调制(也有文献称为脉冲序列控制)是针对 DCM 开关变换器提出来的，通过调整两组预先设置的具有相同开关频率、不同占空比的控制脉冲的组合方式来实现开关变换器输出电压的调节，其本质是开关变换器的输入能量控制[1-4]。脉冲跨周期调制通过调整预先设置的一组固定开关频率、固定占空比的控制脉冲和一组空白控制脉冲的组合方式来实现开关变换器输出电压的调节[5, 6, 10]，是一种特殊的脉冲序列调制。轻载工作时，脉冲跨周期调制通过减少开关变换器的开关动作次数，提高开关变换器效率。双频率调制通过调整两组预先设置的具有相同导通时间、不同开关频率的控制脉冲的组合方式来实现变换器输出电压的调节[7, 8, 11]。多频率调制是在双频率调制的基础上发展起来的新颖调制，具有比双频率调制更快的瞬态响应和更高的输出电压调节精度[9, 12]。

本章首先研究脉冲序列调制开关变换器低频振荡现象产生的机理和抑制方法；其次分析脉冲跨周期调制开关变换器的低频振荡机理，并详细研究输出电容 ESR 对低频振荡的影响；然后建立双频率调制开关变换器的动力学模型，分析其多周期行为；最后建立多频率调制开关变换器的一维离散迭代映射模型，研究其自相似和混频现象。

9.1　脉冲序列调制开关变换器

9.1.1　工作原理

以 Buck 变换器为例，图 9.1 给出了脉冲序列调制开关变换器的电路原理图及 DCM 工作波形示意图。高功率控制脉冲 P_H 和低功率控制脉冲 P_L 的占空比分别为 D_H 和 D_L ($D_H>D_L$)，它们具有相同的开关周期 T。在一个开关周期内，DCM 开关变换器的电感储能为零，输入能量全部传递到负载和输出电容。在开关周期开始时刻，当采样的输出电压 v_o 高于参考电压 V_{ref} 时，选择低功率控制脉冲 P_L，v_o 下降；反之，当 $v_o < V_{ref}$ 时，选择高

功率控制脉冲 P_H，v_o 上升[1-3]。当脉冲序列调制开关变换器工作于稳态时，多个 P_H 和 P_L 构成一个脉冲序列，这个脉冲序列持续的时间称为脉冲序列循环周期。在脉冲序列循环周期内输入能量和输出能量达到动态平衡，输出电压维持恒定。

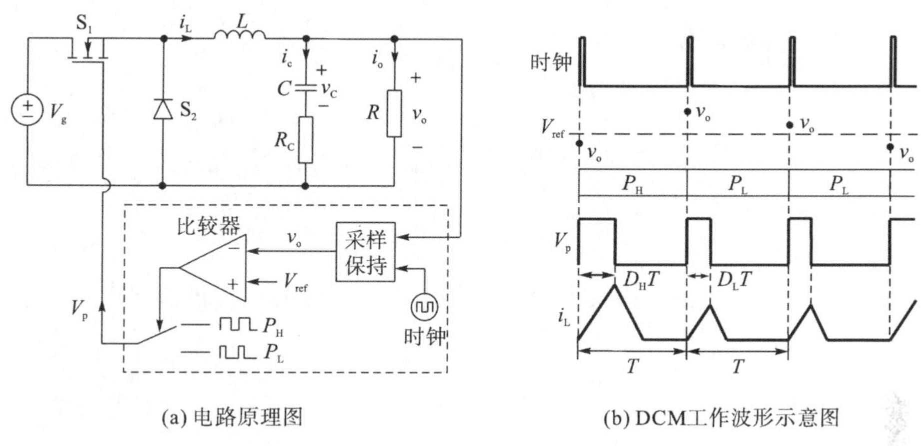

(a) 电路原理图　　(b) DCM工作波形示意图

图 9.1　脉冲序列调制开关变换器

9.1.2　低频振荡现象产生机理及其抑制

图 9.2 所示为脉冲序列调制 CCM Buck 变换器在一个开关周期内的电感电流及输出电压示意图，其中 I_o 为输出电流平均值。开关管 S_1 导通期间，电感电流以 $(V_g - V_o)/L$ 的斜率线性上升；S_1 关断期间，电感电流以 V_o/L 的斜率线性下降，其中 V_o 为输出电压平均值。当电感电流 i_L 大于负载电流 i_o 时，i_L 在给负载供电的同时，多余的电感电流 $(i_L - i_o)$ 给电容充电，输出电压上升；反之，i_L 小于 i_o 时，i_L 全部提供给负载，负载所需电流的不足部分 $(i_o - i_L)$ 由电容放电电流 $-i_C$ 补充，输出电压下降。

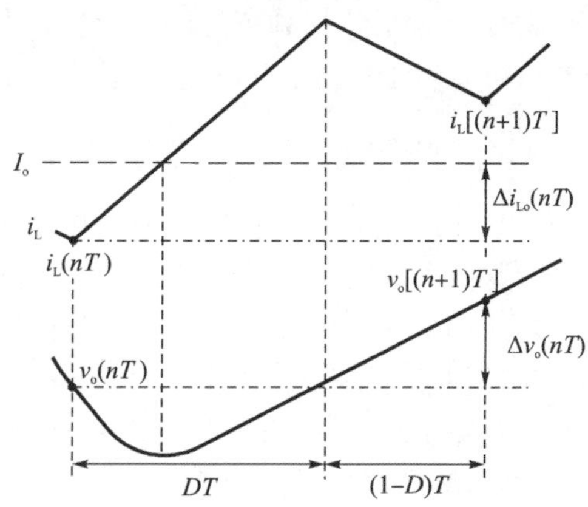

图 9.2　控制脉冲周期内电感电流及输出电压波形示意图

在一个开关周期内，电感电流变化量为

$$\Delta i_{\mathrm{L}}=\begin{cases}\dfrac{V_{\mathrm{g}}D_{\mathrm{H}}-V_{\mathrm{o}}}{L}T\\[2ex]\dfrac{V_{\mathrm{g}}D_{\mathrm{L}}-V_{\mathrm{o}}}{L}T\end{cases}\tag{9.1}$$

其中，D_{H} 和 D_{L} 分别是高功率控制脉冲 P_{H} 和低功率控制脉冲 P_{L} 对应的占空比，它们满足

$$D_{\mathrm{H}}>\frac{V_{\mathrm{o}}}{V_{\mathrm{g}}}>D_{\mathrm{L}}\tag{9.2}$$

由式(9.1)和式(9.2)可得 P_{H} 和 P_{L} 工作时，脉冲序列调制 CCM Buck 变换器的电感电流变化量 $\Delta i_{\mathrm{L}}^{\mathrm{H}}$ 和 $\Delta i_{\mathrm{L}}^{\mathrm{L}}$ 分别满足：

$$\Delta i_{\mathrm{L}}^{\mathrm{H}}>0\ ,\ \Delta i_{\mathrm{L}}^{\mathrm{L}}<0\tag{9.3}$$

由图 9.1(a)可知，Buck 变换器的电感电流 i_{L} 与负载电流 i_{o} 之间满足如下关系：

$$i_{\mathrm{L}}=i_{\mathrm{C}}+i_{\mathrm{o}}=C\frac{\mathrm{d}v_{\mathrm{C}}}{\mathrm{d}t}+i_{\mathrm{o}}\tag{9.4}$$

其中，v_{C} 为输出电容电压的瞬时值。

1. 低频振荡现象产生机理

如图 9.2 所示，当输出电容的 ESR 值 $R_{\mathrm{C}}=0$ 时，由式(9.4)可得一个开关周期内输出电压(电容电压)的变化量：

$$\Delta v_{\mathrm{o}}(nT)=\frac{1}{C}\int_{nT}^{(n+1)T}(i_{\mathrm{L}}-i_{\mathrm{o}})\mathrm{d}t=A+\frac{\Delta i_{\mathrm{Lo}}(nT)T}{C}\tag{9.5}$$

其中，$A=[(V_{\mathrm{g}}D-V_{\mathrm{o}})+V_{\mathrm{g}}D(1-D)]\dfrac{T^2}{2LC}$；$\Delta i_{\mathrm{Lo}}(nT)=i_{\mathrm{L}}(nT)-i_{\mathrm{o}}$，$i_{\mathrm{L}}(nT)$ 为第 n 个开关周期开始时的电感电流。

从式(9.5)可以看出，在第 n 个开关周期，输出电压变化量不仅与占空比 D 有关，还与电感电流值 $i_{\mathrm{L}}(nT)$ 与负载电流 i_{o} 的差值 $\Delta i_{\mathrm{Lo}}(nT)$ 密切相关。

由于开关变换器的开关频率远大于特征频率，即 $T^2\ll LC$，因此对于脉冲序列调制 CCM Buck 变换器，由式(9.5)可得输出电压变化量近似为

$$\Delta v_{\mathrm{o}}(nT)\approx\frac{\Delta i_{\mathrm{Lo}}(nT)T}{C}\tag{9.6}$$

从式(9.6)可以看出，在一个开关周期内输出电压的变化量主要由 $\Delta i_{\mathrm{Lo}}(nT)$ 决定，与控制脉冲的类型(P_{H} 或 P_{L})无关，$\Delta i_{\mathrm{Lo}}(nT)>0$ 时输出电压上升，反之输出电压下降。

由脉冲序列调制开关变换器的工作原理可知，在开关周期开始时刻，如果 $v_{\mathrm{o}}(nT)<V_{\mathrm{ref}}$，则脉冲序列调制器选择 P_{H} 工作，即 $\Delta i_{\mathrm{L}}^{\mathrm{H}}>0$，$i_{\mathrm{L}}$ 上升，此时如果 $\Delta i_{\mathrm{Lo}}(nT)<0$，则 $\Delta v_{\mathrm{o}}(nT)<0$，输出电压下降，将更小于 V_{ref}；在下一个开关周期开始时刻，脉冲序列调制器将继续选择 P_{H}，输出电压越来越小于 V_{ref}，i_{L} 持续上升，直到 i_{L} 上升到满足 $\Delta i_{\mathrm{Lo}}(nT)>0$，输出电压才开始上升；当输出电压上升到高于 V_{ref} 时，则脉冲序列调制器才开始选择 P_{L} 工作。类似地，在开关周期开始时刻，如果 $v_{\mathrm{o}}(nT)>V_{\mathrm{ref}}$，则脉冲序列调制器选择 P_{L} 工作，即 $\Delta i_{\mathrm{L}}^{\mathrm{L}}<0$，$i_{\mathrm{L}}$ 下降，此时如果 $\Delta i_{\mathrm{Lo}}(nT)>0$，则 $\Delta v_{\mathrm{o}}(nT)>0$，输出电压上升，将更大于 V_{ref}，脉冲序列调制器将一直选择 P_{L} 工作，直到 i_{L} 下降到满足 $\Delta i_{\mathrm{Lo}}(nT)<0$，输出电

压才开始下降；当输出电压下降到低于 V_{ref} 时，才开始选择 P_{H} 工作，以此循环。

尽管脉冲序列调制 CCM 开关变换器与脉冲序列调制 DCM 开关变换器具有相同的控制规律，但是脉冲序列调制 CCM 开关变换器输出电压的上升与下降不仅与控制脉冲类型有关，而且与电感电流有关。因此，输出电压的上升、下降不能根据控制脉冲的类型及时调整，导致出现低频振荡现象。而对于脉冲序列调制 DCM 开关变换器，其输出电压的上升、下降仅与控制脉冲类型有关，与电感电流无关[1-4]；输出电压的上升、下降能够根据控制脉冲的类型及时调整，因而不存在由于调整不及时造成的低频振荡现象。

图 9.3 所示为 $R_{\text{C}} = 0$ 时，脉冲序列调制 CCM 开关变换器的稳态输出电压及电感电流波形示意图。在一个脉冲序列循环周期内，脉冲序列调制器连续采用 μ_{H} 个 P_{H} 和 μ_{L} 个 P_{L} 工作，输出电压出现波动频率为 $f_{\text{M}} = 1/T_{\text{M}}$ 的低频振荡现象，其中 $T_{\text{M}} = (\mu_{\text{H}} + \mu_{\text{L}})T$ 为脉冲序列循环周期。

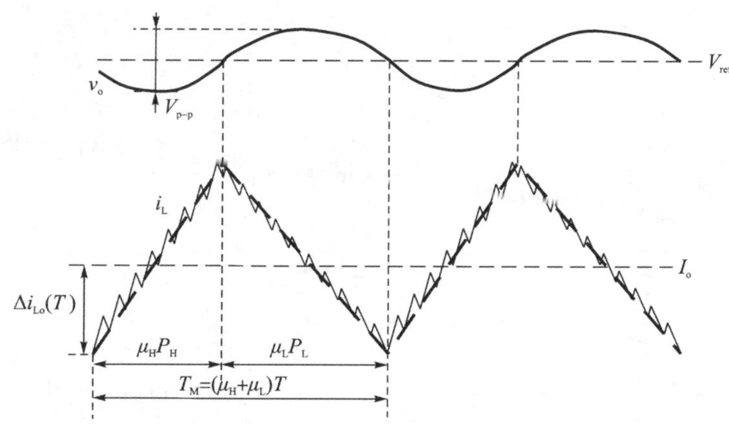

图 9.3　脉冲序列调制 CCM 开关变换器的稳态输出电压及电感电流波形示意图

稳态时，脉冲序列调制 CCM 开关变换器的输出电压在一个脉冲序列循环周期内变化为零，即

$$\sum_{i=1}^{\mu_{\text{H}}} \Delta v_{\text{o,H}}(iT) + \sum_{j=1}^{\mu_{\text{L}}} \Delta v_{\text{o,L}}(jT) = 0 \tag{9.7}$$

其中，$\Delta v_{\text{o,H}}(iT)$ 和 $\Delta v_{\text{o,L}}(jT)$ 分别为第 i 个 P_{H} 和第 j 个 P_{L} 对应的输出电压变化量。

当低频振荡产生时，在一个脉冲序列循环周期内输出电压的低频振荡幅值 $V_{\text{p-p}}$ 可由下式确定：

$$V_{\text{p-p}} \approx \frac{|\Delta i_{\text{Lo}}(T)| T_{\text{M}}}{4C} \tag{9.8}$$

2. 低频振荡现象抑制

当存在输出电容 ESR 时，一个开关周期内输出电压的变化量由输出电容及其 ESR 上的电压变化量决定，输出电压变化量为

$$\Delta v_{\text{o}}(nT) = \frac{1}{C}\int_{nT}^{(n+1)T} (i_{\text{L}} - i_{\text{o}})\text{d}t + R_{\text{C}}\Delta i_{\text{L}} = A + \frac{\Delta i_{\text{Lo}}(nT)T}{C} + \Delta i_{\text{L}} R_{\text{C}} \tag{9.9}$$

在式(9.9)中，当 R_{C} 足够大，输出电压的变化量主要由输出电容 ESR 上的电压变化量

决定时，输出电压在一个控制脉冲周期内的变化量可以简化为

$$\Delta v_{o}(nT) \approx \Delta i_{L} R_{C} \tag{9.10}$$

由式(9.3)可知，对于脉冲序列调制 CCM Buck 变换器，当脉冲序列调制器选择 P_H 工作时，i_L 上升；当脉冲序列调制器选择 P_L 工作时，i_L 下降。因此，由式(9.10)可得

$$\Delta v_{o,H}(nT) > 0, \Delta v_{o,L}(nT) < 0 \tag{9.11}$$

式(9.11)表明，当输出电容 ESR 足够大时，对于脉冲序列调制 CCM Buck 变换器，高功率控制脉冲对应的 $\Delta v_{o,H}(nT) > 0$，输出电压上升；低功率控制脉冲对应的 $\Delta v_{o,L}(nT) < 0$，输出电压下降。此时，脉冲序列调制 CCM Buck 变换器具有与脉冲序列调制 DCM Buck 变换器一致的控制效果，即输出电压上升或下降仅与控制脉冲的类型有关，而与 $\Delta i_{Lo}(nT)$ 的大小无关，消除了输出电压上升或下降对电感电流和负载电流大小关系的依赖，使脉冲序列调制 CCM Buck 变换器的输出电压能够得到及时调整，抑制了低频振荡现象的产生。

式(9.11)是抑制脉冲序列调制 CCM Buck 变换器低频振荡现象的充分条件，只需要选择适当的 R_C，使式(9.11)成立，即可抑制低频振荡。尽管较大的 R_C 可以抑制脉冲序列调制 CCM Buck 变换器的低频振荡，但增大 R_C 的同时也增大了输出电压纹波。因此，在设计脉冲序列调制 CCM Buck 变换器时，需要选择适当的输出电容 ESR，在抑制低频振荡的同时，获得尽量小的输出电压纹波。

9.1.3 实验验证

为了验证理论分析的正确性，搭建了脉冲序列调制 CCM Buck 变换器的实验电路，参数如下：输入电压 $V_g = 16\text{V}$，参考电压 $V_{ref} = 6\text{V}$，电感 $L = 206\mu\text{H}$，输出电容 $C = 470\mu\text{F}$，负载电阻 $R = 1\Omega$，开关周期 $T = 20\mu\text{s}$，高功率控制脉冲占空比 $D_H = 0.5$，低功率控制脉冲占空比 $D_L = 0.3$。

图 9.4(a)、图 9.4(b)所示分别为 $R_C = 5\text{m}\Omega$ 和 $R_C = 74\text{m}\Omega$ 时，脉冲序列调制 CCM Buck 变换器的输出电压纹波及电感电流实验波形[3]。从图 9.4 可以看出，当 $R_C = 5\text{m}\Omega$ 时，脉冲序列调制 CCM Buck 变换器出现低频振荡现象；而当 $R_C = 74\text{m}\Omega$ 时，低频振荡现象消失。图 9.4 所示的实验结果表明，当输出电容 ESR 较小时，脉冲序列调制 CCM Buck 变换器将出现低频振荡现象；ESR 较大时，抑制了低频振荡现象的产生，验证了理论分析的正确性。

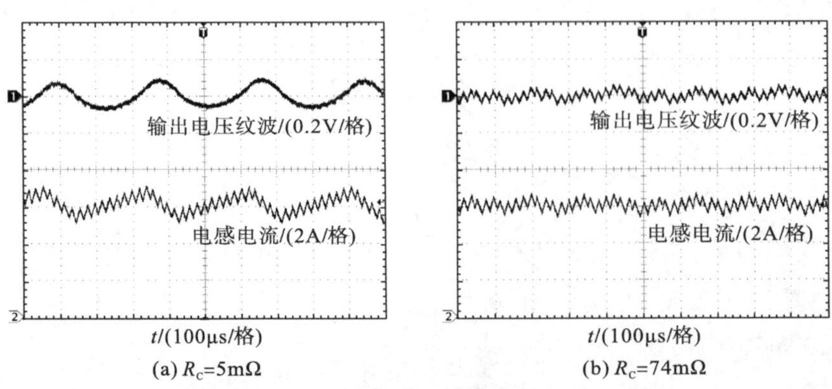

图 9.4 脉冲序列调制 CCM Buck 变换器的输出电压纹波及电感电流实验波形

9.2　脉冲跨周期调制开关变换器

9.2.1　工作原理

以 Buck 变换器为例，图 9.5(a)给出了脉冲跨周期调制开关变换器的电路原理图。在时钟起始时刻，采样输出电压 v_o 并与参考电压 V_{ref} 比较，若 $v_o \leqslant V_{ref}$，则在该时钟周期内，选择高功率控制脉冲 P_H，开关管的导通时间为 $t_{on}(n) = DT$；反之，则在该时钟周期内选择空白功率脉冲 P_0，开关管完全关断，即 $t_{on}(n) = 0$。$t_{on}(n) = DT$ 与 $t_{on}(n) = 0$ 的时钟周期分别称为有效时钟周期和跨越时钟周期。

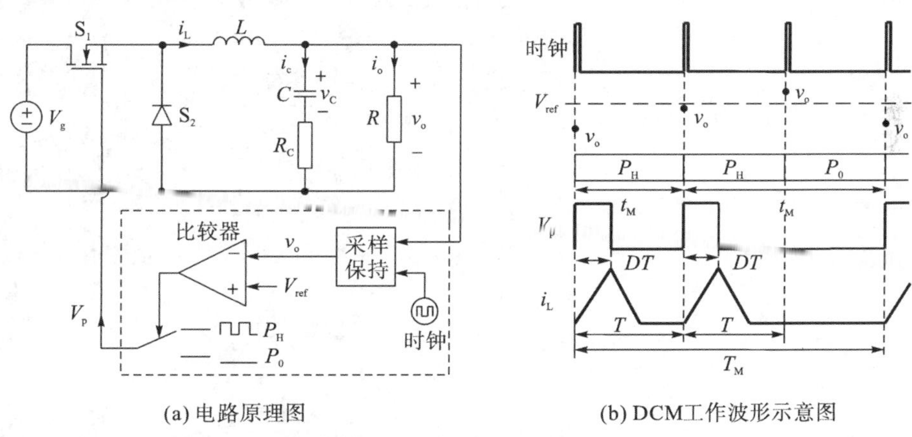

(a) 电路原理图　　(b) DCM工作波形示意图

图 9.5　脉冲跨周期调制开关变换器

图 9.5(b)所示为脉冲跨周期调制 DCM Buck 变换器的稳态工作波形，开关管在 P_H 脉冲起始时刻导通，因此，开关管完成一次开关动作的时间等于 P_H 脉冲起始时刻到下一个 P_H 脉冲起始时刻之间的时间间隔。用 t_M 表示开关动作时间，用 m 表示 t_M 时间内的 P_0 脉冲数，则 $t_M = (1 + m)T$。稳态工作时，P_H 和 P_0 脉冲组成一个脉冲循环周期 T_M，电感电流值在 T_M 起始与结束时刻相等。分别用 N_{on} 和 N_{off} 表示脉冲循环周期 T_M 内有效时钟周期与跨越时钟周期的个数，则 $T_M = (N_{on} + N_{off})T$。用 Δi_L 表示电感电流变化量，则第 n 个时钟周期内有

$$\Delta i_L(T) = \frac{(V_g - V_o)DT}{L} - \frac{V_o(1-D)T}{L} = \frac{V_g DT - V_o T}{L} \tag{9.12}$$

由式(9.12)，根据能量守恒定律，在一个脉冲循环周期 T_M 内存在：

$$N_{on}\frac{V_g DT - V_o T}{L} = N_{off}\frac{V_o}{L}T \tag{9.13}$$

其中，V_o 为输出电压平均值。

传统 PWM 调制开关变换器的开关动作时间以时钟周期为基准，当开关动作时间为多个时钟周期时，表明开关变换器产生降频，存在低频振荡。而脉冲跨周期调制 CCM Buck 变换器可以等效为导通时间为 DT，等效开关周期为 $T_e = (1 + N_{off}/N_{on})T$ 的 PWM 调制 CCM

Buck 变换器。因此，应以等效开关周期 $T_e = (1 + N_{off}/N_{on})T$ 为基准，判断脉冲跨周期调制 CCM Buck 变换器是否存在低频振荡。当等效开关周期 T_e 中的 N_{off}/N_{on} 等于整数时，$t_M = T_e$，此时不存在低频振荡；而当 N_{off}/N_{on} 为非整数时，存在 $t_M > T_e$ 和 $t_M < T_e$ 的两个开关动作时间。当 $|t_M - T_e| < T$ 时，开关动作时间 t_M 与等效开关周期 T_e 差值最小，此时不存在低频振荡；而当 $|t_M - T_e| > T$ 时，存在低频振荡[10]。

9.2.2 低频振荡机理分析

图 9.6(a)、图 9.6(b)所示分别为工作于 DCM 和 CCM 的脉冲跨周期调制 Buck 变换器的电感电流 i_L 及输出电压 v_o 变化示意图。图中，$i_{LP}(n)$ 表示第 n 个时钟周期内电感电流值峰值；$i_L(n)$ 表示第 n 个时钟周期结束时刻电感电流值；Δv_o 表示输出电压变化量。开关管导通期间，i_L 线性上升；开关管关断期间，i_L 线性下降。当 $i_L > i_o$ 时，i_L 给负载供电，同时给电容充电，输出电压上升；反之，当 $i_L < i_o$ 时，i_L 全部提供给负载，负载所需电流的不足部分由电容放电补充，输出电压下降。

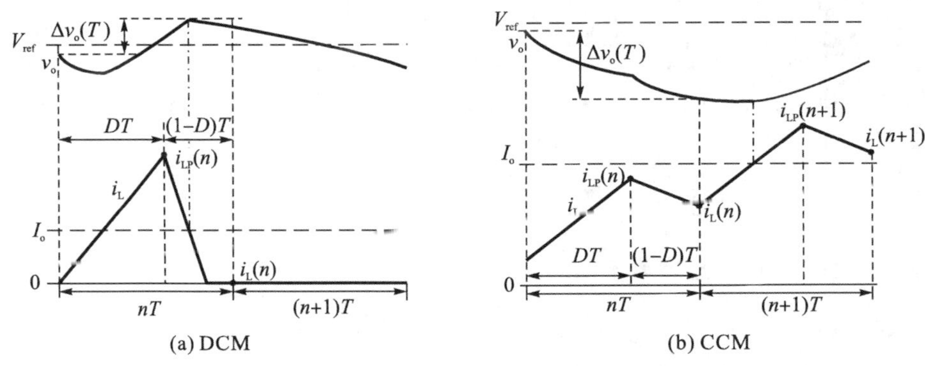

(a) DCM　　(b) CCM

图 9.6　脉冲跨周期调制 Buck 变换器电感电流波形

不考虑输出电容 ESR，Buck 变换器电感电流 i_L 与电容电流 i_C、负载电流 i_o 之间的关系满足：

$$i_L = i_C + i_o = C\frac{dv_C}{dt} + i_o \tag{9.14}$$

如图 9.6(a)所示，当变换器工作于 DCM 时，有效时钟周期内电感电流峰值 $i_{LP}(n)$ 等于恒定值 $DT(V_g - V_o)L/2$，电感电流从 $i_{LP}(n)$ 下降到零的时间为 $i_{LP}(n)L/V_o$，有效时钟周期内平均输入电流 I_{in}^H 为

$$I_{in}^H = \frac{D^2T(V_g - V_o)}{2L}$$

结合式(9.14)可求得有效时钟周期内输出电压变化量为

$$\begin{aligned}\Delta v_o(T) &= \frac{1}{C}\int_0^T (i_L - i_o)dt \\ &= \frac{1}{C}\int_0^{DT}\left[i_{LP}(n) + \frac{V_g - V_o}{L}(t - DT)\right]dt + \frac{1}{C}\int_{DT}^{DT+\frac{i_{LP}(n)L}{V_o}}\left[i_{LP}(n) - \frac{V_o}{L}(t - DT)\right]dt - \frac{I_o}{C}T\end{aligned} \tag{9.15}$$

其中，I_o 为输出电流平均值。

化简式(9.15)可得

$$\Delta v_o(T)=\frac{V_g(V_g-V_o)}{2LCV_o}D^2T^2-\frac{I_o}{C}T \tag{9.16}$$

脉冲跨周期调制 DCM Buck 变换器采用控制脉冲 P_H 工作时，需满足 $V_g I_{in}^H > V_o I_o$[13]，即

$$\frac{V_g(V_g-V_o)D^2T^2}{2LV_oT}>I_o \tag{9.17}$$

恒成立，代入式(9.16)可得$\Delta v_o(T) > 0$。因此，有效时钟周期内输出电压必定上升。而在跨越时钟周期，开关管关断，电感电流为零，输出电压变化量为$-I_oT/C < 0$，输出电压必定下降。

如图 9.5(a)所示，当变换器工作于 CCM 时，$i_{LP}(n)$随时钟周期改变而变化，在有效时钟周期内有

$$\begin{aligned}\Delta v_o(T)&=\frac{1}{C}\int_0^{DT}\left[i_{LP}(n)+\frac{V_g-V_o}{L}(t-DT)\right]\mathrm{d}t+\frac{1}{C}\int_{DT}^{T}\left[i_{LP}(n)+\frac{V_g-2V_o}{L}(t-DT)\right]\mathrm{d}t-\frac{I_o}{C}T\\&=\frac{2V_oDT^2-V_oT^2-V_gD^2T^2}{2LC}+\frac{i_{LP}(n)-I_o}{C}T\end{aligned} \tag{9.18}$$

在跨越时钟周期内，输出电压变化量为

$$\Delta v_o(T)=\frac{V_oT}{2LC}+\frac{i_L(n)-I_o}{C}T \tag{9.19}$$

由式(9.18)可知，对于脉冲跨周期调制 CCM Buck 变换器，在有效时钟周期内，输出电压变化量不仅与预先设定的电路参数有关，还与 $i_{LP}(n)$与 I_o的差值有关。假设第 n 个时钟周期起始时刻 $v_o< V_{ref}$，则第 n 个时钟周期为有效时钟周期，此时若 $i_{LP}(n)< I_o$，则 v_o不是上升而是下降，导致 v_o进一步偏离 V_{ref}，如图 9.5(b)所示。由式(9.19)可知，若跨越时钟周期结束时刻，$i_L(n) > I_o$，则 v_o不是下降而是上升，即当变换器工作于 CCM 时，电感电流峰值不固定，时钟周期内输出电压变化量不仅由控制脉冲形式决定，还与 $i_L(n)$与 I_o之间的差值有关。

综合以上分析可知，当变换器工作于 DCM 时，输出电压变化量由控制脉冲形式唯一确定。在有效时钟周期内，P_H 脉冲作用下，输出电压必定上升；在跨越时钟周期内，P_0脉冲作用下，输出电压必定下降。因此可以通过改变控制脉冲调节输出电压。而当变换器工作于 CCM 时，无法直接通过改变控制脉冲调节输出电压，即无法保证在 P_H 脉冲作用下，输出电压上升，在 P_0 脉冲作用下，输出电压下降，这是导致脉冲跨周期调制 CCM Buck 变换器产生低频振荡现象的根本原因。

9.2.3　输出电容 ESR 对低频振荡的影响

当输出电容存在 ESR 时，电容电流将在 ESR 上产生电压纹波。由式(9.12)可知，在有效时钟周期内电感电流增大，在跨越时钟周期内电感电流减小。当输出电容 ESR 值为

零时，输出电压纹波由电容电压决定，输出电压滞后于电感电流 90°。增大 ESR 后，输出电压与电感电流之间的相位差将发生改变，从而影响开关变换器的控制特性。用 R_C 表示输出电容 ESR，则时钟周期内 ESR 上的电压变化量为 $R_C\Delta i_L(T)$。考虑 ESR 时，时钟周期 T 内，脉冲跨周期调制 CCM Buck 变换器输出电压变化量 $\Delta v_o(T)$ 可以表示为

$$\Delta v_o(T)=\frac{1}{C}\int_0^T(i_L-i_o)\,dt+R_C\Delta i_L(T) \tag{9.20}$$

综合式(9.18)与式(9.19)，可得第 n 个时钟周期内，输出电压变化量可以表示为

$$\Delta v_o(nT)=\frac{2V_oTt_{on}(n)-V_oT^2-V_gt_{on}{}^2(n)}{2LC}+\frac{i_{LP}(n)-I_o}{C}T+\frac{V_gt_{on}(n)-V_oT}{L}R_C \tag{9.21}$$

用 $v_o(n)$ 和 $i_L(n)$ 分别表示第 n 个时钟周期结束时刻的输出电压和电感电流，结合式(9.12)与式(9.20)，$v_o(n+1)$、$i_L(n+1)$ 可以分别表示为

$$\begin{aligned}v_o(n+1)&=\left(1-\frac{T^2}{2LC}+\frac{TR_C}{L}-\frac{T}{RC}\right)v_o(n)+\frac{T}{C}i_L(n)+\frac{2t_{on}(n)T-t_{on}^2(n)+2CR_CV_gt_{on}(n)}{2LC}\\ i_L(n+1)&=-\frac{T}{L}v_o(n)+i_L(n)+\frac{V_gt_{on}(n)}{L}\end{aligned} \tag{9.22}$$

式中，$I_o=V_o/R$。

结合式(9.22)，可得到脉冲跨周期调制 CCM Buck 变换器输出电压与电感电流的同步开关映射模型为

$$\boldsymbol{x}_{n+1}=\begin{cases}\boldsymbol{Ax}_n+\boldsymbol{B} & v_o(n)\leqslant V_{ref}\\ \boldsymbol{Ax}_n & v_o(n)>V_{ref}\end{cases} \tag{9.23}$$

其中，

$$\boldsymbol{x}_{n+1}=\begin{bmatrix}v_o(n+1)\\ i_L(n+1)\end{bmatrix},\quad \boldsymbol{x}_n=\begin{bmatrix}v_o(n)\\ i_L(n)\end{bmatrix}$$

$$\boldsymbol{A}=\begin{bmatrix}1-\dfrac{T^2}{2LC}+\dfrac{TR_C}{L}-\dfrac{T}{RC} & \dfrac{T}{C}\\ -\dfrac{T}{L} & 1\end{bmatrix},\quad \boldsymbol{B}=\begin{bmatrix}\dfrac{DT^2(2-D)}{2LC}+\dfrac{R_CV_gDT}{2L}\\ \dfrac{V_gDT}{L}\end{bmatrix}$$

搭建脉冲跨周期调制 Buck 变换器仿真电路，仿真电路参数如下：输入电压 $V_g=18\text{V}$，参考电压 $V_{ref}=4.5\text{V}$，电感 $L=100\mu\text{H}$，输出电容 $C=270\mu\text{F}$，负载电阻 $R=1\Omega$，开关周期 $T=40\mu\text{s}$，导通时间 $DT=20\mu\text{s}$。以 R_C 为分岔参数，变化范围为 0～160mΩ，由式(9.22)得到电感电流和输出电压的分岔图分别如图 9.7(a)和图 9.7(b)所示。从图 9.7 可以看出，脉冲跨周期调制 CCM Buck 变换器存在复杂的非线性行为。在 R_C 增大的过程中，输出电压与参考电压发生边界碰撞，T_M 的时钟周期数发生了多次突变。当 $R_C<45\text{m}\Omega$ 时，$T_M=8T$，电感电流在较大范围(0.6～7.9A)内变化，同时输出电压在较大范围(3.94～5.06V)内波动，出现低频振荡现象[14]；在 $R_C=45\text{m}\Omega$ 时，变换器的脉冲循环周期 T_M 由 $8T$ 变为 $2T$。随着 R_C 的增大，T_M 时钟周期数发生多次突变，并在 $R_C>97\text{m}\Omega$ 后变为 $8T$，此时，电感电流变化幅度最小(1.7～5.5A)，输出电压在一个较小的范围(4.28～4.67V)内变化。当 R_C 较小($R_C<45\text{m}\Omega$)时，电感电流在较大范围内变化，同时输出电压在较大范围内波动，且 v_o 变化幅

度没有随着 R_C 的增大发生明显变化，表明此阶段 Δv_o 由电容电压决定；当 R_C 较大($R_C>97\text{m}\Omega$)时，电感电流变化范围较小，v_o 变化幅度随着 R_C 的增大而线性增大，表明在此阶段 Δv_o 由 R_C 决定。R_C 增大，减小了 v_o 与 i_L 之间的相位差，减小了输出电压调节滞后性，同时也影响了控制脉冲的组合形式。

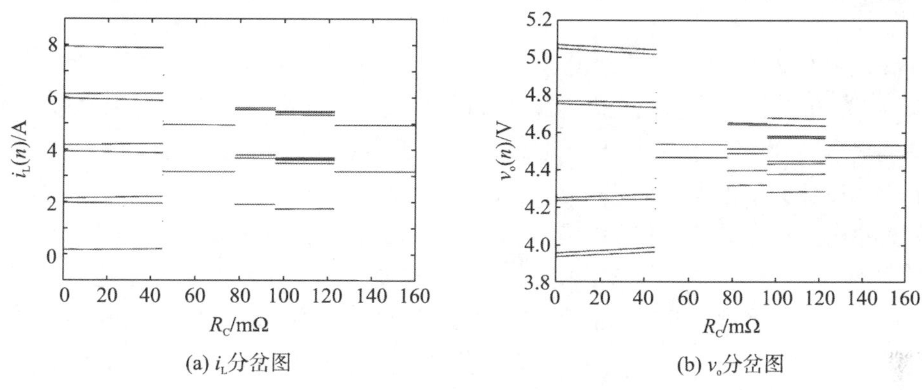

图 9.7　以 R_C 为参数的分岔图

由以上分析可知，增大 R_C 能够有效抑制脉冲跨周期调制 CCM Buck 变换器的低频振荡，但同时会增大输出电压纹波，即 R_C 同时影响了低频振荡与输出电压纹波。

采用与仿真分析相同的电路参数进行了实验，得到脉冲跨周期调制 CCM Buck 变换器在不同 R_C 时的输出电压纹波 Δv_o、电感电流 i_L、控制脉冲 V_p 实验波形，如图 9.8 所示。

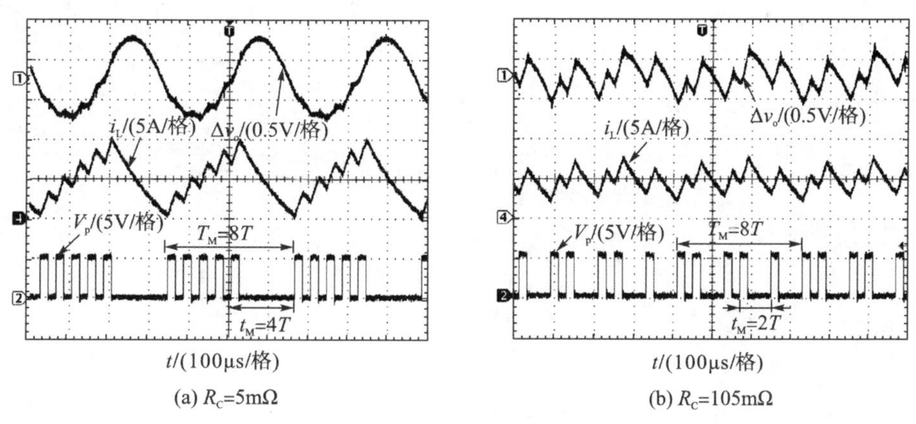

图 9.8　脉冲跨周期调制 CCM Buck 变换器实验波形

由图 9.8(a)可知，当 $R_C=5\text{m}\Omega$ 时，脉冲循环周期 $T_M=8T$，导通周期个数 $N_{on}=5$，关断周期个数 $N_{off}=3$，等效平均开关周期 $T_e=1.6T$，而图中存在开关动作时间 $t_M=4T$，此时$|t_M-T_e|=2.4T>T$，表明此时存在低频振荡。由图 9.8(b)可知，当 $R_C=105\text{m}\Omega$ 时，脉冲循环周期 $T_M=8T$，导通周期个数 $N_{on}=5$，关断周期个数 $N_{off}=3$，等效平均周期 $T_e=1.6T$，而图中开关动作时间 t_M 分别为 T 和 $2T$，满足$|t_M-T_e|<T$，表明此时不存在低频振荡。

9.3 双频率调制开关变换器

9.3.1 工作原理

以 Buck 变换器为例，图 9.9 给出了双频率调制开关变换器的电路原理图及工作波形示意图[10]。从图 9.9 可以看出，在任意开关周期开始时刻，控制脉冲上升沿来临，使采样/保持电路进行采样，当采样的输出电压 v_o 低于参考电压 V_{ref} 时，比较器输出高电平，采用高频率脉冲 P_H 作为控制脉冲，以提升输出电压；反之，比较器输出低电平，采用低频率脉冲 P_L 脉冲作为控制脉冲，以降低输出电压。双频率调制能够根据 v_o 和 V_{ref} 之间的大小关系，简单地采用 P_H 和 P_L 作为控制脉冲，经驱动电路后对主功率开关管进行控制，从而实现 DCM Buck 变换器输出电压的快速调节。图 9.9(b) 中 P_H 和 P_L 具有相同的导通时间 t_{ON}、不同的开关频率 $f_H = 1/T_H$ 和 $f_L = 1/T_L$，其中 $f_H > f_L$，T_H、T_L 分别为高、低频率脉冲的开关周期。

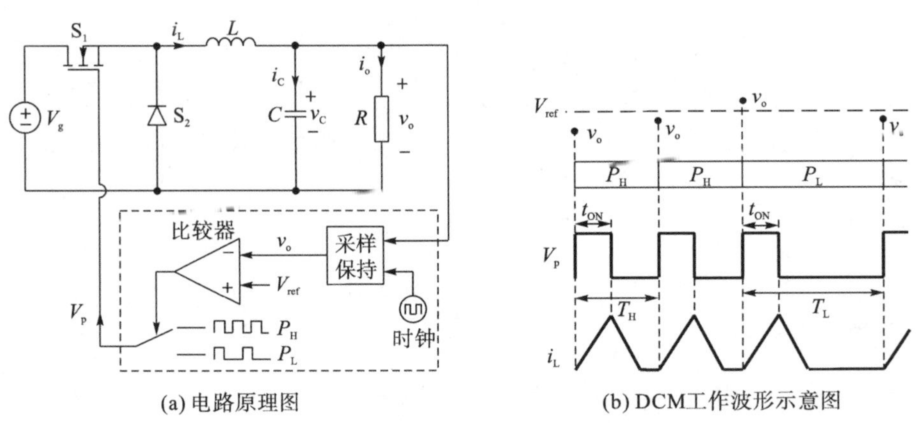

(a) 电路原理图　(b) DCM工作波形示意图

图 9.9 双频率调制开关变换器

9.3.2 动力学模型

当 Buck 变换器工作于 DCM 时，电路存在 3 个工作状态：开关管导通、二极管关断，开关管关断、二极管导通，开关管关断、二极管关断。采用电感电流 i_L 和电容电压 v_C 作为状态变量，并定义状态矢量 $\boldsymbol{x} = [i_L\ v_C]^T$，其中 T 表示矩阵转置，可得 DCM Buck 变换器的 3 个状态方程：

$$\dot{\boldsymbol{x}} = \begin{cases} \boldsymbol{A}_1\boldsymbol{x} + \boldsymbol{B}_1 V_g & nT_X \leqslant t < nT_X + t_{ON} \\ \boldsymbol{A}_2\boldsymbol{x} + \boldsymbol{B}_2 V_g & nT_X + t_{ON} \leqslant t < nT_X + t_{ON} + t_{Fn} \\ \boldsymbol{A}_3\boldsymbol{x} + \boldsymbol{B}_3 V_g & nT_X + t_{ON} + t_{Fn} \leqslant t < (n+1)T_X \end{cases} \tag{9.24}$$

其中，T_X 为参考电压 V_{ref} 与第 n 次采样的输出电压 v_o 比较后选择的开关周期；t_{Fn} 为二极

管在第 n 个开关周期内的导通时间；矩阵矢量 $\boldsymbol{A}_j$ ($j = 1$，2，3) 和 $\boldsymbol{B}_j$ ($j = 1$，2，3) 分别为

$$\boldsymbol{A}_1 = \boldsymbol{A}_2 = \begin{bmatrix} 0 & \dfrac{-1}{L} \\ \dfrac{1}{C} & \dfrac{-1}{RC} \end{bmatrix}, \quad \boldsymbol{A}_3 = \begin{bmatrix} 0 & 0 \\ 0 & \dfrac{-1}{RC} \end{bmatrix} \tag{9.25a}$$

$$\boldsymbol{B}_1 = \begin{bmatrix} \dfrac{1}{L} \\ 0 \end{bmatrix}, \quad \boldsymbol{B}_2 = \boldsymbol{B}_3 = \begin{bmatrix} 0 \\ 0 \end{bmatrix} \tag{9.25b}$$

对于图 9.9 所示的双频率调制 DCM Buck 变换器，其动力学模型可以表示成第 $(n+1)\,T_X$ 时刻的状态矢量 $\boldsymbol{x}_{n+1}$ 与第 nT_X 时刻的状态矢量 $\boldsymbol{x}_n$ 之间的关系，即其中 $\boldsymbol{x}_n = [i_n\ v_n]^T$，$\boldsymbol{x}_{n+1} = [i_{n+1}\ v_{n+1}]^T$，$i_n$、$v_n$ 分别为电感电流 i_L、电容电压 v_C 在第 nT_X 时刻的采样值。

记 i_L 和 v_C 在第 n 个开关周期的初始值分别为 $i_n = 0$ 和 v_n，根据式 (9.24) 的第一个状态方程，可得 Buck 变换器在 $t = nT_X + t_{ON}$ 时刻的电感电流和电容电压，分别为

$$i_L(nT_X + t_{ON}) = e^{-\alpha t_{ON}}[c_{11}\cos(\omega t_{ON}) + c_{12}\sin(\omega t_{ON})] + \frac{V_g}{R} \tag{9.26}$$

$$v_C(nT_X + t_{ON}) = e^{-\alpha t_{ON}}[c_{21}\cos(\omega t_{ON}) + c_{22}\sin(\omega t_{ON})] + V_g \tag{9.27}$$

其中，$\alpha = \dfrac{1}{2RC}$；$\omega = \sqrt{\dfrac{1}{LC} - \alpha^2}$；$c_{11} = i_n - \dfrac{V_g}{R}$；$c_{12} = \dfrac{\alpha}{\omega}c_{11} + \dfrac{V_g - v_n}{\omega L}$；$c_{21} = v_n - V_g$；$c_{22} = \dfrac{\alpha}{\omega}c_{21} + \dfrac{i_n - \dfrac{v_n}{R}}{\omega C}$。

经过时间间隔 t_{ON} 后，开关管 S_1 关断、二极管 S_2 导通，电感电流 i_L 线性下降；当 i_L 下降到零时，S_2 关断。根据式 (9.24) 的第二个状态方程，以式 (9.26)、式 (9.27) 为初值，可得 Buck 变换器在 $t = nT_X + t_{ON} + t_{Fn}$ 时刻的电感电流和电容电压，分别为

$$i_L(nT_X + t_{ON} + t_{Fn}) = e^{-\alpha t_{Fn}}[c_{31}\cos(\omega t_{Fn}) + c_{32}\sin(\omega t_{Fn})] \tag{9.28}$$

$$v_C(nT_X + t_{ON} + t_{Fn}) = e^{-\alpha t_{Fn}}[c_{41}\cos(\omega t_{Fn}) + c_{42}\sin(\omega t_{Fn})] \tag{9.29}$$

其中，$c_{31} = i_L(nT_X + t_{ON})$；$c_{41} = v_C(nT_X + t_{ON})$；$c_{32} = \dfrac{\alpha}{\omega}c_{31} - \dfrac{c_{41}}{\omega L}$；$c_{42} = \dfrac{c_{31}}{\omega C} - \dfrac{\alpha}{\omega}c_{41}$。

令式 (9.28) 为零，可以求得第 n 个开关周期内二极管 S_2 的导通时间 t_{Fn}。由于此时的方程为三角函数方程，很难求得 t_{Fn} 的解析解。如果变量 x 足够小，有近似关系：$\cos(x) \approx 1$，$\sin(x) \approx x$。文献[15]指出采用这样的近似是合理的，且减少了计算时间。于是，t_{Fn} 有如下近似解：

$$t_{Fn} = -\frac{c_{31}}{\omega c_{32}} \tag{9.30}$$

经过时间间隔 $t_{ON} + t_{Fn}$ 后，S_1 关断、S_2 关断；i_L 保持为零，输出电容给负载提供能量，电容电压下降。根据式 (9.24) 的第三个状态方程，以式 (9.28)、式 (9.29) 为初值，可得 Buck 变换器在 $t = (n+1)\,T_X$ 时刻的电感电流和电容电压，分别为

$$i_L((n+1)T_X) = i_{n+1} = 0 \tag{9.31}$$

$$v_C((n+1)T_X) = v_{n+1} = v_C(nT_X + t_{ON} + t_{Fn})e^{-2\alpha(T_X - t_{ON} - t_{Fn})} \tag{9.32}$$

当 Buck 变换器工作于 DCM 时，$i_n = i_{n+1} = 0$，二维动力学模型降阶成一维，即动力学模型可以表示为 $v_{n+1} = f(v_n)$。当 $v_n \leqslant V_{\rm ref}$ 时，选择 $P_{\rm H}$ 作为控制脉冲，即 $T_{\rm X} = T_{\rm H}$；当 $v_n > V_{\rm ref}$ 时，选择 $P_{\rm L}$ 作为控制脉冲，即 $T_{\rm X} = T_{\rm L}$。式(9.32)可以进一步写为

$$v_{n+1} = f(v_n) = \begin{cases} v_{\rm C}(nT_{\rm H} + t_{\rm ON} + t_{{\rm F}n}){\rm e}^{-2\alpha(T_{\rm H} - t_{\rm ON} - t_{{\rm F}n})} & v_n \leqslant V_{\rm ref} \\ v_{\rm C}(nT_{\rm L} + t_{\rm ON} + t_{{\rm F}n}){\rm e}^{-2\alpha(T_{\rm L} - t_{\rm ON} - t_{{\rm F}n})} & v_n > V_{\rm ref} \end{cases} \tag{9.33}$$

式(9.33)与式(9.26)、式(9.27)、式(9.29)、式(9.30)紧密关联，它们构成了双频率调制 DCM Buck 变换器的动力学模型，通过该模型，可以分析双频率调制 Buck 变换器的动力学行为。

9.3.3 多周期行为分析

1. 分岔分析

根据 9.3.2 节建立的动力学模型，采用数值仿真对双频率调制 DCM Buck 变换器的分岔行为进行分析。其电路参数如下：输入电压 $V_{\rm g} = 14{\rm V}$，参考电压 $V_{\rm ref} = 6{\rm V}$，电感 $L = 5.6\mu{\rm H}$，输出电容 $C = 470\mu{\rm F}$，负载电阻 $R = 1\Omega$，固定导通时间 $t_{\rm ON} = 6\mu{\rm s}$，高频率脉冲周期 $T_{\rm H} = 18\mu{\rm s}$，低频率脉冲周期 $T_{\rm L} = 72\mu{\rm s}$。选择 R 为分岔参数，变化范围为 1.5～7.6Ω，得到如图 9.10 所示的电容电压(输出电压)分岔图。

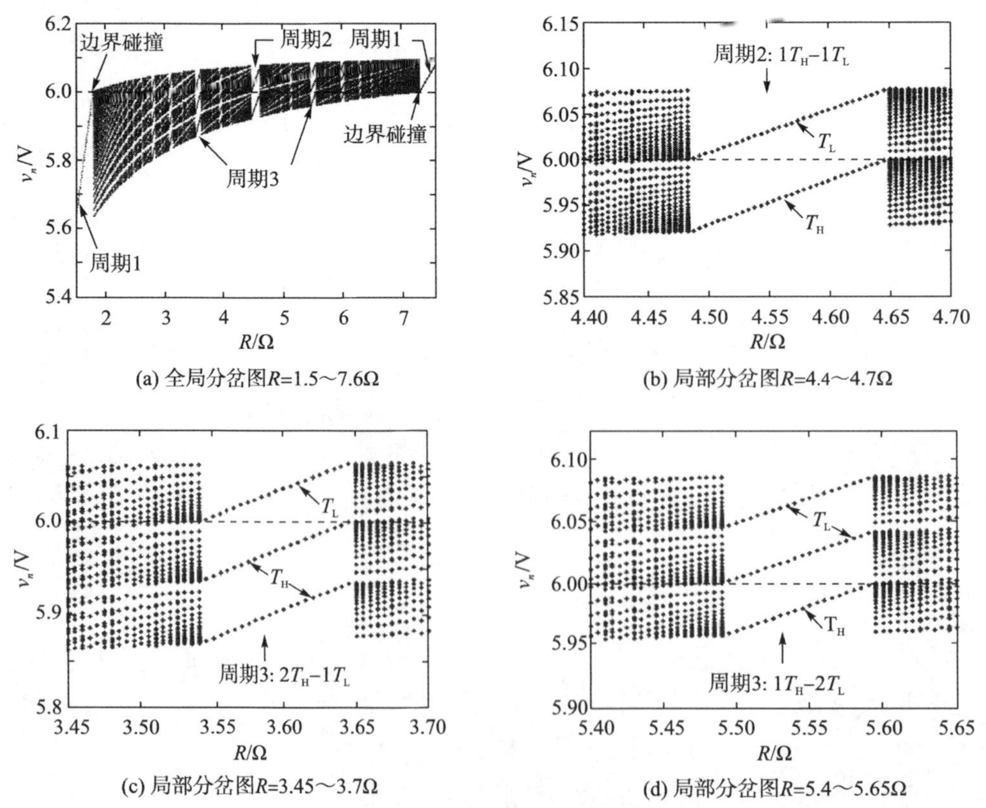

(a) 全局分岔图R=1.5～7.6Ω

(b) 局部分岔图R=4.4～4.7Ω

(c) 局部分岔图R=3.45～3.7Ω

(d) 局部分岔图R=5.4～5.65Ω

图 9.10 以 R 为参数的分岔图

从图 9.10(a)可以看出，随着负载 R 的逐渐增大，当 $R = 1.81\Omega$ 时，变换器发生第一次边界碰撞分岔，从周期 1 状态进入多周期状态。随着负载进一步增大，变换器的多周期轨道不断与边界 $v_n = V_{ref}$ 发生碰撞，每发生一次边界碰撞，变换器的周期轨道均发生改变。当 $R = 7.33\Omega$ 时，变换器发生最后一次边界碰撞分岔，从多周期状态进入周期 1 状态。从全负载范围来看，变换器经历了周期 1 状态、多周期状态(周期 2、周期 3、周期 4 等)、周期 1 状态的分岔路线。为了清晰地观察多周期状态，图 9.10(b)～图 9.10(d)给出了 3 个典型的局部分岔图。

在图 9.10(a)中，当 $R < 1.81\Omega$ 时，负载较大、输出电压小于参考值，电压型双频率控制器选择高频率脉冲 T_H 作为控制脉冲，变换器工作于周期 1 状态($1T_H$)；当 $R > 7.33\Omega$ 时，负载较小、输出电压大于参考值，控制器选择低频率脉冲 T_L 作为控制脉冲，变换器工作于周期 1 状态($1T_L$)；以 $v_n = 6V$ 为边界，边界以下($v_n < 6V$)的离散点代表高频率脉冲，边界以上($v_n > 6V$)的离散点代表低频率脉冲。对于任意一个 R 值，若存在 μ_H 个 T_H 和 μ_L 个 T_L 的离散点组合，则变换器工作于周期($\mu_H + \mu_L$)状态。从图 9.10(a)还可以看出，当 $R\in$[4.49Ω，4.64Ω]时，电路处于额定负载区，有 $\mu_H = \mu_L = 1$，变换器工作于周期 2 状态，如图 9.10(b)所示；当 $R < 4.49\Omega$ 时，电路处于负载较大区，有 $\mu_H > \mu_L$；当 $R > 4.64\Omega$ 时，电路处于负载较小区，有 $\mu_H < \mu_L$。电路在负载较大区出现周期 3 状态，其高、低频率脉冲组合方式为 $2T_H-1T_L$，如图 9.10(c)所示；电路在负载较轻区也会出现周期 3 状态，相应的高、低频率脉冲组合方式为 $1T_H-2T_L$，如图 9.10(d)所示。根据图 9.10，可以得到电阻变化时高、低频率脉冲组合方式及相应的变换器工作状态，见表 9.1。

表 9.1　电阻 R 变化时高、低功率脉冲的组合方式及变换器工作状态

R/Ω	组合方式	工作状态
[1.50，1.81]	$1T_H$	周期 1
[2.47，2.50]	$6T_H-1T_L$	周期 7
[2.60，2.64]	$5T_H-1T_L$	周期 6
[2.79，2.84]	$4T_H-1T_L$	周期 5
[3.07，3.14]	$3P_H-1P_L$	周期 4
[3.55，3.64]	$2T_H-1T_L$	周期 3
[3.96，4.01]	$3T_H-2T_L$	周期 5
[4.49，4.64]	$1T_H-1T_L$	周期 2
[5.13，5.18]	$2T_H-3T_L$	周期 5
[5.50，5.59]	$1T_H-2T_L$	周期 3
[6.00，6.06]	$1T_H-3T_L$	周期 4
[6.30，6.34]	$1T_H-4T_L$	周期 5
[7.33，7.60]	$1T_L$	周期 1

图 9.11(a)和图 9.11(b)分别给出了以 V_g 和 T_H 为参数的分岔图，此时负载 $R = 4.5\Omega$。从图 9.11(a)可以看出，随着参数 V_g 的逐渐增大，变换器经历了周期 1 状态($1T_H$)、多周期状态、周期 1 状态($1T_L$)的分岔路线，与图 9.10(a)的分岔路线一致。当 $V_g = 10.35V$ 时，变

换器发生第一次边界碰撞分岔，从周期 1 状态($1T_H$)进入多周期状态。当 $V_g = 16.9\text{V}$ 时，变换器发生最后一次边界碰撞分岔，从多周期态进入周期 1 状态($1T_L$)。在负载功率一定的条件下，当 V_g 较小时，控制脉冲中包含较多的高频率脉冲；反之，包含较多的低频率脉冲。当 $V_g \in [13.98\text{V}, 14.18\text{V}]$，变换器工作于周期 2 状态，控制脉冲组合方式为 $1T_H$-$1T_L$；当 $V_g < 13.98\text{V}$ 时，为输入电压较小区，此时分岔图中边界($v_n = 6\text{V}$)以下的离散点明显增多；当 $V_g > 14.18\text{V}$ 时，为输入电压较大区，此时分岔图中边界以上的离散点明显增多。

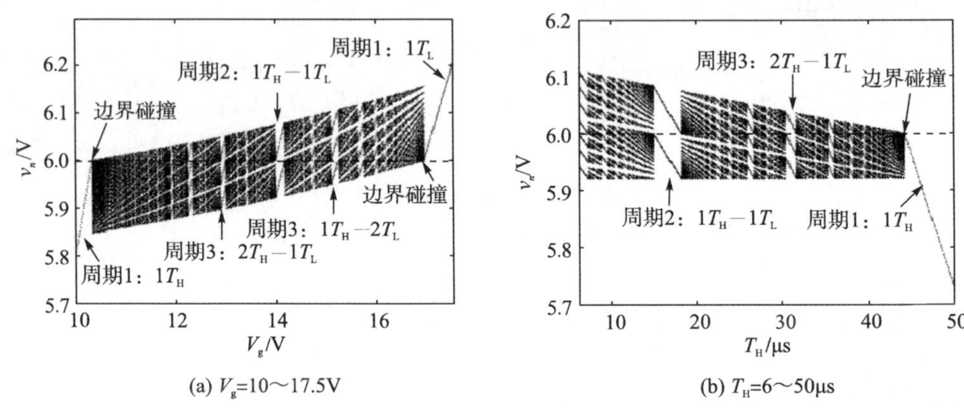

(a) V_g=10～17.5V (b) T_H=6～50μs

图 9.11 以 V_g 和 T_H 为参数的分岔图

从图 9.11(b)可以看出，随着参数 T_H 的逐渐减小，变换器电路经历了周期 1 状态($1T_H$)、多周期状态的分岔路线；由于 T_H 的最小值为 t_{ON}，所以当前电路参数下，变换器不可能工作于由 $1T_L$ 构成的周期 1 状态。在低频率脉冲 P_L 确定的情况下，图 9.11(b)提供了 T_H 参数的选择依据。例如，要使变换器工作于周期 2 状态，T_H 应该在[14.98μs，19.28μs]范围内取值。类似地，在高频率脉冲 P_H 确定的情况下，也可以得到 T_L 为分岔参数的分岔图，由此可设计 T_L 的大小。

图 9.10、图 9.11 中的分岔图中均出现了周期 3 行为。对于传统的连续、离散动力学系统而言，周期 3 意味着系统存在混沌行为，这里的周期 3 是指一个周期的 3 倍而言。但是，电压型双频率控制 DCM Buck 变换器中的周期 3 行为是两个周期(T_H 和 T_L)的组合行为，它仅仅是多周期行为中的一种，并不意味着变换器系统会必然发生混沌行为。

由此可以得出结论：电压型双频率控制开关变换器是一种特殊的离散动力学系统，其周期行为与传统动力学系统是不一致的，它存在两个周期 1 行为($1T_H$ 和 $1T_L$)、特殊的周期 3 行为等。

2. 多周期态分析

为了进一步观察和分析变换器出现的多周期行为，以及验证动力学模型数值计算的结果，采用与图 9.10(a)相同的电路参数，对电压型双频率控制 DCM Buck 变换器进行实验验证。图 9.12(a)～图 9.12(g)分别给出了 R 为 1.7Ω、7.5Ω、4.5Ω、3.6Ω、5.5Ω、3.1Ω、2.8Ω 时的 i_L 和 v_o 实验波形及 v_o-i_L 相轨图和 i_L 的频谱图。

从图 9.12(a)左可以看出，变换器工作于周期 1 状态($1T_H$)，循环周期 $T_M = T_H$，由于电感电流存在保持为零的阶段，所以变换器工作于 DCM；图 9.12(a)中的相轨图为 1 个环，表明变换器工作于周期 1 轨道，频谱图表现出离散的频谱，f_1 为基波频率且 $f_1 = 1/T_M = 55.56\text{kHz}$。从图 9.12(b)可以看出，变换器工作于周期 1 状态($1T_L$)，循环周期 $T_M = T_L$，相轨图表现为 1 个环，频谱图表现出离散的频谱，$f_1 = 1/T_M = 13.89\text{kHz}$。类似地，从图 9.12(c)可以看出，变换器工作于周期 2 状态，循环周期 $T_1=1T_H+1T_L$，基波频率 $f_1=1/T_M=11.11\text{kHz}$。从图 9.12(d)、图 9.12(e)可以看出，变换器工作于周期 3 状态，循环周期分别为 $T_M=2T_H+1T_L$、$T_M=1T_H+2T_L$，对应图 9.12(d)、图 9.12(e)的基波频率分别为 9.26、6.17kHz。图 9.12(f)、图 9.12(g)的实验波形表明变换器工作于周期 4 状态($3T_H-1T_L$)、周期 5 状态($4T_H-1T_L$)。

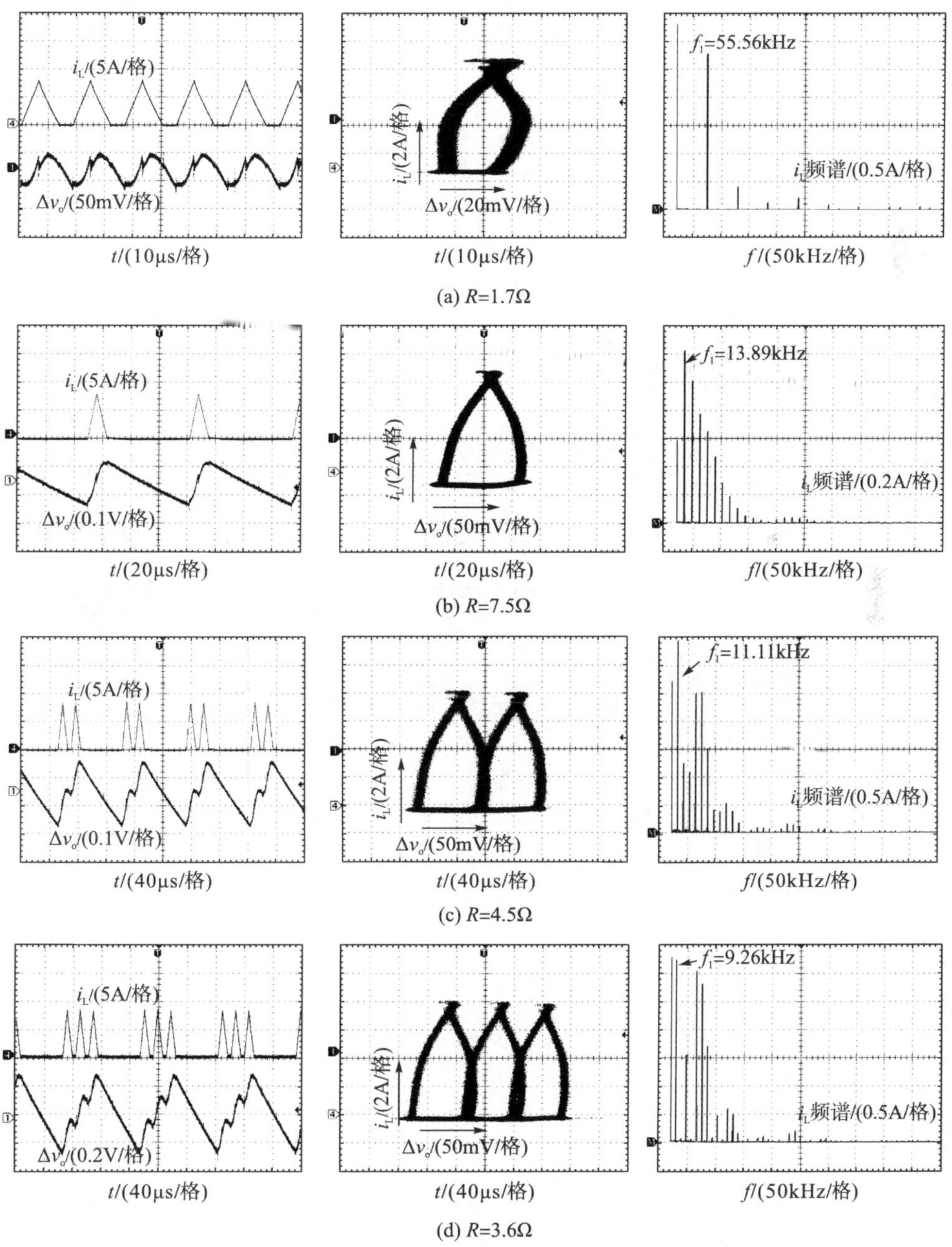

图 9.12　电路实验的 i_L 和 v_o 波形(左)及 v_o-i_L 相轨图(中)、i_L 的频谱图(右)

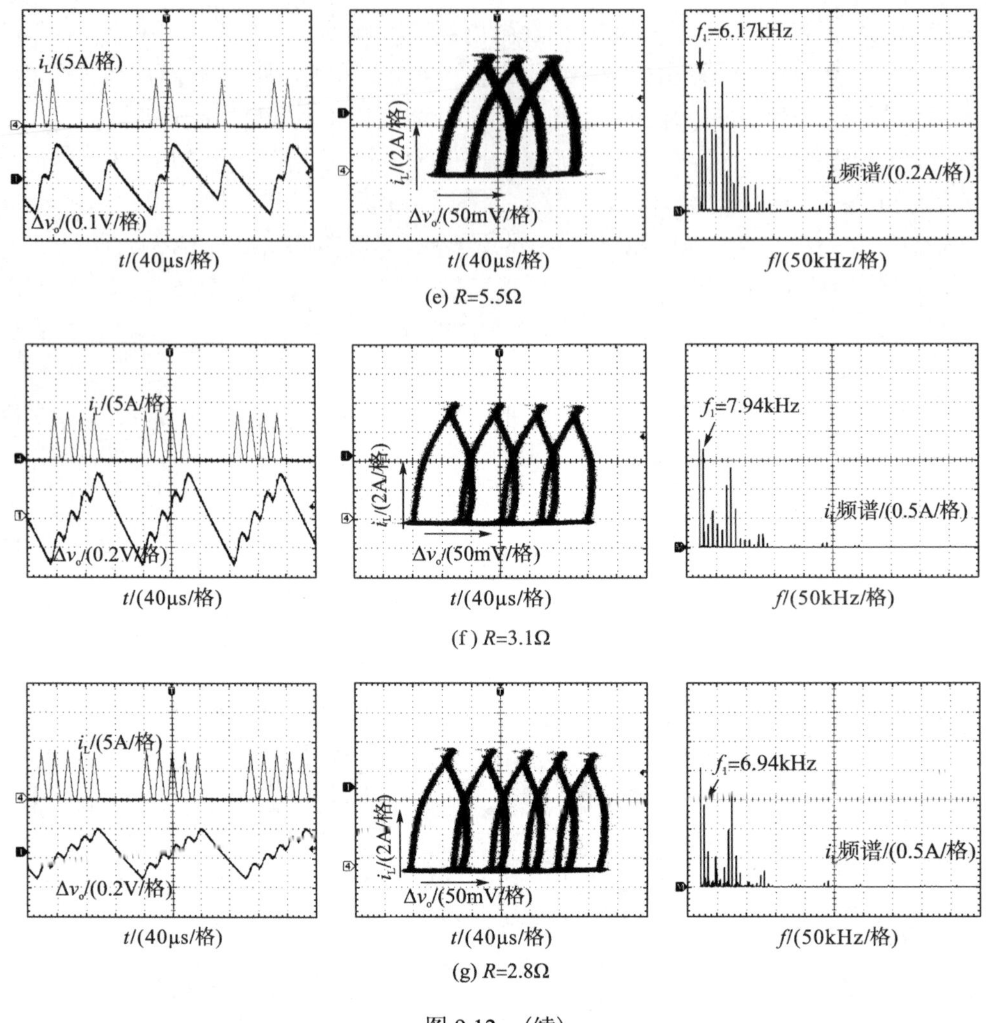

(e) R=5.5Ω

(f) R=3.1Ω

(g) R=2.8Ω

图 9.12 （续）

根据图 9.12(a)至图 9.12(g)的实验结果可知，若变换器时域波形中循环周期 $T_M = \mu_H T_H + \mu_L T_L$，则相轨图表现为($\mu_H + \mu_L$)个环，变换器工作于周期($\mu_H + \mu_L$)轨道，频谱图中基波频率 $f_1 = 1/T_M = 1/(\mu_H T_H + \mu_L T_L)$；结合时域波形、相轨图、频谱图可知，变换器具有很强的多周期行为，不存在混沌行为。图 9.12 的电路实验结果与图 9.10 的分析一致，验证了理论分析和动力学模型的正确性。

9.4 多频率调制开关变换器

9.4.1 工作原理

以 Buck 变换器为例，图 9.13 所示为多频率调制开关变换器的电路原理图及工作波形示意图，其中开关管 S_1、二极管 S_2、电感 L 和电容 C 假设都是理想的；V_g、v_o、R 分别表示输入电压、输出电压、负载电阻。由图 9.13 可知，在每一个开关周期开始时刻，采样/保持电路采样输出电压，当输出电压采样值处于电压区间 $A_4(0, V_{ref}-V_e)$，$A_3(V_{ref}-V_e, V_{ref})$，$A_2(V_{ref}, V_{ref}+V_e)$，$A_1(V_{ref}+V_e, +\infty)$时(其中 V_e 为输出电压的误差界限电压，$V_e>0$)，分别采用开关周期为 T_4、T_3、T_2、T_1 的脉冲工作($T_4<T_3<T_2<T_1$，每个开关周期的导通时间均为 t_{ON})，以对输出电压进行调节。选用开关周期为 T_4、T_3、T_2、T_1 的脉冲工作时，变换器传递的输入功率依次递减。与仅采用 T_4 和 T_1 脉冲的双频率调制相比，多频率调制引入 T_3 和 T_2 脉冲，可以减缓输出电压逼近参考电压的速度，提升输出电压的逼近精度。

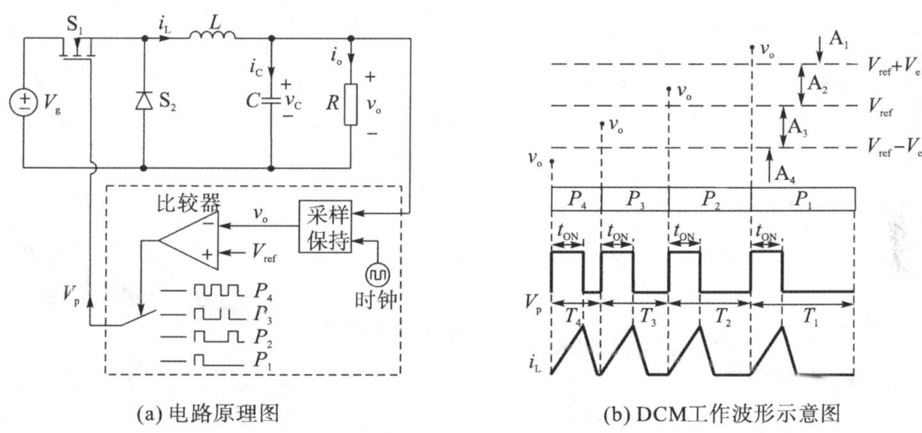

(a) 电路原理图　　(b) DCM工作波形示意图

图 9.13　多频率调制开关变换器

9.4.2　一维离散迭代映射模型

以四级控制脉冲为例，本节对多频率调制 DCM 开关变换器的动力学模型进行推导。在双频率调制 DCM 开关变换器的动力学模型的基础上，可以拓展并得到多频率调制 DCM 开关变换器的动力学模型。结合 9.3 节的分析，以双频率调制 DCM Buck 变换器为基础，将其拓展到具有四级频率控制脉冲的多频率调制 DCM Buck 变换器。预设电压基准值分别为 $V_{ref1}=V_{ref}-V_e$、$V_{ref2}=V_{ref}$、$V_{ref3}=V_{ref}+V_e$ ($V_e>0$)，其中 V_e 为输出电压的误差界限电压($V_e \ll V_{ref}$)；预设四级控制脉冲的开关周期分别为 T_4、T_3、T_2、T_1，且满足 $T_4<T_3<T_2<T_1$，每级脉冲的导通时间均为 t_{ON}；按照多频率调制的原理，当输出电压采样值 $v_o \leqslant V_{ref1}$ 时，采用开关周期为 T_4 的 P_4 脉冲工作，从而对输出电压进行调节，即式(9.32)中的 $T_X=T_4$；当 $V_{ref1}<v_o\leqslant V_{ref2}$ 时，采用开关周期为 T_3 的 P_3 脉冲工作，即 $T_X=T_3$；当 $V_{ref2}<v_o\leqslant V_{ref3}$ 时，采用 P_2 脉冲工作，即 $T_X=T_2$；当 $v_o>V_{ref3}$ 时，采用 P_1 脉冲工作，即 $T_X=T_1$。

参考 9.3.2 节双频率调制 DCM Buck 变换器的动力学建模，在式(9.33)的基础上可得多频率调制 DCM Buck 变换器的一维离散迭代映射模型：

$$v_{n+1}=f(v_n)=\begin{cases} v_C(nT_4+t_{ON}+t_{Fn})e^{-2\alpha(T_4-t_{ON}-t_{Fn})} & v_n\leqslant V_{ref1} \\ v_C(nT_3+t_{ON}+t_{Fn})e^{-2\alpha(T_3-t_{ON}-t_{Fn})} & V_{ref1}<v_n\leqslant V_{ref2} \\ v_C(nT_2+t_{ON}+t_{Fn})e^{-2\alpha(T_2-t_{ON}-t_{Fn})} & V_{ref2}<v_n\leqslant V_{ref3} \\ v_C(nT_1+t_{ON}+t_{Fn})e^{-2\alpha(T_1-t_{ON}-t_{Fn})} & v_n>V_{ref3} \end{cases} \tag{9.34}$$

式(9.34)与式(9.26)、式(9.27)、式(9.30)和式(9.31)紧密相连，它们构成了多频率调制 DCM Buck 变换器的动力学模型。通过该模型，可以分析多频率调制 DCM Buck 变换器的动力学行为。双频率与多频率调制 DCM Buck 变换器的动力学模型的区别在于边界和控制脉冲的级数不同。

9.4.3　分岔分析

根据 9.4.2 节的动力学模型，采用数值仿真对多频率调制 DCM Buck 变换器的分岔行为进行分析。其电路参数如下：输入电压 $V_g = 14V$，参考电压 $V_{ref} = 6V$，误差界限电压 $V_e = 80mV$，电感 $L = 5.6\mu H$，输出电容 $C = 470\mu F$，负载电阻 $R = 1\Omega$，固定导通时间 $t_{ON} = 6\mu s$，第 4 级控制脉冲周期 $T_4 = 18\mu s$，第 3 级控制脉冲周期 $T_3 = 36\mu s$，第 2 级控制脉冲周期 $T_2 = 54\mu s$，第 1 级控制脉冲周期 $T_1 = 72\mu s$。选择负载 R 为分岔参数，变化范围为 1.5～7.6Ω，得到如图 9.14 所示的输出电压分岔图。图 9.14(a)给出了全局分岔图，图 9.14(b)至图 9.14(d)给出了清晰的局部分岔图。从图 9.14 可以看出，随着负载 R 的逐渐增大，变换器经历了周期 1 状态($1T_4$)、多周期状态、周期 1 状态($1T_3$)、多周期状态、周期 1 状态($1T_2$)、多周期状态、周期 1 状态($1T_1$)的分岔路线。

第一段局部分岔图如图 9.14(b)所示。输出电压 $v_n \in (0, V_{ref})$，变换器循环周期由 P_3 和 P_4 脉冲的组合表示。当 $R = 1.745\Omega$ 时，变换器与边界 $v_n = V_{ref} - V_e$ 发生第一次边界碰撞分岔，从周期 1 状态($1T_4$)进入多周期状态。随着负载进一步增大，变换器的多周期轨道不断与边界 $v_n = V_{ref} - V_e$ 发生碰撞。当 $R \in [2.3\Omega, 2.33\Omega]$时，变换器工作于周期 3 状态($2T_4-1T_3$)；当 $R \in [2.605\Omega, 2.655\Omega]$时，变换器工作于周期 2 状态($1T_4-1T_3$)；当 $R \in [2.93\Omega, 2.96\Omega]$时，变换器工作于周期 3 状态($1T_4-2T_3$)。当 $R = 3.515\Omega$ 时，变换器与边界 $v_n = V_{ref} - V_e$ 发生最后一次边界碰撞分岔，从多周期状态进入周期 1 状态($1T_3$)。对比图 9.14(b)和图 9.10(a)可知，两者的分岔行为是一致的，不同之处仅在于输出电压边界和两个脉冲的周期不同。

第二段局部分岔图如图 9.14(c)所示。输出电压 $v_n \in (V_{ref} - V_e, V_{ref} + V_e)$，变换器的循环周期由 P_3 和 P_2 脉冲的组合表示。当 $R = 3.65\Omega$ 时，变换器与边界 $v_n = V_{ref}$ 发生第一次边界碰撞分岔，从周期 1 状态($1T_3$)进入多周期状态；当 $R = 5.485\Omega$ 时，变换器与边界 $v_n = V_{ref}$ 发生最后一次边界碰撞分岔，从多周期状态进入周期 1 状态($1T_2$)。图 9.14(c)与图 9.14 (b)的分岔图具有相似性。

第三段局部分岔图如图 9.14(d)所示。输出电压 $v_n \in (V_{ref}, +\infty)$，变换器的循环周期由 P_2 和 P_1 脉冲的组合表示。当 $R = 5.695\Omega$ 时，变换器与边界 $v_n = V_{ref} + V_e$ 发生第一次边界碰撞分岔，从周期 1 状态($1T_2$)进入多周期状态；当 $R = 7.595\Omega$ 时，变换器与边界 $v_n = V_{ref} + V_e$ 发生最后一次边界碰撞分岔，从多周期状态进入周期 1 状态($1T_1$)。图 9.14(d)与图 9.14(c)、图 9.14(b)的分岔图都具有相似性。

从整个负载范围来看，图 9.14 所示的多频率调制 DCM Buck 变换器的分岔图具有自相似现象；分岔图中存在 3 条边界线，变换器具有 3 段相似的局部分岔图。

类似于图 9.10(a)的分析，根据图 9.14，同理可以得到负载电阻变化时多频率脉冲的组合方式及相应的变换器工作状态。此处只列出几种典型的工作状态，见表 9.2。

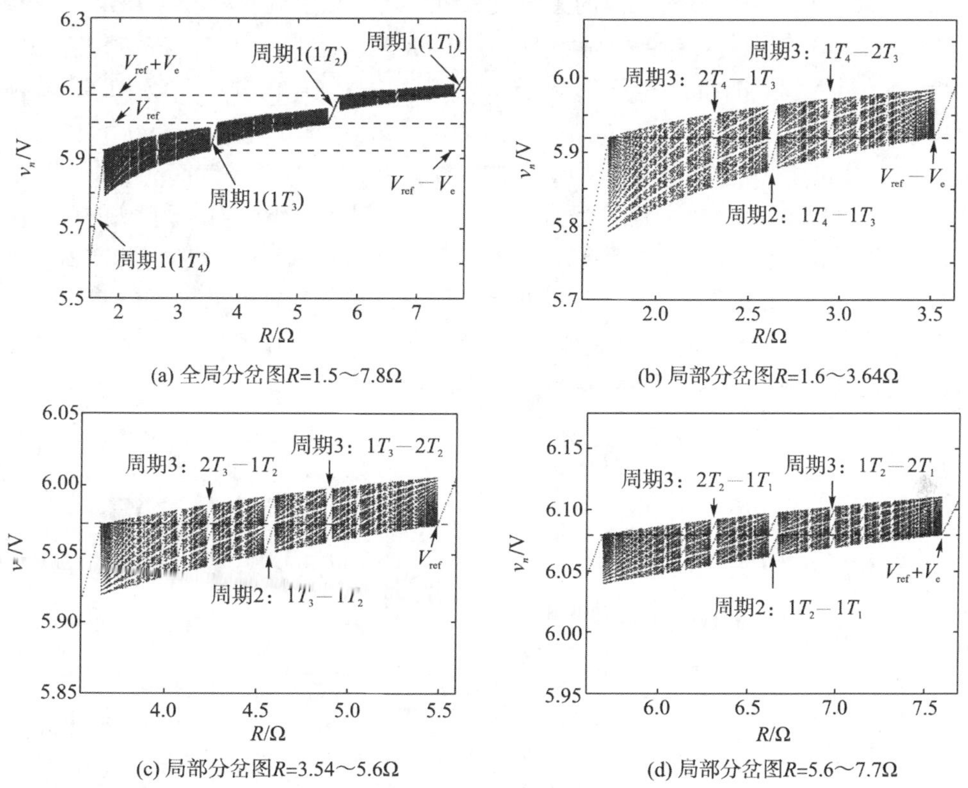

(a) 全局分岔图R=1.5～7.8Ω　(b) 局部分岔图R=1.6～3.64Ω

(c) 局部分岔图R=3.54～5.6Ω　(d) 局部分岔图R=5.6～7.7Ω

图 9.14　以 R 为参数的分岔图

表 9.2　多频率调制下 R 变化时多频率脉冲的组合方式及变换器工作状态

R/Ω	组合方式	工作状态
[1.500，1.740]	$1P_4$	周期 1
[2.300，2.330]	$2P_4-1P_3$	周期 3
[2.605，2.655]	$1P_4-1P_3$	周期 2
[2.930，2.960]	$1P_4-2P_3$	周期 3
[3.520，3.645]	$1P_3$	周期 1
[4.230，4.260]	$2P_3-1P_2$	周期 3
[4.545，4.595]	$1P_3-1P_2$	周期 2
[4.880，4.910]	$1P_3-2P_2$	周期 3
[5.490，5.690]	$1P_2$	周期 1
[6.295，6.325]	$2P_2-1P_1$	周期 3
[6.620，6.670]	$1P_2-1P_1$	周期 2
[6.965，6.995]	$1P_2-2P_1$	周期 3
[7.600，7.800]	$1P_1$	周期 1

由以上的分析可知，3 段分岔图的相似性是由 3 条输出电压边界线决定的。当误差界限电压 V_e 较大，即 3 条边界线之间的距离较大时，四级频率调制 DCM Buck 变换器的分岔图可以分离成 3 个独立的双频率调制 DCM Buck 变换器的分岔图。在这种情况下，双频率调制是多频率调制的特例。当 V_e 较小，即 3 条边界线之间的距离较小时，多频率调制的 DCM 开关变换器将出现混频现象。

减小 V_e，且保持其他参数与图 9.14 一致，图 9.15 给出了 $V_e = 50\text{mV}$ 时以 R 为参数的分岔图，其中图 9.15(a)是整个负载范围内的分岔图，图 9.15(b)是局部放大的分岔图。从图 9.15(b)可以清晰地看出，变换器在周期 1 状态($1T_3$)的左右区间，即 $R\in[2.92\Omega, 3.565\Omega]$ 和 $R\in[3.65\Omega, 3.91\Omega]$范围内出现了 3 种频率的混频现象，变换器的循环周期由 P_4、P_3、P_2 脉冲的组合表示，这与双频率调制情况下的输出电压分岔图截然不同。多频率调制的混频现象使变换器循环周期内脉冲的组合方式变得复杂。

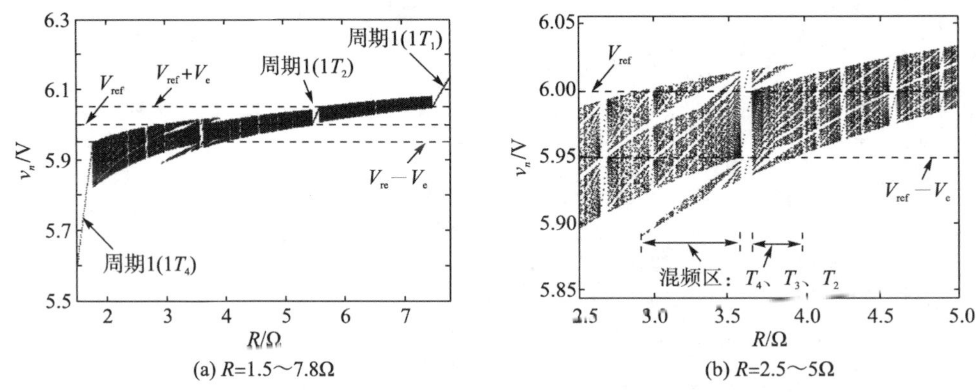

(a) R=1.5～7.8Ω　　(b) R=2.5～5Ω

图 9.15　$V_e = 50\text{mV}$ 时以 R 为参数的分岔图

进一步减小 V_e，且保持其他参数与图 9.14 一致，图 9.16 给出了 $V_e = 30\text{mV}$ 时以 R 为参数的分岔图。从图 9.16 可以看出，变换器在 $R\in[3.6\Omega, 3.64\Omega]$出现了一种新的周期 2 状态($1T_4-1T_2$)，这与图 9.14 中的 3 种周期 2 状态均不相同，且在 $R\in[3.425\Omega, 3.59\Omega]$ 和 $R\in[3.65\Omega, 4.41\Omega]$范围内出现了 4 种频率的混频现象，变换器的循环周期由 P_4～P_1 脉冲的组合表示，此时循环周期的脉冲组合方式更为复杂。

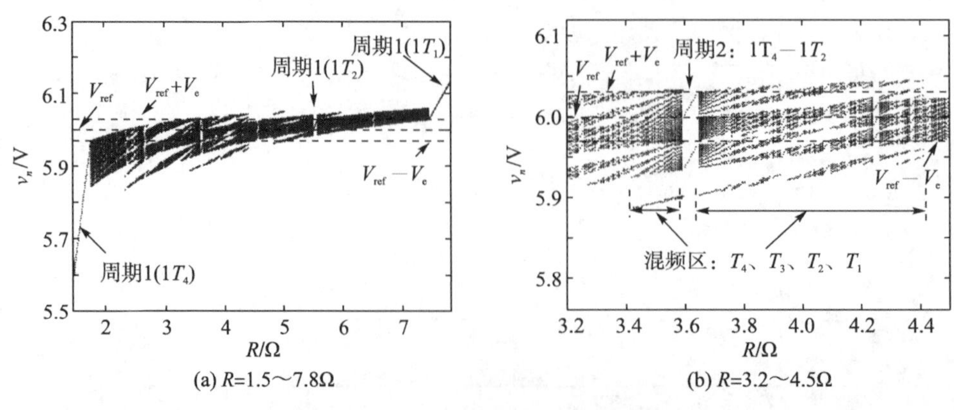

(a) R=1.5～7.8Ω　　(b) R=3.2～4.5Ω

图 9.16　$V_e = 30\text{mV}$ 时以 R 为参数的分岔图

由此可见，误差界限电压 V_e 是影响多频率调制 DCM 开关变换器性能的重要因素之一，合理地选择参数 V_e，是正确设计多频率调制的关键。

图 9.17 给出了以 V_g 为参数的分岔图，此时 $R = 4.5\Omega$。当 V_e 较大时，从图 9.17(a)可以看出，在整个 V_g 的变化范围内，输出电压的分岔图具有自相似现象；分岔图中存在 3 条边界线，变换器具有 3 段相似的分岔子图，每段分岔子图均与双频率调制 DCM Buck 变换器的分岔图[如图 9.11(a)]相似。

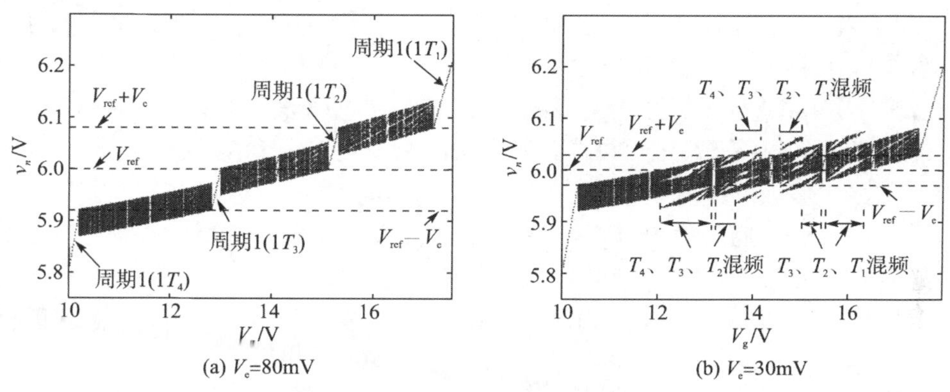

图 9.17　以 V_g 为参数的分岔图，$V_g = 10\sim17.5\text{V}$

当 V_e 较小时，从图 9.17(b)可以看出，在输入电压的多个范围内，分岔图出现混频现象。在 $V_g\in[11.93\text{V}，12.91\text{V}]$和 $V_g\in[12.99\text{V}，13.40\text{V}]$范围内，出现了 $P_4\sim P_2$ 脉冲的混频现象；在 $V_g\in[13.41\text{V}，13.88\text{V}]$和 $V_g\in[14.27\text{V}，14.69\text{V}]$范围内，出现了 $P_4\sim P_1$ 脉冲的混频现象；在 $V_g\in[14.70\text{V}，15.08\text{V}]$和 $V_g\in[15.17\text{V}，15.93\text{V}]$范围内，出现了 $P_3\sim P_1$ 脉冲的混频现象。

9.4.4　最大 Lyapunov 指数

根据式(9.26)、式(9.27)、式(9.29)、式(9.30)和式(9.34)，可得多频率调制 DCM Buck 变换器在第 n 个开关周期的特征值 λ_n 方程：

$$\lambda_n=\frac{\mathrm{d}v_{n+1}}{\mathrm{d}v_n}=\begin{cases}\mathrm{e}^{-2\alpha(T_4-t_{\mathrm{ON}}-t_{\mathrm{F}n})}[\rho_2+2\alpha\rho_1 v_C(nT_4+t_{\mathrm{ON}}+t_{\mathrm{F}n})] & v_n\leqslant V_{\mathrm{ref1}}\\ \mathrm{e}^{-2\alpha(T_3-t_{\mathrm{ON}}-t_{\mathrm{F}n})}[\rho_2+2\alpha\rho_1 v_C(nT_3+t_{\mathrm{ON}}+t_{\mathrm{F}n})] & V_{\mathrm{ref1}}<v_n\leqslant V_{\mathrm{ref2}}\\ \mathrm{e}^{-2\alpha(T_2-t_{\mathrm{ON}}-t_{\mathrm{F}n})}[\rho_2+2\alpha\rho_1 v_C(nT_2+t_{\mathrm{ON}}+t_{\mathrm{F}n})] & V_{\mathrm{ref2}}<v_n\leqslant V_{\mathrm{ref3}}\\ \mathrm{e}^{-2\alpha(T_1-t_{\mathrm{ON}}-t_{\mathrm{F}n})}[\rho_2+2\alpha\rho_1 v_C(nT_1+t_{\mathrm{ON}}+t_{\mathrm{F}n})] & v_n>V_{\mathrm{ref3}}\end{cases}\tag{9.35}$$

其中，

$$\rho_1=\frac{-L(c_{31}\sigma_1-c_{41}\sigma_2)}{(\alpha Lc_{31}-c_{41})^2}$$

$$\rho_2=\mathrm{e}^{-\alpha t_{\mathrm{F}n}}[(\sigma_1+c_{42}\omega\rho_1-c_{41}\alpha\rho_1)\cos(\omega t_{\mathrm{F}n})+(\sigma_3-c_{41}\omega\rho_1-c_{42}\alpha\rho_1)\sin(\omega t_{\mathrm{F}n})]$$

$$\sigma_1=\mathrm{e}^{-\alpha t_{\mathrm{ON}}}[\cos(\omega t_{\mathrm{ON}})-\frac{\alpha}{\omega}\sin(\omega t_{\mathrm{ON}})]$$

$$\sigma_2 = -\frac{1}{\omega L} e^{-\alpha t_{ON}} \sin(\omega t_{ON})$$

$$\sigma_3 = \frac{1}{\omega C}\sigma_2 - \frac{\alpha}{\omega}\sigma_1$$

根据式(9.35)，可进一步得到变换器系统的最大 Lyapunov 指数 λ_L 为

$$\lambda_L = \lim_{n\to\infty}\frac{1}{n}\sum_{n=1}^{\infty}\ln|\lambda_n| \tag{9.36}$$

要使多频率调制 DCM Buck 变换器工作于稳定的周期状态，λ_L 必须小于或等于零。若多频率调制 DCM Buck 变换器发生了混沌行为，则 λ_L 必然是大于零的。

根据式(9.35)和式(9.36)，可得到多频率调制 DCM Buck 变换器的 λ_L。选择与图 9.14(a)和图 9.17(a)相同的电路参数，可以得到如图 9.18 所示的以 R 和 V_g 为参数的 Lyapunov 指数谱。

由图 9.18 可知，随着 R 和 V_g 的不断增大，λ_L 发生了多次跳变，该跳变与分岔图中的边界碰撞分岔相对应；在负载和输入电压变化范围内，λ_L 均小于零，表明变换器一直处于稳定的周期状态。图 9.18(a)和图 9.18(b)的 λ_L 均表现出自相似现象，且分别验证了图 9.14(a)和图 9.17(a)所示分岔图的正确性。

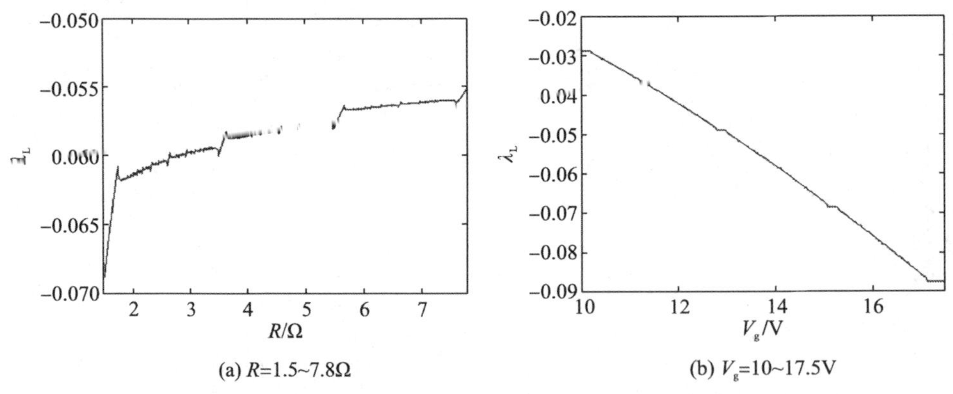

(a) R=1.5~7.8Ω (b) V_g=10~17.5V

图 9.18 以 R 和 V_g 为参数的 Lyapunov 指数谱

9.4.5 自相似和混频现象分析

为了进一步观察和分析变换器出现的自相似和混频现象，以电压型多频率控制为例，选取与图 9.14～图 9.16 相同的电路参数，对多频率调制 DCM Buck 变换器进行实验分析。

当 V_e = 80mV 时，图 9.19(a)至图 9.19(f)分别给出了 R = 2.62、4.56、6.64、2.95、4.90、6.98Ω 时的 i_L、v_o(交流纹波)实验波形及相轨图。

从图 9.19(a)～图 9.19(c)可以看出，变换器均工作于 DCM 的周期 2 状态，相轨图均为 2 个环，循环周期分别为 $T_M = 1T_4 + 1T_3$、$T_M = 1T_3 + 1T_2$、$T_M = 1T_2 + 1T_1$。

从图 9.19(d)～图 9.19(f)可以看出，变换器均工作于 DCM 的周期 3 状态，相轨图均为 3 个环，循环周期分别为 $T_M = 1T_4 + 2T_3$、$T_M = 1T_3 + 2T_2$、$T_M = 1T_2 + 2T_1$。

通过对比可知，图 9.19(a)～图 9.19(c)的实验结果是相似的，它们具有相似的工作状态和脉冲组合。类似地，图 9.19(d)～图 9.19(f)也具有相似的工作状态和脉冲组合。

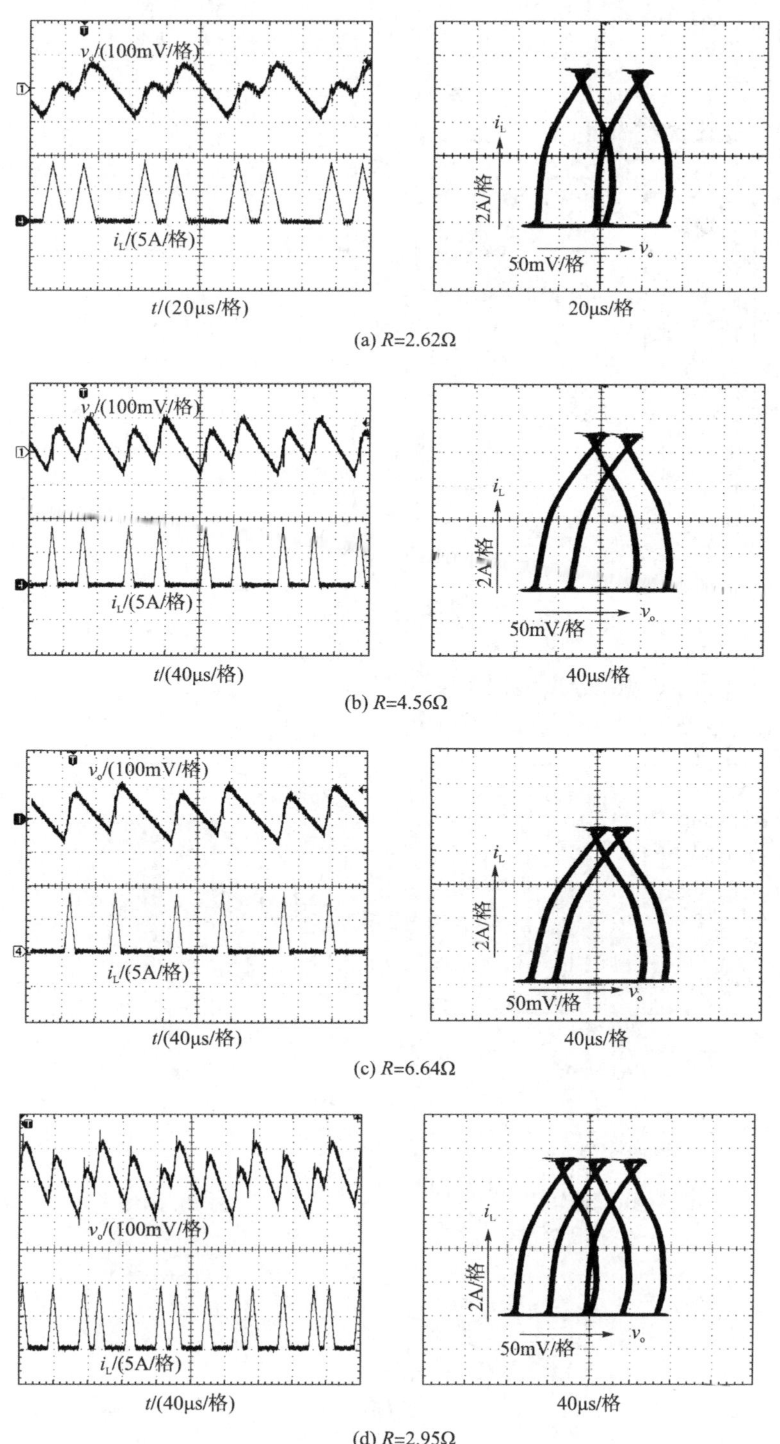

图 9.19　$V_e = 80$mV 时多频率调制 DCM Buck 变换器电路实验的 i_L、v_o 波形(左)及 v_o-i_L 相轨图(右)

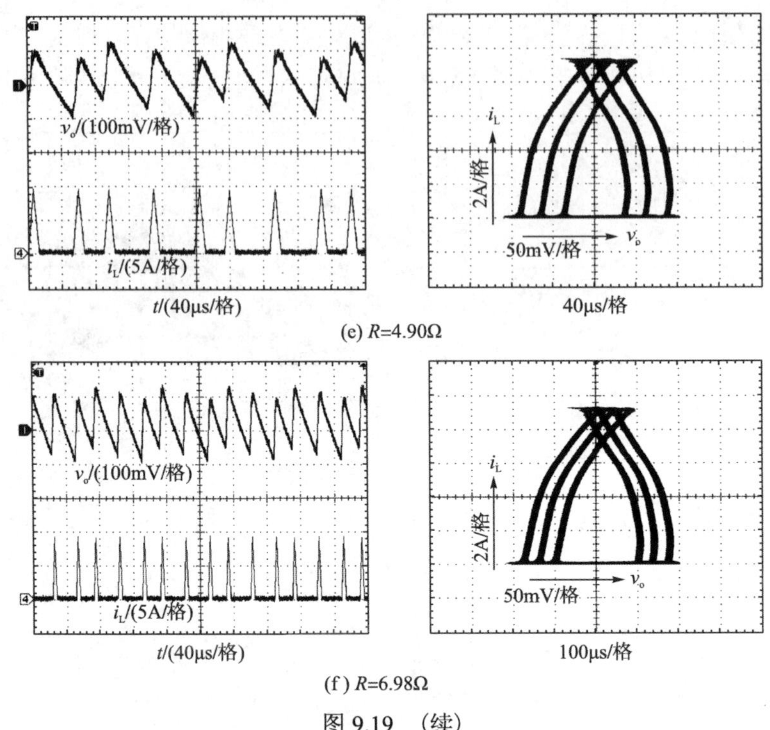

(e) R=4.90Ω

(f) R=6.98Ω

图 9.19 （续）

图 9.20(a)和图 9.20(b)分别给出了 $V_e = 50$mV、$R = 3.45\Omega$ 和 $V_e = 30$mV、$R = 4.2\Omega$ 时的 i_L、v_o 仿真波形及 v_o-i_L 相轨图。从图 9.20(a)可以看出，变换器发生了 3 种频率的混

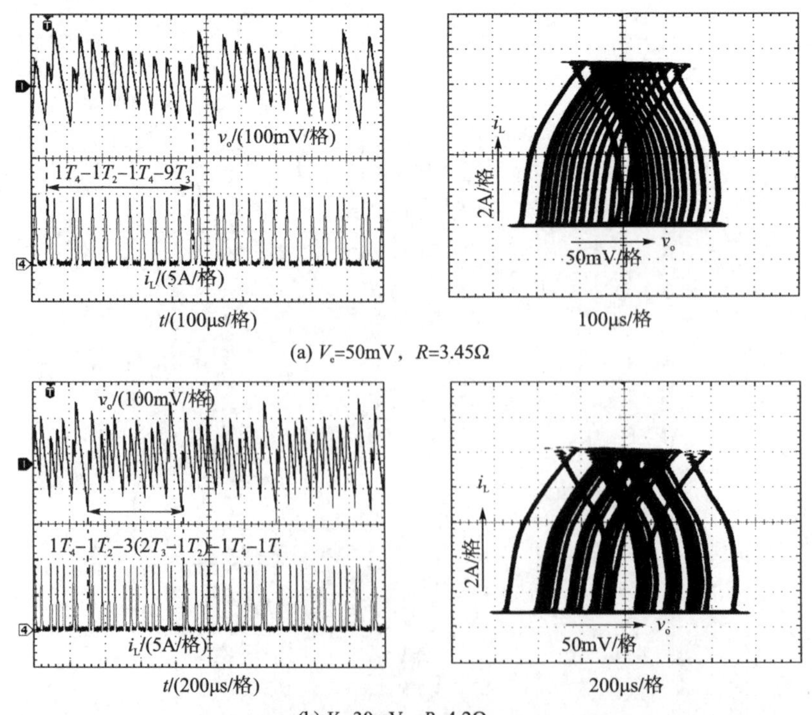

(a) V_e=50mV，R=3.45Ω

(b) V_e=30mV，R=4.2Ω

图 9.20　多频率调制 DCM Buck 变换器电路实验的 i_L、v_o 波形(左)及 v_o-i_L 相轨图(右)

频现象，工作于周期 12 状态，相轨图为 12 个环，循环周期为 P_4～P_2 脉冲的组合，组合方式为 $1P_4-1P_2-1P_4-9P_3$，循环周期的大小为 $T_M = 2T_4+9T_3+1T_2$。从图 9.20(b)可以看出，变换器发生了 4 种频率的混频现象，工作于周期 13 状态，相轨图为 13 个环，循环周期为 P_4～P_1 脉冲的组合，组合方式为 $1P_4-1P_2-3(2P_3-1P_2)-1P_4-1P_1$，循环周期的大小为 $T_M=2T_4+6T_3+4T_2+1T_1$。图 9.19 和图 9.20 的电路实验结果与图 9.14 至图 9.16 的分岔图相一致。

9.5 本章小结

本章以 Buck 变换器为例，首先介绍了脉冲序列调制 CCM 开关变换器低频振荡现象的产生机理及其抑制方式；其次分析了脉冲跨周期调制 CCM 开关变换器中存在的低频振荡现象，建立了相应的同步开关映射模型，研究了输出电容 ESR 对低频振荡现象的影响；然后建立了双频率调制开关变换器的动力学模型，分析了双频率调制 DCM 开关变换器的多周期行为；最后建立了多频率调制 DCM 开关变换器的一维离散迭代映射模型及特征值方程，并通过分岔图和 Lyapunov 指数谱对其自相似和混沌现象进行详细分析。由理论分析和电路实验观察得知，脉冲序列调制和脉冲跨周期调制 CCM Buck 变换器存在低频振荡现象，增大输出电容 ESR 可以有效抑制 CCM 开关变换器的低频振荡现象；双频率调制 DCM Buck 变换器经历了周期 1 状态、多周期状态、周期 1 状态的分岔路线。与双频率调制相比，多频率调制因误差界限电压 V_e 的不同而表现出自相似现象和混频现象。

进行离散脉冲调制开关变换器的动力学研究，既可以建立和完善开关变换器的动力学理论分析体系，也可以充分揭示其复杂的动力学行为，阐述其非线性物理现象的产生机理，以便于更好地设计出离散脉冲调制开关变换器的电路参数，为电力电子技术的工程应用提供理论分析依据。

参考文献

[1]Telefus M, Shteynberg A, Ferdowsi M, et al. Pulse train control technique for flyback converter. IEEE Transactions on Power Electronics, 2004, 19(3): 757-764.

[2]Ferdowsi M, Emadi A, Telefus M, et al. Pulse regulation control technique for flyback converter. IEEE Transactions on Power Electronics, 2005, 20(4): 798-805.

[3]王金平, 许建平, 周国华, 等. 脉冲序列控制 CCM Buck 变换器低频波动现象分析. 物理学报, 2011, 60(4): 048402-1-10.

[4]Ferdowsi M, Emadi A. Pulse regulation control technique for integrated high-quality rectifier-regulators. IEEE Transactions on Industrial Electronics, 2005, 52(1): 116-124.

[5]Sandri P, Borghi M R, Rigazio L. DC-DC converter functioning in a pulse-skipping mode with low power consumption and PWM inhibit. U S Patent, 1998: 5745352.

[6]Luo P, Luo L Y, Li Z J, et al. Skip cycle modulation in switching DC-DC converter. IEEE International Conference on Communications Circuits and Systems and West Sino Expositions, 2002: 1716-1719.

[7]王金平, 许建平, 秦明, 等. 开关DC-DC变换器双频率脉冲序列调制技术. 中国电机工程学报, 2010, 30(33): 1-8.

[8]Xu J P, Wang J P. Bifrequency pulse-train control technique for switching DC-DC converters operating in DCM. IEEE Transactions on Industrial Electronics, 2011, 58(8): 3658-3667.

[9]吴松荣, 许建平, 何圣仲, 等. 开关变换器多频率控制方法研究. 电子科技大学学报, 2014, 43(6): 857-862.

[10]钟曙, 沙金, 许建平, 等. 脉冲跨周期调制连续导电模式Buck变换器低频振荡现象研究. 物理学报, 2014, 63(19): 198401-1-9.

[11]吴松荣, 何圣仲, 许建平, 等. 电压型双频率控制开关变换器的动力学建模与多周期行为分析. 物理学报, 2013, 62(21): 218403-1-11.

[12]吴松荣, 周国华, 王金平, 等. 多频率控制开关变换器的自相似和混频现象分析. 物理学报, 2014, 63(2): 028401-1-12.

[13]马正华, 夏建锋, 包伯成, 等. 脉冲跨周期调制Buck变换器输出电压纹波研究. 电力电子技术, 2013, 47(6): 86-88.

[14]Banerjee S, Ranjan P, Grebogi C. Bifurcations in two-dimensional piecewise smooth maps-theory and applications in switching circuits. IEEE Transactions on Circuits System I: Fundamental Theory and Applications, 2000, 47(5): 633-643.

[15]Zhou G H, Xu J P, Bao B C. Symmetrical dynamics of current-mode controlled switching DC-DC converters. International Journal of Bifurcation and Chaos, 2012, 22(1): 1250008-1-11.

附录　动力学仿真方法、模型及 Matlab 源程序

第 1 章介绍了时域图和相轨图、分岔图、Lyapunov 指数、雅可比矩阵与 Floquet 乘子、庞加莱截面和功率谱等非线性动力学分析方法；第 2～9 章分别利用分岔图、最大 Lyapunov 指数谱、雅可比矩阵与特征值、时域波形和相轨图等详细分析了基本型和组合型控制开关变换器的动力学行为。为了便于读者理解本书所涉及的内容，本章给出了几种动力学仿真方法、模型及 Matlab 源程序。

附录 A　时域波形和相轨图

通过时域波形及相轨图调查开关变换器的动力学行为，是最为简单、有效的方法。获得时域波形及相轨图的方法较多，常用的有两种：①根据开关变换器及其控制电路的原理图，采用 Matlab、Psim、Pspice 等仿真软件，建立电路仿真模型，对其进行时域仿真；②根据开关变换器的状态方程及控制电路的切换方程，利用 M 语言、C 语言等编程语言编写仿真程序，对其进行数值仿真。

下面以方法①为例进行说明。利用 Matlab/Simulink 软件建立如图 A 所示的电路仿真模型，将其命名为“buck_vm.mdl”；设置仿真时长为 0.03s(参考开关周期进行灵活设置)，通过仿真可以得到电感电流 i_L 和输出电压 v_o 的数据信息，并存于工作空间，存储格式设置为 Structure With Time；在命令行窗口中，写入代码 A 所示的语句，即可得到第 2 章图 2.3(a)所示的时域波形及相轨图。

类似地，通过改变输入电压 V_g 的大小，也可以得到图 2.3 中所示的其他时域波形及相轨图。

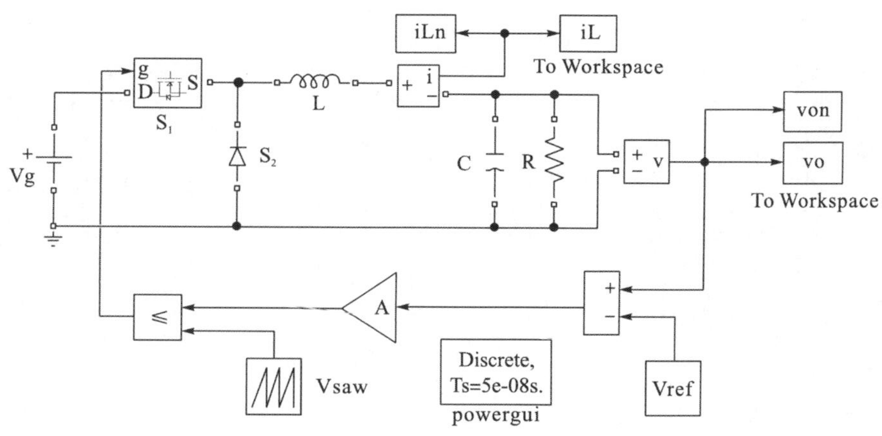

图 A　前缘调制电压型控制 Buck 变换器的电路仿真模型

代码 A 绘制时域波形及相轨图的 Matlab 源程序

```
Vg=23; L=20e-3; C=47e-6; R=22; T=400e-6; Vref=11.3; A=8.4; VL=3.8; VH=8.2;  %参数设置
sim('buck_vm.mdl');  %仿真 buck_vm.mdl 模型
figure(1), subplot(2,1,1), plot(vo.time(end-120000:end), vo.signals.values(end-120000:
end),'k')  %输出电压
xlim([0.0245 0.0285])  %设置横坐标轴的范围
figure(1), subplot(2,1,2), plot(iL.time(end-120000:end), iL.signals.values(end-120000: end),'
k')  %电感电流
xlim([0.0245 0.0285])
figure(2),plot(vo.signals.values(end-10000:end),iL.signals.values(end-10000:end),'k')
%相轨图
axis([11.87 12.13 0.46 0.64])  %设置坐标轴的范围
```

附录 B 庞加莱截面

通过庞加莱截面，可以清晰地观察出开关变换器的运行状态，如周期状态、准周期状态、混沌状态等。获得庞加莱截面的方法通常有两种：①在时域仿真模型的基础上，通过对状态变量进行采样，如在 $t = nT$ 时刻构筑庞加莱截面，可以获得相应的图形；②根据建立的离散映射模型 $\boldsymbol{x}_{n+1} = f(\boldsymbol{x}_n)$，选择某一固定的分岔参数，在离散空间下绘制状态变量的运行轨迹，即庞加莱截面图形。

下面以方法①为例，说明庞加莱截面的绘制步骤。在图 A 中增加两个离散的状态变量 i_{Ln} 和 v_{on}，设置其采样时间为 T；设置仿真时长为 0.5s，通过仿真可以得到 i_L 和 v_o 在 nT 时刻的采样值，将其存于工作空间，存储格式设置为 Array；在命令行窗口中，写入代码 B 所示的语句，即可得到第 2 章图 2.2(b)所示的庞加莱截面。注意：为了得到更准确的庞加莱截面，应尽可能采用较多的离散值。

代码 B 绘制庞加莱截面的 Matlab 源程序

```
Vg=33; L=20e-3; C=47e-6; R=22; T=400e-6; Vref=11.3; A=8.4; VL=3.8; VH=8.2;  %参数设置
sim('buck_vm.mdl');  %仿真 buck_vm.mdl 模型
plot(von(100:end), iLn(100:end), 'k.'), hold on  % Vg=33V 对应的庞加莱截面图
axis([11.62 12.78 0.43 0.77])  % 设置坐标轴范围
```

附录 C 分岔图

分岔图是常用的非线性动力学分析方法之一，其原理是以变换器电路参数或控制电路参数为横坐标，以某一状态变量为纵坐标，通过计算机仿真建立离散映射模型或电路仿真

模型后绘制的图形。

下面以斜坡补偿峰值电流控制 Buck-Boost 变换换器为例，介绍绘制分岔图的 Matlab 源程序。根据 4.3 节建立的离散映射模型及电感电流边界，选取相应的电路参数，采用代码 C.1 所示的 Matlab 源程序，可以得到图 4.13(a)所示的分岔图。

注意：在附录 B 中提到，基于离散映射模型，也可以绘制庞加莱截面。将代码 C.1 更新为代码 C.2 所示的 Matlab 源程序，即可获得 $m_c = 2000$ 时对应的庞加莱截面。

附录 D　最大 Lyapunov 指数谱

Lyapunov 指数的大小表明空间中相近轨道的平均收敛或发散的指数率，其中最大 Lyapunov 指数可以定性表征开关变换器是否处于混沌状态、准周期状态、周期状态等。计算 Lyapunov 指数的方法有定义法、雅可比矩阵法、Wolf 法、小数据量法等。

下面以雅可比矩阵法为例进行介绍。在 4.3 节推导的雅可比矩阵的基础上，根据式(4.36)，可以计算出最大 Lyapunov 指数。采用代码 D 所示的 Matlab 源程序，可以得到图 4.13(b)所示的最大 Lyapunov 指数谱。

注意：雅可比矩阵是基于离散映射模型推导出来的，因此，建立精确的离散映射模型尤为关键。以雅可比矩阵为基础，还可以绘制出特征值的运动轨迹，只需对代码 D 进行改进。

代码 C.1　斜坡补偿峰值电流控制 Buck-Boost 变换器的分岔图程序

```
clear; clc
L=200e-6; C=200e-6; Iref=2.5; T=100e-6; R=10; Vg=3;
a=1/(2*R*C); w=sqrt(1/L/C-a*a);
for m=1:1601
   mc=5*(m-1);
   i(1)=0; v(1)=0;
   for n=1:1000
      Ib1=Iref-(Vg/L+mc)*T;  %电流边界 Ib1
      if i(n)<=Ib1
         i(n+1)=i(n)+Vg*T/L;
         v(n+1)=v(n)*exp(-2*a*T);
      else
         t1=(Iref-i(n))*L/(Vg+mc*L);    v1=v(n)*exp(-2*a*t1);
         k1=(a*L*(Iref-mc*t1)-v1)/w/L;  k2=((Iref-mc*t1)-a*C*v1)/w/C;
         if k1<0
            t2=-1/w*atan((Iref-mc*t1)/k1);
         else
```

```
            t2=1/w*(pi-atan((Iref-mc*t1)/k1));
        end
        Ib2=Iref-(Vg/L+mc)*(T-t2);  %电流边界 Ib2
        if i(n)<Ib2
            i(n+1)=exp(-a*(T-t1))*((Iref-mc*t1)*cos(w*(T-t1))+k1*sin(w*(T-t1)));
            v(n+1)=exp(-a*(T-t1))*(v1*cos(w*(T-t1))+k2*sin(w*(T-t1)));
        else
            i(n+1)=0;
            v2=exp(-a*t2)*(v1*cos(w*t2)+k2*sin(w*t2));
            v(n+1)=v2*exp(-2*a*(T-t1-t2));
        end
    end
  end
  iL(m,:)=i(end-150:end);  %用于绘制电感电流分岔图
  %vo(m,:)=v(end-150:end);  %用于绘制输出电压分岔图
  H=plot(mc*ones(1,length(iL(m,:))), iL(m,:), 'k');
  set(H, 'linestyle', 'none', 'marker', '.', 'markersize', 1)
  hold on, drawnow
  I1(m)=Ib1; I2(m)=Ib2; E1(m)=mc;
  plot(E1, I1, 'k--', E1, I2, 'k-.')
end
```

代码 C.2 基于离散映射模型的庞加莱截面程序

```
clear;clc
L=200e-6; C=200e-6; Iref=2.5; T=100e-6; R=10; Vg=3;
a=1/(2*R*C); w=sqrt(1/L/C-a*a);
for m=401  %在此处设置 mc 的值
  mc=5*(m-1);  %若要绘制 mc=2000 对应的庞加莱截面，则 m=401
  i(1)=0; v(1)=0;
  for n=1:10000  %绘制庞加莱截面时，n 的循环次数应尽量大，可以设置为 10000
     ……(省略，与代码 C.1 相同)
  end
  iLn=i(200:end); von=v(200:end);
  plot(von, iLn, 'k.')
end
```

代码 D 斜坡补偿峰值电流控制 Buck-Boost 变换器的最大 Lyapunov 指数谱程序

```
clear; clc
L=200e-6; C=200e-6; Iref=2.5; T=100e-6; R=10; Vg=3;
a=1/(2*R*C); w=sqrt(1/L/C-a*a);
for m=1:1601
    mc=5*(m-1);
    i(1)=0; v(1)=0;
    for n=1:1000
        Ib1=Iref-(Vg/L+mc)*T; %电流边界 Ib1
        if i(n)<=Ib1
            i(n+1)=i(n)+Vg*T/L; v(n+1)=v(n)*exp(-2*a*T);
            j1=1; j2=0; j3=0; j4=exp(-2*a*T);
        else
            t1=(Iref-i(n))*L/(Vg+mc*L);    v1=v(n)*exp(-2*a*t1);
            k1=(a*L*(Iref-mc*t1)-v1)/w/L;  k2=((Iref-mc*t1)-a*C*v1)/w/C;
            if k1<0
                t2=-1/w*atan((Iref-mc*t1)/k1);
            else
                t2=1/w*(pi-atan((Iref-mc*t1)/k1));
            end
            Ib2=Iref-(Vg/L+mc)*(T-t2); %电流边界 Ib2
            if i(n)<Ib2
                i(n+1)=exp(-a*(T-t1))*((Iref-mc*t1)*cos(w*(T-t1))+k1*sin(w*(T-t1)));
                v(n+1)=exp(-a*(T-t1))*(v1*cos(w*(T-t1))+k2*sin(w*(T-t1)));
                j1=-exp(-a*(T-t1))*((a*L*(Iref-mc*t1)-mc*L-k1*w*L)*cos(w*(T-t1))...
                    +(a*L*k1+(Iref-mc*t1)*w*L-(a*mc*L-2*a*v1)/w)*sin(w*(T-t1)))/(Vg+mc*L);
                j2=-exp(-a*(T+t1))*sin(w*(T-t1))/w/L;
                j3=exp(-a*(T-t1))*((a*L*v1+k2*w*L)*cos(w*(T-t1))...
                    +(-a*L*k2-v1*w*L+(mc*L-2*a*a*C*L*v1)/w/C)*sin(w*(T-t1)))/(Vg+mc*L);
                j4=exp(-a*(T+t1))*(cos(w*(T-t1))-a*sin(w*(T-t1))/w);
            else
                i(n+1)=0;
                v2=exp(-a*t2)*(v1*cos(w*t2)+k2*sin(w*t2));
                v(n+1)=v2*exp(-2*a*(T-t1-t2));
                j1=0; j2=0;
                pti=(-w*mc*L*cos(w*t2)+(a*mc*L-2*a*v1)*sin(w*t2))/...
                    (w*w*(Vg+mc*L)*(k1*cos(w*t2)-(Iref-mc*t1)*sin(w*t2)));
```

```
            ptv=exp(-2*a*t1)*sin(w*t2)/(w*w*L*(k1*cos(w*t2)-(Iref-mc*t1)*sin(w*t2)));
            j3=exp(-2*a*(T-t1-t2))*(exp(-a*t2)*((k2*w-a*v1)*cos(w*t2)-(a*k2+w*v1)...
               *sin(w*t2))+2*a*v2)*pti+exp(-2*a*(T-t1-t2))*(exp(-a*t2)*(2*a*L*v1...
               *cos(w*t2)+(mc*L-2*a*a*C*L*v1)*sin(w*t2)/w/C)-2*a*L*v2)/(Vg+mc*L);
            j4=exp(-2*a*(T-t1-t2))*(exp(-a*t2)*((k2*w-a*v1)*cos(w*t2)-(a*k2+w*v1)...
               *sin(w*t2))+2*a*v2)*ptv+exp(-a*(2*T-t2))*(cos(w*t2)-a*sin(w*t2)/w);
         end
      end
    j11(n+1)=j1*j11(n)+j2*j21(n);  j12(n+1)=j1*j12(n)+j2*j22(n);
    j21(n+1)=j3*j11(n)+j4*j21(n);  j22(n+1)=j3*j12(n)+j4*j22(n);
    end
    J=[j11(end), j12(end); j21(end), j22(end)];  %雅可比矩阵
    z=max(abs(eig(J)));
    lya(m)=log(abs(real(z)))/1000;  %最大 Lyapunov 指数
end
plot(((1:1601)-1)*5,lya(:),'k');
```